中国石油科技进展丛书（2006—2015年）

# 南美奥连特前陆盆地勘探技术与实践

主　编：张志伟

副主编：马中振　周玉冰　阳孝法

石油工業出版社

**内 容 提 要**

本书介绍了南美奥连特前陆盆地的地质概况、石油地质特征，重点论述了盆地主探区斜坡带的低幅度构造地震资料采集与处理技术、低幅度构造地球物理解释技术，并对前陆盆地油气勘探评价方法与技术进行了梳理，总结了奥连特前陆盆地斜坡带的勘探实践成果，指出了奥连特前陆盆地斜坡带的油气远景与勘探策略。

本书可供从事油气地质勘探的科研人员和石油院校相关专业师生参考。

**图书在版编目（CIP）数据**

南美奥连特前陆盆地勘探技术与实践 / 张志伟主编
.—北京：石油工业出版社，2019.6
（中国石油科技进展丛书 . 2006—2015 年）
ISBN 978-7-5183-3395-0

Ⅰ . ①南… Ⅱ . ①张… Ⅲ . 前陆盆地 – 油气勘探 –
南美洲 Ⅳ . ① P618.130.677

中国版本图书馆 CIP 数据核字（2019）第 091332 号

**审图号：GS（2019）3088 号**

---

出版发行：石油工业出版社
（北京安定门外安华里 2 区 1 号 100011）
网 址：www. petropub. com
编辑部：（010）64523708 图书营销中心：（010）64523633
经 销：全国新华书店
印 刷：北京中石油彩色印刷有限责任公司

---

2019 年 6 月第 1 版 2019 年 6 月第 1 次印刷
787 × 1092 毫米 开本：1/16 印张：15.25
字数：380 千字

---

定价：130. 00 元
（如出现印装质量问题，我社图书营销中心负责调换）

# 《南美奥连特前陆盆地勘探技术与实践》编写组


**主　　编：** 张志伟

**副 主 编：** 马中振　周玉冰　阳孝法

**编写人员：** 谢寅符　刘亚明　赵永斌　王丹丹

# 序

习近平总书记指出，创新是引领发展的第一动力，是建设现代化经济体系的战略支撑，要瞄准世界科技前沿，拓展实施国家重大科技项目，突出关键共性技术、前沿引领技术、现代工程技术、颠覆性技术创新，建立以企业为主体、市场为导向、产学研深度融合的技术创新体系，加快建设创新型国家。

中国石油认真学习贯彻习近平总书记关于科技创新的一系列重要论述，把创新作为高质量发展的第一驱动力，围绕建设世界一流综合性国际能源公司的战略目标，坚持国家“自主创新、重点跨越、支撑发展、引领未来”的科技工作指导方针，贯彻公司“业务主导、自主创新、强化激励、开放共享”的科技发展理念，全力实施“优势领域持续保持领先、赶超领域跨越式提升、储备领域占领技术制高点”的科技创新三大工程。

“十一五”以来，尤其是“十二五”期间，中国石油坚持“主营业务战略驱动、发展目标导向、顶层设计”的科技工作思路，以国家科技重大专项为龙头、公司重大科技专项为抓手，取得一大批标志性成果，一批新技术实现规模化应用，一批超前储备技术获重要进展，创新能力大幅提升。为了全面系统总结这一时期中国石油在国家和公司层面形成的重大科研创新成果，强化成果的传承、宣传和推广，我们组织编写了《中国石油科技进展丛书（2006—2015年）》（以下简称《丛书》）。

《丛书》是中国石油重大科技成果的集中展示。近些年来，世界能源市场特别是油气市场供需格局发生了深刻变革，企业间围绕资源、市场、技术的竞争日趋激烈。油气资源勘探开发领域不断向低渗透、深层、海洋、非常规扩展，炼油加工资源劣质化、多元化趋势明显，化工新材料、新产品需求持续增长。国际社会更加关注气候变化，各国对生态环境保护、节能减排等方面的监管日益严格，对能源生产和消费的绿色清洁要求不断提高。面对新形势新挑战，能源企业必须将科技创新作为发展战略支点，持续提升自主创新能力，加快构筑竞争新优势。“十一五”以来，中国石油突破了一批制约主营业务发展的关键技术，多项重要技术与产品填补空白，多项重大装备与软件满足国内外生产急需。截至2015年底，共获得国家科技奖励30项、获得授权专利17813项。《丛书》全面系统地梳理了中国石油“十一五”“十二五”期间各专业领域基础研究、技术开发、技术应用中取得的主要创新性成果，总结了中国石油科技创新的成功经验。

《丛书》是中国石油科技发展辉煌历史的高度凝练。中国石油的发展史，就是一部创业创新的历史。建国初期，我国石油工业基础十分薄弱，20世纪50年代以来，随着陆相生油理论和勘探技术的突破，成功发现和开发建设了大庆油田，使我国一举甩掉贫油的帽子；此后随着海相碳酸盐岩、岩性地层理论的创新发展和开发技术的进步，又陆续发现和建成了一批大中型油气田。在炼油化工方面，“五朵金花”炼化技术的开发成功打破了国外技术封锁，相继建成了一个又一个炼化企业，实现了炼化业务的不断发展壮大。重组改制后特别是“十二五”以来，我们将“创新”纳入公司总体发展战略，着力强化创新引领，这是中国石油在深入贯彻落实中央精神、系统总结“十二五”发展经验基础上、根据形势变化和公司发展需要作出的重要战略决策，意义重大而深远。《丛书》从石油地质、物探、测井、钻完井、采油、油气藏工程、提高采收率、地面工程、井下作业、油气储运、石油炼制、石油化工、安全环保、海外油气勘探开发和非常规油气勘探开发等15个方面，记述了中国石油艰难曲折的理论创新、科技进步、推广应用的历史。它的出版真实反映了一个时期中国石油科技工作者百折不挠、顽强拼搏、敢于创新的科学精神，弘扬了中国石油科技人员秉承“我为祖国献石油”的核心价值观和“三老四严”的工作作风。

《丛书》是广大科技工作者的交流平台。创新驱动的实质是人才驱动，人才是创新的第一资源。中国石油拥有21名院士、3万多名科研人员和1.6万名信息技术人员，星光璀璨，人文荟萃、成果斐然。这是我们宝贵的人才资源。我们始终致力于抓好人才培养、引进、使用三个关键环节，打造一支数量充足、结构合理、素质优良的创新型人才队伍。《丛书》的出版搭建了一个展示交流的有形化平台，丰富了中国石油科技知识共享体系，对于科技管理人员系统掌握科技发展情况，做出科学规划和决策具有重要参考价值。同时，便于科研工作者全面把握本领域技术进展现状，准确了解学科前沿技术，明确学科发展方向，更好地指导生产与科研工作，对于提高中国石油科技创新的整体水平，加强科技成果宣传和推广，也具有十分重要的意义。

掩卷沉思，深感创新艰难、良作难得。《丛书》的编写出版是一项规模宏大的科技创新历史编纂工程，参与编写的单位有60多家，参加编写的科技人员有1000多人，参加审稿的专家学者有200多人次。自编写工作启动以来，中国石油党组对这项浩大的出版工程始终非常重视和关注。我高兴地看到，两年来，在各编写单位的精心组织下，在广大科研人员的辛勤付出下，《丛书》得以高质量出版。在此，我真诚地感谢所有参与《丛书》组织、研究、编写、出版工作的广大科技工作者和参编人员，真切地希望这套《丛书》能成为广大科技管理人员和科研工作者的案头必备图书，为中国石油整体科技创新水平的提升发挥应有的作用。我们要以习近平新时代中国特色社会主义思想为指引，认真贯彻落实党中央、国务院的决策部署，坚定信心、改革攻坚，以奋发有为的精神状态、卓有成效的创新成果，不断开创中国石油稳健发展新局面，高质量建设世界一流综合性国际能源公司，为国家推动能源革命和全面建成小康社会作出新贡献。

2018年12月

# 丛书前言

石油工业的发展史，就是一部科技创新史。“十一五”以来尤其是“十二五”期间，中国石油进一步加大理论创新和各类新技术、新材料的研发与应用，科技贡献率进一步提高，引领和推动了可持续跨越发展。

十余年来，中国石油以国家科技发展规划为统领，坚持国家“自主创新、重点跨越、支撑发展、引领未来”的科技工作指导方针，贯彻公司“主营业务战略驱动、发展目标导向、顶层设计”的科技工作思路，实施“优势领域持续保持领先、赶超领域跨越式提升、储备领域占领技术制高点”科技创新三大工程；以国家重大专项为龙头，以公司重大科技专项为核心，以重大现场试验为抓手，按照“超前储备、技术攻关、试验配套与推广”三个层次，紧紧围绕建设世界一流综合性国际能源公司目标，组织开展了50个重大科技项目，取得一批重大成果和重要突破。

形成40项标志性成果。（1）勘探开发领域：创新发展了深层古老碳酸盐岩、冲断带深层天然气、高原咸化湖盆等地质理论与勘探配套技术，特高含水油田提高采收率技术，低渗透/特低渗透油气田勘探开发理论与配套技术，稠油/超稠油蒸汽驱开采等核心技术，全球资源评价、被动裂谷盆地石油地质理论及勘探、大型碳酸盐岩油气田开发等核心技术。（2）炼油化工领域：创新发展了清洁汽柴油生产、劣质重油加工和环烷基稠油深加工、炼化主体系列催化剂、高附加值聚烯烃和橡胶新产品等技术，千万吨级炼厂、百万吨级乙烯、大氮肥等成套技术。（3）油气储运领域：研发了高钢级大口径天然气管道建设和管网集中调控运行技术、大功率电驱和燃驱压缩机组等16大类国产化管道装备，大型天然气液化工艺和20万立方米低温储罐建设技术。（4）工程技术与装备领域：研发了G3i大型地震仪等核心装备，“两宽一高”地震勘探技术，快速与成像测井装备、大型复杂储层测井处理解释一体化软件等，8000米超深井钻机及9000米四单根立柱钻机等重大装备。（5）安全环保与节能节水领域：

研发了 $CO_2$ 驱油与埋存、钻井液不落地、炼化能量系统优化、烟气脱硫脱硝、挥发性有机物综合管控等核心技术。（6）非常规油气与新能源领域：创新发展了致密油气成藏地质理论，致密气田规模效益开发模式，中低煤阶煤层气勘探理论和开采技术，页岩气勘探开发关键工艺与工具等。

取得 15 项重要进展。（1）上游领域：连续型油气聚集理论和含油气盆地全过程模拟技术创新发展，非常规资源评价与有效动用配套技术初步成型，纳米智能驱油二氧化硅载体制备方法研发形成，稠油火驱技术攻关和试验获得重大突破，井下油水分离同井注采技术系统可靠性、稳定性进一步提高；（2）下游领域：自主研发的新一代炼化催化材料及绿色制备技术、苯甲醇烷基化和甲醇制烯烃芳烃等碳一化工新技术等。

这些创新成果，有力支撑了中国石油的生产经营和各项业务快速发展。为了全面系统反映中国石油 2006—2015 年科技发展和创新成果，总结成功经验，提高整体水平，加强科技成果宣传推广、传承和传播，中国石油决定组织编写《中国石油科技进展丛书（2006—2015 年）》（以下简称《丛书》）。

《丛书》编写工作在编委会统一组织下实施。中国石油集团董事长王宜林担任编委会主任。参与编写的单位有 60 多家，参加编写的科技人员 1000 多人，参加审稿的专家学者 200 多人次。《丛书》各分册编写由相关行政单位牵头，集合学术带头人、知名专家和有学术影响的技术人员组成编写团队。《丛书》编写始终坚持：一是突出站位高度，从石油工业战略发展出发，体现中国石油的最新成果；二是突出组织领导，各单位高度重视，每个分册成立编写组，确保组织架构落实有效；三是突出编写水平，集中一大批高水平专家，基本代表各个专业领域的最高水平；四是突出《丛书》质量，各分册完成初稿后，由编写单位和科技管理部共同推荐审稿专家对稿件审查把关，确保书稿质量。

《丛书》全面系统反映中国石油 2006—2015 年取得的标志性重大科技创新成果，重点突出“十二五”，兼顾“十一五”，以科技计划为基础，以重大研究项目和攻关项目为重点内容。丛书各分册既有重点成果，又形成相对完整的知识体系，具有以下显著特点：一是继承性。《丛书》是《中国石油“十五”科技进展丛书》的延续和发展，凸显中国石油一以贯之的科技发展脉络。二是完整性。《丛书》涵盖中国石油所有科技领域进展，全面反映科技创新成果。三是标志性。《丛书》在综合记述各领域科技发展成果基础上，突出中国石油领先、高端、前沿的标志性重大科技成果，是核心竞争力的集中展示。四是创新性。《丛书》全面梳理中国石油自主创新科技成果，总结成功经验，有助于提高科技创新整体水平。五是前瞻性。《丛书》设置专门章节对世界石油科技中长期发展做出基本预测，有助于石油工业管理者和科技工作者全面了解产业前沿、把握发展机遇。

《丛书》将中国石油技术体系按15个领域进行成果梳理、凝练提升、系统总结，以领域进展和重点专著两个层次的组合模式组织出版，形成专有技术集成和知识共享体系。其中，领域进展图书，综述各领域的科技进展与展望，对技术领域进行全覆盖，包括石油地质、物探、测井、钻完井、采油、油气藏工程、提高采收率、地面工程、井下作业、油气储运、石油炼制、石油化工、安全环保节能、海外油气勘探开发和非常规油气勘探开发等15个领域。31部重点专著图书反映了各领域的重大标志性成果，突出专业深度和学术水平。

《丛书》的组织编写和出版工作任务量浩大，自2016年启动以来，得到了中国石油天然气集团公司党组的高度重视。王宜林董事长对《丛书》出版做了重要批示。在两年多的时间里，编委会组织各分册编写人员，在科研和生产任务十分紧张的情况下，高质量高标准完成了《丛书》的编写工作。在集团公司科技管理部的统一安排下，各分册编写组在完成分册稿件的编写后，进行了多轮次的内部和外部专家审稿，最终达到出版要求。石油工业出版社组织一流的编辑出版力量，将《丛书》打造成精品图书。值此《丛书》出版之际，对所有参与这项工作的院士、专家、科研人员、科技管理人员及出版工作者的辛勤工作表示衷心感谢。

人类总是在不断地创新、总结和进步。这套丛书是对中国石油2006—2015年主要科技创新活动的集中总结和凝练。也由于时间、人力和能力等方面原因，还有许多进展和成果不可能充分全面地吸收到《丛书》中来。我们期盼有更多的科技创新成果不断地出版发行，期望《丛书》对石油行业的同行们起到借鉴学习作用，希望广大科技工作者多提宝贵意见，使中国石油今后的科技创新工作得到更好的总结提升。

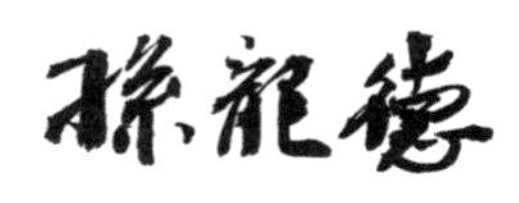

2018年12月

# 前 言

南美前陆盆地位于安第斯造山带与圭亚那地盾之间，通常称之为“次安第斯前陆盆地区”，呈南北向平行安第斯山展布。南美前陆盆地蕴藏着丰富的油气资源，一直是南美油气勘探的重要领域，是南美石油工业的“摇篮”。近年来，中国石油在南美地区的油气勘探活动持续活跃，目前在4个国家拥有11个勘探开发项目，位于奥连特盆地的安第斯项目便是其中的佼佼者。中国石油2006年接手该项目以来，屡获勘探突破，已经成为该国的明星项目，获得了巨大的社会、经济效益。中国石油于2006—2008年设立“南美Oriente—Maranon盆地低幅度构造识别技术、油藏形成机理与勘探方法研究”、2014—2016年设立“南美奥连特盆地斜坡带低幅度构造成藏规律及目标优选”等科技项目，“十一五”“十二五”期间，国家科技重大专项和集团（股份）重大科技专项“全球油气资源评价”项目也专门设有关于南美地区的常规和非常规油气资源评价专题，奥连特盆地便是其中重点研究的盆地；此外，中国石油海外勘探开发公司自2006年之后，每年都针对奥连特盆地安第斯项目设立研究课题，持续进行基础石油地质条件研究，为安第斯项目的持续勘探突破提供了重要的技术支撑，本书即是在上述科研成果的基础上完成的。

本书第一章简要介绍了前陆盆地的类型、基本特征及分布，对南美前陆盆地的基本特征、勘探概况和资源潜力进行阐述。第二章从奥连特盆地构造、沉积演化和层序特征入手，重点介绍了盆地的石油地质条件，包括烃源岩条件、储层条件、盖层条件、油气生成和运移条件、圈闭条件、油气成藏模式、成藏组合等，明确了奥连特盆地富油气基础。此外还简要介绍了奥连特盆地的勘探历程。第三章针对奥连特盆地斜坡带主要发育低幅度构造圈闭和低幅度构造—岩性圈闭的特点，系统阐述了斜坡带针对低幅度圈闭的地震资料采集技术和处理技术，采集技术包括野外静校正技术、噪声压制技术、观测系统优化等；处理技术包括静校正技术、高分辨率处理技术、高保真处理技术等。第四章详细阐述了针对低幅度圈闭的地球物理解释技术，包括9项关键技术：多子波地震道分解与重构技术、综合井震标定技术、倾角测井资料校正低幅度构造技术、孔隙砂岩顶面精细构造解释技术、测井约束地震拓频处理技术、剩余构造分析技术、断裂综合解释技术、基于地震属性分析的储层预测技术和基于地震反演的储层预测技术等。此外还对奥连特盆地斜坡带发育的特色海绿石砂岩油层测井解释技术进行了详细阐述，从海绿石砂岩油层特点和测井解释难点出发，详细阐述了特色的海绿石砂岩油层测井综合解释技术。第五章系统梳理了奥连特盆地斜坡带发育的油气藏类型，总结了斜坡带断层控藏、构造背景控藏、岩性遮挡辅助成藏和构造脊控藏等油气成藏主控因素，阐述了斜坡带有利成藏组合、有利勘探区的优选方法，以及基于丛式平台的圈闭群综合评价方法。第六章通过全面回顾安第斯项目近年的勘探历程，思考了安第斯项目获得成功的内在原因及对未来斜坡带勘探的启示。最后分析了奥连特盆地油气资源潜力，指出了盆地进一步勘探的1个重点层系，2个重点区带和3种重要圈闭类型，并针对奥连特前陆盆地的勘探特点提出了相应的勘探对策。

本书旨在通过对南美重点前陆盆地石油地质理论和勘探技术的研究，总结前陆盆地油气富集规律，集成系列勘探技术，以供类似盆地的勘探参考。

全书的结构框架、编写思路及理论技术要点由张志伟提出，各章具体编写人员如下：第一章由马中振、谢寅符编写；第二章由阳孝法、马中振、刘亚明编写；第三章由周玉冰、赵永斌、王丹丹编写；第四章由张志伟、周玉冰、阳孝法编写；第五章由马中振、张志伟编写；第六章由张志伟、谢寅符、马中振编写。全书由张志伟、马中振统稿。

在本书编写过程中，得到了陈和平教授的具体指导，薛良清教授、黄捍东教授等提出了许多宝贵的意见和建议，在此一并表示衷心的感谢。

由于编者水平有限，书中难免出现不足之处，敬请读者批评指正，同时恳请业内同行提出宝贵意见和建议，以推动美洲前陆盆地勘探工作迈向新高度。

# 目录

第一章　南美前陆盆地概况 …… 1
第一节　前陆盆地的类型及分布 …… 1
第二节　南美前陆盆地的基本特征 …… 7
第三节　南美前陆盆地勘探概况及资源潜力 …… 29
参考文献 …… 33
第二章　奥连特盆地石油地质特征 …… 36
第一节　盆地构造和沉积演化特征 …… 36
第二节　盆地石油地质特征 …… 48
第三节　盆地油气勘探历程 …… 69
参考文献 …… 71
第三章　奥连特盆地斜坡带低幅度构造地震资料采集与处理技术 …… 73
第一节　低幅度构造地震资料采集技术 …… 73
第二节　低幅度构造地震资料处理技术 …… 88
参考文献 …… 112
第四章　奥连特盆地斜坡带低幅度构造地球物理解释技术 …… 117
第一节　低幅度构造地震资料解释技术 …… 117
第二节　海绿石砂岩特殊油层测井综合解释技术 …… 152
参考文献 …… 165
第五章　奥连特盆地斜坡带油气勘探评价方法 …… 167
第一节　前陆盆地斜坡带有利区优选方法 …… 167
第二节　前陆盆地斜坡带低幅度圈闭群评价方法 …… 198
参考文献 …… 207

第六章　奥连特盆地斜坡带勘探实践与展望 …………………………… 210
第一节　奥连特盆地斜坡带勘探实践 ………………………………………… 210
第二节　奥连特盆地斜坡带勘探展望 ………………………………………… 218
参考文献 …………………………………………………………………………… 225

# 第一章　南美前陆盆地概况

前陆盆地是指位于造山带前缘及相邻克拉通之间的沉积盆地，是世界含油气盆地中重要的盆地类型之一，蕴藏着丰富的油气资源。据对全球500余个沉积盆地统计，在21个前陆盆地中发现了大油气田，在22个前陆盆地中发现了中小油气田，此外很多前陆盆地中见油气显示。目前，全球438个大油气田中，150个大油气田位于前陆盆地，占总数的31%，南美西缘次安第斯（sub-andeans）前陆盆群是全球最重要的油气富集带之一[1]。

截至2016年底，预测南美地区前陆盆地总石油可采资源量（探明可采＋待发现可采资源量）为$690 \times 10^8$t，总天然气可采资源量为$148745 \times 10^8 m^3$，其中待发现石油可采资源量$88 \times 10^8$t，待发现天然气可采资源量$31602 \times 10^8 m^3$[2]，勘探潜力巨大。南美洲前陆盆地群油气分布极不均一，东委内瑞拉盆地和马拉开波盆地发现的可采储量占整个南美前陆盆地总可采储量的79%，其他盆地可采储量仅占21%。在剩余的前陆盆地中北部的巴里纳斯盆地、马拉农盆地、亚诺斯盆地和普图马约—奥连特盆地以蕴藏石油为主，乌卡亚利盆地、查考盆地以蕴藏天然气为主，内乌肯盆地油气并举[2]（图1-1）。

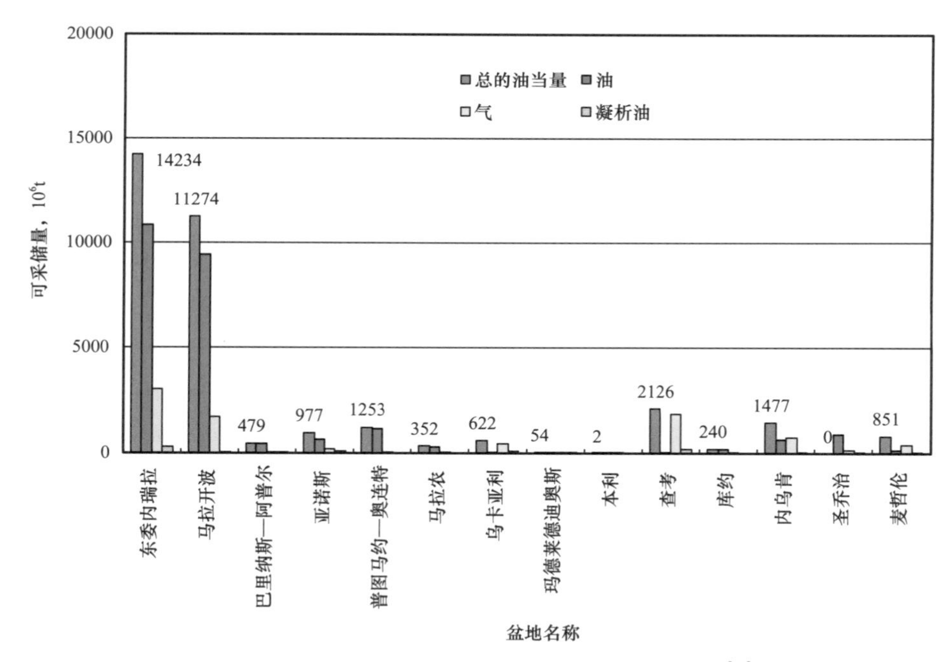


图1-1　南美洲前陆盆地已探明油气可采储量分布[2]

## 第一节　前陆盆地的类型及分布

前陆盆地是世界上最重要的含油气盆地类型之一[3]，前陆（foreland）一词，为Suess于1883年所创[4]，是指造山带毗邻的稳定地区，造山带向它逆冲，是地壳的大陆部分，是克拉通或地台区的边缘。当毗邻的地槽区拉张沉降或褶皱回返变为造山带时，克拉通地台的边缘区（前陆）亦同步沉降，或与隆升的山体均衡而下降，成为与地槽或褶皱山体走向平行的条带状沉积盆地，即前陆盆地。

1974年，Dickinson正式提出了“前陆盆地（foreland basin）”的概念，根据盆地的成因和位置将前陆盆地分为邻近缝合带的周缘前陆盆地和大陆岩浆弧后的弧后前陆盆地两类[5]。1976年又增加一类因基底垒堑升降形成的块断前陆盆地，如落基山前陆盆地群[6]。

1975年和1980年，Bally将弧后地壳的缩短过程称为A型俯冲[7-8]，是缘于纪念奥地利地质学家Ampferer之故，其实，A型俯冲就是与板块聚敛相关的地槽造山带与克拉通之间的俯冲。现代洋陆碰撞仰冲陆壳上与A型俯冲带伴生的为弧后前陆盆地，陆陆碰撞俯冲陆壳上与A型俯冲带伴生的为周缘前陆盆地[9]。

国内对前陆盆地的研究自20世纪80年代后期开始逐渐升温，至20世纪90年代已形成研究热潮[9-14]，经典的前陆盆地可定义为：发育在造山带与相邻克拉通之间，主体坐落在与克拉通相关的陆壳上，是板块汇聚或碰撞条件下形成的平行于造山带的呈狭长带状展布的不对称挠曲盆地[9]。

## 一、前陆盆地类型

根据盆地所处的大地构造背景和板块地壳汇聚方式，前陆盆地可分为周缘前陆盆地（peripheral foreland basin）和弧后前陆盆地（retroarc foreland basin）两种基本类型。

1. 周缘前陆盆地

周缘前陆盆地位于A型俯冲带的俯冲板块之上，紧靠大陆与大陆碰撞形成的造山带，并平行于造山带延伸。

汇聚型板块边缘造山带可分为四类，即转化挤压型造山带、俯冲控制型造山带、碰撞控制型造山带及仰冲控制型造山带。周缘前陆盆地的形成演化与碰撞造山带密切相关，由于古海洋板块的俯冲消减，古海洋关闭，两大陆边缘碰撞。周缘前陆盆地的形成也和活动大陆边缘与被动大陆边缘之间的碰撞密切相关，周缘前陆盆地叠置于原被动大陆边缘之上，前陆盆地与下伏被动陆缘之间为不整合接触。

这类盆地的典型实例有阿尔卑斯山麓的磨拉石盆地、扎格罗斯山前的波斯湾盆地和喜马拉雅山南麓的锡瓦利克盆地。Baly等（1980）将这类盆地称为前渊盆地（foredeep），与深海沟一起归属于缝合带周缘盆地（perisutual basin）[7]。前渊的形成与大陆地壳内部的俯冲带有关[图1-2（a）]。

现今世界上所发现的周缘前陆盆地都发育在被动大陆边缘上，其沉积演化大致经历三个阶段：（1）早期深海—半深海复理石沉积阶段，主要沉积类型是深海—半深海泥质沉积（主要位于毗邻冲断楔形体的盆地前渊，以富含有机质的泥岩和页岩为主）、深海—半深海浊积岩沉积（在近邻冲断楔形体前渊，自逆冲造山带的粗粒碎屑物质直接深入深水前渊区形成深水浊积岩或深水扇沉积）、滨浅海碎屑岩或碳酸盐岩沉积（前渊向克拉通方向，由于水体逐渐变浅，主要以滨海相的沉积类型为主，该区远离逆冲造山带，之间又有深的前渊相隔，其沉积岩的类型主要受克拉通内部物源区的影响，即在克拉通内部碎屑岩供给有限的情况下，主要以浅水台地相碳酸盐岩沉积为主）；（2）海相磨拉石沉积阶段，主要沉积类型包括滨浅海相碎屑岩沉积、陆相冲积沉积、闭塞环境下的碳酸盐岩和蒸发岩沉积；

（3）陆相磨拉石沉积阶段，当前陆盆地随逆冲造山带进一步向克拉通方向迁移时，自逆冲造山带的河流向前陆盆地汇水中心可以形成湖泊沉积，主要包括冲积沉积和湖泊沼泽相沉积。

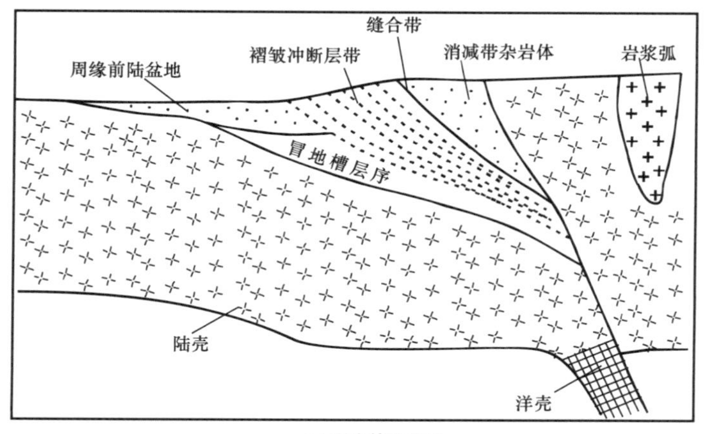


(a) 周缘前陆盆地

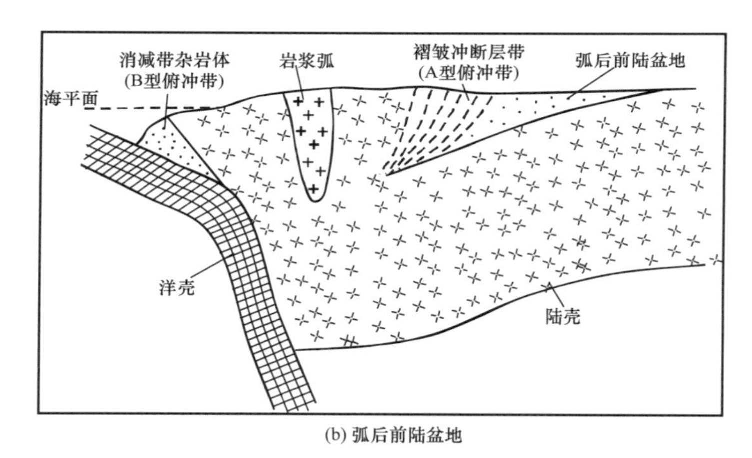


(b) 弧后前陆盆地

图 1–2　前陆盆地的两种成因类型[5, 9]

2. 弧后前陆盆地

许多学者对世界上大多数造山带的研究和分析发现，造山带的演化也具有一定的规律性，绝大多数造山带均为弧后盆地消减、碰撞造山带形成，并导致产生日耳曼相、聂耳特相和类特相三大地构造相。日耳曼相处于造山带边缘地带，其中的地层主要是大陆边缘或残余弧上的浅海沉积，也可有少量深海沉积的复理石相，还常有磨拉石建造，它是弧后盆地碰撞形成的前陆盆地。该型盆地位于 B 型俯冲带的板块之上，岛弧或陆缘山弧（如安第斯山弧）后面紧邻大陆板块的地带，又称后退弧盆地（retroarc basin）。Bally 等（1980）把这类盆地和弧前盆地一起归属于缝合带内盆地[7][图 1–2（b）]，如南美安第斯山弧后前陆盆地，北美的落基山盆地等。

与大洋地壳的开合一样，弧后盆地在碰撞活动中也是要关闭的，但要注意与残余弧后盆地区分。弧后前陆盆地一般具备以下几项特征：弧后前陆盆地底部是造山期后的磨拉石，有明显的不整合；弧后前陆盆地活动翼是前陆褶皱带而不是岛弧；前陆盆地是压性盆地，根据变形强度的差异，可以将盆地划分为 3～5 个变形带。需要注意的是，规模较大的弧后前陆盆地沉积特征类似于周缘前陆盆地，而规模较小的弧后前陆盆地可能只发育陆相磨拉石沉积，因此仅发育冲积、湖泊、沼泽相沉积。

## 二、前陆盆地基本特征

1. 分布位置和地壳性质

前陆盆地是形成于造山带前缘与相邻克拉通之间的沉积盆地，主体坐落在与克拉通相关的陆壳上，靠造山带一侧发育蛇绿岩和火山弧。前陆盆地与收缩造山带相伴而生、同步消长、有机耦合。有前陆盆地，必有与之有成因相联系的收缩造山带，但有造山带不一定就有前陆盆地形成。只有（较）强烈挤压、断褶和隆升的造山带，才同生有前陆盆地。

2. 动力学机制与发育时限

前陆盆地的形成主要与收缩造山带及相关俯冲体系的地球动力学过程有关。盆地的发育时限与此造山过程大致同步，挤压构造负荷引起的挠曲沉降是盆地形成的主因。前陆盆地通常叠加在前期不同类型的盆地之上，盆地总体具有前陆盆地的结构特征。

3. 平面展布

盆地平行于造山带呈狭长带状延展，其纵向范围大致与相邻造山带前缘的冲断—褶皱带的长度相当。

4. 剖面结构

前陆盆地的横剖面结构明显不对称（图 1–3）。由造山带往克拉通方向，典型前陆盆地依次呈冲断带—前渊带—斜坡带的结构特点［图 1–3（c）］。毗邻造山带一侧，遭受挤压构造变形强烈。向克拉通方向，变形强度递减，在克拉通一侧可发育正断层，盆地基底埋深变浅，沉积地层厚度变薄。随着造山过程的发展，前陆盆地的剖面结构常发生往克拉通方向的横向迁移。所以，前陆盆地的基本结构和主要单元的位置在不同演化阶段是动态

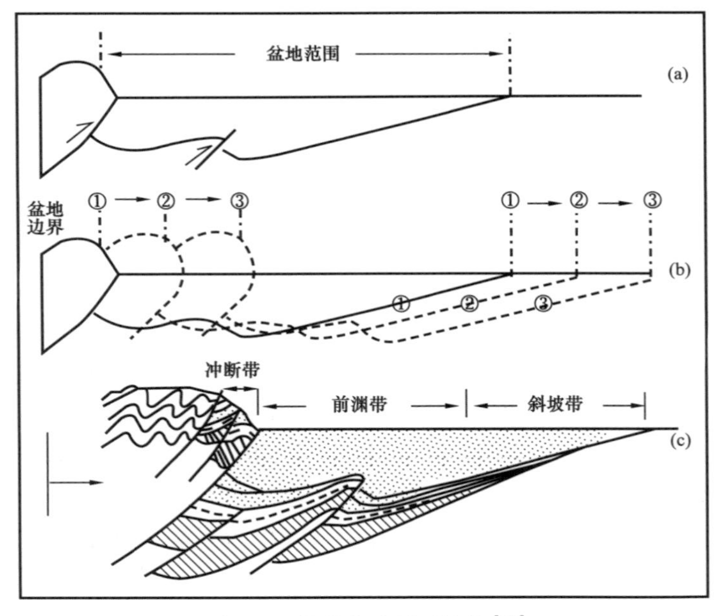


图 1–3　前陆盆地剖面结构[15]

变化的，常会出现不同时期各构造单元上下错位叠置的现象［图 1–3（b）、图 1–3（c）］。另外，受多种因素的影响，前陆盆地的规模和形态不尽一致，盆地的剖面结构中有的单元发育不完全，特征不典型。

5. 沉积建造

前陆盆地在强烈挤压环境中挠曲沉降，山盆相邻，隆降同步；地形高差大且不断发展，并逐步向陆迁移。故前陆盆地的沉积建造以堆积速度快（过补偿）、厚度大、粒度粗、向克拉通方向递变较快为特征，磨拉石建造为其近山一侧常见且具代表性的岩石类型。沉积物源主要来自造山带和克拉通，建造以河流—三角洲沉积体系较为常见。

## 三、南美前陆盆地分布

典型的弧后前陆盆地和周缘前陆盆地与地球上两种俯冲造山带相邻，即 A 型俯冲造山带和 B 型俯冲造山带[6, 8, 16–19]。目前，全球范围内 A 型俯冲带包括晚古生代阿巴拉契亚俯冲带和乌拉尔俯冲带及中生代阿尔卑斯俯冲带，B 型俯冲带主要是环太平洋俯冲带（图 1–4）。前陆盆地主要与上述几个俯冲带相伴生，包括：乌拉尔盆地、阿巴拉契亚盆地、阿尔卑斯盆地、美洲科迪勒拉山东侧前陆盆地群等。

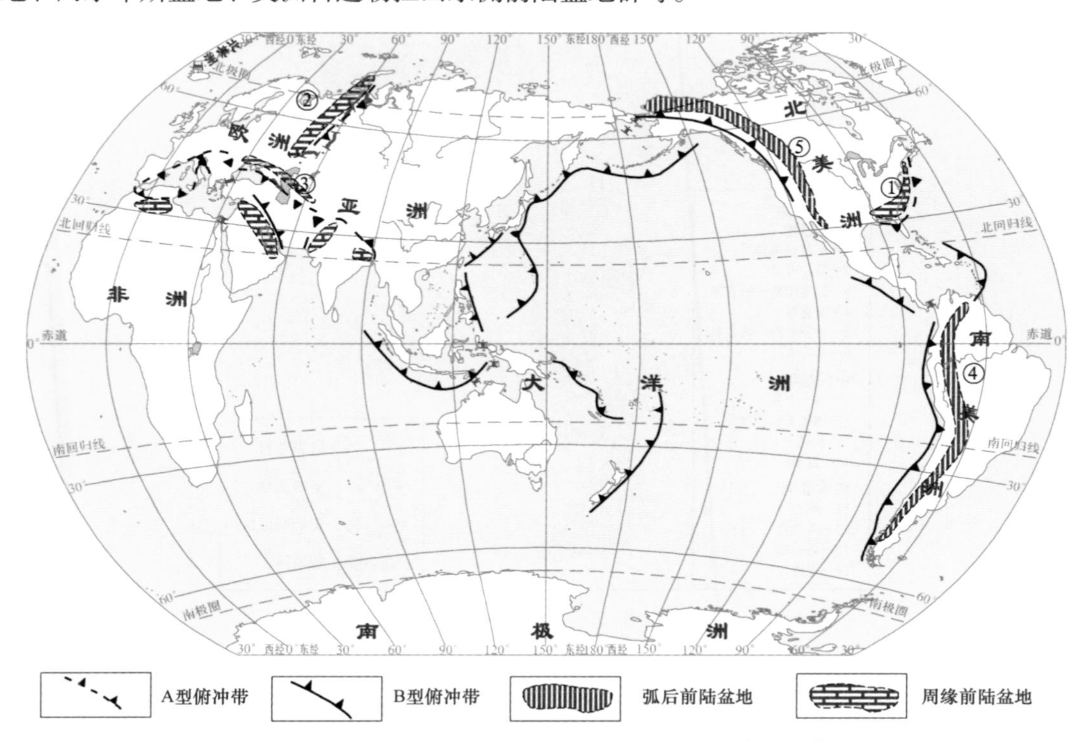


图 1–4　全球 A、B 型俯冲带与前陆盆地分布[8, 9, 16]

① 阿巴拉契亚盆地；② 乌拉尔盆地；③ 阿尔卑斯盆地；④ 安第斯山东侧前陆盆地群；⑤ 落基山东侧前陆盆地群

南美的前陆盆地是典型的与 B 型俯冲带相关的前陆盆地。盆地形成于太平洋板块俯冲南美板块的大陆消减过程中，盆地的发育时限与安第斯造山过程大致同步，主体位于安第斯山向陆一侧的冈瓦纳地盾上，呈平行于安第斯山的狭长带状延展，该区域通常被称为次安第斯山（sub–Andean）前陆盆地区[15, 19–23]（图 1–5）。

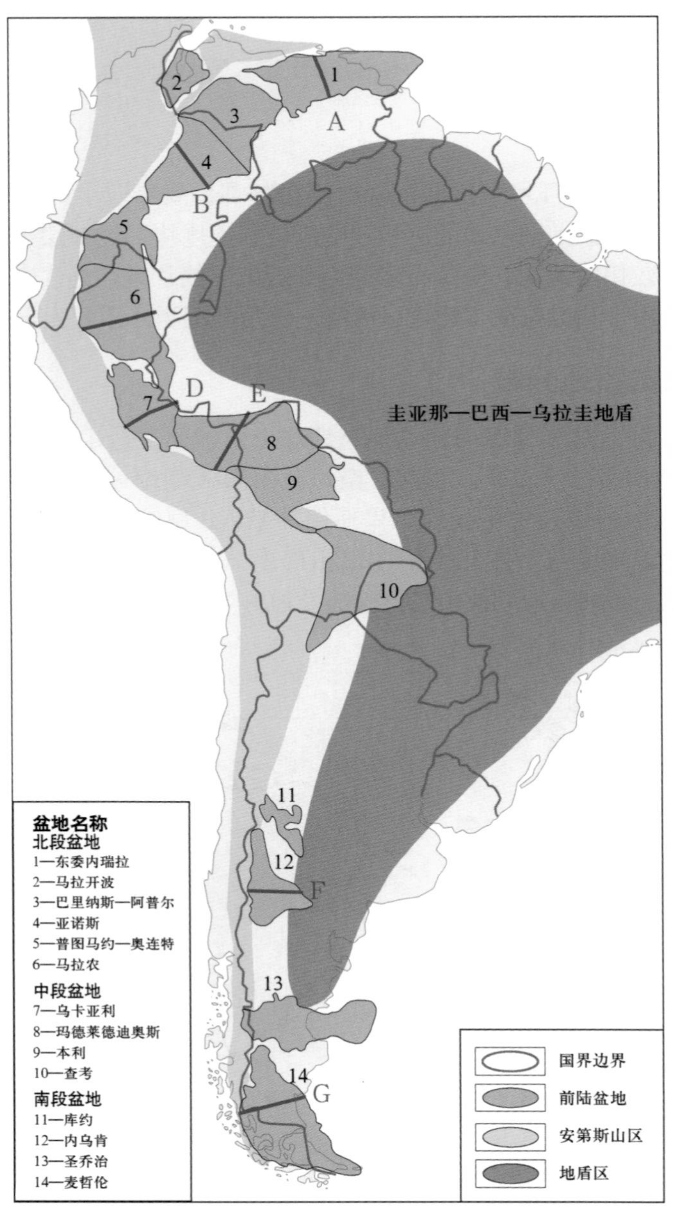


图 1–5 南美洲西缘前陆盆地群平面展布[19]

次安第斯山前陆盆地群主要包括 14 个前陆盆地[19]（图 1–5），从北向南依次为：东委内瑞拉盆地（east venezuela）、马拉开波盆地（maracaibo）、巴里纳斯—阿普尔盆地（barinas–apure）、亚诺斯盆地（llanos）、普图马约—奥连特盆地（putumayo–oriente）、马拉农盆地（maranon）、乌卡亚利盆地（ucayali）、玛德莱德迪奥斯盆地（madre de dios）、本利盆地（beni）、查考盆地（chaco）、库约盆地（cuyo）、内乌肯盆地（neuquen）、圣乔治盆地（san jorge）和麦哲伦盆地（austral）。次安第斯前陆盆地区规模宏大，宽达数十千米至 400km，长约 8000km，面积约 $300 \times 10^4 km^2$，呈长条状延伸，具全球性尺度，14 个盆地总勘探面积为 $245 \times 10^4 km^2$。

# 第二节　南美前陆盆地的基本特征

## 一、构造演化特征

南美前陆盆地从晚古生代开始发育，纵向上是一系列多期盆地的叠置。总体上可概括为从克拉通边缘盆地到裂谷盆地，再到前陆盆地三个演化阶段（图 1–6）。现今前陆盆地是叠合盆地发育的最后阶段，位于不同区域的前陆盆地三个阶段发育程度不同。位于南部和西北部的前陆盆地克拉通边缘盆地阶段不发育，裂谷盆地和前陆盆地阶段发育；位于中部的前陆盆地克拉通边缘盆地阶段和前陆盆地阶段发育，裂谷阶段不发育；位于北部的前陆盆地则只经历了裂谷盆地和前陆盆地两个阶段[18–20]（图 1–7）。

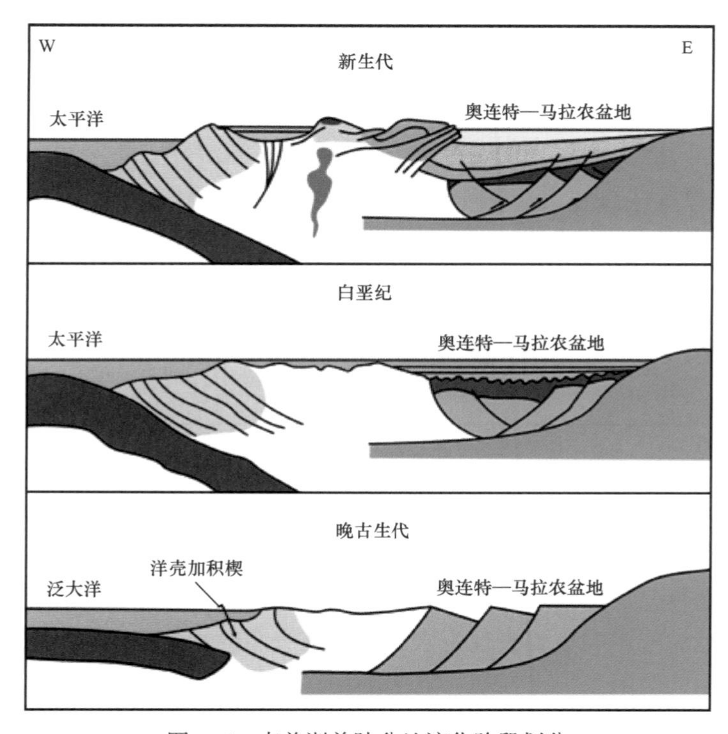


图 1–6　南美洲前陆盆地演化阶段划分

1. 晚古生代克拉通边缘盆地阶段

晚古生代，南北古陆处于拼合碰撞的过程中，劳亚大陆和冈瓦纳大陆在二叠纪末完成拼合，在联合古陆中部形成中央山脉。该时期南美大陆西北部受近南北向挤压发生陆缘扩张作用，形成克拉通边缘盆地。晚石炭世—二叠纪，盆地主要表现为近东西向的伸展变形和沿走滑断层沉降，伴随地层拉伸减薄。同时，秘鲁南部也出现了部分拉张变形的痕迹。在大型剪切带附近，地层的厚度分布受北东向走滑断层或边界断层控制，这些走滑断层控制的沉降中心与总体的构造沉降格局基本一致。

2. 三叠纪—白垩纪裂谷盆地阶段

晚三叠世—早侏罗世，随着大西洋的张裂，北美大陆从冈瓦纳大陆分离，南美北部形

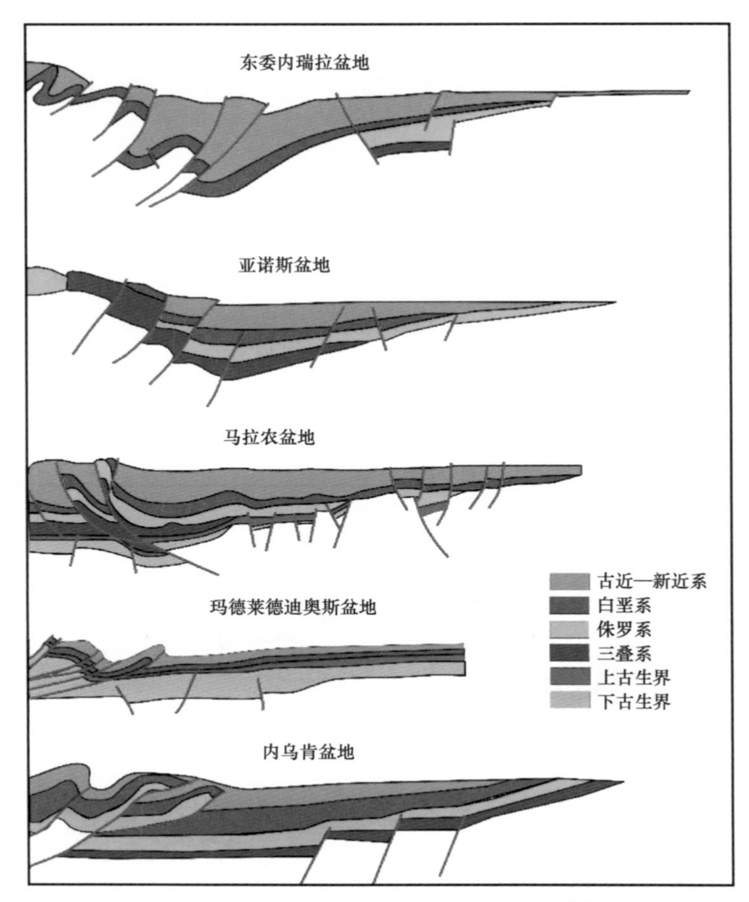


图 1-7　不同区域前陆盆地区域对比剖面[19，22]

成北北东向和北北西向两组断裂，南美西部地区的两组北北西向、北北东向断裂也同时活化，盆地演化成裂谷盆地。这两次大规模的断裂活动从岩浆活动痕迹得到支持，在哥伦比亚、厄瓜多尔和秘鲁北部都发现了沿北北东向分布的火山岩，秘鲁中部则分布有北西向的火山弧。对当时地貌的影响主要表现为两组呈共轭分布的大型正断层系统先后出现，形成了南美北部一系列的断陷型汇水盆地。这些断层在白垩纪以后的安第斯造山运动中部分反转复活，因此盆地上覆盖层主要断裂活动表现出很强的继承性[22]。

3. 晚白垩世至今前陆盆地阶段

晚白垩世末期，东部太平洋板块和北部加勒比板块开始向南美板块聚敛，安第斯造山运动开始，早期的两组北北西、北北东走向断裂开始活化反转，盆地演化成前陆盆地。太平洋板块向南美板块俯冲作用是连续的，并且在古近纪和新近纪之交处于高峰期。盆地内部东西方向上构造形态的差异来源于远程传递效应和巴西地盾的阻挡作用，形成了现今呈南北向条带分布的构造格局[22]。

## 二、沉积演化特征

1. 南美前陆盆地地层发育特征

南美前陆盆地是发育在古生代被动边缘盆地之上，经历了复杂的演化过程，发育古生界、中生界和新生界。但是，由于不同区域的前陆盆地经历了不同的演化阶段和演化过程，位于不同区域的前陆盆地地层发育情况也有所不同[19-24]（图 1-8）。

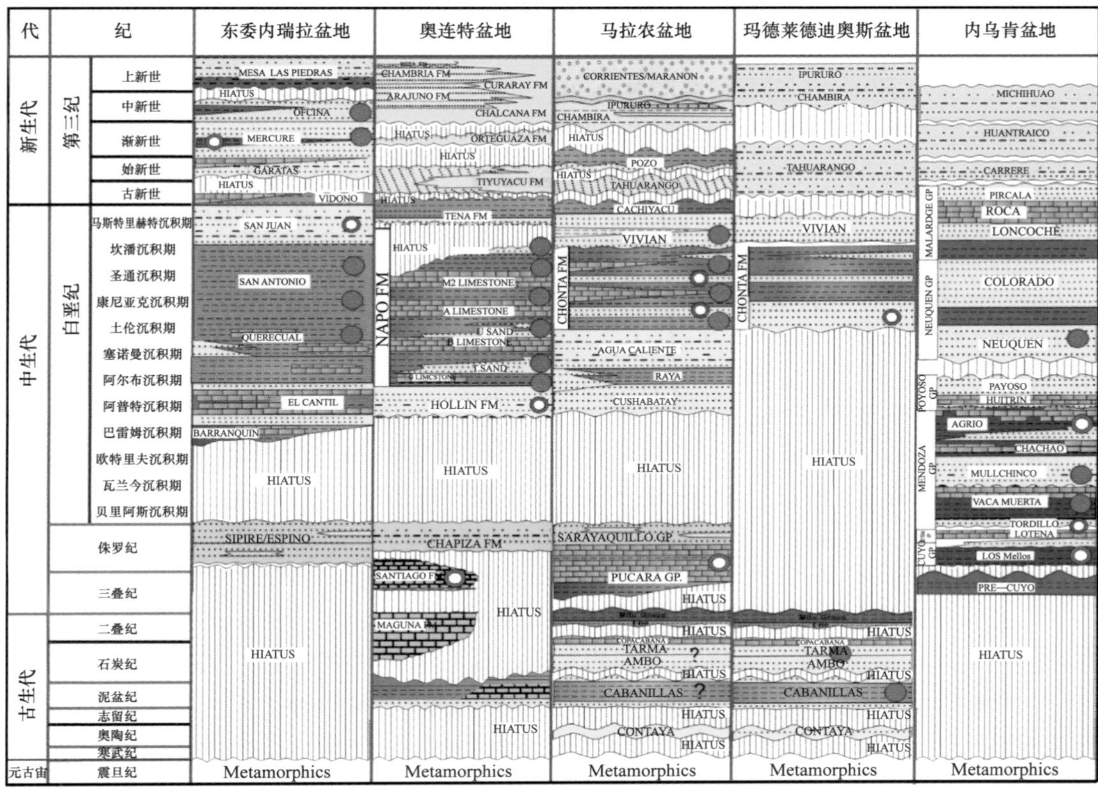


图 1-8　南美洲前陆盆地区综合柱状图[20，21]

自北向南，选取了东委内瑞拉盆地、奥连特盆地、马拉农盆地、玛德莱德迪奥斯盆地、内乌肯盆地综合柱状图，显示次安第斯前陆盆地区内烃源岩、储层和盖层发育的时期

1）古生界

南美前陆盆地中，只有位于中部的前陆盆地发育古生界，位于北部和南部的前陆盆地古生界基本缺失[19]（图 1-8）。其中，马拉农盆地和玛德莱德迪奥斯盆地中奥陶统 Contaya 组为海相砂泥岩沉积，在盆地南部厚度约 1000m，向北部和东部逐渐减薄，在局部地区如 Contaya 组和 Shira 组高地上缺失；泥盆系在奥连特盆地为 Pumbuiza 组，在马拉农盆地为 Cabanillas 组，以半深海的细粒沉积为主，厚度约 1400m，盆地东部发育向上变粗的粗粒碎屑岩沉积；石炭系至二叠系在奥连特盆地为 Macuma 组，由薄层状的碳酸盐岩和页岩组成，厚 750m。马拉农盆地为 Ambo 组、Tarma 组、Copacabana 群及 Ene 组和 Mitu 群，且中间为沉积间断，早期的 Ambo 组和 Tarma 组以河流—三角洲碎屑岩沉积为主，Copacabana 群以碳酸盐岩为主，厚度约 100m。宾夕法尼亚纪至二叠纪初期广泛分布的浅海碳酸盐岩（Macuma 组和 Copacabana 群）形成的大陆架覆盖了整个奥连特—马拉农盆地（除了 Contaya 组）。Ene 组整合沉积在 Copacabana 群之上，由富含有机质的黑色页岩和少

量砂岩组成，厚度约 400m。Mitu 组由陆源碎屑和火山碎屑物组成，沉积在一些小的、以断层为边界的扩张性盆地中，Mitu 组是盆地中少有的向断层方向变厚的地层，表明是同沉积断裂作用的单元之一。

2）中生界

三叠系—下侏罗统在奥连特盆地为 Santiago 组，在马拉农盆地为 Pucara 群，在内乌肯盆地为 Pre—Cuyo 组，玛德莱德迪奥斯盆地和东委内瑞拉盆地缺失三叠系—下侏罗统。其中，Santiago 组仅见于安第斯山麓带 Cutucu 隆起区的厄瓜多尔 Santiago 流域及 Saeha 地区的 Profundo-1 井中，由海侵薄层碳酸盐岩和黑色沥青页岩组成，其上为海退的砂岩—粉砂岩层序；Pucara 群由富含有机质的碳酸盐岩和页岩组成，在马拉农盆地中部和西部厚度超过 1000m，在盆地东部被上覆地层削截；Pre—Cuyo 组红层和 Cuyo 群泥岩在内乌肯盆地全盆地可见，二者不整合接触[22-24]。

上侏罗统在奥连特盆地为 Chapiza 组和 Misahualli 组，在马拉农盆地为 Sarayaquillo 群，在东委内瑞拉盆地为 Espino 组，在内乌肯盆地为 Cuyo 群，玛德莱德迪奥斯盆地缺失上侏罗统。Chapiza 组由砾岩、砂岩和页岩组成，在奥连特盆地西部厚度约 200m，向东逐渐减薄；Misahualli 组为火山岩沉积，分布局限在安第斯山区；Sarayaquillo 群为陆相砂岩、砾岩沉积，与下伏 Pucara 群不整合接触，厚度向西变薄；Espino 组由砾岩、砂岩和页岩组成，厚度约 500m；Cuyo 群由泥岩、石灰岩和砂岩组成，厚度约 300m[20-24]。

白垩系在内乌肯盆地发育最全，包括 Mendoza 群、Payoso 群、Neuquen 群和 Malargue 群[19]。Mendoza 群由砂岩、石灰岩和泥岩组成，在其他的几个盆地，与之对应的地层缺失；Payoso 群对应奥连特盆地的 Hollin 组，马拉农盆地的 Cushabatay 组；Neuquen 群对应奥连特盆地的 Napo 组，马拉农盆地的 Raya 组、Agua Caliente 组、Chonta 组；Malargue 群对应奥连特盆地的 Tena 组，马拉农盆地的 Vivian 组。Mendoza 群和 Payoso 群为海陆交互相，盆地中央沉积的三角洲—海相沉积形成了盆地的主要烃源岩，有机质丰富，生烃潜力大，生成了盆地的绝大部分油气。同期在盆地东部和南部斜坡地带沉积的陆相—三角洲相碎屑岩形成了盆地最主要的储层，还发育一定规模的碳酸盐岩。Payoso 群对应的奥连特盆地 Hollin 组由厚层至块状的白色石英砂岩组成，含少量横向分布稳定的碳质黏土岩和煤层，在奥连特盆地的西南部最大厚度约 150m；马拉农盆地的 Cushabatay 组主要是厚层、中等—粗粒、交错层理的石英砂岩夹富含植物碎屑的次级页岩层。二者均为海退时期三角洲平原—边缘海沉积。

Neuquen 群同样是海陆过渡相，而与之对应的奥连特盆地 Napo 组由海相泥岩、石灰岩和砂岩组成，最大厚度超过 600m，砂岩向东逐渐聚集并加厚，为海侵期的滨—浅海沉积。马拉农盆地 Raya 组主要为富含有机质的海相页岩，含少量粉砂岩、细粒砂岩及次级砂质石灰岩夹层；向盆地西侧，这些页岩富含有机质，沉积在一个封闭的浅海环境中，厚度约 250m；Agua Caliente 组为粗粒、大规模交错层理的砂岩，中间夹细粒砂岩、粉砂岩及富含植物残余物的黑色页岩，厚度约 300m；Chonta 组由砂岩、页岩和碳酸盐岩组成，页岩和碳酸盐岩富含有机质，向东和向南随着水体逐渐变浅该组逐渐变薄，砂岩增多。Malargue 群对应奥连特盆地的 Tena 组由不同颜色（主要是红色）的陆相和滨海相泥岩、粉砂岩组成，在奥连特盆地西部，地层最大厚度超过 700m；马拉农盆地 Vivian 组为河流相，向西变为边缘海相，以砂岩为主，二者均为海退期的沉积。

3）新生界

新生界前陆盆地均以陆相沉积为主，包括东委内瑞拉盆地 Merecure 组和 Oficina 组、奥连特盆地 Tiyuyacu 组和 Orteguaza 组、马拉农盆地 Tahuarango 组和 Chambira 组、内乌肯盆地 Malargue 群和 Carrere 组等；其中内乌肯盆地 Malargue 群上部和 Carrere 组对应奥连特盆地 Tiyuyacu 组、马拉农盆地 Tahuarango 组；内乌肯盆地 Michihao 组可与奥连特盆地 Orteguaza 组、马拉农盆地 Chambira 组对比。上述地层均为陆相沉积，由红色页岩和细砂岩组成，自东向西逐渐增厚，在奥连特盆地西部，Tiyuyacu 组厚约 600m，马拉农盆地西部 Yahuarango 组厚约 300m，Yahuarango 组上覆的 Pozo 组由砂岩和凝灰岩组成，该组在奥连特盆地遭受剥蚀没有保存下来。奥连特盆地 Orteguaza 组由蓝灰色泥岩组成，偶见海绿石砂岩，厚约 300m。马拉农盆地 Chambira 组发育厚层红色页岩，局部含冲积平原砂岩夹层。奥连特—马拉农盆地新近系主要以粗粒碎屑岩沉积为主，厚度超过 2000m[15]。

2. 南美前陆盆地沉积演化

前文述及南美洲前陆盆地的构造演化总体上可概括为从克拉通边缘盆地到裂谷盆地，再到前陆盆地三个演化阶段。位于不同区域的前陆盆地三个阶段的发育程度不同，位于南部和西北部的前陆盆地克拉通边缘盆地阶段不发育，裂谷盆地和前陆盆地阶段发育；位于中部的前陆盆地克拉通边缘盆地阶段和前陆盆地阶段发育，裂谷阶段不发育；位于北部的前陆盆地只经历了裂谷盆地和前陆盆地两个阶段。不同原型盆地的沉积演化特征本就不同，再加上不同原型盆地的叠加，造成了南美前陆盆地在不同时期、不同阶段、不同地区的沉积演化特征差异显著。

1）克拉通边缘盆地演化阶段（寒武纪—二叠纪）

古生代，整个南美西部均为克拉通边缘的一部分。该时期的海相克拉通边缘沉积序列在南美中段的秘鲁南部玛德莱德迪奥斯盆地和玻利维亚的查考盆地等附近最为发育，向南至阿根廷，向北至哥伦比亚地层呈逐渐减薄的趋势，南美北部地区在该时期内一直未接受沉积。

奥陶纪至泥盆纪的海相富含有机质的页岩和砂岩向东超覆在巴西地盾之上，与上覆的泥盆系的细粒碎屑物之间具有较小的平行不整合。受西部板块边界活动影响，发育两组北北西、北北东走向张扭性断裂［图 1-9（a）］。

石炭纪早期早海西运动结束，地层抬升，表现为一个沉积间断。随后沉积了河流相碎屑岩，同时形成了两组北东东和南东东走向的断裂，该组断裂分割早期断裂，形成盆地边界［图 1-9（b）］。石炭纪晚期开始了第一次大规模的海侵，碳酸盐岩覆盖南美西部大部分区域，并延伸至地盾区［图 1-9（c）］。二叠纪的晚海西运动造成区域性抬升，整个南美西部均未接受沉积。

2）裂谷盆地演化阶段（晚三叠世—白垩纪）

晚三叠世—早侏罗世，随着大西洋的张裂，北美大陆从冈瓦纳大陆分离，南美北部形成北北东向和北北西向两组断裂，南美西部地区的两组北北西向、北北东向断裂也同时活化，盆地演化成裂谷盆地。

裂谷盆地沉积初期，整个次安第斯前陆盆地区地层均以玄武岩和红色沉积岩发育为特征，随后在南美西部的厄瓜多尔、秘鲁、玻利维亚及阿根廷北部地区发生了持续海侵，上

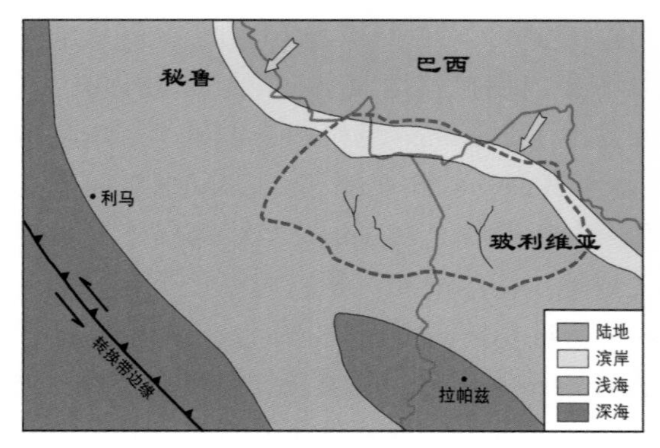

(a) 秘鲁南部泥盆纪古地理图

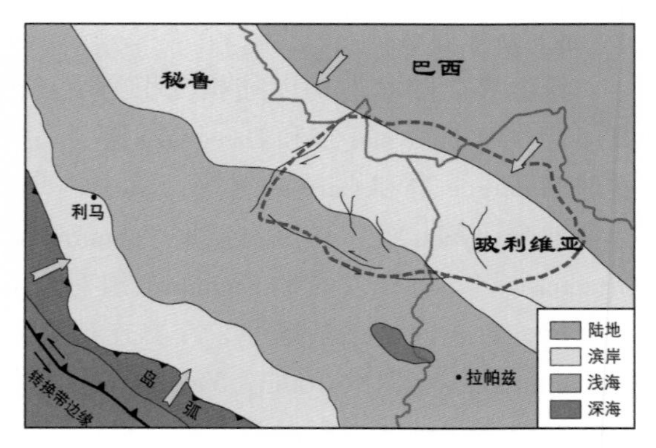


(b) 秘鲁南部早石炭世(密西西比亚纪)古地理图

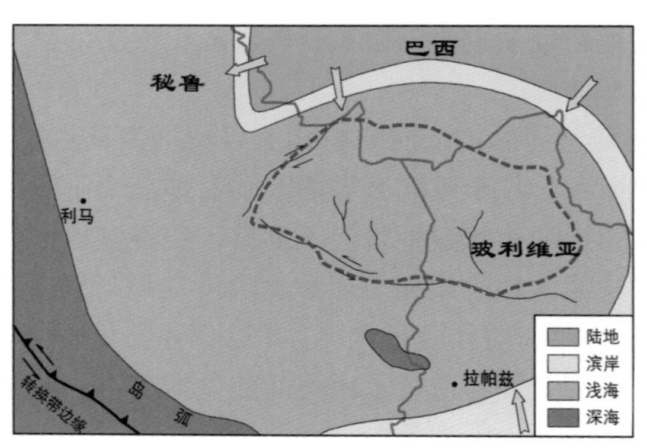


(c) 秘鲁南部早二叠世古地理图

图 1-9　秘鲁南部古生代演化特征图[15]

述地区沉积了厚层碳酸盐岩，如马拉农盆地的 Pucara 群。而在南美西部和北部的其他地区则为火山活动和少量的陆源沉积。南面的裂谷盆地受海进影响，非海相富含有机质的烃源岩段交替沉积，如内乌肯盆地 Los Molles 组及圣乔治盆地 Pozo 组（图 1-10）。

晚侏罗世，南美次安第斯前陆盆地区北部和南部相对抬升，海水从南美西部中段的秘鲁附近逐渐退出，随后沉积了一套陆相碎屑岩（图 1-11）。

白垩纪，盆地进入坳陷期，以热沉降为主，海水从南美西缘北部和南部两个方向逐步侵入，其中南部的最大海侵期发生在早白垩世的贝里阿斯沉积期，北部的最大海侵期发生在晚白垩世康尼亚克—坎潘沉积期。该时期巨厚的海陆交互相沉积构成了前陆盆地内最重要的生、储、盖组合。其中，早白垩世阿普特—阿尔布沉积期，沿火山弧东部向西进发的板块削减过程中产生了蓝片岩和变质岩，该变质岩目前发现于加勒比海周围和沿哥伦比亚 Amaime 地质体东部边界线的仰冲岩块中。从阿尔布沉积期开始，火山弧向东移动至哥伦比亚和厄瓜多尔北部的残留边缘，向北至原加勒比海。阿尔布沉积末期，北部海水的深度已经足以让深海相烃源岩沉积和保存（图 1-12、图 1-13）。

至晚白垩世康尼亚克—坎潘沉积期，白垩纪海侵达到最大（图 1-14），沉积了前陆盆地最主要的烃源岩。在马拉开波盆地沉积了世界级的烃源岩——La Luna 组海相页岩。在厄瓜多尔和秘鲁的奥连特—马拉农盆地沉积了 Napo 组和 Chonta 组烃源岩。在更南部的玻利维亚和阿根廷，则主要发育浅海相—非海相的磨拉石沉积。

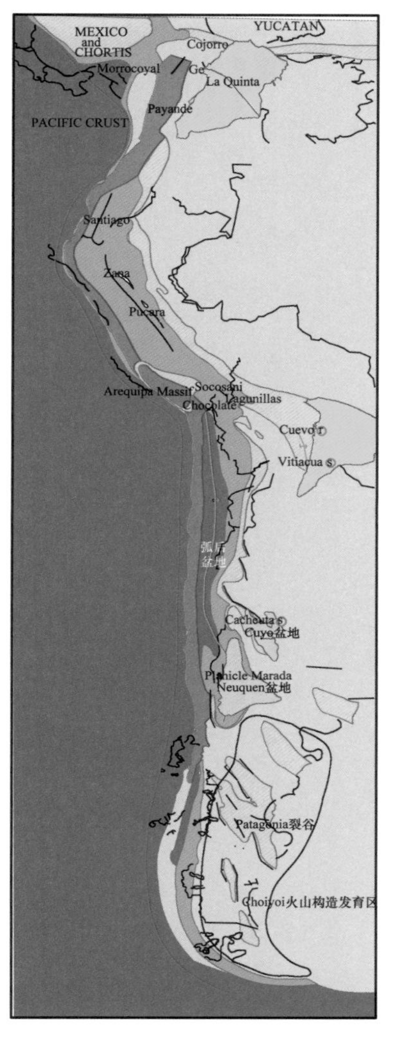


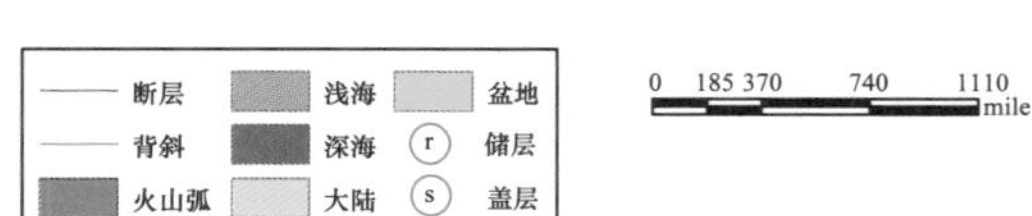


图 1-10　南美西部三叠纪—早侏罗世沉积演化特征图（245—188Ma）[18, 22]

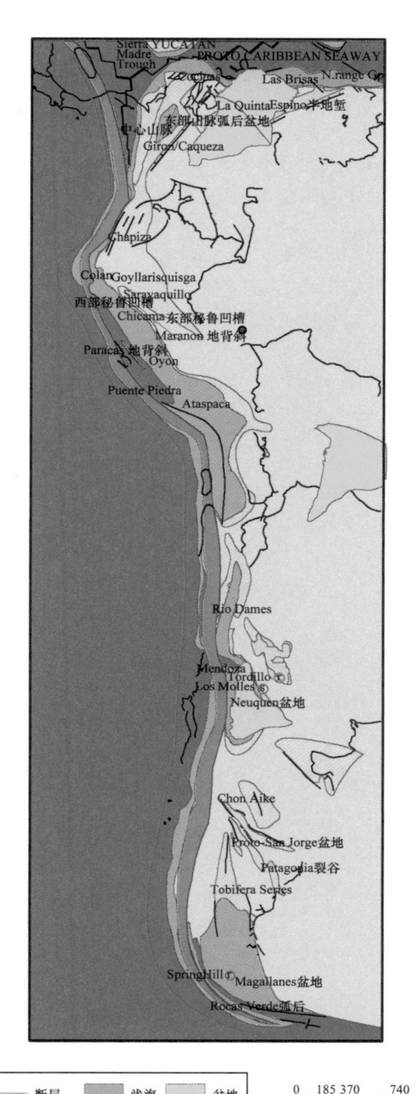


图 1-11　南美西部中—晚侏罗世沉积演化特征图（188—145Ma）[18, 22]

3）前陆盆地演化阶段（晚白垩世末期至今）

由于太平洋板块只与南美大陆中部的秘鲁南部、玻利维亚、智利北部地区垂直碰撞，与南美西部的其他地区都是倾斜碰撞的，包括北部加勒比板块与南美北部也是倾斜碰撞的，所以位于次安第斯前陆盆地区的前陆盆地多数表现出一定的走滑特征，这一点在西北部的前陆盆地表现特别明显，如东委内瑞拉盆地、亚诺斯盆地等。

从圣通或坎潘沉积期开始，前陆盆地区北面的海水逐步退去，陆相碎屑岩沉积逐渐占主导地位，陆源碎屑主要来自东部和西部两个方向；前陆盆地群中部地区同样是以陆缘碎屑岩沉积为主，海相沉积物仅在局部地区分布；向南受大西洋影响，主要发育海相

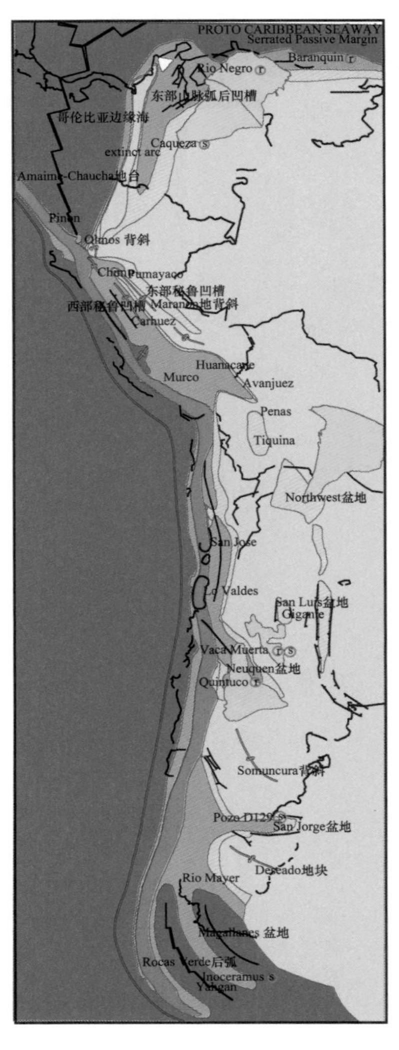


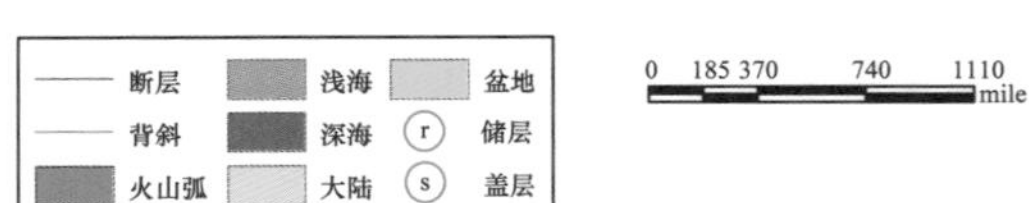


图 1-12　南美西部早白垩世早期沉积演化特征图（144—120Ma）[18, 22]

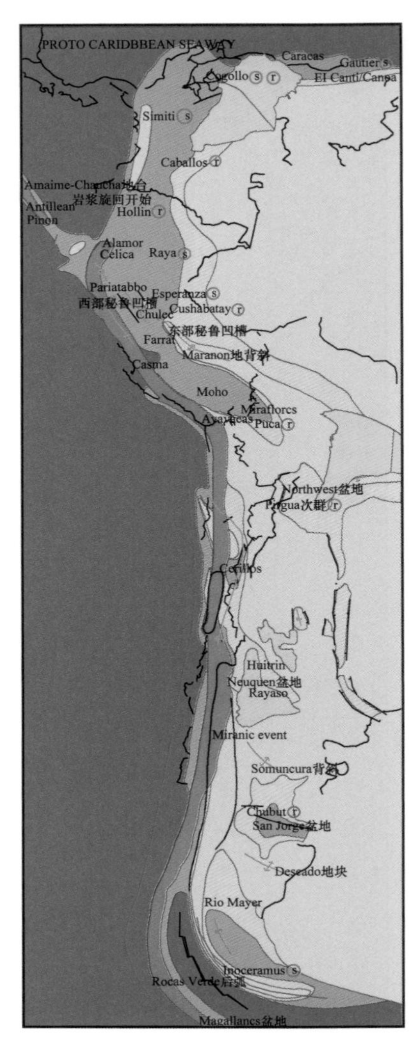


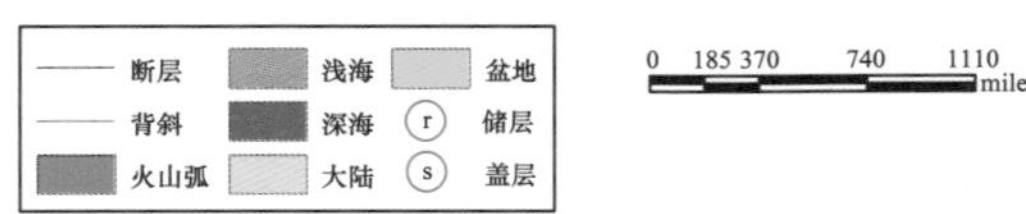


图 1-13　南美西部早白垩世晚期沉积演化特征图（119—97Ma）[18, 22]

沉积（图 1-15）。

古近纪早期，南美板块向西漂移导致加勒比海板块相对向东移动，伴随轻微向北的运动。沿着安第斯褶皱带的长轴方向，沉积了巨厚的陆缘碎屑岩沉积。在安第斯南段，压缩和抬升并不剧烈，磨拉石向东的延伸受限。在整个古近纪，阿根廷南部发育稳定的陆表海盆地，并与大西洋保持连通（图 1-16）。

中新世中期至今，不断增长的“安第斯”造山隆起和当前起伏地形的发育（汇聚型火山弧的再生）可能由以下几个因素造成：（1）南美板块向西加速越过地幔，但是不够强烈；（2）在壳体插入沿安第斯海沟的过程中南美板块向西越过地幔的速度逐渐减小；

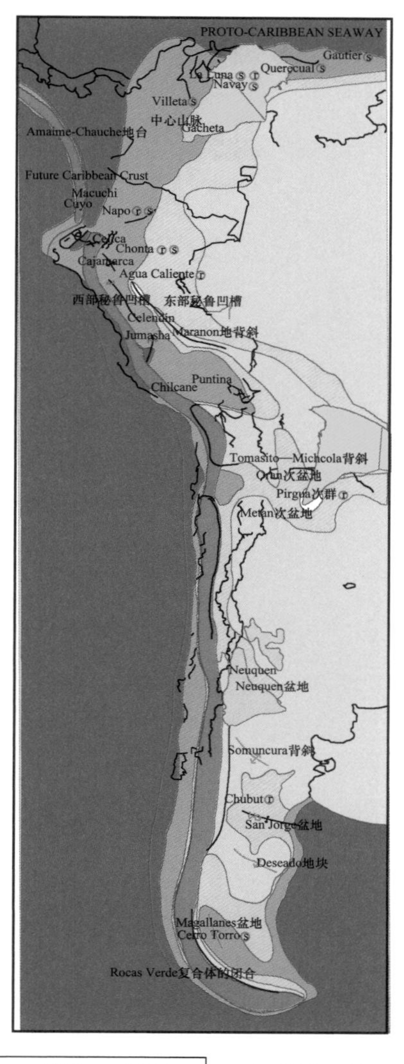

图 1–14　南美西部晚白垩世早期沉积演化特征图（97—85Ma）[18, 22]

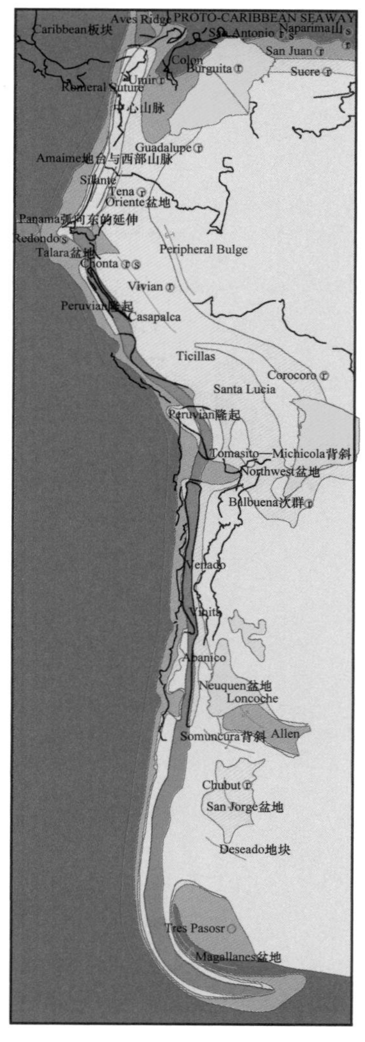


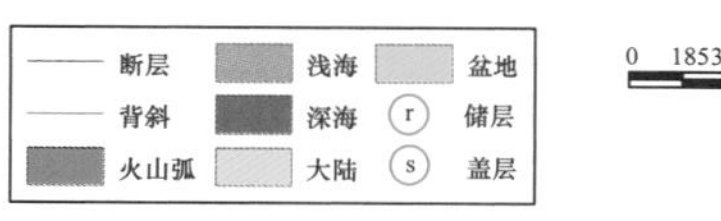


图 1–15　南美西部晚白垩世晚期沉积演化特征图（84—66Ma）[18, 22]

（3）中生代纳兹卡板块的俯冲速率加速，导致了沿山脉的火山作用及地带的热软化，使其更易变形。山脉剥蚀中新世—新近纪巨厚沉积的磨拉石碎屑物质，产生了巨厚的前渊区，向东延伸越过大多数西部的弧前盆地（图 1–17）。

3. 南美前陆盆地沉积体系和沉积模式

南美前陆盆地一般存在两套或三套由细变粗的反旋回沉积。由于后期变形作用强烈，不同盆地及同一盆地局部地层旋回具有不完整性。盆地的早、中、晚期层序间常为不整合面，前缘隆起、冲断带上的不整合较为发育。沉积物来源一般是单向的，在发育早期，冲断体位于海平面之下，物源来自克拉通方向；在盆地发育后期，由于冲断体向前陆推进露

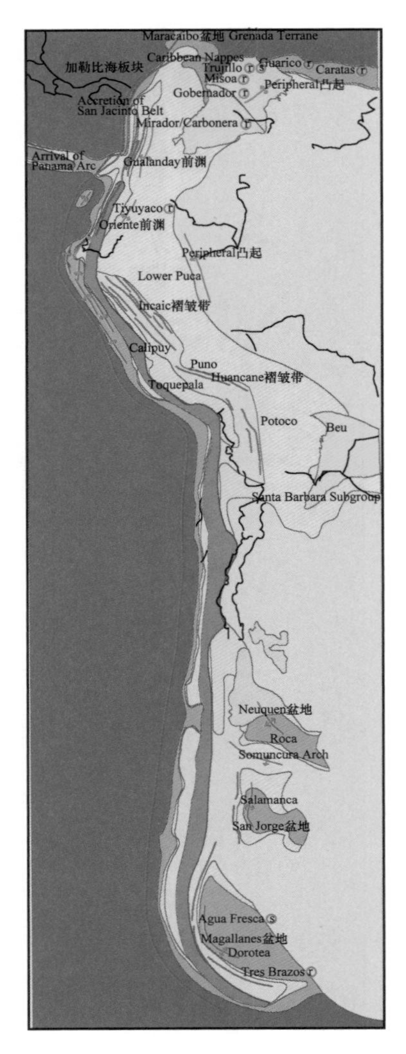


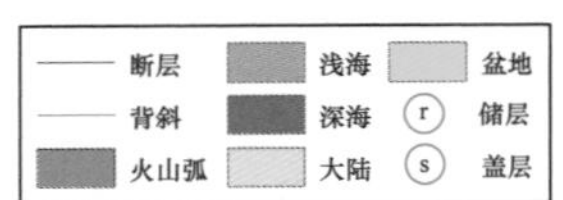


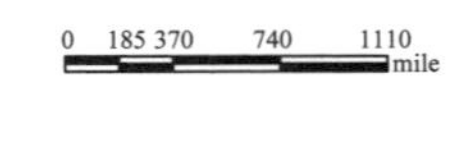


图 1-16 南美西部古新世—始新世沉积演化特征图（66—37Ma）[18, 22]

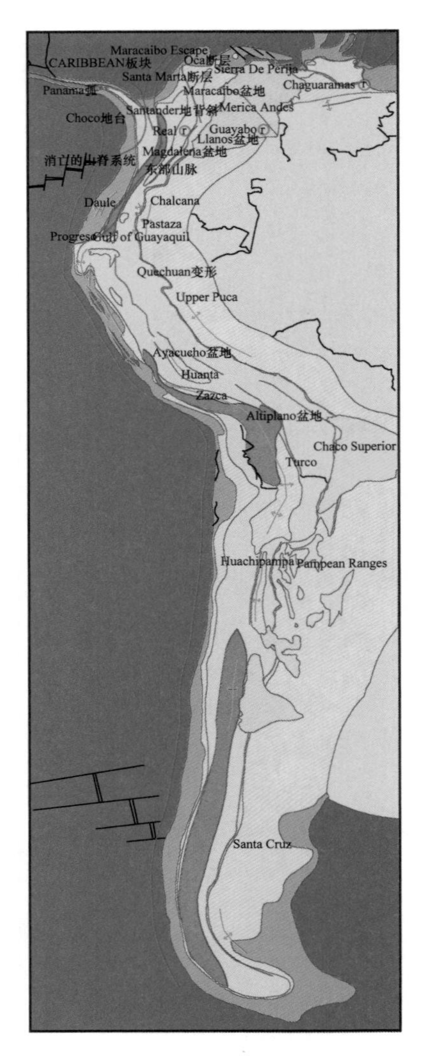


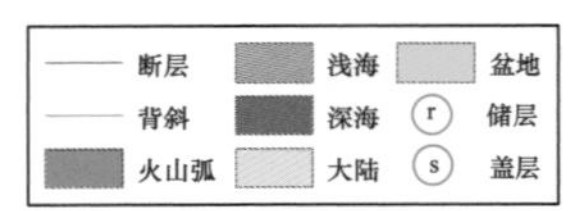


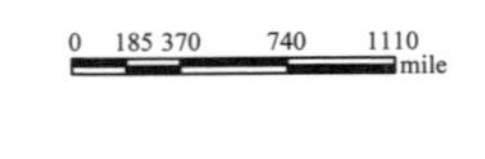


图 1-17 南美西部中新世沉积演化特征图（16.7—1.7Ma）[18, 22]

出海平面，来自冲断体的削蚀组分占主要地位。

南美前陆盆地在早期以盆地快速沉降、深水重力流的复理石沉积为主；在后期沉降速度降低，形成过补偿的浅水—陆相磨拉石沉积，这就是南美典型海相前陆盆地的早期复理石、晚期磨拉石的“双结构”沉积充填特征。在构造演化的不同阶段，前陆盆地发育不同的沉积体系，在不同位置形成不同的沉积充填和地层结构特点。在克拉通边缘期，冲断体位于海平面之下，沉积物全部来自克拉通方向，盆地主要发育河流—三角洲—滨浅海沉积体系。在裂谷期，物源也主要来自克拉通方向，盆地除了发育河流—三角洲—滨浅海沉积体系外，还发育碳酸盐岩台地沉积体系。在前陆期，毗邻造山带一侧以巨厚的冲积扇—

扇三角洲—辫状河三角洲沉积体系为主；盆地内以广泛的河流—湖泊沉积为主，沉积厚度从靠近冲断带向盆地内逐渐变小，沉积物主要来自克拉通，斜坡—隆起带发育河流—三角洲—湖泊沉积体系。

1）滨岸—浅海—半深海沉积体系

在南美前陆盆地区，该体系多发育于前陆盆地演化的克拉通边缘期和裂谷期，部分发育于前陆期。自西向东，沉积环境从半深海、浅海陆棚渐变为滨岸，总体为水体变浅的过程，沉积物来自海岸平原，沉积厚度总体较厚，自西向东逐渐减薄。沉积物具有分带性，从岸至海依次为砂砾岩、粉砂岩和泥岩沉积，主要位于现今盆地的前渊带（图 1–18）。

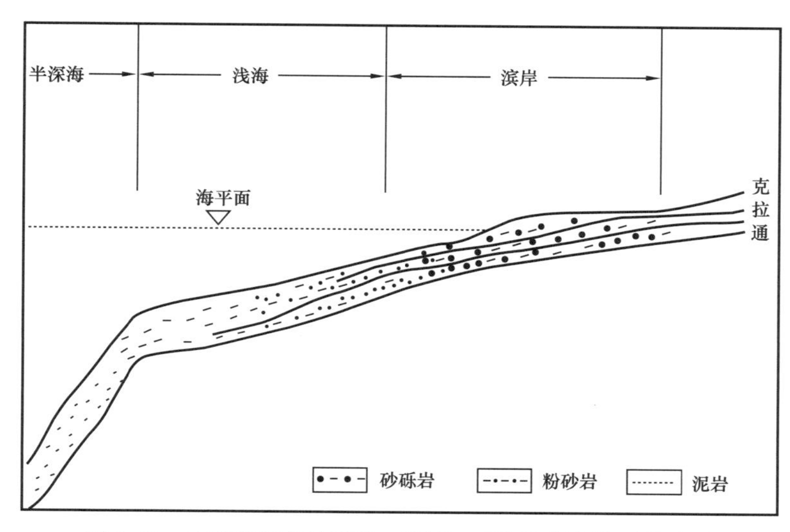


图 1–18 南美前陆盆地滨岸—浅海—半深海沉积体系模式图

在裂谷期形成前陆盆地的主力烃源岩，在前陆期形成盆地的储层和盖层。

在北段和南段前陆盆地区，该类型的沉积体系主要发育在古近—新近纪和白垩纪，形成了盆地的主力烃源岩和次要储层和局部盖层，如东委内瑞拉盆地。裂谷期上白垩统海相泥岩成为主力产层，前陆期中新统 Freites 组海相泥岩形成了盆地的区域性盖层，渐新统—上新统海相砂岩为盆地的次要储层。

在中段前陆盆地区，该类型的沉积体系主要发育在晚志留世—早二叠世的沉积层序中，该体系形成了盆地的主力生储盖层，如查考盆地。坳陷期上志留统—下石炭统海相泥岩和砂岩形成了盆地主要生储盖层，盆地中 75% 的已发现油气都位于该层段。

2）河流—三角洲沉积体系

该体系多发育于前陆盆地演化的裂谷期和克拉通边缘期，沉积厚度自西向东逐渐减薄，沉积物粒度逐渐变细，从三角洲泥、三角洲砂岩逐渐过渡到河流相砂岩，形成盆地的主力储层和次要烃源岩及盖层（图 1–19）。

在北段前陆盆地区，主要发育于晚白垩纪和始新世—中新世沉积层序中。如东委内瑞拉盆地，渐新统—中新统 Carapita 组和 Merecure 组三角洲相泥岩形成了盆地的次要烃源岩和局部盖层；中新统 Oficina 组河流—三角洲相砂岩形成了盆地的主力储层，拥有盆地 80% 以上的油气资源。

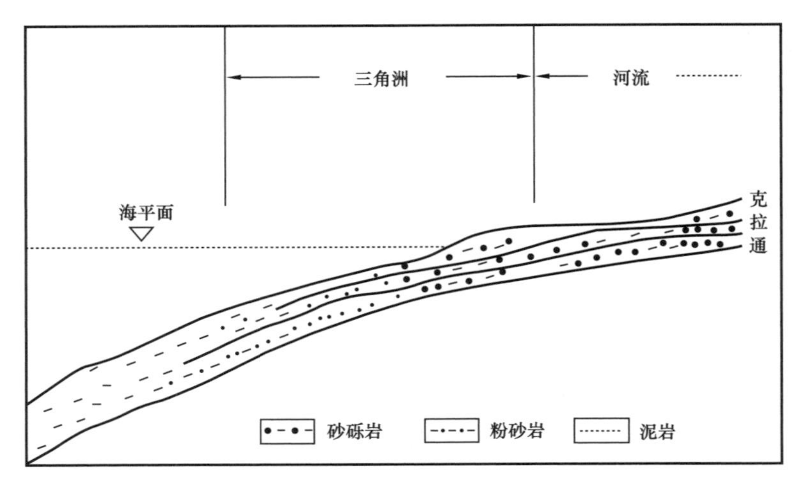


图 1-19　南美前陆盆地河流—三角洲沉积体系模式图

在中段前陆盆地区，主要发育于晚古生代沉积层序中。如玛德莱德迪奥斯盆地，上二叠统 ENE 组和上泥盆统—下石炭统三角洲相砂岩形成了盆地的主力储层，拥有盆地的绝大部分油气资源量；下石炭统三角洲相泥岩形成了盆地的次要烃源岩。

在南段前陆盆地区，主要发育于侏罗纪和早白垩纪沉积层序中，如内乌肯盆地。志留系—下白垩统 Agrio—Centenario 组和 Los Molles 组河流三角洲相泥岩形成了盆地的重要烃源岩和局部盖层；志留系—下白垩统 Mendoza 组和 Lotena 群河流三角洲相砂岩形成了盆地的主力储层。

3）碳酸盐岩台地沉积体系

该体系多发育于前陆盆地演化的裂谷期，沉积厚度较薄，发育规模较小，以台地相石灰岩为主，仅在内乌肯盆地阿尔布阶 Rayoso 群发育少量白云岩，形成盆地的次要烃源岩和储层，仅局部盆地形成重要储层（图 1-20）。

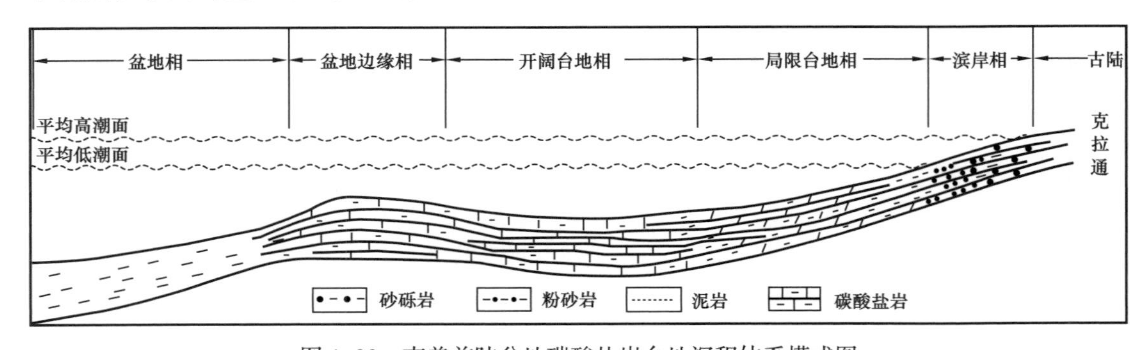


图 1-20　南美前陆盆地碳酸盐岩台地沉积体系模式图

平面上主要发育于盆地的前渊带和斜坡带。纵向上，在东委内瑞拉盆地的上白垩统和渐新统发育较少，在巴里纳斯—阿普尔盆地上白垩统和始新统少量发育，厚度极薄；普图马约—奥连特盆地在上白垩统 Napo 组 A、B、C 段发育少量石灰岩；在马拉农盆地，阿尔布阶 Raya 组和圣通阶—坎潘阶 Chonta 组有少量石灰岩发育；玛德莱德迪奥斯盆地石灰岩台地最为发育，在上石炭统—二叠系的 Copacabana 群也有大量发育，形成该盆地的重要储层；在内乌肯盆地，侏罗系—白垩系碳酸盐岩多有出现，总体厚度也较大，泥质含量较高，储集性能较差，仅下侏罗统 Cuyo 群发育较纯净石灰岩。

4）冲积扇—扇三角洲—辫状河三角洲—湖泊沉积体系

该体系发育于前陆盆地发育期，位于造山带一侧。冲断体位于海平面之上，沉积环境以陆相为主（图 1–21）。由于造山带的强烈隆升，盆地相对高差较大，地形相对较陡，沉积物快速堆积形成冲积扇和直接入湖的扇三角洲沉积。加上干旱炎热的古气候，物源十分充足，临近物源区往往发育一系列冲积扇体。它们在平面上相互连接、剖面上互相叠置，形成多个物源出口，从而形成大面积稳定分布的砂体。从物源区向沉积区，沉积物粒径由粗变细，但厚度变化不大。岩性主要为砂砾岩、含砾砂岩、砂岩等。如果冲积扇直接入湖，则形成扇三角洲沉积，在粗粒河道相沉积物中会有细粒的交互沉积物，如泥岩、粉砂质泥岩和泥质粉砂岩等。

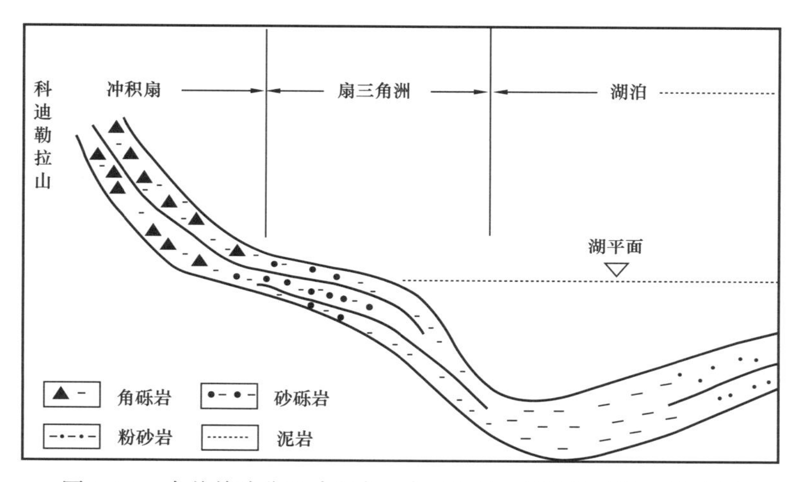


图 1–21　南美前陆盆地冲积扇—扇三角洲—湖泊沉积体系模式图

该沉积体系在南美前陆区皆有发育。在北段的巴里纳斯—阿普尔盆地，中新世中期大规模的挤压构造使梅里达安第斯山脉（merida andes）开始活动，梅里达安第斯山脉造山作用在上新世—更新世达到顶峰，梅里达安第斯山脉一带迅速抬升，并伴随着其西南边缘的磨拉石沉积，该磨拉石沉积以 Parangula 组和 Rio Yuca 组的扇三角洲—辫状河三角洲沉积为代表。

在中段的玛德莱德迪奥斯盆地，从古新世开始东科迪勒拉山脉开始挤压，次安第斯带重新开始活动，并发生变形。由于造山带的强烈隆升，褶皱冲断带的剥蚀组分沉积物快速堆积形成冲积扇，局部陡峭地区沉积组分沿扇体轴向直接入湖形成扇三角洲沉积。在局部宽缓地区则形成辫状河—三角洲沉积体系。

5）河流—三角洲—湖泊沉积体系

该体系发育于前陆盆地发育期，靠近克拉通一侧。在前陆盆地的剥蚀反弹期，构造相对静止，地壳均衡作用引起岩石圈弹性回跳，致使前陆盆地整体上隆。在前陆近端主要为沉积剥蚀、搬运过渡带，粗粒沉积物向盆地远端呈进积式充填。自盆地边缘隆起带向盆地中心，依次发育河流相、三角洲相和湖泊相，物源来自克拉通方向，沉积厚度逐渐增大；沉积物颗粒逐渐变细，发育砾岩、砂岩、泥岩等沉积物（图 1–22）。

平面上，发育于盆地的前渊带—斜坡隆起带，为斜坡带的主要储层和盖层。

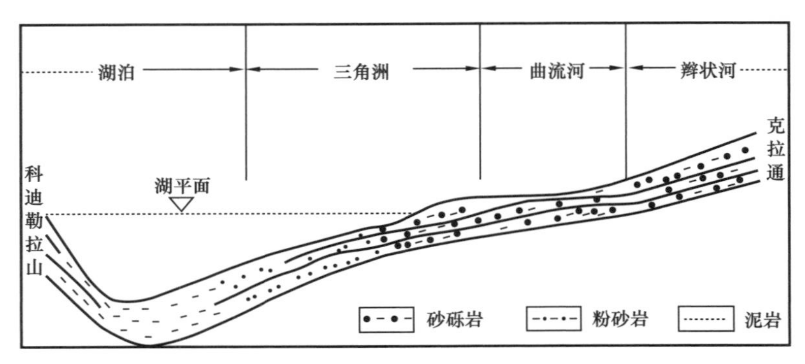


图 1–22　南美前陆盆地河流—三角洲—湖泊沉积体系模式图

纵向上，主要发育于古近系和新近系，部分发育于中生界。在北段和南段前陆盆地中，主要形成于渐新统—上新统沉积层序中，为盆地中重要的储层和盖层，拥有盆地斜坡带中的绝大部分油气资源。在中段盆地中，主要形成于侏罗系、白垩系和新生界中，以白垩系为主，形成盆地的重要储层，为斜坡带的主力储集体。

## 三、油气地质特征

前陆盆地通常发育有前陆盆地形成前的烃源岩层和前陆盆地沉积时期烃源岩层这两套烃源岩层。从沉积速率、有机质形成和二者的平衡关系来看，典型前陆盆地的主要烃源岩发育在被动大陆边缘沉积时期，因此被动大陆边缘烃源岩层中原油产出的概率要高得多。根据目前世界主要前陆盆地油气勘探情况，前陆盆地形成之前的盆地发育阶段富集了前陆盆地最主要的烃源岩层，此外前陆盆地沉积时期也有一定的烃源岩发育潜力[14–15, 24–26]（图 1–23）。

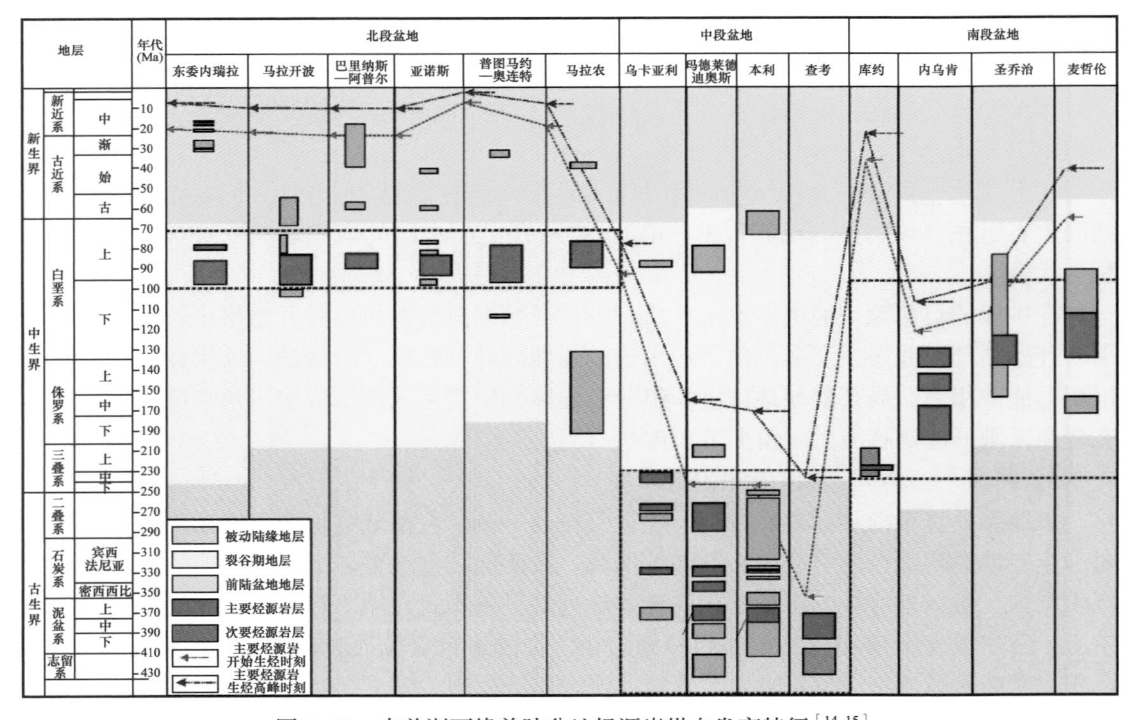


图 1–23　南美洲西缘前陆盆地烃源岩纵向发育特征[14–15]

北美加拿大阿尔伯达盆地纵向上发育五套烃源岩：下部为克拉通陆架区沉积的泥盆系烃源岩、石炭系烃源岩和三叠系烃源岩，上部为裂谷盆地沉积时期的中、上侏罗统烃源岩和上白垩统烃源岩；美国洛基山前陆盆地纵向上也同样发育有多套烃源岩，既有下伏广泛发育的被动边缘期宾夕法尼亚系海相页岩，也有裂谷时期沉积的白垩系海相页岩。如前所述，在前陆盆地发育阶段（古近—新近纪），基本不发育烃源岩。中东的扎格罗斯山前盆地是世界著名的前陆盆地，也是世界上最主要的产油气盆地之一，盆地油气储量相当丰富，该盆地发育有寒武系、下志留统 Gahkum 组、中侏罗统 Sargela 组、中下白垩统 Garan 组及 Kazhdumi 组、上白垩统 Garpi 组和古新统—始新统 Pabdeh 组等多套被动边缘盆地环境烃源岩；前陆盆地发育时期，由于盆地的快速隆升，盆地没有发育前陆盆地环境烃源岩层。

中国中西部前陆盆地的烃源岩发育同世界其他前陆盆地一样，纵向上也发育有多套烃源岩层，但主要的烃源岩层发育在前陆盆地形成之前的地层中，前陆盆地沉积地层中基本没有好的烃源岩层发育，仅存在一些生烃潜力较差的烃源岩层，如准噶尔盆地西缘、柴达木盆地北缘和塔里木盆地等，这些盆地发育的前陆盆地时期烃源岩品质都比较差[25-26]。

1. 烃源岩发育特征

南美西缘安第斯山区东侧发育世界上最著名的前陆盆地群，该前陆盆地群从南美洲最北端的委内瑞拉一直延展到南美洲最南端的阿根廷，由 14 个前陆盆地组成。

盆地构造演化历史研究表明，位于不同地理位置的盆地其成盆过程不同，北部盆地和南部盆地主要经历了裂谷盆地演化阶段和前陆盆地演化阶段，因此盆地主要形成裂谷期地层和前陆盆地地层；中部盆地则主要经历了被动陆缘盆地演化阶段和前陆盆地演化阶段，盆地主要发育被动陆缘地层和前陆盆地地层，由于盆地经历的演化过程的差异性，导致不同位置的前陆盆地其主力烃源岩层位也有所不同。整体上南美洲西缘前陆盆地演化经历了被动陆缘盆地、裂谷盆地和前陆盆地这三个大的演化阶段，对应发育三套巨厚层序，分别为被动陆缘巨层序、裂谷巨层序和前陆盆地巨层序，其中每一套巨层序都有烃源岩层发育，但是由于北部盆地群、中部盆地群和南部盆地群所经历的盆地演化阶段存在差异，因此不同地区的前陆盆地其发育的主力烃源岩层存在差异[14-15，19-21]。

总体上南美洲西缘前陆盆地群烃源岩纵向发育具有多层系发育的特点，即整体上盆地在多个层系中发育有多套烃源岩。同时根据盆地发育的三阶段特征，纵向上可以将盆地发育的烃源岩划分为被动大陆边缘盆地沉积时期烃源岩、裂谷盆地沉积时期烃源岩和前陆盆地沉积时期烃源岩（图 1-23）。平面上，不同地区前陆盆地其发育的主力烃源岩层有差异：北部盆地群（马拉农盆地以北盆地）和南部盆地群（库约盆地以南盆地）主要发育裂谷盆地沉积时期烃源岩层，而中部盆地群（包括乌卡亚利盆地、玛德莱德迪奥斯盆地、本利盆地和查考盆地）主要发育被动边缘盆地沉积时期烃源岩层[15，18]。

1）纵向发育特征：多层系发育、三段式展布

南美洲西缘前陆盆地的烃源岩层从古生界的志留系到新生界的中新统均有发育，跨越了整个古生界、中生界和新生界；同时每个盆地中发育的烃源岩层少则 3～5 套，多则十几套，具有多层系发育的特点（图 1-23）。不同区域的前陆盆地烃源岩发育具有明显差异，基本上北部盆地（马拉农盆地以北盆地）主要发育中生界白垩系及新生界古近—新近系烃源岩层；中部盆地（乌卡亚利盆地、玛德莱德迪奥斯盆地、本利盆地和查考盆地）发

育的烃源岩层位跨度大，从古生界的志留系到新生界的中新统均有发育，但主要集中在古生界的泥盆系、石炭系和二叠系；南部的三个盆地（库约盆地、内乌肯盆地和澳大利亚盆地）烃源岩发育相对较为集中，主要分布在中生界的三叠系、侏罗系和白垩系。

整体上看南美洲西缘前陆盆地的烃源岩纵向发育具有中部盆地老、南北两侧盆地年轻的特点，这与南美洲西缘前陆盆地群的整体沉积演化历史密切相关：古生代，南美洲西缘中部地区海水侵入，并且海侵范围逐步向南部和北部扩展（向北至马拉农盆地，向南波及内乌肯盆地），此阶段是南美洲中部前陆盆地烃源岩形成的主要时期，因此中部盆地群主要发育古生界海相烃源岩；随后中生代，南美洲北部和南部地区发生一次较大规模的海侵，形成一套南美洲西缘前陆盆地最重要的烃源岩即白垩系海相烃源岩，但是由于中部地区没有受到这次海侵的波及，因此这套烃源岩主要发育在南部和北部前陆盆地群中，中部盆地群该套烃源岩不发育。

2）平面发育特征：成熟烃源岩主要发育在前陆盆地冲断带和前渊带

成熟烃源岩的平面展布特征对盆地油气运移与成藏有着十分重要的控制作用，因此通过研究盆地主力烃源岩层成熟度平面分布确定盆地有效生烃灶，进而研究盆地油气分布规律有着十分重要的意义。分别选取三个具有代表性的盆地东委内瑞拉盆地、玛德莱德迪奥斯盆地和内乌肯盆地代表北部、中部和南部前陆盆地群来对盆地成熟烃源岩平面展布进行研究。

北部前陆盆地群：东委内瑞拉盆地是南美洲油气探明可采储量最大的含油气盆地，盆地位于南美洲前陆盆地带的最北端，勘探面积 $21.9\times10^4km^2$，其中陆地面积 $17\times10^4km^2$，海上面积仅 $4.9\times10^4km^2$。盆地南部为圭亚那地盾，北部以安第斯山为界，西与巴里纳斯盆地为邻。盆地白垩系 Guayuta 组烃源岩是盆地最主要的烃源岩，形成于白垩纪赛诺曼—坎潘沉积期，属海相沉积，此时整个南美洲北缘发生大规模海侵，厚层海相页岩向南超覆在圭亚那地盾上，随后盆地北部随着东安第斯山的隆升发生抬升，盆地中间的前渊带则持续沉降，使得 Guayuta 组烃源岩达到成熟，目前该组烃源岩主要发育在盆地中西部前渊带。古近—新近系 Oficina 组烃源岩基本上在新近纪末期进入生油门限，目前该套烃源岩成熟度等值线的展布与盆地等深线相似，盆地冲断带南部烃源岩已经进入生气门限，前渊带大部分地区进入生油门限（图 1–24）。

中部前陆盆地群：包括玛德莱德迪奥斯盆地、乌卡亚利盆地、查考盆地和本利盆地，以玛德莱德迪奥斯盆地为例，该盆地中泥盆系 Cabanillas 群海相泥岩是盆地最主要的烃源岩，主要分布在盆地南部的前渊带和冲断带内，地球化学分析数据表明，该套烃源岩 $R_o$ 值 0.5% 等值线与盆地前渊带与斜坡带的分界线基本一致，向南到达盆地冲断带，有机质成熟度达到 1.0%，进入生油门限。前渊带处该套烃源岩 $R_o$ 已经大于 1.3%，进入生油高峰期（图 1–25）。

南部前陆盆地群：包括库约、内乌肯和澳大利亚三个盆地。以内乌肯盆地为例，该盆地侏罗系 Los Molles 组烃源岩是盆地主要的烃源岩层，平面上该套烃源岩层 $R_o$ 值大于 0.6% 的区域主要分布在盆地中南部的前渊带和冲断带，盆地中西部中心区域该套烃源岩 $R_o$ 值达到 2.0% 以上，已经进入生气门限，斜坡带上有部分区域烃源岩进入生油门限（图 1–26）。

通过对南美洲主要前陆盆地的烃源岩平面展布进行研究后发现，南美前陆盆地成熟

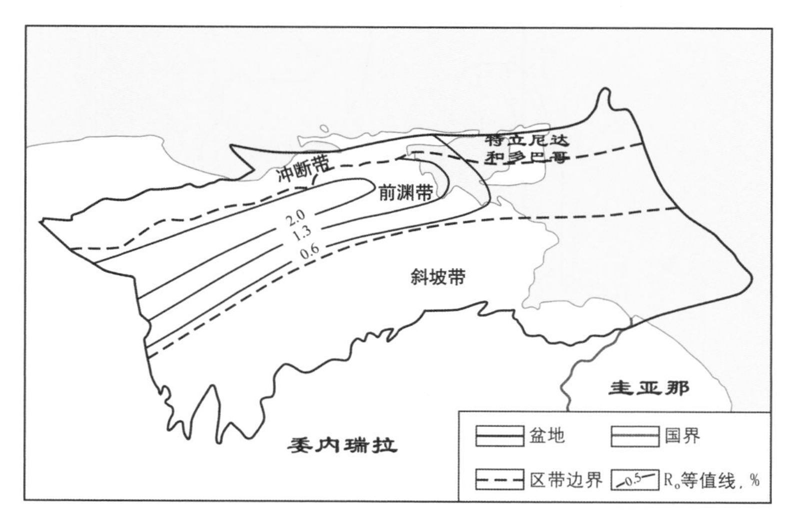


图 1-24　北部东委内瑞拉盆地白垩系 Guayata 组烃源岩成熟度平面展布图[15]

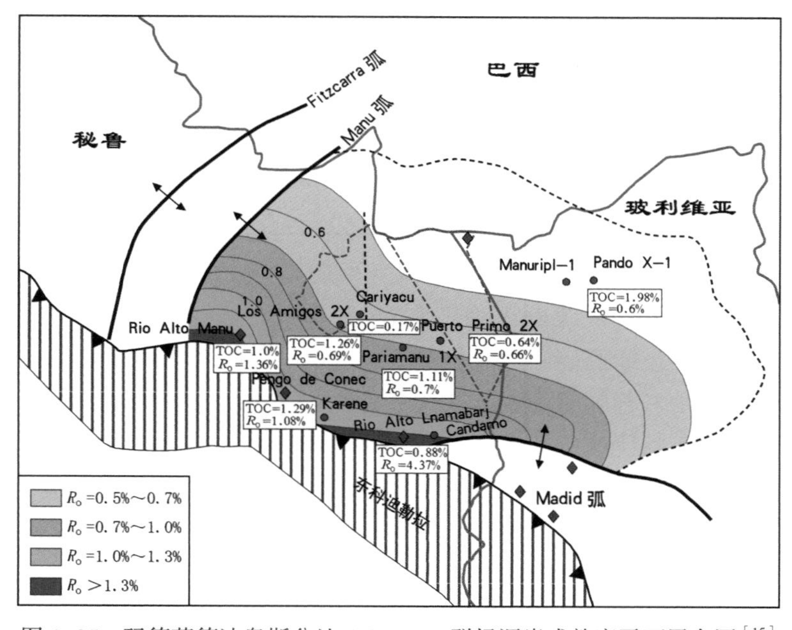


图 1-25　玛德莱德迪奥斯盆地 Cabanillas 群烃源岩成熟度平面展布图[15]

烃源岩主要分布在盆地冲断带和前渊带中，主要是由于盆地冲断带和前渊带地层沉积厚度大、埋藏深造成的。冲断带内的部分烃源岩甚至达高成熟生气阶段，成熟的烃源岩成条带状平行于盆地的轴向分布。

2. 南美前陆盆地储层发育特征

1）储层类型发育特征

储层是油气聚集成藏的六要素之一，为油气提供储存的场所。储层的层位、类型、发育特征、内部结构、分布范围及物性变化规律等要素是控制地下油气分布规律、油气产能分布的重要地质因素。

从统计资料结果来看，前陆盆地中形成大油气田的概率要大于其他类型的盆地，这说

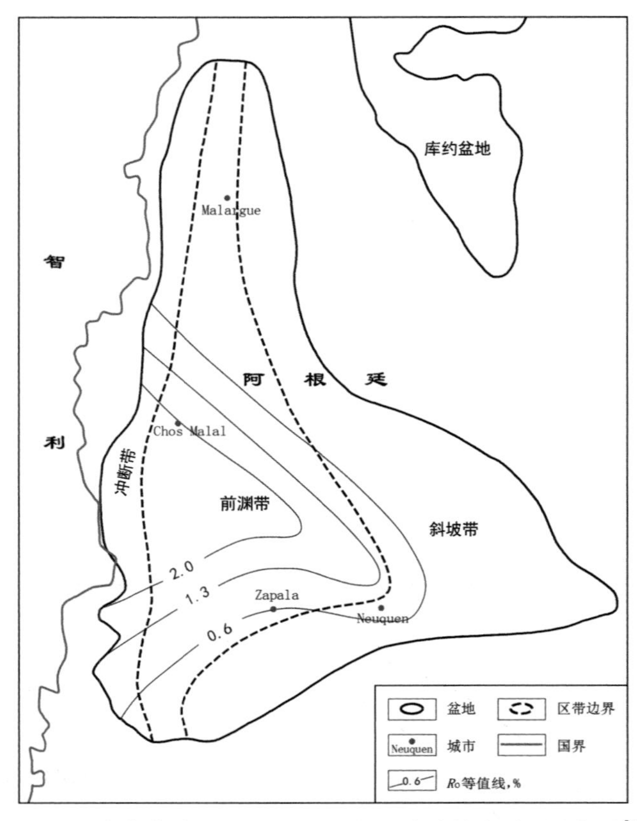


图 1-26　内乌肯盆地 Los Molles 组烃源岩成熟度平面展布图[15]

明前陆盆地不仅具有良好的烃源岩条件，而且前陆盆地中具有优越的储层条件。目前，全球范围内的大油气田中砂岩和碳酸盐岩是最主要的两种储层类型。南美洲前陆盆地的储层主要包括前陆盆地期前和前陆盆地成盆期两个阶段的产物，发育的储层类型相对简单，主要以砂岩为主，部分盆地中发育有碳酸盐岩储层。砂岩储层多为河流沉积、三角洲沉积和滨浅海与三角洲环境沉积，沉积储层母源多来自南美洲大陆东部克拉通地盾。砂岩主要为石英砂岩，少见长石砂岩，分选磨圆较好，表明沉积物质经历过长距离的运移。

2）储层层位发育特征

南美洲前陆盆地纵向上储层发育层位较多，从古生界的志留系、泥盆系到中生界的三叠系、侏罗系、白垩系和新生界的古近系和新近系都有储层发育。

南美洲不同地区前陆盆地主要储层发育层位不同，北部东委内瑞拉盆地、马拉开波盆地、巴里纳斯盆地、亚诺斯盆地、普图马约—奥连特盆地、马拉农盆地等六个盆地主要发育上白垩统、古近系和新近系；中部的乌卡亚利盆地、玛德莱德迪奥斯盆地、本利盆地、查考盆地这四个盆地其储层发育层位跨度大，包括古生界的志留系、泥盆系、石炭系、二叠系储层和中生界的三叠系、侏罗系、白垩系储层及新生界的古近系和新近系储层，目前中部的四个盆地油气发现主要集中在古生界储层中；南部的库约盆地、内乌肯盆地、麦哲伦盆地其发育的储层包括中生界三叠系、侏罗系、白垩系和新生界古近系和新近系，其中中生界侏罗系和白垩系发育的储层是盆地最主要的储层。从中可以看出南美洲前陆盆地储层的纵向发育也具有中部老、北部和南部年轻的特点（表1-1，图1-27）。

表 1-1　南美洲主要前陆盆地储层物性参数[15, 19]

| 区域 | 盆地 | 储层名称 | 储层时代 | 储层沉积相 | 储层岩性 | 储层厚度（平均值）m | 孔隙度（平均值）% | 渗透率（平均值）mD |
|---|---|---|---|---|---|---|---|---|
| 北段 | 东委内瑞拉 | Oficina 组 | 中新统 | 河流—三角洲 | 砂岩 | 5～250 | 9～30 | 18～5000 |
| | | Roblecito 组 | 中—上渐新统 | 陆架 | 砂岩 | 砂泥薄互层 | 7～18 | 10～850 |
| | | La Pascua 组 | 中—下渐新统 | 河口沙坝 | 砂岩 | 10～460 | 5～24 | 10～2033（250） |
| | 马拉开波 | Mirador 组 | 始新统 | 河流—三角洲 | 砂岩 | 200～500（400） | 13.7～25（17.8） | 100～2330（369） |
| | 巴里纳斯—阿普尔 | Escandalosa 组 | 上白垩统 | 浅海陆棚 | 砂岩、石灰岩 | 50 | 7～25（砂岩）7～14（石灰岩） | 2～5000 |
| | 亚诺斯 | Mirador 组 | 始新统 | 浅海—三角洲—河流 | 砂岩 | 50～450 | 4～25 | 2～5000 |
| | 普图马约—奥连特 | Napo 组 | 上白垩统 | 河流—三角洲和滨海 | 砂岩、碳酸盐岩 | 1～75（40） | 12～25（20） | 100～6000（1000） |
| | | Hollin 组 | 下白垩统 | 河流和河流—三角洲 | 砂岩 | 5～100（50） | 12～25（20） | 20～2000（650） |
| | 马拉农 | Vivian 组 + Chonta 组 | 上白垩统 | 滨岸—浅海相 | 砂岩 | 20～315 | 15～23（17） | 1～2000 |
| 中段 | 乌卡亚利 | Ene | 二叠系 | 滨浅海 | 砂岩 | 50～75 | 8～20 | 20～750 |
| | | Chonta 组 + Vivian 组 | 上白垩统 | 浅海 | 砂岩 | 30～200 | 12～18 | 100～2000 |
| | 玛德莱德迪奥斯 | Tarma-Copacabana 群 | 石炭—二叠系 | 浅海相 | 砂岩 | 60～120 | 13～22 | 10～150 |
| | 本利 | Tomachi 组 | 泥盆系 | 浅海相 | 砂岩 | 0～1000（500） | 6～7（6.5） | |
| | 查考 | Mandiyuti—Machareti 组 | 石炭系 | 三角洲—河流 | 砂岩 | 80～410（250） | 10～20（13） | |
| 南段 | 库约 | Potrerillos 组 | 上三叠统 | 河流和冲积扇 | 砂砾岩 | 5～150 | 10～25 | |
| | 内乌肯 | Lotena 组 | 侏罗系 | 河流、三角洲 | 砂岩、砾岩 | 2～50（14） | 6～35（13.5） | 0.1～4000（22） |
| | 圣乔治 | Chubut 组 | 上白垩统 | 河流 | 砂岩 | 50～120 | 12～32（24） | 50～385（200） |
| | 麦哲伦 | Springhill 组 | 上侏罗统—下白垩统 | 滨浅海 | 砂岩 | 0.5～100 | 1～32（20） | 2～1600（300） |

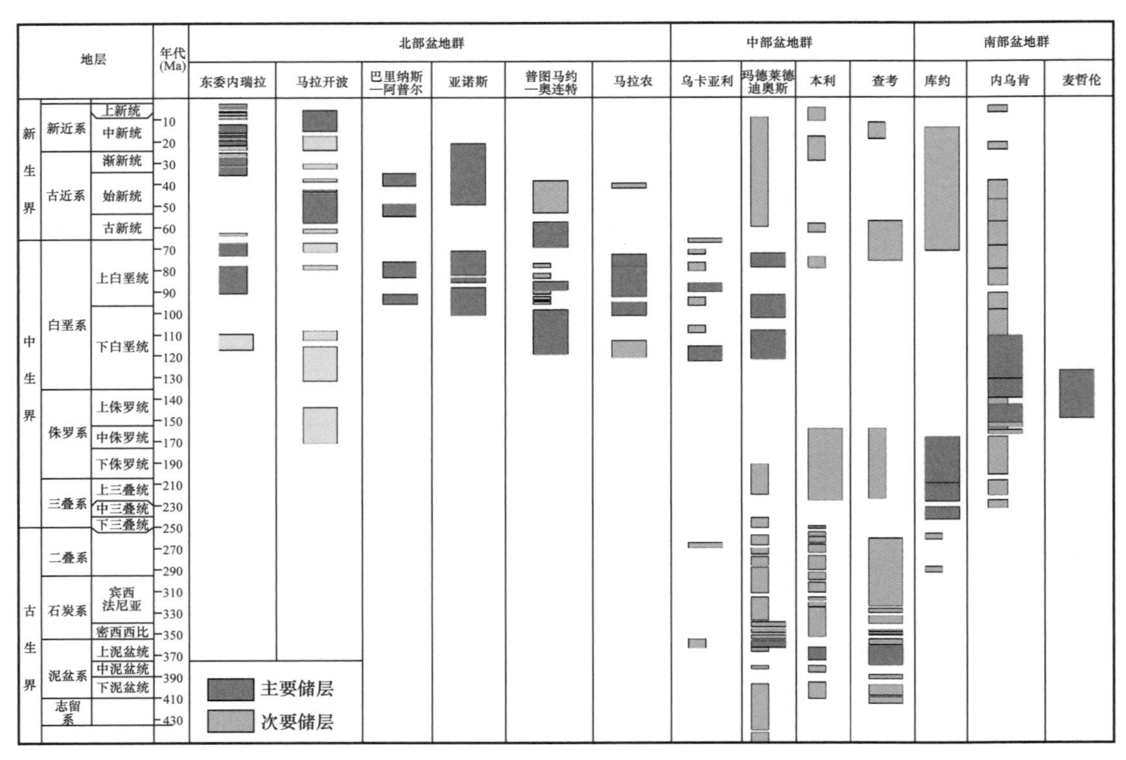

图 1-27　南美洲主要前陆盆地储层纵向发育特征[15, 19]

3）储层平面展布特征

南美洲前陆盆地的储层物源区为南美洲东部的地盾区，该区域暴露地表后，经过长时间的风化，物质经过河流的运载向东部的前陆区运聚，形成了南美洲前陆盆地大范围发育的河流—三角洲—滨浅海砂岩储层，总体上这些储层砂体向东部地盾呈层层超覆展布，年轻的储层超覆在较老的储层之上。储层主体分布与盆地主力烃源岩的分布规律一致，储层在前陆盆地前渊带中较厚（最厚可达1000多米），向东部地盾区储层的厚度减薄，直至尖灭。

3. 南美前陆盆地盖层发育特征

沉积盆地中，油气藏的形成与分布除了受烃源岩和储层的影响之外，盖层的分布规律同样直接影响油气藏的分布和富集规律。在油气从烃源岩层生成，通过断层、储层、不整合面进行横向和纵向运移到适宜的圈闭中聚集成藏的过程中，盖层是必不可少的一环。盖层质量的好坏，直接影响油气在储层中的聚集与保存。盖层发育的层位和分布范围决定油气田分布的层位和区域，因此盖层研究是油气勘探评价的一项重要内容。

通常情况下石油地质工作者根据盖层的岩性、分布范围、成因、均质性、延展性等属性对盖层的类型进行划分。一般认为膏岩层盖层是最好的盖层类型，世界上天然气储量约35%与膏盐岩盖层的发育有关。膏盐岩盖层包括石膏、硬石膏和盐岩等。泥页岩盖层是油气藏中最常见的一种盖层类型，其具有分布范围广、发育数量大等特点，是世界上大多数油气田的主力盖层。

此外盖层的分布范围也是对盖层进行分类评价的重要指标之一，通常区域性盖层是指分布在盆地或坳陷的大部分地区，具有厚度大、面积广、分布稳定的特点，区域盖层对盆地或坳陷内油气整体的分布与富集规律具有十分重要的控制作用。局部盖层指分布在一个或数个油气保存单元内，或在某些局部构造，或局部构造某些层位或部位上的盖层，局部盖层只对一个地区油气的局部聚集起控制作用。南美洲前陆盆地纵向上盖层的发育特征与储层发育特征一样，发育层位多、时间跨度大，基本上从古生界到中生界和新生界都有盖层发育。盖层主要为泥页岩区域性盖层和储层中间的泥岩、煤层夹层等局部盖层；其中北部六个盆地主要发育白垩系和新生界盖层；中部四个盆地发育盖层时间跨度大，包括古生界、中生界和新生界；南部三个盆地则主要发育中生界白垩系和新生界盖层。从中可以看出南美洲前陆盆地盖层的纵向发育也具有中部盆地老、北部和南部盆地年轻的特点（图 1–28）。

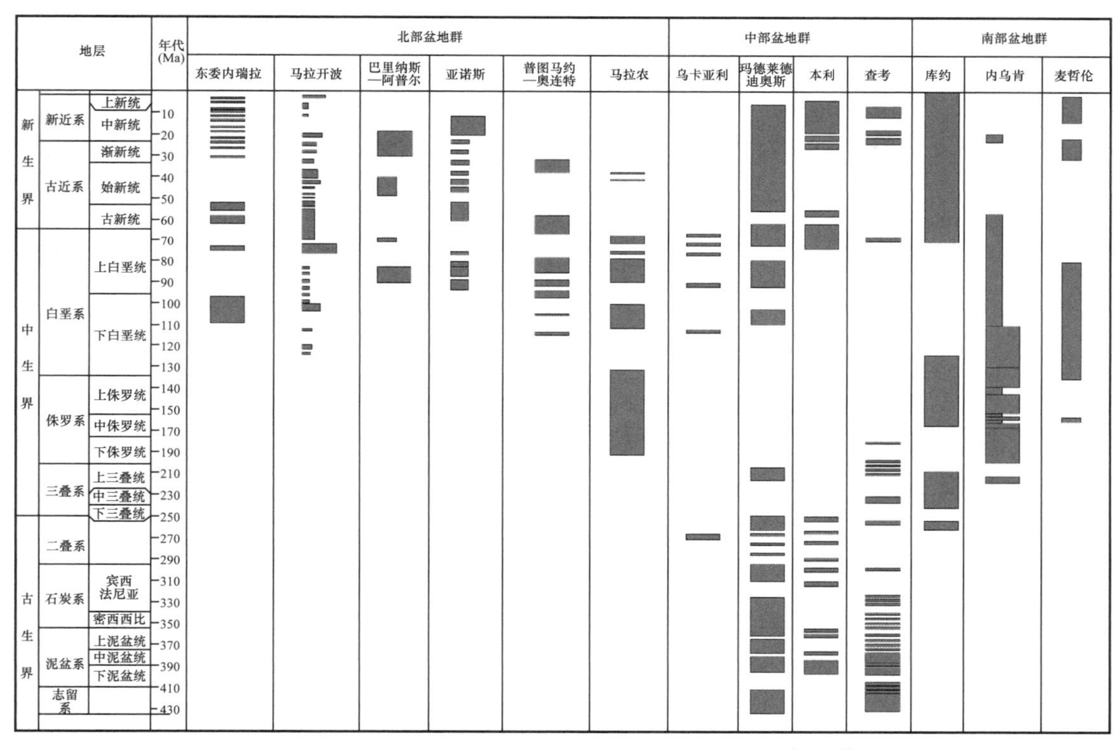

图 1–28　南美洲主要前陆盆地盖层纵向发育特征[15, 19]

4. 南美前陆盆地成藏组合划分

根据对世界上各种盆地的分析，盆地内油气纵向不同层位之间分布的差异性要远大于油气平面分布的差异性，具有较长发育历史的盆地和经历多个原型盆地叠加的盆地这种差异性就更加明显。因此，以盆地不同储层为核心划分得到的成藏组合，最适宜作为商业性评价勘探的基本单元，同时一个盆地中通常存在多个成藏组合，并且通常都存在一个主力成藏组合，在进行盆地勘探时，如果能够及时识别主力成藏组合，并确立以该主力成藏组合为主要勘探对象的勘探策略，对快速及时发现主力油气田，提高海外油气勘探效率具有十分重要的意义。

以含油气储层为核心，在区域演化特征、盆地演化特征及盆地含油气系统要素特征综合研究的基础上，对南美洲前陆盆地纵向上成藏组合进行了划分，整体上南美洲前陆盆地可以划分出四套大的成藏组合：新生界古近—新近系成藏组合、中生界上部白垩系成藏组合、中生界下部侏罗系—三叠系成藏组合和古生界成藏组合（图 1–29）。

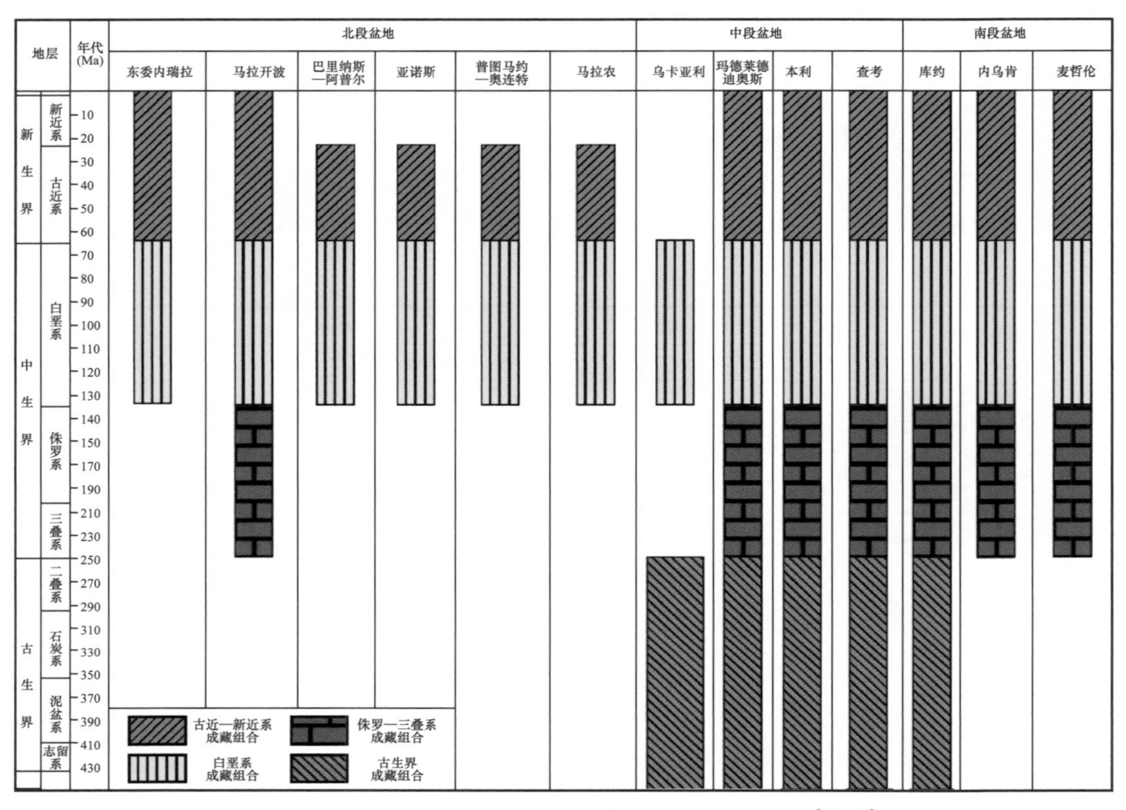


图 1–29 南美洲主要前陆盆地成藏组合纵向发育特征[15, 19]

（1）新生界古近—新近系成藏组合主要发育于北部前陆盆地，烃源岩主要为盆地白垩系海相泥页岩，储层主要为古近—新近系浊积砂岩，盖层是古近—新近系层间泥页岩隔夹层，属于下生上储型成藏组合。

（2）中生界上部白垩系成藏组合是南美洲前陆盆地中发育最为广泛的一种成藏组合类型，该套成藏组合以上白垩统浊积砂岩和部分碳酸盐岩储层为核心，以下白垩统的湖相泥页岩为油气来源，盖层主要为古近—新近系的泥页岩层。属于自生自储型成藏组合。

（3）中生界下部侏罗系—三叠系成藏组合主要发育在南美洲中部前陆盆地中，由于中部前陆盆地发育古生界和中生界烃源岩层，侏罗系—三叠系发育的砂岩储层为该套成藏组合的核心，盖层为层间泥页岩隔夹层。

（4）古生界成藏组合以古生界内部的砂岩储层为核心，以古生界内部的湖相泥页岩层为烃源岩层，以层间泥页岩层为盖层，形成自生自储自盖型成藏组合，主要发育在南美中部盆地中。

不同区域前陆盆地发育的成藏组合类型不同，北部的六个盆地成藏时间晚，并且油气主要富集在古近—新近系砂岩储层中，因此在东委内瑞拉盆地和马拉开波盆地中古近—新近系成藏组合可以进一步细分为新近系成藏组合和古近系成藏组合，这六个盆地都发育古近系成藏组合和白垩系成藏组合，马拉开波盆地的中生界下部因为有油气发现，因此划分出中生界下部成藏组合；中部的四个盆地油气主要富集在中生界，这四个盆地发育成藏组合时间跨度大，除了乌卡亚里盆地仅发育白垩系成藏组合和古生界成藏组合外，其余三个盆地都发育了四套主要的成藏组合；南部的三个盆地则主要发育中生界下部侏罗系—三叠系成藏组合、中生界上部白垩系成藏组合和古近—新近系成藏组合，库约盆地还发育有古生界成藏组合。

可以看出南美洲前陆盆地发育的成藏组合具有中部盆地时间跨度大，成藏组合老，南部和北部的前陆盆地成藏组合年轻的特征，南部和北部主要发育中生界上部白垩系成藏组合和古近—新近系成藏组合。

## 第三节　南美前陆盆地勘探概况及资源潜力

### 一、勘探概况

南美前陆盆地的油气勘探活动起步较晚，其工业性油气勘探活动始于20世纪初期，以地面地质调查为主，利用油气苗资料进行浅井钻探。1914年，在委内瑞拉的马拉开波盆地发现了前陆盆地的第一个油田。随后的二三十年间，阿根廷、哥伦比亚、厄瓜多尔等国都在各自国家的前陆盆地内开展了全面的石油地质调查，重、磁、电等早期的地球物理技术广泛应用，取得小规模的发现。

20世纪40至50年代，随着地震勘探技术的广泛应用，委内瑞拉、阿根廷、哥伦比亚、厄瓜多尔等国在前陆盆地的斜坡带相继取得了一大批重要的发现，如东委内瑞拉盆地1958年发现的Morichal油田，储量规模$1.89\times10^8$t油当量；1941年发现的Mulata油田，储量规模$7.49\times10^8$t油当量。马拉开波盆地于1955年发现的Urdaneta Oeste油田，储量规模$4.04\times10^8$t油当量；1957年发现的Lama油田，储量规模$7.4\times10^8$t油当量。内乌肯盆地于1956年发现的Sierra Barrosa—Aguada Toledo油田，储量规模$0.3\times10^8$t油当量等。上述一批重要发现，带动整个南美石油工业的快速发展。

在20世纪60至70年代，随着先进的地质理论和地球物理技术的应用，南美前陆盆地勘探达到高峰期，如东委内瑞拉盆地逐步探明了大奥菲西纳、埃尔富尔—基利基雷、大阿科纳、滕布拉德、拉斯梅赛德斯等五大油区；马拉开波盆地的勘探逐步从陆上拓展到湖上；奥连特盆地、亚诺斯盆地、内乌肯盆地在此期间也获得多个可采储量在$0.74\times10^8$t油当量的大油气田，从而一举确立了前陆盆地在南美石油工业中的重要地位。

截至2016年底，南美前陆盆地群共采集二维地震测线$87\times10^4$km$^2$，三维地震勘探面积$22.4\times10^4$km$^2$，钻探井14.5万口，14个前陆盆地均有油气发现，累计探明油气可采储量$417\times10^8$t，是南美地区油气勘探最重要的战场之一[14, 19-24]。

### 二、资源潜力

“十一五”“十二五”期间，中国石油勘探开发研究院曾对南美洲地区开展了系统的油气资源评价。本书共选取了28个重点含油气盆地介绍资源评价结果，这28个盆地包括了南美洲的主要含油气盆地，同时涵盖了南美洲的五种盆地类型（前陆盆地、山间盆地、弧后盆地、克拉通盆地和被动陆源盆地）。

油气资源评价方法可以划分为四大类20余种不同类型[27-37]。包括类比法、成因法、统计法、专家综合法。其中，类比法包括体积类比、面积类比、远景圈闭类比等。该类方法简单易操作，适用范围广，一般适用于低勘探程度的地区。但是类比区的选择、类比系数及类比区资源量的确定受人为主观因素影响很大；成因法包括Tissot法、残余有机碳法、盆地模拟法等。该类方法从油气的生成理论出发，能够较为有效地解决烃源岩生烃量的计算问题，但烃源岩的实验模拟计算结果受样品影响较大，油气运移和聚集过程中散失量和聚集量难以准确估算且成因法计算的是地质资源量，而非可采资源量；统计法包括主观概率列法、发现过程法、经验外推法等，该类方法从已发现的油气田（藏）出发，结合经济因素，通过概率方式表示，使结果更加合理，适用范围较广，但该类方法基于统计假设，假设具有不确定因素，分布特征取决于样本且估算的资源量相对保守；专家综合法主观因素影响太多，缺乏客观性，结果的可靠性取决于专家的认知程度。

为了使资源评价的结果能更有效地指导盆地区带优选，本次资源评价采用的评价方法以成藏组合为基础评价单元的资源评价新方法，其中成藏组合是以含油气储层为核心划分[27，31]。具体评价过程如下：在综合分析盆地构造、沉积、地层演化特征，储层岩性和岩相特征，区域盖层发育，油气富集程度等因素的基础上，在纵向上和平面上对盆地的成藏组合进行划分。通过统计不同的成藏组合内已发现油气藏的数量及规模，确定资源评价的计算方法和计算参数，最终获得符合目前盆地勘探现状及石油地质认识的资源量计算结果。

成藏组合为相似地质背景下相同储层内、具有相似岩相的一组远景圈闭或油气藏。它们在储层层位、岩相储盖组合等方面具有一致性，共同烃源岩不是划分成藏组合的必需条件[38-43]。成藏组合的内涵是含油气储层，因此具有与盆地油气勘探方向和勘探部署紧密联系的特点，是最适宜作为商业性勘探评价的基本单元。在盆地级别的油气资源评价层面，以成藏组合为基本评价单元的资源评价结果能够更加准确地预测盆地有利的勘探领域[44-46]。

成藏组合的划分原则包括：（1）划分的核心为含油气储层；（2）纵向边界的界定主要考虑层系边界、构造演化阶段、区域性盖层、油气富集程度等；（3）同一套成藏组合内主要储层岩性和岩相要一样或相近；（4）平面展布范围为该成藏组合主力储层展布范围与主要区域性盖层展布范围的交集；并参照该成藏组合内已发现油气藏的平面展布；（5）单一盆地成藏组合划分数量不宜过多，3～5个为宜。成藏组合划分的流程包括：① 综合地质研究；② 成藏组合纵向划分；③ 成藏组合平面划分。

按照上述的成藏组合划分原则和流程，对南美洲28个盆地进行了成藏组合划分，共计划分了89个成藏组合。在成藏组合的命名上采用地层—组名—岩性的命名方式。如在巴西坎波斯盆地在纵向上划分四个成藏组合，分别是上白垩统—中新统Carapebus组浊积砂岩储层成藏组合；下白垩统Macae组碳酸盐岩储层成藏组合；下白垩统LagoaFeia组鲕粒灰岩储层成藏组合；下白垩统Cabunas组裂缝火山岩储层成藏组合。完成成藏组合纵向划分后，还需要划分每个成藏组合的平面分布。明确每个成藏组合中储层和盖层厚度，油气藏个数的资源评价参数。完成资源量计算后还需要利用成藏组合的叠加确定有利区带。

根据统计成藏组合内已发现的油气藏个数确定采用哪种计算方法。当成藏组合内发现的油气藏个数不小于六个的选用发现过程法；当成藏组合内发现的油气藏个数小于六个的选用主观概率法；当成藏组合内没有发现油藏的选用类比法。

发现过程模型法是以已发现油气藏为基础，通过概率统计方法预测评价单元的油气资源量，适用于勘探程度较高的成藏组合。发现过程法需要确定的参数包括：盆地已发现油藏数（$n$），可能发现的最大油气藏数量（$n_{max}$），可能发现的最小油气藏数量（$n_{min}$），勘探效率（$\beta$），组合内最大油气藏是否发现等。其中，组合已发现油藏数（$n$）通过统计已有相关资料获得。可能发现的最大油气藏数量（$n_{max}$）和可能发现的最小油气藏数量（$n_{min}$）通过对已发现油藏的规模序列拟合的直线确定。勘探效率（$\beta$）可用探井成功率、圈闭个数成功率或圈闭面积成功率来综合确定。在难以获得上述资料的情况下，可以根据油藏的发现序列规律来定义勘探效率系数（$\beta$）的取值范围：如果成藏组合内大油气藏先被发现的规律很明显，则$\beta$介于0.5～1.0之间。如果成藏组合内大油气藏先被发现的规律不明显，则$\beta$介于0～0.5之间。如坎波斯盆地上白垩统—中新统Carapebus组浊积砂岩成藏组合中已发现油藏95个（大于6个），应用发现过程法计算资源量。通过对已发现油藏的规模序列拟合的直线确定可能发现的最大油气藏数量（$n_{max}$）和可能发现的最小油气藏数量（$n_{min}$）分别为150个和100个。该成藏组合的勘探效率（$\beta$）为0.8。

评价预测总待发现可采资源量为$318\times10^8$t油当量（其中油$255.5\times10^8$t，气合$62.5\times10^8$t油当量，油气比4 ： 1）[2]，其中被动边缘盆地占62%。前陆盆地中东委内瑞拉盆地总待发现可采资源量最多，为$42.8\times10^8$t油当量；其次为马拉开波盆地，总待发现可采资源量为$35.5\times10^8$t油当量；排第三的为查考盆地，总待发现可采资源量为$10\times10^8$t油当量；内乌肯盆地排第四，总待发现可采资源量为$7.3\times10^8$t油当量；其后为巴里纳斯—阿普尔盆地，总待发现可采资源量为$5.3\times10^8$t油当量；马拉农盆地排第六，总待发现可采资源量为$4.3\times10^8$t油当量；随后依次为麦哲伦盆地、普图马约—奥连特盆地、亚诺斯盆地，总待发现可采资源量依次为$3.9\times10^8$t油当量、$3.3\times10^8$t油当量和$3.2\times10^8$t油当量（表1–2）。

**表1–2　南美洲28个盆地待发现油气可采资源量**

| 盆地名称 | 盆地类型 | 油当量<br>$10^6$t | 石油<br>$10^6$t | 天然气<br>$10^8m^3$ | 凝析油<br>$10^6$t |
|---|---|---|---|---|---|
| 东委内瑞拉 | 前陆盆地 | 4277 | 3615 | 6195 | 102.0 |
| 马拉开波 | 前陆盆地 | 3547 | 2862 | 6995 | 52.3 |
| 普图马约—奥连特 | 前陆盆地 | 329 | 316 | 148 | |
| 马拉农 | 前陆盆地 | 433 | 419 | 157 | |
| 巴里纳斯—阿普尔 | 前陆盆地 | 530 | 501 | 257 | 5.8 |
| 内乌肯 | 前陆盆地 | 728 | 349 | 3968 | 19.8 |
| 亚诺斯 | 前陆盆地 | 323 | 205 | 832 | 42.9 |
| 麦哲伦 | 前陆盆地 | 393 | 69 | 3330 | 22.9 |

续表

| 盆地名称 | 盆地类型 | 油当量<br>$10^6t$ | 石油<br>$10^6t$ | 天然气<br>$10^8m^3$ | 凝析油<br>$10^6t$ |
|---|---|---|---|---|---|
| 查考 | 前陆盆地 | 1001 | 59 | 9175 | 112.4 |
| 玛德莱德迪奥斯 | 前陆盆地 | 62 | 4 | 536 | 9.5 |
| 坎波斯 | 被动大陆边缘盆地 | 9816 | 9039 | 8597 | |
| 桑托斯 | 被动大陆边缘盆地 | 5794 | 3900 | 18833 | 191.0 |
| 埃斯普利托桑托 | 被动大陆边缘盆地 | 955 | 752 | 2035 | 19.5 |
| 波蒂瓜尔 | 被动大陆边缘盆地 | 365 | 329 | 383 | 1.2 |
| 圭亚那 | 被动大陆边缘盆地 | 893 | 723 | 1884 | |
| 圣乔治 | 被动大陆边缘盆地 | 487 | 473 | 156 | 0.1 |
| 雷康卡沃 | 被动大陆边缘盆地 | 144 | 121 | 253 | 0.1 |
| 舍吉佩—阿拉戈斯 | 被动大陆边缘盆地 | 127 | 96 | 331 | 0.6 |
| 佩洛塔斯 | 被动大陆边缘盆地 | 41 | 1 | 435 | |
| 北福克兰 | 被动大陆边缘盆地 | 678 | 610 | 751 | |
| 马尔维纳斯 | 被动大陆边缘盆地 | 384 | 266 | 1307 | |
| 福斯杜亚马孙 | 被动大陆边缘盆地 | 113 | 8 | 1156 | |
| 塔拉拉 | 弧前盆地 | 103 | 81 | 248 | |
| 普罗雷素 | 弧前盆地 | 54 | 44 | 103 | |
| 塞丘拉 | 弧前盆地 | 55 | 18 | 415 | |
| 中马格莱德 | 弧内盆地 | 102 | 82 | 217 | 0.3 |
| 阿尔蒂法诺 | 弧内盆地 | 32 | 30 | 20 | |
| 巴拉那 | 克拉通盆地 | 27 | 1 | 294 | |
| 合计 | | 31793 | 24972 | 69013 | 580.4 |

奥连特盆地位于南美前陆盆地群中部，盆地近南北走向，勘探面积$10\times10^4km^2$，盆地构造特征鲜明，由西向东依次发育安第斯冲断带、前渊带、斜坡带；盆地油气资源富集，已发现探明石油地质储量$13.8\times10^8t$油当量，是一个典型的小而肥的前陆盆地，因此该盆地的解剖对于深入理解南美前陆盆地油气富集特征具有十分重要的意义。此外，近年盆地勘探持续升温，尤其是中国几家国有石油公司通过多年精耕细作，在盆地斜坡带多个区块取得了巨大的勘探突破，积累了大量盆地基础石油地质资料，也为奥连特盆地的解剖奠定了扎实的基础。

## 参考文献


[1] IHS Energy. Field & reserves data [DB/OL]. (2014-06-13)[2014-07-03]. http://www.ihs.com/.

[2] 谢寅符，马中振，刘亚明，等. 南美洲常规油气资源评价及勘探方向[J]. 地学前缘，2014，21(3)：101-111.

[3] 邹才能，张光亚，陶士振，等. 全球油气勘探领域地质特征、重大发现及非常规石油地质[J]. 石油勘探与开发，2010，37(2)：129-145.

[4] 地质矿产部地质词典办公室. 地质词典(卷一·下)[M]. 北京：地质出版社，1983.

[5] 彭希龄，梁狄刚，王昌桂，等. 前陆盆地理论及其在中国的应用[J]. 石油学报，2006，27(1)：132-144.

[6] 何登发，吕修祥，林永汉，等. 前陆盆地分析[M]. 北京：石油工业出版社，1996.

[7] 金之钧，汤良杰，杨明慧，王清晨. 陆缘和陆内前陆盆地主要特征及含油气性研究[J]. 石油学报，2004，25(1)：8-12+14.

[8] 安作相，马宗晋，马纪，庞奇伟. 全球石油系统概貌[J]. 地学前缘，2003，10(特刊)：51-57.

[9] 邱中建. 关于前陆盆地油气勘探的几点建议[M]. // 中国石油勘探与生产分公司. 中国中西部前陆盆地冲断带油气勘探论文集. 北京：石油工业出版社，2002.

[10] 张光亚，薛良清. 中国中西部前陆盆地油气分布与勘探方向[J]. 石油勘探与开发，2002. 29(1)：1-5.

[11] 谢寅符，刘亚明，马中振，等. 南美洲前陆盆地油气地质与勘探[M]. 北京：石油工业出版社，2012.

[12] 王同良，等. 国外含油气盆地简介[M]. 北京：中国石油天然气总公司信息研究所，1997.

[13] 马中振，陈和平，谢寅符，等. 南美 Putomayo—Oriente—Maranon 盆地成藏组合划分与资源潜力评价[J]. 石油勘探与开发，2017，44(2)：225-234.

[14] 谢寅符，马中振，刘亚明，等. 南美洲油气地质特征及资源评价[J]. 地质科技情报，2012，31(4)：61-66.

[15] 马中振，谢寅符，李嘉，等. 南美西缘前陆盆地油气差异聚集及控制因素分析[J]. 石油实验地质，2014，36(5)：597-604.

[16] 谢寅符，赵明章，杨福忠，等. 拉丁美洲主要沉积盆地类型及典型含油气盆地石油地质特征[J]，中国石油勘探，2009，14(1)：65-73.

[17] Carlos H L，Bruhn. Reservoir Architecture of deep Lacustrine Sandstones from the Early Cretaceous Rift Basin，Brazil [J]. AAPG Bulletin，1999，83(9)：1502-1525.

[18] Mathalone J M P，Montoya M. Petroleum geology of the sub-Andean basins of Peru；in Tankard，A.，Suárez Soruco，R.，Welsink，H. J.，eds.，Petroleum Basins of South America [J]. AAPG Memoir 62，1995，423-444.

[19] Debra K H. The Putumayo-Oriente-Maranon Province of Colombia，Ecuador，and Peru Mesozoic-Cenozoic and Paleozoic Petroleum Systems [R]. USA：U. S. Geological Survey，2001，1-31.

[20] 谢寅符，季汉成，苏永地，等. Oriente-Maranon 盆地石油地质特征及勘探潜力[J]. 石油勘探与开发，2006，33(5)：643-647.

[21] 王青，张映红，赵新军，等. 秘鲁 Maranon 盆地油气地质特征及勘探潜力分析[J]. 石油勘探与开发，2006，33(3)：643-648.

[22] Dashwood M F，Abbotts I L. Aspects of the petroleum geology of the Oriente Basin，Ecuador，Brooks，J.，ed[J]. Classic petroleum provinces：Geologic Society Special Publication，1990，50：89–117.

[23] Valasek D，Aleman A M，Antenor M，et al. Cretaceous sequence stratigraphy of the Maranon—Oriente—Putumayo Basins，northeastern Peru，eastern Ecuador，and Southeastern Colombia [J]. AAPG Bulletin，1996，80（8）：1341–1342.

[24] 贾承造. 中国中西部前陆冲断带构造特征与天然气富集规律 [J]. 石油勘探与开发，2005，32（4）：9–15.

[25] 宋岩，赵孟军，柳少波，等. 中国 3 类前陆盆地油气成藏特征 [J]. 石油勘探与开发，2005，32（3）：1–6.

[26] 谢寅符，马中振，刘亚明，等. 以成藏组合为核心的油气资源评价方法及应用 [J]. 地质科技情报，2012，31（4）：45–49.

[27] 金之钧，张金川. 油气资源评价方法的基本原则 [J]. 石油学报，2002，23（1）：19–23.

[28] 赵文智，胡素云，沈成喜，等. 油气资源评价的总体思路和方法体系 [J]. 石油学报，2005，26（增刊）：12–17.

[29] 徐旭辉，朱建辉，江兴歌. 区带资源定量评价方法及在苏北盆地溱潼凹陷的应用 [J]. 石油与天然气地质，2007，28（4）：450–457.

[30] 许红，马惠福. 蒲庆南油气资源评价基本概念与定量评价方法 [J]. 海洋地质动态，2001，17（10）：4–7.

[31] A. Meneley 等著，李大荣译，黎发文校. 油气资源评价方法的现状及其未来发展方向 [J]. 国外油气地质信息，2003，（4）：30–33.

[32] Ronald R. C. 和 T. R. Klett. 美国地质调查局关于待发现常规油气资源评价方法的指导原则 [J]. 国外石油动态，2006，（12）：1–13

[33] 郭建宇，张大林，邓宏文，等. 低勘探程度区域油气资源评价方法 [J]. 油气地质与采收率，2006，13（6）：43–45.

[34] 谢寅符，马中振，刘亚明，等. 以成藏组合为核心的油气资源评价方法及应用：以巴西坎波斯盆地为例 [J]. 地质科技情报，2012，31（2）：45–49.

[35] 童晓光. 论成藏组合在勘探评价中的意义 [J]. 西南石油大学学报（自然科学版），2009，31（6）：1–8.

[36] 童晓光，李浩武，肖坤叶，等. 成藏组合快速分析技术在海外低勘探程度盆地的应用 [J]. 石油学报，2009，30（3）：317–323.

[37] 李思田. 盆地动力学与能源资源——世纪之交的回顾与展望 [J]. 地学前缘，2000，7（3）：1–9.

[38] 梁传茂. 从阿巴拉契亚—阿钦塔造山带看中国北方大陆南缘古生代的油气前景 [J]. 地学前缘，2011，18（4）：193–200.

[39] Miller B M. Application of exploration play–analysis techniques to the assessment of conventional petroleum resources by the USGS [J]. Journal of Petroleum Technology，1982，34：55–64.

[40] Baker R A，Gehman H M，White D A. Geologic field number and oil and gas plays，in Rice D. D. ed.，Oil and gas assessment–Methods and applications：AAPG Studies in Geology 21，1986，25–31.

[41] Magoon L B，Dow W G. The petroleum system [J]. in Magoon，L. B. and Dow，W. G. eds.，The petroleum system from source to trap：AAPG Memoir 60，1994，3–24.

[42] Allen P A，Allen J R. Basin analysis：Principles and applications，2d ed [M]. Wiley–Blackwell，

Hoboken，New Jersey，2005.

[ 43 ] White，D. A. Assessing oil and gas plays in faces–cycle wedges [ J ] . AAPG Bulletin，1980，64（8）：1158–1178.

[ 44 ] Parsley A J. North Sea hydrocarbon plays [ M ] . In Glennie，K. W. Introduction to the petroleum geology of the North Sea. London : Blackwell Scientific Publishing，1983：205–209.

[ 45 ] Crovelli R A. Probability theory versus simulation of petroleum potential in play analysis [ J ] . Annals of Operations Research，1987，8（1）：363–381.

[ 46 ] White D A. Oil and gas play maps in exploration and assessment [ J ] . AAPG Bulletin，1988，72（8）：944–949.

# 第二章　奥连特盆地石油地质特征

奥连特盆地是南美众多次安第斯前陆盆地之一[1-19]，是厄瓜多尔的主要产油气盆地。盆地面积约 $10\times10^4km^2$，其北界为 Vaupes—Macarena 隆起，南界为 Shinonayacu 剪切带，西界为安第斯山前缘，东界为冈瓦纳地盾（图 2-1）。奥连特盆地的石油勘探工作始于 20 世纪早期[5-7]。

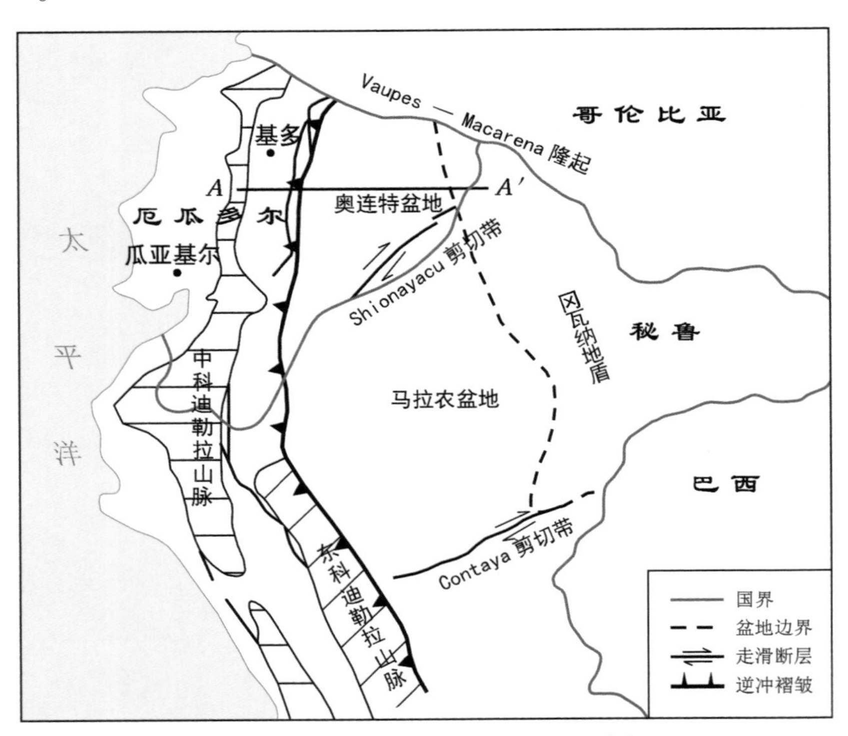


图 2-1　奥连特盆地区域构造位置图[1]

## 第一节　盆地构造和沉积演化特征

### 一、构造特征

奥连特盆地轴向近南北向，沿安第斯山前延伸并且平行于该山系，沉降中心位于安第斯山前，盆地构造形态整体上为不对称向斜特征。地层西陡东缓，沉积层序向东逐渐变薄且超覆在冈瓦纳地盾上，整体呈一个西厚东薄的楔形，沉积中心位于盆地西南部。盆地东西分带，自西向东依次为冲断带、前渊带和斜坡带（图 2-2）。

奥连特盆地新生代的断裂构造活动基本继承了侏罗纪断裂系统的格架，以逆冲反转和走滑活动为主，而三个南北向构造带又有各自不同的构造特征。

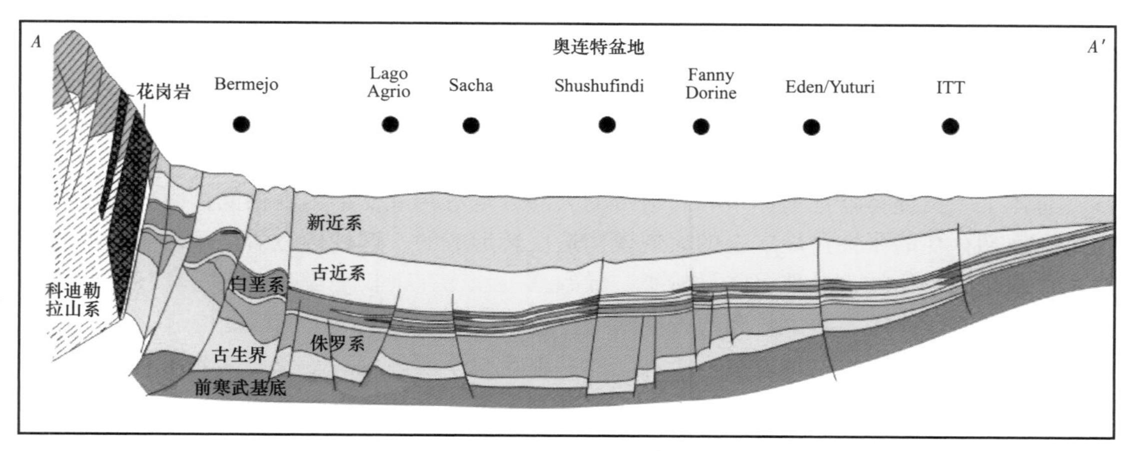


图 2-2　奥连特盆地构造区带划分剖面图[5-6]（剖面位置见图 2-1）

冲断带就是现今仍然不断隆升的安第斯山脉，该构造带内以发育大致平行的叠瓦状高角度逆冲断层和背斜构造为主要特征。断层断距向东变小；断层上盘形成不对称的背斜，发育大型冲起构造。这些背斜构造通常形成大型油气藏。

前渊带是强烈造山逆冲终止的构造带，发育少量的近南北向高角度逆断层和走滑断层。盆地中部是前陆期以前的裂陷盆地发育中心，所以是早期正断层最发育的部位，也是裂陷沉积厚度相对较大的地方。在晚白垩世以来的前陆盆地发育阶段，该区的构造活动主要以继承基底断裂反转活动为主。该构造带正断层反转活动并不强烈，也较少有后期的伴生构造产生。在平面上为一组相距很远，接近平行的高角度逆断层，剖面上则为宽度较大的冲起构造和断层三角带，地层倾角很小。目前掌握这一构造带上的油田资料不多，而且其构造样式相对简单，推测该构造带在前陆盆地发育早期均匀沉降，晚期缓慢抬升，没有留下强烈变形的构造痕迹。

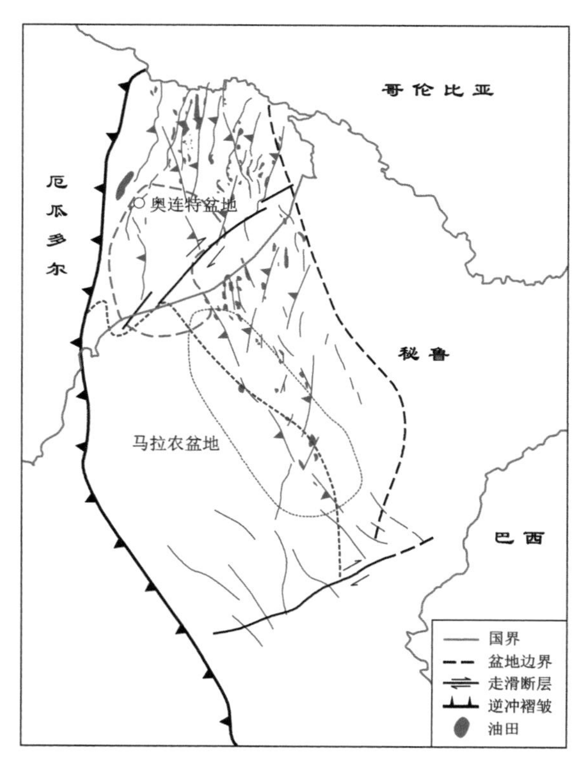


图 2-3　奥连特盆地及邻区断裂系统分布图

斜坡带发育大量的走滑断层，整体呈一个共轭挤压—走滑断裂系统。断裂带内的主断层有两组，分别为北北东和北北西走向，呈共轭或偏共轭分布，大部分具右行走滑特征。伴生构造比较发育，包括伴生走滑正断层和伴生挤压背斜，其中伴生挤压背斜以北北东向的一组较为发育。该走滑断裂系统的平面组合特征是，由两条右行的走滑断层构成了断裂系统的边界，如图 2-3 所示。两组主走滑断层的产状不同，可以推测不同地史时期断层的运动方式会随构造应力场方向的改变而改变。几条主走滑断层可能是分段发育的，现今有部分已经联结。次生断裂大部分为北北西向，这一方向的一组断裂非常发育，呈平行或雁列式展布。总体来看，奥连特盆地东部断裂系统为一个共轭的走滑断裂系统，现今其边界断层具右行走滑特征，断裂系统整体呈北北东向展布。

总体上，奥连特盆地前渊带和斜坡带的大部分地区构造变形幅度很低，因为新生代盆地是在前期存在的张性盆地之上的大规模构造反转形成的，这种构造活动相对于逆冲转换挤压负载是欠平衡的，盆地沉降量较小，导致其沉积物在很长一段时期内是比较薄的。新生代持续的挤压作用导致了较老的张性断层普遍反转，产生了一组低幅度构造。

从平面特征来看，盆地发育一个大型的共轭走滑断裂系统。主要有北北东和北北西向两组断裂，呈共轭或偏共轭的排列关系。该断裂系统与盆地侏罗系基底的断裂展布特征相对应，是先期正断层活化反转，发生逆走滑运动的结果。这两组断层中，北北东向的一组发育较有优势。有一条大型的北北西向断裂带南北贯穿盆地，该断裂带东部为共轭走滑断裂系统，西部为逆冲前渊带。可以认为这一断裂带为走滑断裂系统的边界断层，剖面上也可以用来划分两个不同的构造带。

从大地构造位置来看，奥连特盆地位于南美板块西北部与纳兹卡板块的交界处。南美板块为古老的陆地板块，其西部边缘盆地群及山脉是古生代以来不断的陆缘增生和扩张的产物。纳兹卡板块是大洋板块，属于太平洋板块的一部分。纳兹卡板块向东俯冲到南美板块之下，纵贯南美西海岸的安第斯山脉就位于该俯冲带之上。在该俯冲作用影响下，自西向东依次形成了南北向条带状分布的海沟、弧前盆地、俯冲造山带和弧后前陆盆地。需要指出的是，奥连特盆地并非完全由弧后前陆挠曲作用形成，盆地发育过程中很大程度上继承了中生代裂陷盆地的活化和反转。

纵向上，奥连特盆地是一个自古生代开始阶段性发育的叠合盆地。从原型盆地类型的角度来说，奥连特盆地自古生代以来的构造演化经历了三个主要的原型盆地发育过程，即晚古生代的克拉通边缘盆地、晚三叠世—早白垩世的裂陷—坳陷盆地、晚白垩世末至今的前陆盆地。

三叠纪冈瓦纳古陆开始解体，南北美洲之间的裂谷相当于大西洋早期的雏形。直到侏罗纪晚期大西洋才有一定规模的张裂，对南美洲西北部产生了近南北向的挤压作用，形成一系列近南北向的裂陷[8-11]。主要形成两组正断层，一组为北北东向，另一组为北北西向，分别代表了大西洋扩张之初的南南西方向和南南东方向的两期主要挤压作用。这一作用过程大约持续到白垩纪末期。这一阶段对应奥连特盆地的裂陷—坳陷发育阶段。

白垩纪末期，纳兹卡板块向南美板块俯冲，挤压作用开始增强。这时大西洋中脊轴向转为近南北向，主体呈近东西向扩展，对南美洲西部影响作用很小。随着近东西向挤压作用的增强，早期的近南北向正断层大部分发生反转运动，形成逆断层，并具有明显的走滑性质。在奥连特盆地的露头区和盆地斜坡带均有该活动的记录。

整个中—新生代，南美洲西海岸始终伴随有火山活动，形成了纵贯西海岸的狭长的火山弧。最强烈的挤压造山作用发生在古近纪末期和新近纪初期，形成了南美洲西海岸的科迪勒拉山脉，并使弧后前陆盆地回返，变为高原地貌环境，其西侧即为现今狭长的前陆盆地。

## 二、沉积地层特征

奥连特盆地前寒武纪基底是圭亚那地盾的火山岩和麻粒岩相变质岩（图 2–4）。古生代为克拉通边缘的一部分，沉积物以海相沉积为主，因为后期剥蚀破坏严重，其具体沉积物厚度和分布范围不清楚。中生代时盆地演化成裂谷盆地，沉积物为海—陆相交互沉积。作为后期前陆盆地的基底，其沉积物分布和构造变形对其上部含油气地层的发育起着至关重要的作用。对南美西海岸中生代以来的沉积古地理演化特征研究发现，该地区中生代总体上经历了两个海进—海退的沉积旋回，主要为浅海沉积环境，其中早白垩世的海侵范围最广。晚白垩世太平洋板块低角度俯冲南美大陆，盆地演化成前陆盆地，整个新生界盆地为陆相沉积。

奥连特盆地中生界三叠系—下侏罗统奥连特盆地为 Santiago 组由海侵薄层碳酸盐岩和黑色沥青页岩组成，其上覆地层为白垩系。

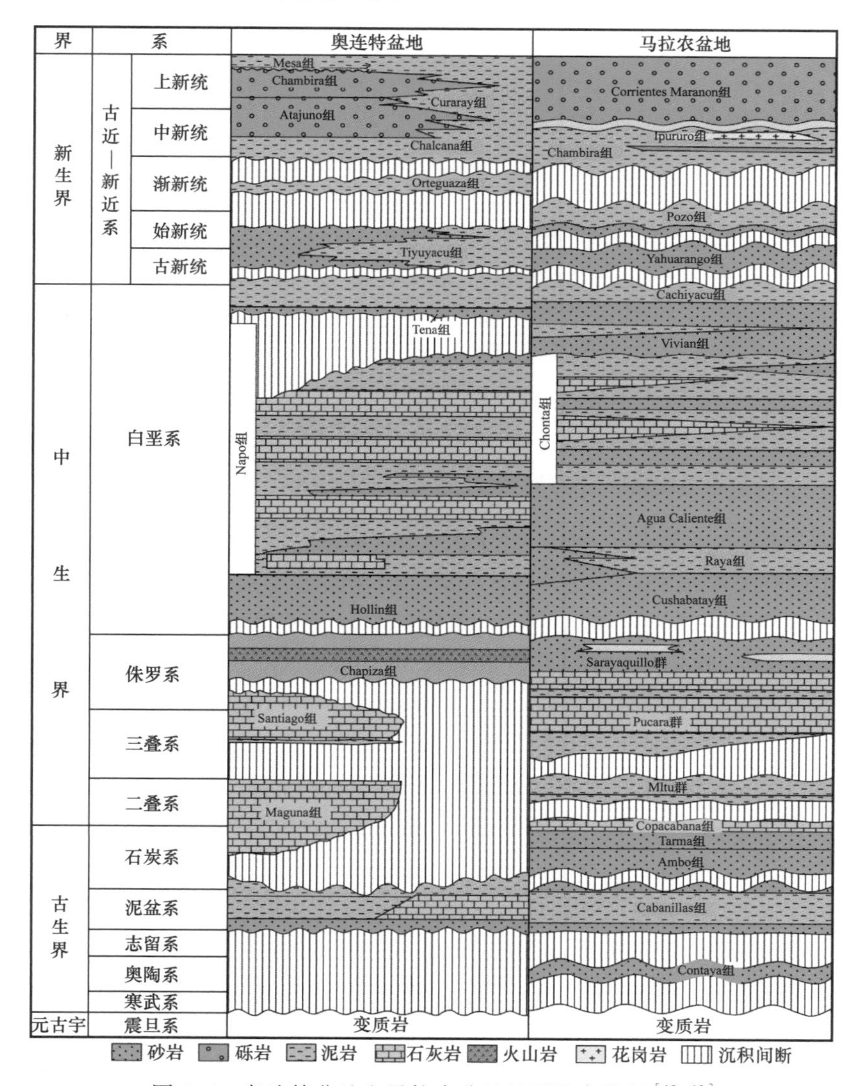


图 2–4　奥连特盆地和马拉农盆地地层发育特征[10, 12]

白垩系为奥连特盆地主要的储层发育层系，沉积厚度1500m以上，与下伏地层呈角度不整合接触。白垩系包括下部Hollin组、中部Napo组和上部Tena组的一部分。下部Hollin组由白色厚层状至块状中等—粗粒石英砂岩组成，孔隙度和渗透率范围分别为12%～25%和20～2000mD，含横向分布稳定的钙质泥岩和煤层夹层，属河流—三角洲沉积（图2-5），最大厚度约为150m，向东北到圭亚那地盾上逐渐变薄，直至与上覆Napo组砂岩无法分辨。

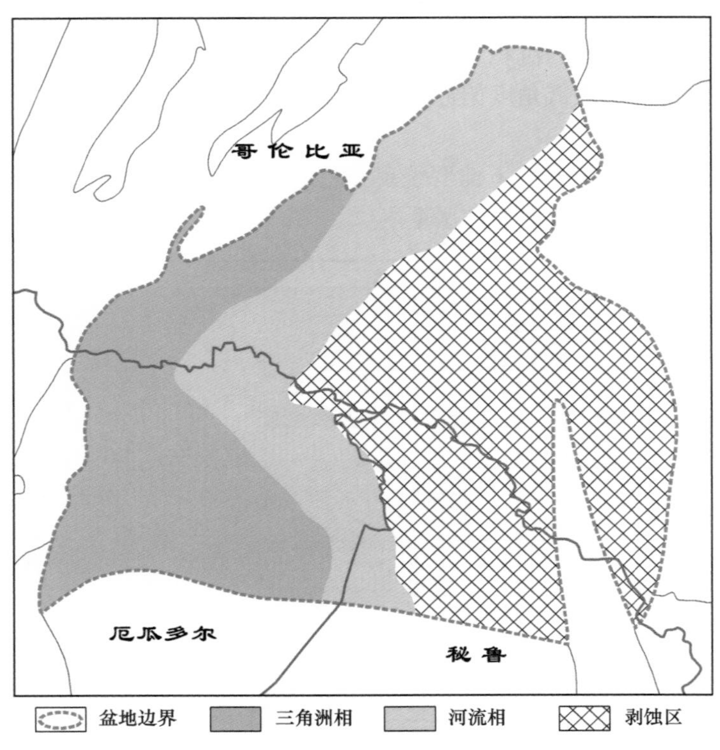


图2-5　奥连特盆地北部地区Hollin组沉积相图

Hollin组覆于侏罗系Chapiza组之上，呈区域角度不整合接触，由广泛分布的厚层石英砂岩组成，分布于前陆冲断带露头区、奥连特盆地及邻区盆地[10]。在奥连特盆地西部，Hollin组可以划分为Main Hollin组砂岩和较薄的Upper Hollin组砂岩。前者主要为石英砂岩，后者为含海绿石砂岩。奥连特盆地西部的Hollin组包括五个连续的沉积序列，其中Main Hollin组砂岩有三个序列，由下向上依次为河道充填沉积、辫状河沉积与海岸平原沉积；Upper Hollin组砂岩有两个沉积序列，滨海沉积与开阔海洋沉积，代表的是一个完整的海进沉积体系（图2-5）。

Napo组整合覆于Hollin组之上，由海相泥岩、石灰岩和砂岩组成，自下而上包括C段石灰岩、T段砂岩、B段石灰岩、U段砂岩、A段石灰岩、M2段砂岩、M2段石灰岩和M1段砂岩，以及与其互层的泥岩。该组厚度一般大于100m，最大厚度超过600m。砂岩向东逐渐聚集并加厚，砂岩的孔隙度、渗透率变化范围较大。砂岩粒径变化较大，但单层的分选普遍较好。常见的相组合表明，砂岩为潮汐河道和障壁岛到滨外沙坝沉积。这些沙坝、浅滩的沉积向上成为黑色的富含有机质的内陆架页岩，向上又变为纯净的近岸水域砂岩（图 2–6）。Napo 组 T 砂岩由叠置的砂岩和互层的粉砂岩和碳质泥岩组成，又可进一步分为下部渗透性较好的石英砂岩（或主砂岩）和上部渗透性变差的海绿石砂岩。U 砂岩与 T 砂岩在岩石组合方面较为类似，向西也分为下部砂岩（或主砂岩）和上部少量的含海绿石砂岩。M2 砂岩仅限于盆地东部。M1 砂岩为粗粒厚层、块状石英砂岩，分为下部石英砂岩（或主砂岩）和上部薄层石英砂岩。

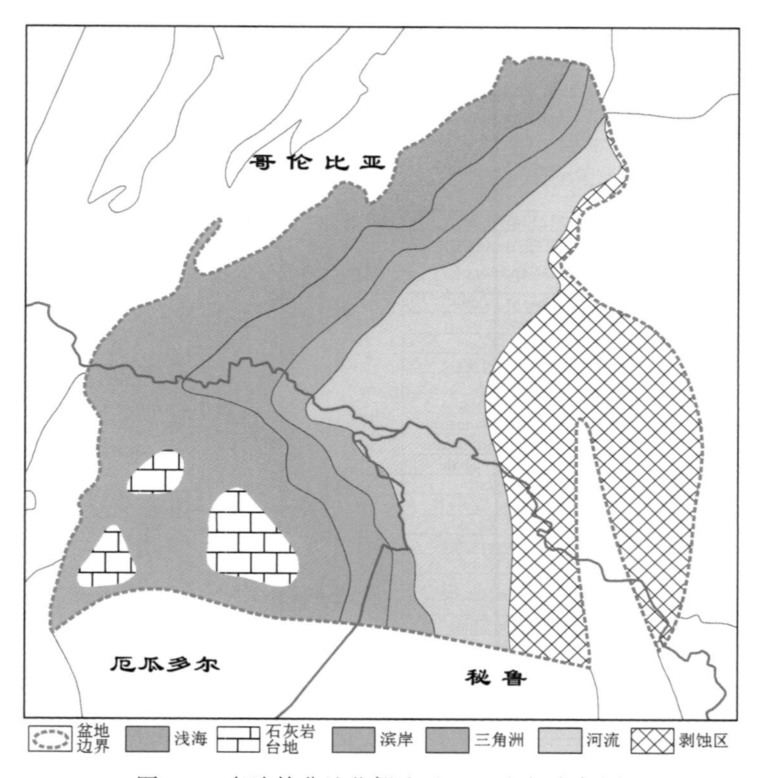


图 2–6　奥连特盆地北部地区 Napo 组沉积相图

从整个沉积环境变化趋势来看，从下白垩统 Hollin 组到上白垩统 Napo 组整体上是由西向东海进的过程，Napo 组是整体海进过程中几次海水进退交互形成的滨浅海沉积。每个沉积旋回的初期沉积一套潮坪相细砂岩，成分成熟度和结构成熟度较高，是较好的储层段；末期，沉积了一套相对较深水的灰色浅海陆棚灰岩，该石灰岩全区稳定分布。进入古近纪，来自西部的太平洋板块俯冲造成的由西向东的挤压作用开始增强，盆地西部安第斯山脉隆升，奥连特盆地进入前陆盆地演化阶段。

古近系 Tena 组在海退期沉积。Tena 组由不同颜色（主要是红色）的陆相和滨海相泥岩、粉砂岩组成，发育槽状交错层理，常见薄砾石层的中粗粒砂岩。单层粒度向上变细，大的层序整体上向上变粗，或者是均质韵律。

## 三、层序地层特征

### 1. 层序地层格架

奥连特盆地白垩系可划分为 1 个二级层序，6 个三级层序，16 个体系域和 34 个准层序（图 2–7）。其中，三级层序边界以大套砂岩与下伏深色泥岩突变接触为显著特征，海水总

| 岩石地层 | | | | 绝对年龄 Ma |
|---|---|---|---|---|
| 系 | 组 | | 单元 | |
| 古近系 | Tena | | Basal Tena | |
| 白垩系 | Napo | M1 | M1 Zone | |
| | | | M1 Sandstone | 80 |
| | | | Upper Napo Shale 2 | ? |
| | | | M1 Limestone | |
| | | M2 | Upper Napo Shale 1 | |
| | | | M2 Limestone | |
| | | | Upper M2 Zone | |
| | | | M2 Sandstone | |
| | | A | Lower M2 Zone | 92 |
| | | | A Limestone | |
| | | U | Upper U Zone | |
| | | | Upper U Sandstone | |
| | | | Middle U | |
| | | | Lower U Zone | |
| | | | Lower U Upper Sandstone | |
| | | | Lower U Main Sandstone | |
| | | B | Middle Napo Shale | 94 |
| | | | B Limestone | |
| | | T | Lower Napo Shale 1 | |
| | | | Upper T Zone | |
| | | | Upper T Sandstone | |
| | | | Lower T Zone | |
| | | | Lower T Sandstone | |
| | | C | Lower Napo Shale 2 | 98 |
| | | | C Limestone | |
| | Hollin | | Upper Hollin Zone | |
| | | | Upper Hollin | |
| | | | Main Hollin | 112 |
| 侏罗系 | Pre_K | | | |

| 层序地层划分方案 | | | |
|---|---|---|---|
| 二级 | 三级 | 体系域 | 准层序 |
| ESS1 | ESQ1 | SMST | |
| KSS1 | KSQ6 | SMST | 614 |
| | | | 613 |
| | | | 612 |
| | | | 611 |
| | KSQ5 | HST | 537 |
| | | | 536 |
| | | TST | 525 |
| | | | 524 |
| | | | 523 |
| | | SMST | 512 |
| | | | 511 |
| | KSQ4 | HST | 436 |
| | | TST | 425 |
| | | | 424 |
| | | | 423 |
| | | SMST | 412 |
| | | | 411 |
| | KSQ3 | HST | 337 |
| | | TST | 326 |
| | | | 325 |
| | | | 324 |
| | | | 323 |
| | | SMST | 312 |
| | | | 311 |
| | KSQ2 | HST | 236 |
| | | TST | 225 |
| | | | 224 |
| | | | 223 |
| | | SMST | 212 |
| | | | 211 |
| | KSQ1 | HST | 134 |
| | | TST | 123 |
| | | SMST | 112 |
| | | | 111 |

图 2-7　奥连特盆地岩石地层与层序地层对比

体较深，海平面的相对下降有限，对应的岩性变化表现为外陆棚深色泥岩、页岩到内陆棚灰质滩。一般情况下，陆架边缘体系域以海陆交互环境如潮坪或滨岸的砂岩为特征；海侵体系域发育泥岩或砂质泥岩、部分石灰岩沉积；高位体系域则发育泥岩、少量加积的砂岩体和在早期发育清水环境沉积的石灰岩。

建立层序地层学格架的关键在于识别各级层序的边界。奥连特盆地二级层序界面的底界面为白垩系 Hollin 组与下伏侏罗系 Chapiza 组之间的区域性角度不整合。顶界面为 M1 段与 Basal Tena 亚段之间的不整合。

三级层序的界面很难根据地震资料识别，只能借助于钻井、测井及其他资料来分析识别。区块白垩系内三级层序边界主要有三种类型：（1）大套灰色浪控—潮控三角洲砂岩与深色泥岩—石灰岩不整合接触，如 KSQ2、KSQ3 底界面；（2）大套灰色—灰绿色潮下沙坪砂岩与灰色内陆棚灰岩不整合接触，如 KSQ4 底界面；（3）大套灰色潮控三角洲下切河谷砂岩与灰色—深灰色外陆棚泥岩不整合接触，如 KSQ6 底界面。

陆架边缘体系域以三级层序底界面为底界面，以首次海泛面为顶界面，表现为加积或进积特征；海侵体系域以最大海泛面和首次海泛面为顶底界面，表现为退积特征；高位体系域则以 GR 曲线极大值处的稳定页岩为底界（即最大海泛面），顶界面为三级层序的顶界面，通常表现为进积。本区陆架边缘体系域一般为潮控、浪控三角洲或潮道砂岩及滨岸泥岩，底界为侵蚀面，通常为进积或者加积序列；海侵体系域一般由潮坪的潮间带、潮下带及外陆棚、内陆棚相泥岩、石灰岩组成，泥岩沉积厚度大并且分布广，构成向上变细的退积序列，海岸线向陆迁移；高位体系域主要为少量砂岩和内陆棚相清水环境石灰岩沉积，具有明显的沉积物向前推进的沉积特点。

准层序的界面特征相对较为复杂，内部岩性（岩相）变化主要表现为四种：（1）多期潮汐河道或潮道砂岩的叠置，测井曲线表现为箱形或齿化箱形；（2）内陆棚泥岩向上变为含煤、含生物化石的潟湖或潮间带沉积（泥质或灰质），GR 曲线显示有石灰岩和泥岩，齿化特征明显，幅度变化大；（3）潮间带砂质混合坪向上变细、变薄成潮上泥坪沉积；（4）外陆棚灰黑色、深灰色泥岩、页岩向上变为内陆棚灰质滩（图 2-8）。

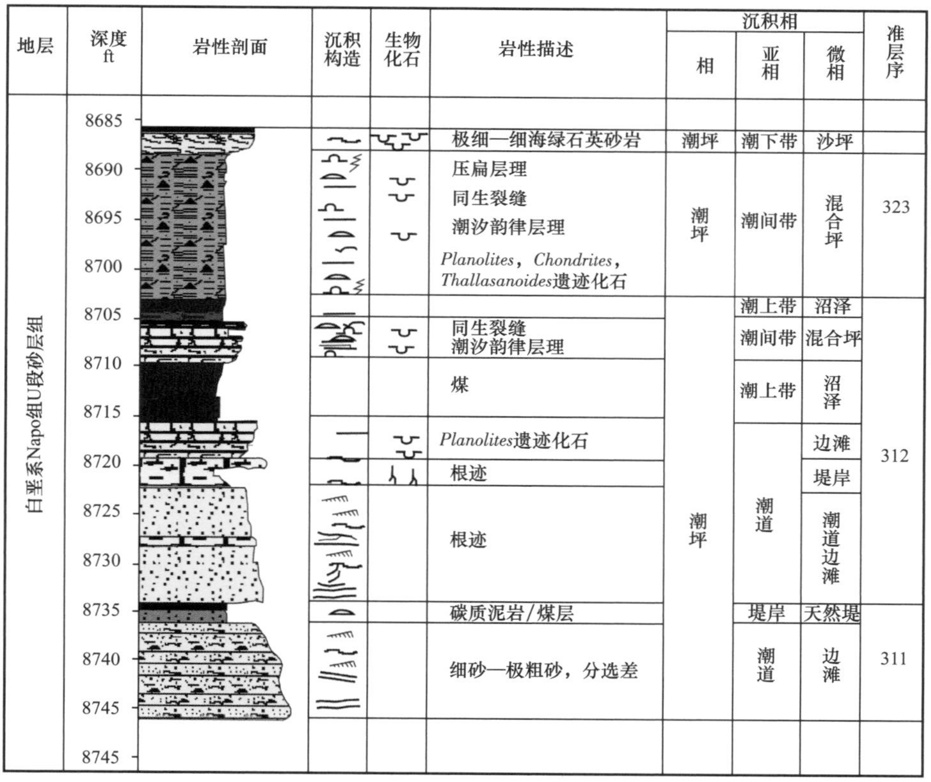

图 2-8　Shirley_04 井取心井段准层序划分及沉积相分析

KSQ1 大致相当于岩石地层的整个 Hollin 组和 Napo 组的 C 段石灰岩，KSQ1 层序可划分成四个准层序，最下面的两个准层序构成陆架边缘体系域，第三个准层序为海侵体系域，最上面一个准层序组成高位体系域。KSQ2 相当于岩石地层的 Napo 组 T 段和上覆的 B 段石灰岩，层序内部可划分成六个准层序，最下面的两个准层序构成陆架边缘体系域，中间的三个准层序组成海侵体系域，最上面的一个准层序构成了高位体系域。KSQ3 相当于岩石地层 Napo 组 U 段和上覆 A 段石灰岩，层序内部可划分成七个准层序，最下面的两个准层序构成了陆架边缘体系域，中间的四个准层序作为海侵体系域，最上面的一个准层序构成高位体系域。KSQ4 相当于岩石地层 Napo 组 M2 段，层序内部可以划分成六个准层序，最下面的两个准层序构成陆架边缘体系域，中间的三个准层序作为海侵体系域，最上面的一个准层序组成高位体系域。KSQ5 相当于 M1 段中下部，层序内部可划分成七个准层序，最下面的两个准层序作为陆架边缘体系域，中间的三个准层序构成海侵体系域，最上面的两个准层序组成高位体系域。KSQ6 相当于 M1 段砂岩到 Basal Tena 亚段，层序内部划分为四个准层序，缺失海侵体系域和高位体系域，只残留不完整的陆架边缘体系域。

2. 沉积相类型与特征

沉积微相的研究主要是依靠关键井的岩心观察（包括岩石类型、泥岩颜色、层理构造、自生矿物、沉积构造、生物化石、生物遗迹等），并结合关键井测井相的识别、地震相的分析来开展。在奥连特盆地 M 区块的主要目的层白垩系中，共识别出了五种沉积相类型，即潮坪相、潮控三角洲相、浪控三角洲相、浅海陆棚相和潟湖相，进而可细分为 7 种沉积亚相和 14 种沉积微相。

1）潮坪相标志及沉积特征

潮坪沉积是一个由潮下带—潮间带—潮道—潮上带构成的向上粒度变细的沉积序列，反映了水体变浅，水动力变弱的沉积环境变化。M 区块潮坪沉积主要为一套灰色、灰绿色含泥砾砂岩、细—中砂岩、粉砂岩、泥岩或页岩组成，局部有煤线和黄铁矿。发育潮汐层理、压扁层理、透镜状层理、波状层理、交错层理和沉积再作用面等沉积构造，且以反映双向水流作用和反映砂泥岩沉积的复合型层理—潮汐层理最常见。具体可识别出潮道（潮道堤岸、潮道边滩、潮道滞留沉积）沉积、潮下沙坪沉积、潮间砂泥坪沉积、潮上泥坪和潮上沼泽沉积等（表 2-1）。

2）潮控三角洲相标志及沉积特征

潮控三角洲相可分为无潮汐平原亚相、有潮汐平原亚相和潮控三角洲前缘亚相。通常受潮汐影响的平原和前缘亚相为潮控三角洲的主要研究对象。M 区块潮控三角洲沉积以潮控三角洲平原的潮汐河道—潮汐河道间为主，潮汐河道主要沉积中—细砂岩，分选、磨圆好，发育潮汐韵律层理、透镜状层理和沉积再作用面。随着海平面升高，前端逐渐过渡为位于海平面之下的潮控三角洲前缘的潮汐沙坝和内陆棚泥，其中，潮汐沙坝为中—细砂岩，垂向上常以正旋回为特征，平面上呈平行于潮流方向的指状或脊状分布。

3）浪控三角洲相标志及沉积特征

浪控三角洲沉积可分为浪控三角洲平原亚相和前缘亚相，平原亚相中又可分为分流河道微相和河道间微相，前缘亚相可分为水下分流河道微相和河口坝微相，前端为内陆棚泥质沉积。M 区块浪控三角洲沉积以灰绿色含泥中—细砂岩为主，发育波状层理、交错层理，垂向上以正旋回为主。平面上，在近物源方向以片状的浪控三角洲平原分流河道为主，在河道前缘岸线附近为一系列片状或带状分布的、近平行于岸线的前缘河口沙坝沉积。

4）浅海陆棚相标志及沉积特征

将浅海陆棚沉积分为内陆棚亚相和外陆棚亚相，又可细分为砂质滩微相、灰质滩微相、风暴沉积微相和外陆棚泥微相。M 区块砂质浅滩位于正常浪基面左右，含有广泛分布的海绿石砂岩，灰质滩主要为粒泥灰岩或泥粒灰岩，颗粒灰岩少见，石灰岩层中夹有泥岩沉积，岩心局部见生物碎片。外陆棚沉积泥岩以灰色、深灰色大套质纯泥岩为主，反映水体相对较深，环境比较安静。

表 2–1　Tarapoa 区块潮坪相主要鉴定标志及典型测井响应

| 相类型 | | | 主要鉴定标志 | 典型测井响应 |
|---|---|---|---|---|
| 相 | 亚相 | 微相 | | |
| 潮坪 | 潮道 | 潮道堤岸 | 粉砂岩、泥岩互层，小型交错层理、波状层理 | 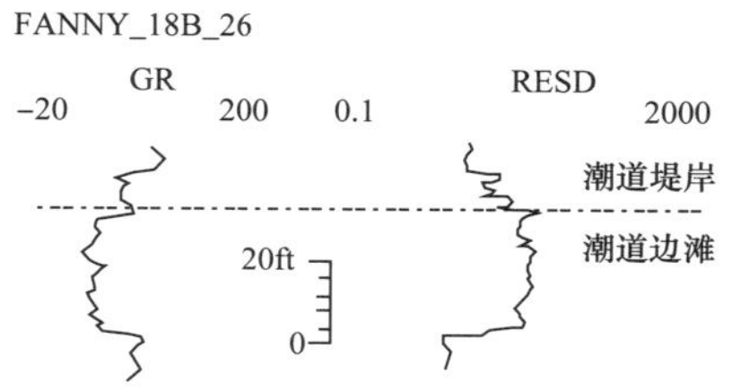 FANNY_18B_26<br>GR −20 200　RESD 0.1 2000<br>潮道堤岸<br>潮道边滩<br>20ft 0 |
| | | 潮道边滩 | 中细砂岩，大、中型槽状交错层理、楔状交错层理，冲刷—充填构造 | |
| | | 潮道滞留沉积 | 含砾中粗砂或细砾岩，粒序层理、块状层理、大型交错层理 | |
| | 潮下带 | 沙坪 | 能量强，中细砂岩，平行层理、大中型交错层理、人字形交错层理 | 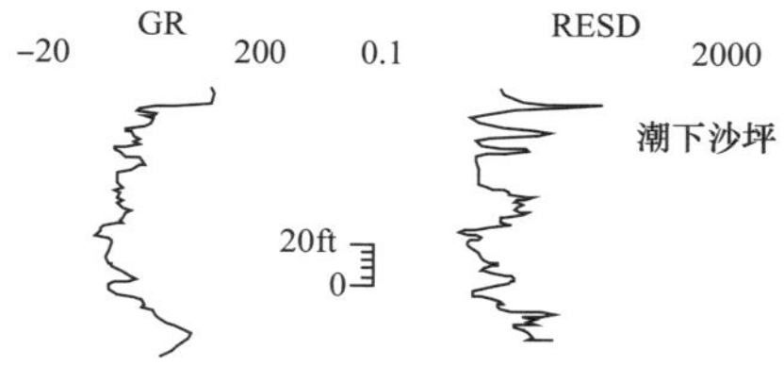 GR −20 200　RESD 0.1 2000<br>潮下沙坪<br>20ft 0 |
| | 潮间带 | 混合坪 | 能量中等，砂泥岩薄互层，压扁层理、波状层理、透镜状层理、潮汐韵律层理 | 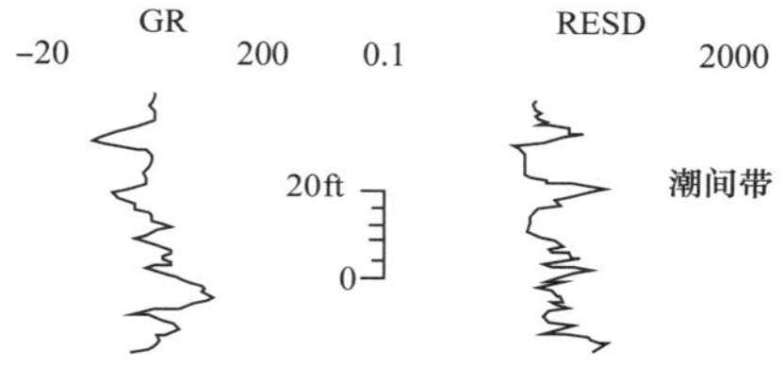 GR −20 200　RESD 0.1 2000<br>潮间带<br>20ft 0 |
| | 潮上带 | 潮上盐沼 | 石膏、碳酸盐岩等蒸发岩发育，能量低，红色或紫红色泥岩 | 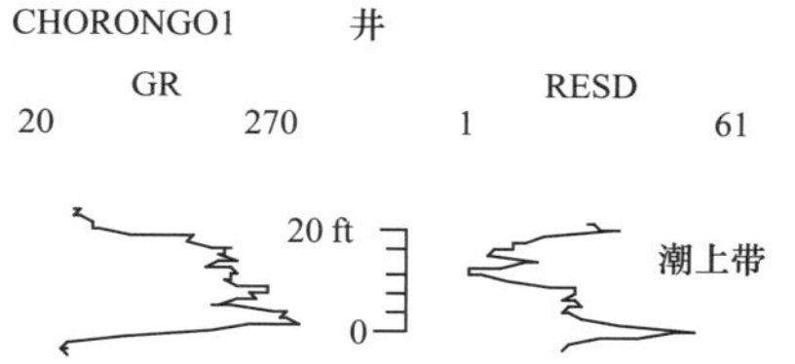 CHORONGO1　井<br>GR 20 270　RESD 1 61<br>潮上带<br>20 ft 0 |
| | | 潮上泥坪 | 能量低，泥质沉积夹薄层砂层，水平层理、波状层理，生物扰动强烈及暴露成因构造 | |
| | | 潮上沼泽 | 植物化石、碎片，能量低，含碳泥岩、页岩 | |

5）潟湖相标志及沉积特征

潟湖位于潮坪和浅海陆棚的过渡地带，属于台地内部的低能沉积环境，M 区块潟湖沉积主要为灰黑色水平层理泥岩，含煤线和黄铁矿。

3. 圈闭与沉积层序的关系

1）圈闭类型与沉积相的关系

在剖析大量油藏的基础上，总结了各个油田各个层位发育的油藏类型，共发育 3 大类 9 种圈闭类型（表 2–2）。各类圈闭发育的沉积相、层序中的位置及在研究区的发育位置存在差异。

研究表明，该区油气主要分布在潮坪相砂岩和水下浅滩砂岩中，油气沿断层分布特征明显，但油气呈明显北西—南东向条带分布，表明受沉积作用影响明显。因此，圈闭发育和沉积相带具有密切的关系，沉积相带的展布宏观控制了砂体的展布，不同区带砂体的分布范围限制了圈闭的发育类型。

表 2-2　奥连特盆地 Tarapoa 区块圈闭类型及分布

| 圈闭类型 | 亚类 | 图示 | 油藏实例 | 储集体类型（沉积微相） | 发育层序中位置 | 发育位置 |
|---|---|---|---|---|---|---|
| Ⅰ<br>构造<br>圈闭 | $\mathrm{I}_1$ 低幅度背斜 | | Mariann_4A、Mariann_18 | 潮坪砂岩<br>水下浅滩 | KSQ1、KSQ2、KSQ3、KSQ6 的 SMST 为主，少量在 TST | 构造高部位 |
| | $\mathrm{I}_2$ 断块 | | Dana01 | | | 断层下降盘 |
| | $\mathrm{I}_3$ 断背斜（牵引） | | Mariann_18 | | | 断层上升盘 |
| Ⅱ<br>岩性<br>圈闭 | $\mathrm{II}_1$ 砂岩透镜体 | | Mariann_4A、Mariann_18<br>FB57 | 混合坪、水下浅滩 | KSQ1、KSQ2、KSQ3、KSQ6 的 SMST 晚期及 TST | 东部混合坪位置及西部沙坝间 |
| | $\mathrm{II}_2$ 泥岩侧向遮挡 | | EsperanzaNorte01 | 水下浅滩、沙坪尖灭 | | 泥岩双向遮挡（泥岩墙位置） |
| | $\mathrm{II}_3$ 砂岩上倾尖灭 | | DorineN01（M1ss）、Fanny 油田（M1ss） | | | 水下浅滩、沙坪尖灭位置 |
| Ⅲ<br>构造—<br>岩性圈闭 | $\mathrm{III}_1$ 背斜—岩性尖灭 | | Mariann_4A | | | |
| | $\mathrm{III}_2$ 背斜—砂岩透镜体 | | Mariann_4A-09 | 水下浅滩、混合坪 | | 东部混合坪位置及西部沙坝间相对高部位 |
| | $\mathrm{III}_3$ 断层—岩性尖灭 | | Dorine | 水下浅滩、潮坪砂 | | 水下浅滩、沙坪向东尖灭位置；断层上升盘 |

据前述油气成藏规律及圈闭的发育类型，潮坪相的厚层连片砂岩即 KSQ2、KSQ3、KSQ6 的 SMST 即 LT、LU、M1 段砂岩，构造圈闭发育为主，即在构造高部位寻找低幅度背斜圈闭，断层附近寻找断块圈闭，兼顾构造—岩性尖灭圈闭。水下浅滩相即 KSQ2、KSQ3 的 TST 即 UT、UU 段薄互层砂岩，适合寻找岩性圈闭为主，兼顾构造—岩性尖灭圈闭。沉积微相的转换带位置，重点寻找岩性和构造—岩性圈闭（图 2-9）。研究区 KSQ1 的 SMST 砂岩即 Main Hollin 组主要为含水层，主要作为油气横向运移的通道。

2）圈闭发育与层序的关系

根据 Tarapoa 区块单井及连井层序划分、连井相及连井油藏剖面对比，油水层的分布和层序的关系非常密切。水层在每个层序的 SMST 底部连片砂体中广泛分布，油层主要分布于 SMST 上部砂体和 TST 的砂体中。因此，每个层序的低位体系域（特别是早期）连片

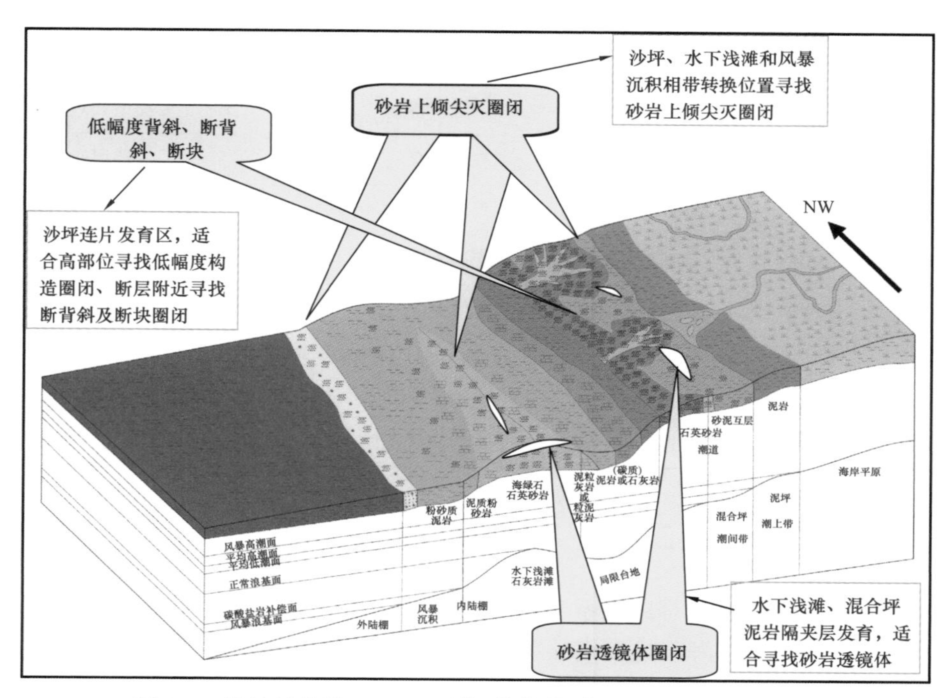


图 2-9　奥连特盆地 Tarapoa 区块不同圈闭类型在沉积相带的分布

潮坪砂体构成了油气横向运移的通道，同时在顶部砂体中适合寻找构造高部位的低幅度构造圈闭，兼顾构造—岩性圈闭（如 M1 段泥岩墙遮挡形成的构造—岩性圈闭）或在砂岩相带尖灭部位；海侵体系域 TST 水下浅滩横向不稳定、垂向泥岩隔夹层发育，容易形成岩性（砂岩透镜体及砂岩上倾尖灭）及构造—岩性圈闭；HST 砂体不发育，成为 TST 砂体的良好盖层（图 2-10，表 2-3）。

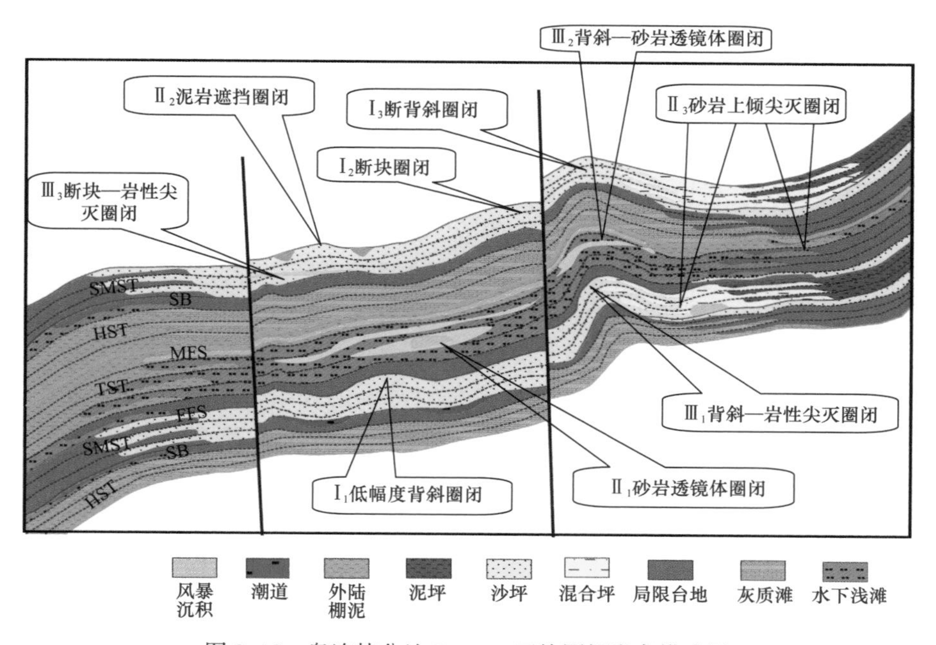


图 2-10　奥连特盆地 Tarapoa 区块圈闭发育模式图

表 2-3　层序地层与油气成藏关系

| 层序 | 体系域 | 沉积类型 | 沉积特点 | 圈闭主要类型和对成藏作用 |
|---|---|---|---|---|
| KSQ1—KSQ5 | HST | 灰质滩、泥 | 有机质含量高 | 盖层 |
| KSQ5 | TST | 风暴沉积、泥 | 岩性较细 | 低幅度背斜岩性上倾尖灭 |
| KSQ4 | SMST | 潮坪、泥 | 泥质夹层较多 | 岩性圈闭为主 |
| KSQ2<br>KSQ3<br>KSQ6 | TST | 水下浅滩、泥 | 泥质夹层较多 | 岩性圈闭为主兼顾构造—岩性圈闭 |
| | SMST | 潮道、沙坪泥 | 连片砂体发育，晚期泥质夹层增多 | 低幅度背斜为主兼顾构造—岩性圈闭 |
| KSQ1 | SMST | 潮道、沙坪 | 连片砂体发育 | 油气横向运移的通道 |

# 第二节　盆地石油地质特征

奥连特盆地主要烃源岩是白垩系Napo组海相黑色页岩、碳酸盐岩，主要储层为Napo组的碎屑岩，发育海相与海陆过渡相环境的砂岩—泥岩或碳酸盐岩互层状的优越储盖组合（图2-11）。

## 一、烃源岩

前人对奥连特盆地的烃源岩进行了一定的评价工作[10-11]。奥连特盆地主要烃源岩包括白垩系Napo组（Maranon盆地包括Raya组、Agua Caliente组和Chonta组）和上三叠统—下侏罗统Santiago组（Maranon盆地为Pucara组）。此外，Orteguaza组（Pozo组）页岩，Macuma组（Ambo组）海相黑色页岩、碳酸盐岩，Pumbuiza组（Cabanillas组）海相页岩均是潜在的烃源岩，其中Napo组海相黑色页岩是盆地最重要的烃源岩层，以Ⅱ型、Ⅲ型干酪根为主，TOC最大为6.6%，平均为2.5%，位于现今盆地西部边界的烃源岩在早—中始新世达到生烃高峰；而Napo组隆起则在新近纪才达到生排烃高峰[10]。

从Dashwood等与Mathalone等的研究结果来看，奥连特盆地西部冲断带内总有机质含量（TOC）超过4%，有机质成熟度也超过0.5%，达到生油门限[5, 10]（图2-12至图2-15，盆地范围为图中逆冲断层与厄瓜多尔国界所限定的范围）。斜坡带所在地的TOC含量达到2%左右，有机质成熟度中等。斜坡带还紧邻盆地西部生烃中心，并且是油气运移的有利指向区，因此斜坡带烃源岩条件非常好[10-14]。

1. 有机质类型

烃源岩评价是研究区基础石油地质研究相对薄弱的环节。阳孝法等在前人研究基础上，增加了新的样品测试，重新编制了Napo组烃源岩总有机碳含量与成熟度平面分布图[13-14]（图2-16）。奥连特盆地主力有效烃源岩为Napo组泥岩，干酪根类型为Ⅱ型干酪根（图2-17）。Napo组有机质类型西北向东南逐渐变化，西北部主要以Ⅱ型为主和部分Ⅰ型干酪根为特征，东南部以Ⅱ型为主和部分Ⅲ型干酪根为特征[10, 13]。前期研究表明奥连特盆地的石油是从一个早期的烃源岩区或者次安第斯区西部运移而来，次安第斯区西部现今被安第斯山占据。该区石油显示出的多种复杂的族组分表明烃源岩组成要比通常认

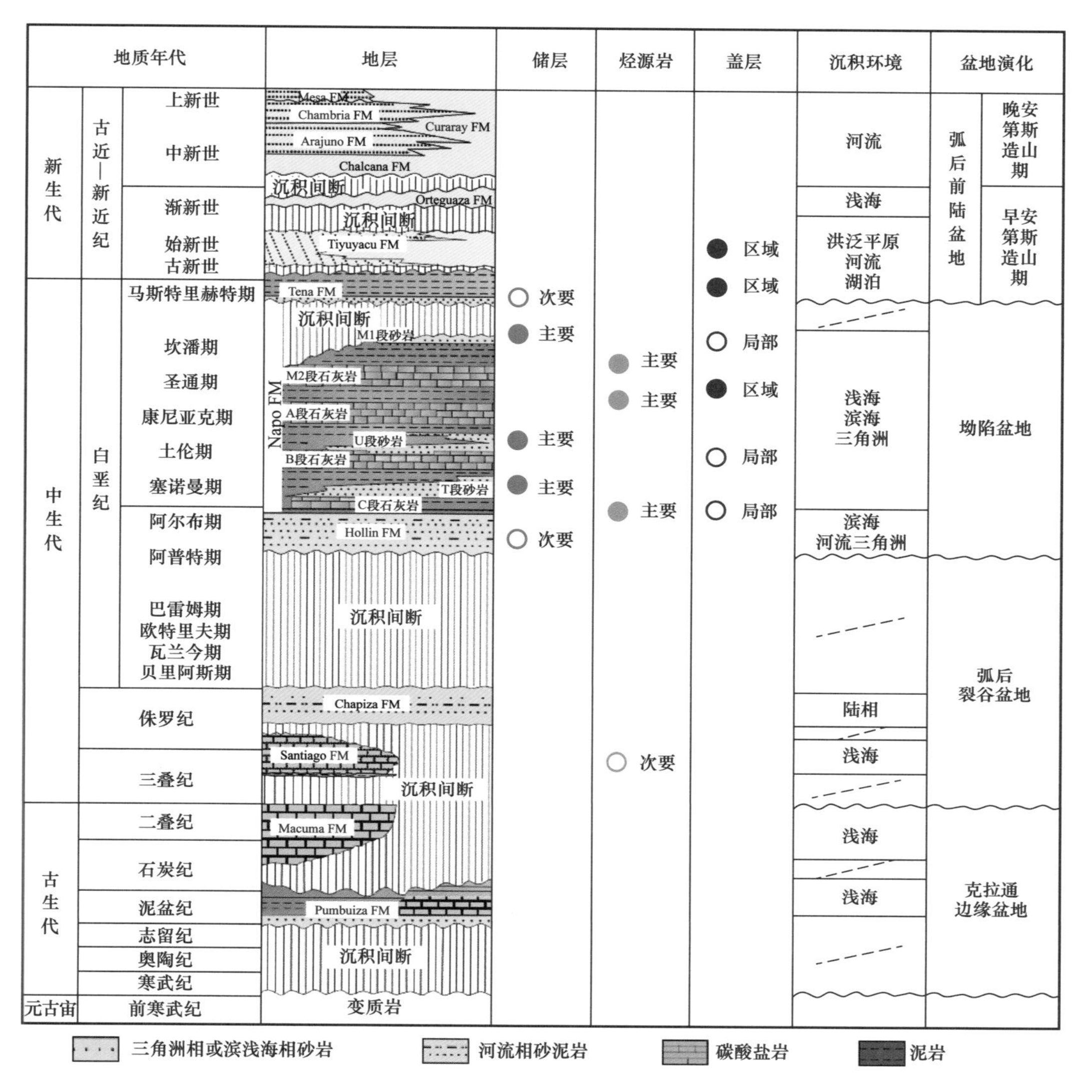


图 2-11　奥连特盆地综合柱状图

为得复杂。次要烃源岩为下白垩统 Hollin 组海相—三角洲相泥岩，厚度 80～240m，平均 125m，有机质类型为Ⅱ型、Ⅲ型，主要分布在盆地西部前渊带。

2. 有机质丰度与成熟度

奥连特盆地 Napo 组泥岩的 TOC 范围为 1%～10%，平均 TOC 在东部小于 1%，在西部则超过 4%，局部可达 10%。生烃潜量（$S_1$+$S_2$）分布于 0～10mg/g（HC/ 岩石）之间，烃源岩评价为差—好烃源岩；氢指数分布在 100～350mg/g（HC/TOC），属于较好烃源岩（图 2-18）。Feininger 较早地研究了盆缘露头区变质岩的总有机碳含量[15]，Dashwood 等研究发现 Napo 组烃源岩仅在奥连特盆地的西南部成熟[10]（镜质组反射率 $R_o$ 大于 0.6%），其他部位镜质组反射率均小于 0.6%；Baby 等引用的文献中却报道 Napo 组烃源岩成熟范围要大，集中于盆地北部、南部和西部[18]。

Tarapoa 区块、14 和 17 区块最新的有机地球化学分析结果表明，这些研究区的生烃母质类型有两类，一类为Ⅱ$_1$型，主要发育于 B 段石灰岩段（钙质泥岩为主），另一类为

图 2-12　盆地白垩系烃源岩 TOC 分布[10]

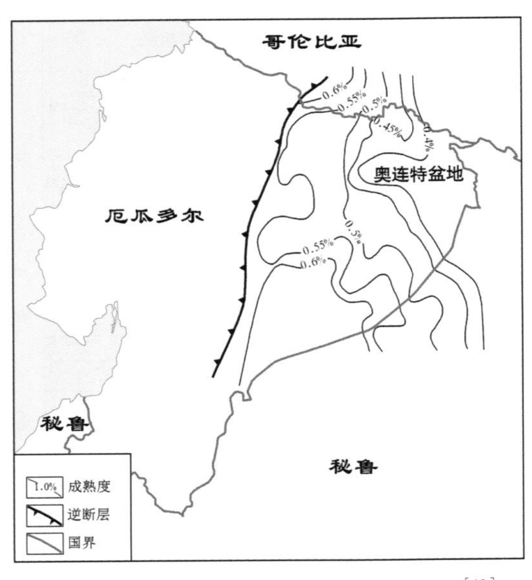


图 2-13　盆地白垩系有机质成熟度分布[10]

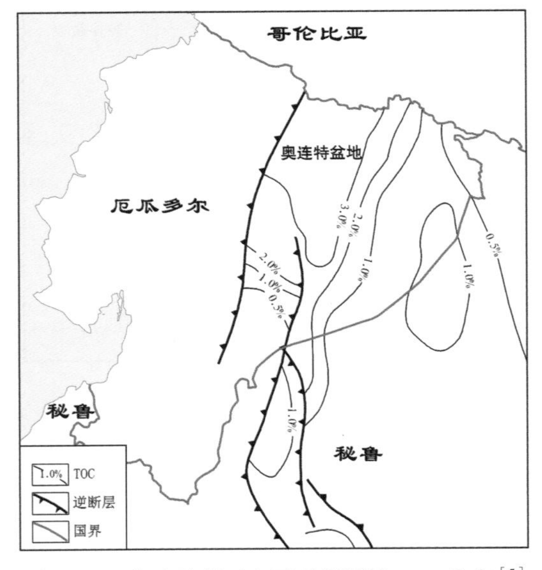


图 2-14　盆地及邻区白垩系烃源岩 TOC 分布[5]

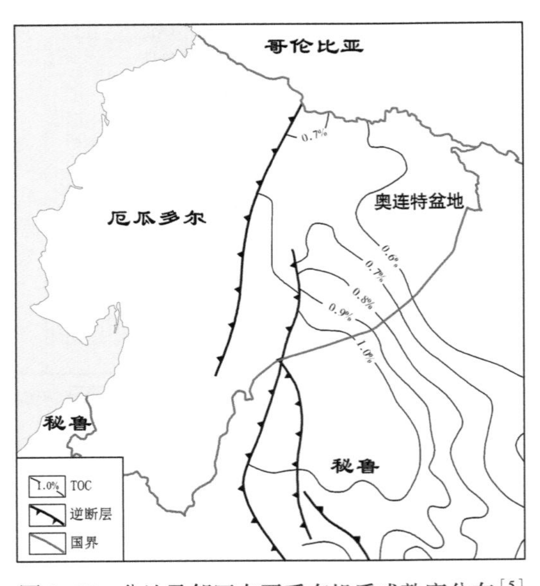


图 2-15　盆地及邻区白垩系有机质成熟度分布[5]

Ⅱ$_2$—Ⅲ型。泥岩有机质的丰度是决定岩石生烃能力的主要因素，可以用有机质丰度指标来衡量，一是总有机碳含量（TOC）范围为 1.12%～5.97%，二是生烃潜量（$S_1$+$S_2$）平均为 20.8kg/t（HC/ 岩石），三是氯仿沥青“A”大于 0.36%，这三项指标均指示生油岩级别非常好（图 2-18）。最高热解峰温（$T_{max}$）为 436～442℃，镜质组反射率（$R_o$）平均值为 0.7%，为低成熟—成熟阶段[14]。这说明 Dashwood 等研究发现的 TOC 值与本项研究分析结果一致，但是成熟度结果明显偏低[10]；而 Baby 等报道的成熟度更符合实际地质情况[18]，可能与岩浆岩导致的区域热力场异常有关，但是由于收集的数据有限，有待进一步完善。

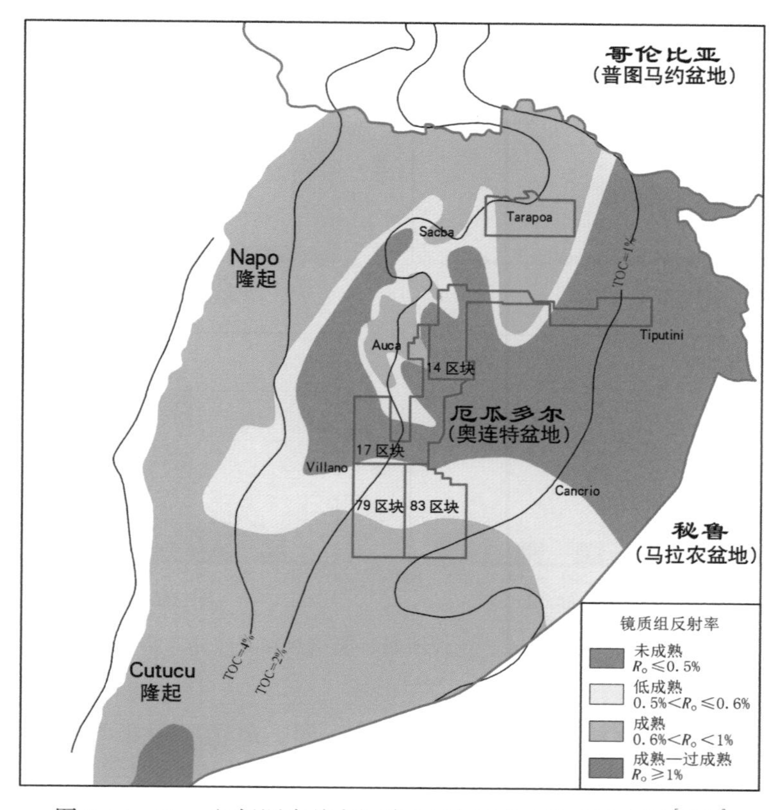


图 2-16　Napo 组烃源岩总有机碳含量与成熟度平面分布图[13-14]

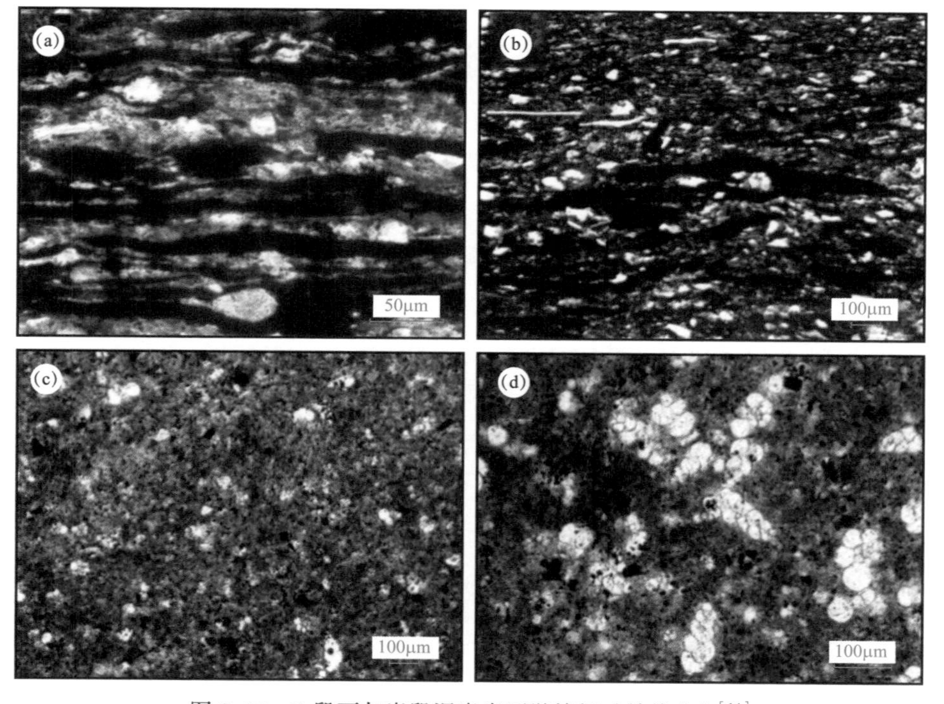


图 2-17　B 段石灰岩段泥岩岩石学特征（单偏光）[14]

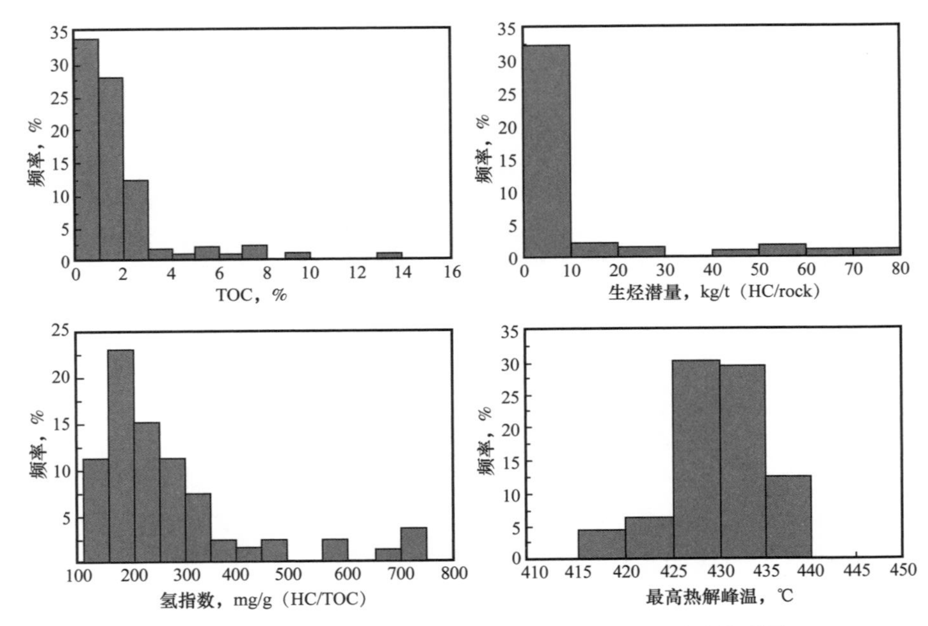


图 2-18　盆地 TOC、生烃潜量、氢指数和 $T_{max}$ 分布特征[14]

3. 有机质演化特征

奥连特盆地 Napo 组埋藏深度一般小于 2865m 时，$R_o$ 值一般小于 0.5%；埋藏深度在 2865～3353m 时，$R_o$ 值介于 0.5%～0.7% 之间；埋藏深度 3503m 左右，$R_o$ 值达 1.0%；由于深部样品点较少，因而推测埋藏深度达 3962m 左右时，$R_o$ 值达到 1.2%。Napo 组有机质成熟度一般为低成熟—成熟，盆地中西部基本达到生油门限（$R_o$>0.6%）[14]。

4. 油源对比

奥连特盆地 Napo 组烃源岩的 Pr/Ph 值自西向东有逐步增加的趋势。在奥连特盆地西部安第斯山区的 Archidona 露头样品 Pr/Ph 值为 0.59，在盆地中部的 Siripuno C-1 井中 Pr/Ph 值为 3.02。表明 Napo 组的沉积环境由还原环境逐渐向氧化环境过渡。Napo 组其他的地球化学特征见表 2-4。

**表 2-4　奥连特盆地 Napo 组烃源岩地球化学参数表**

| 样品 | Napo 组（盆地中部） | | Well A | Well B | Shiripuno C-1 | Archidona |
|---|---|---|---|---|---|---|
| | Cen/Tur | Albian | | | Napo | Napo |
| 深度，m | | | 3352 | 3311 | 3041～3042 | Outcrop |
| $CaCO_3$，% | <27 | <13 | 13 | 0.8 | | |
| TOC，% | <13 | 0.4～4.0 | 4.4 | 2.9 | 0.64 | 4.96 |
| $S_2$，kg/t（HC/Rock） | <78 | <10 | 13 | 7.3 | 0.40 | 26.24 |
| HI，mg/g（HC/TOC） | <740 | <350 | 332 | 249 | 63 | 529 |
| Saturates，% | 10～48 | 10～35 | 32 | 21 | 25 | 10.8 |
| $\delta^{13}C$（PDB），‰ | −25～−27 | −25～−28 | −26.3 | −26.0 | | |

续表

| 样品 | Napo 组（盆地中部） | | Well A | Well B | Shiripuno C-1 | Archidona |
|---|---|---|---|---|---|---|
| | Cen/Tur | Albian | | | Napo | Napo |
| $R_o$，% | 0.35～0.55 | 0.35～0.55 | 0.45 | 0.47 | 0.67 | 0.45 |
| $C_{29}$20S/（20S+20R） | 0.29～0.36 | 0.31～0.40 | 0.32 | 0.39 | 0.24 | |
| $T_{max}$，℃ | 420～438 | 428～438 | 431 | 429 | 425 | 411 |

奥连特盆地原油 MPI1 指数分布在 0.47～0.93，按 Radke 的公式换算的镜质组反射率 $R_o$ 介于 0.44%～0.72% 之间，显然原油成熟度较低，仅有些进入生油窗。原油 Pr/Ph 介于 0.76～1.34 之间，主体属于偏还原环境（表 2-5）。Tarapoa 区块原油正构烷烃碳数分布特征为双峰态前峰型，其碳数分布在 $C_{13}$～$C_{33}$，具有植烷优势，Ph＞Pr，Pr/Ph 为 0.79，表明其沉积环境属于还原环境；CPI 为 1.02；β- 胡萝卜烷丰度中等；$C_{27}$-$C_{28}$-$C_{29}$ααα20R 甾烷呈反"L"形，并且 ααα20R$C_{27}$＞$C_{29}$ 甾烷；Ts＜Tm；伽马蜡烷丰度中等。

总体上，奥连特盆地原油饱和烃较低，富含芳香烃和沥青质，大部分原油遭受过一定程度的生物降解，并且每个油藏中均存在不同品质的原油。

**表 2-5　奥连特盆地原油地球化学参数表**

| 样品 | 原油 | Well A | Well B | Aucu 16 | Rio H（含油砂岩） |
|---|---|---|---|---|---|
| 储层 | Napo&Hollin | Napo Basal | Hollin | "T" | Hollin（露头） |
| API，（°） | 10～25 | 20 | 25 | 24.7 | |
| $S$，% | 1.4～3.0 | 1.9 | 2.2 | 1.13 | 2.55 |
| $\delta^{13}C$（PDB），‰ | -26.3～-26.8 | -26.8 | -26.7 | -27.3 | |
| Pr/Ph | 0.7～1.34 | 0.86 | 0.79 | 1.01 | |
| Saturates，% | 10～50 | 32 | 40 | 36 | |
| Aromatics+NSO，% | 50～90 | 68 | 60 | 64 | |
| $C_{29}$20S/（20S+20R） | 0.41～0.46 | 0.42 | 0.44 | 0.42 | |

## 二、储层

奥连特盆地有商业意义的油气发现仅限于白垩系[11]，所有重要的石油生产均来自河流相、三角洲相和海相砂岩地层。盆地的主要储集体是白垩系 Hollin 组和 Napo 组砂岩，古近系 Tena 组和 Tiyuyacu 组碎屑岩也有储层发育。Hollin 组、Napo 组和 Basal Tena 组为主要储集单元（图 2-19）。Napo 组裂缝性石灰岩为盆地某些地区的次要储层。

Napo 组岩性由海相富含有机质的泥岩、生物灰岩、泥粒灰岩及砂岩组成。在整个 Napo 组沉积时期，物源主要来自东部的圭亚那地盾或巴西地盾。Napo 组厚度在 600m 以上，沉积于稳定的海洋陆棚上。Napo 组砂岩有四个砂岩段，分别是 M1、M2、U 和 T 砂岩段。Napo 组 M1 砂岩段和 M2 砂岩段为滨—浅海相沉积，孔隙度 17%～32%，渗透率10～8000mD，主要分布在盆地东部，在盆地中部尖灭；Napo组T砂岩段和U砂岩段为三角洲相沉积，孔隙度11%～26%，渗透率5～2000mD，砂体厚度自西向东逐渐增厚。Hollin组下部为辫状河沉积，上部为三角洲相沉积，孔隙度10%～20%，渗透率50～1000mD。Napo组的砂体厚度自西向东逐渐减薄[10, 16-17]。

Hollin组砂岩由白色厚层状至块状中等—粗粒石英砂岩组成，孔隙度和渗透率范围分别为12%～25%和20～2000mD，含横向分布稳定的钙质泥岩和煤层夹层，属河流—三角洲环境沉积，最大厚度约为150m，向东北到圭亚那地盾上逐渐变薄。在奥连特盆地西部，Hollin组可以划分为Main Hollin组砂岩和较薄的Upper Hollin组砂岩。Hollin组包括五个连续的沉积序列，其中Main Hollin砂岩有三个序列，由下向上依次为河道充填沉积、辫状河沉积与海岸平原沉积；Upper Hollin组砂岩有两个沉积序列：滨海沉积与开阔海洋沉积。

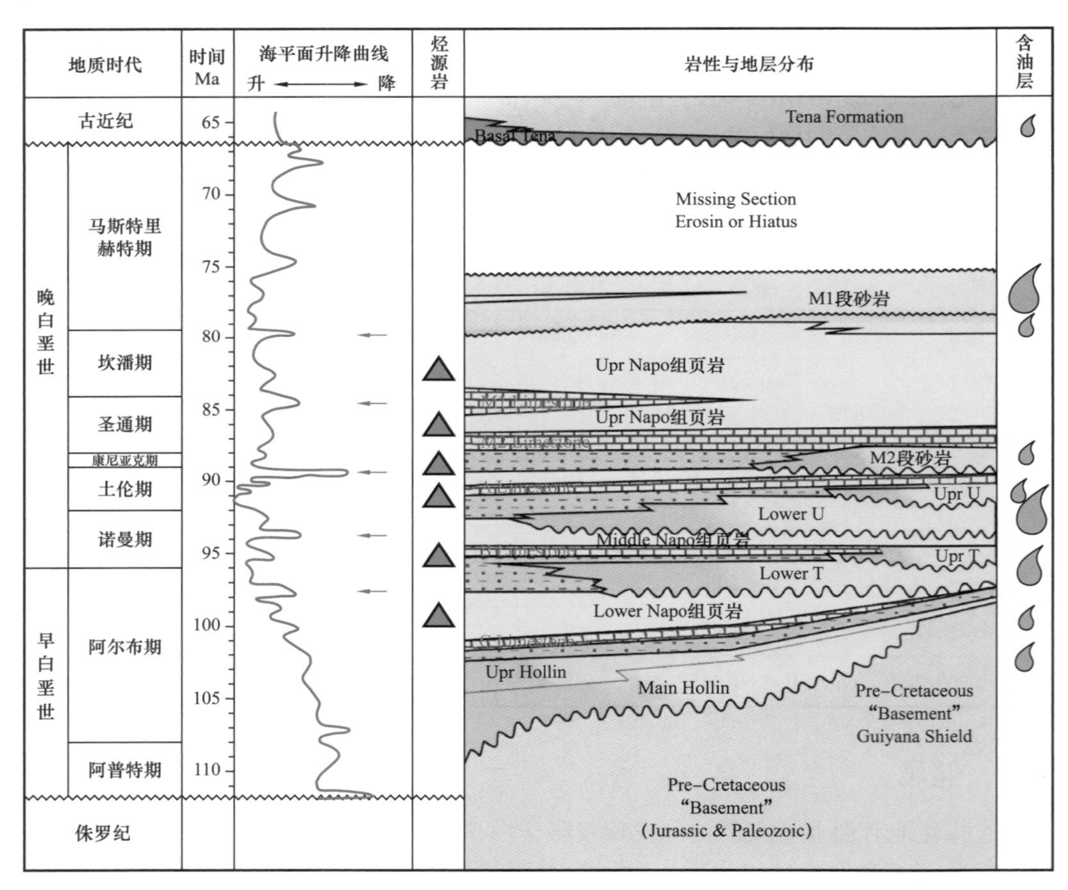


图2-19　奥连特盆地白垩系综合柱状图

主要目的层M1、Lower_U、Lower_T和Main Hollin储层岩性主要是石英砂岩，孔隙发育，渗透性好（图2-20至图2-22）。次要目的层Upper_U和Upper_T为海绿石砂岩（海绿石质量百分比大于10%）或含海绿石砂岩，海绿石质量百分比高者可达50%[19]（图2-23）。白垩系各层段储层的物性、沉积条件与成岩作用特征见表2-6，其中储层评价依据中国石油天然气总公司碎屑岩储层分类标准。

(a) 单偏光

(b) 正交偏光

图 2-20　M1 层（D15 井：2909.5m）石英砂岩薄片特征

含中砂石英细砂岩，石英为主，颗粒分选差，粒径 0.1～0.6mm，平均为 0.15～0.25mm，次棱角—棱角状，见石英次生加大，孔隙发育，溶蚀孔隙为主，孔隙连通性较好

(a) 单偏光

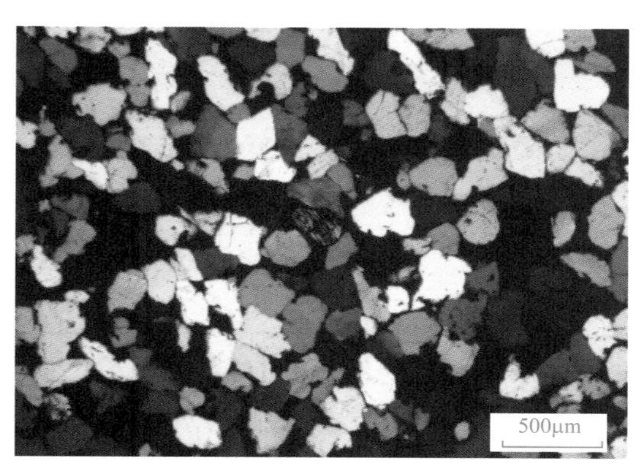


(b) 正交偏光

图 2-21　Lower_U 层（D45 井：2845m）石英砂岩薄片特征

石英细砂岩，石英为主，偶见条纹长石和微斜长石，颗粒分选好，粒径 0.1～0.25mm，次棱角状，压实作用较强，导致颗粒破碎，可见石英次生加大边，长石发生蚀变，孔隙较发育，溶蚀孔隙为主，少量原生孔

(a) 单偏光

(b) 正交偏光

图 2-22　Lower_T 层（MN1 井：2522m）石英砂岩薄片特征

石英砂岩，石英颗粒分选较差，次棱状—次圆状，粒径最大约 0.4mm，平均为 0.15～0.2mm。胶结物主要为石英次生加大、铁质，颗粒接触类型主要为线、缝合线接触。孔隙中等发育，以次生粒间溶蚀孔为主，少量原生孔隙

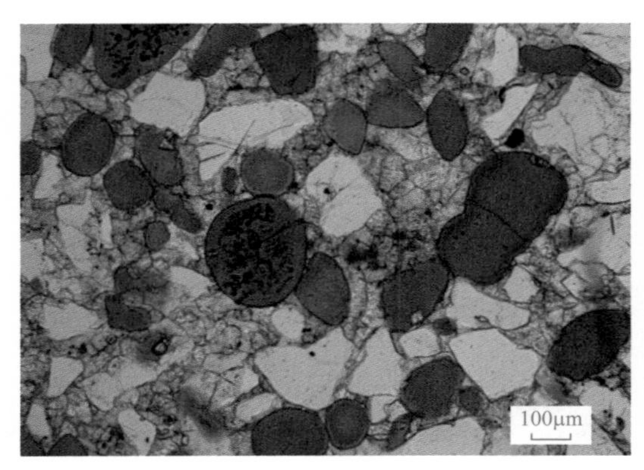


(a) 单偏光

(b) 正交偏光

图 2-23 Upper_T 层（MN1 井：2641.5m）海绿石砂岩薄片特征

海绿石砂岩，海绿石约占 25%，多为颗粒状或粪球粒状，分选较好。另可见云母蚀变状海绿石。石英颗粒分选差，尖棱角状—棱角状，粒径最大大于 0.5mm，平均为 0.15～0.25mm。胶结物以方解石为主，高级白干涉色，另见石英次生加大。可见方解石、铁白云石等矿物

表 2-6 白垩系各层段储层综合评价表（以 Tarapoa 区块为例）

| 层位 | 物性、沉积条件与成岩作用 | 储层评价 |
|---|---|---|
| Basal Tena | 物性变化大，微相分布变化快和泥质含量较高 | 中等 |
| M1 | 物性好，埋藏较浅，成岩作用较弱，可保存有大量的原生孔隙，同时有次生孔隙的发育 | 好 |
| M2 | 物性差，泥质含量较高 | 差 |
| Upper_U | 物性中等，海绿石胶结作用和其他胶结作用强 | 中等 |
| Lower_U | 物性中等，埋藏中等，成岩作用中等 | 较好 |
| Upper_T | 物性差—中等，泥质含量较高和海绿石及二次胶结作用发育 | 中等 |
| Lower_T | 物性中等，埋藏中等，成岩作用中等 | 较好 |
| Hollin | 物性差，埋藏较深，成岩作用较强，压实和胶结作用较强，是造成其物性差的主要原因 | 中等 |

## 三、盖层

奥连特盆地白垩系和古近系储层主要以层间页岩和致密碳酸盐岩为盖层（图 2-24），包括白垩系 Napo 组页岩和石灰岩、古新统 Tena 组泥岩（区域性盖层）、渐新统 Orteguaza 组泥岩（区域性盖层）。

Napo 组石灰岩和页岩是一套海侵时期形成的浅海相和半深海相。在 Napo 组下部，石灰岩和泥岩与砂岩形成互层；Napo 组上部，泥岩厚度增大，分布稳定，是盆地内另一套区域性盖层。

Tena 组泥岩是一套陆相“红层”沉积，是盆地内分布最广，厚度最大的区域性盖层。在盆地西部的厚度超过 1036m，向东逐渐减薄，在盆地东部的厚度约 61m。

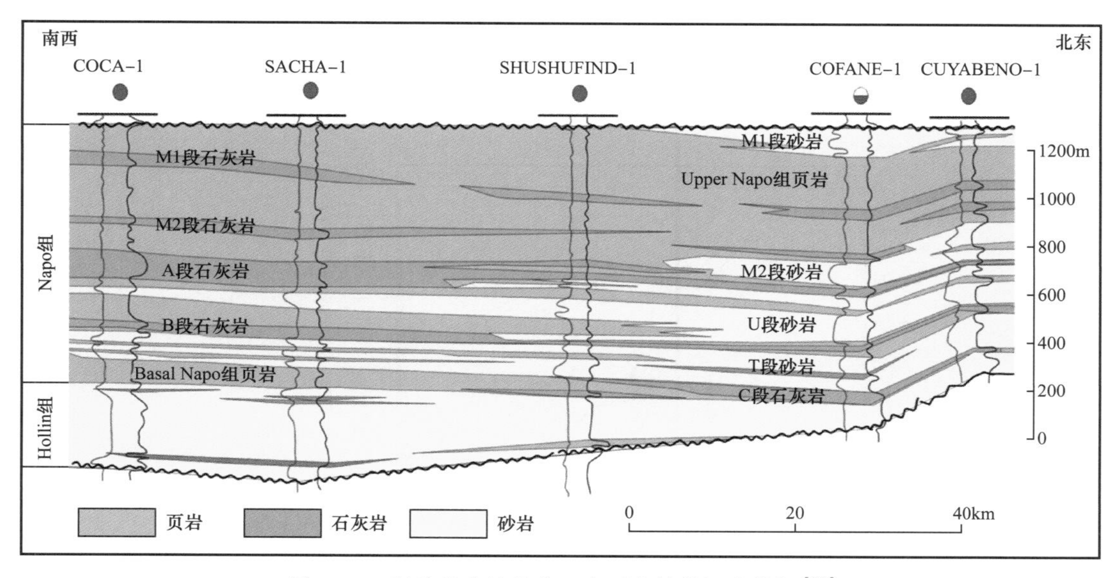


图 2-24 奥连特盆地北东—南西向储盖组合特征[10]

## 四、油气生成和运移

奥连特盆地具有两套主要的含油气系统。第一个含为白垩系—古近系含油气系统，即白垩系 Napo—Hollin/Napo 组含油气系统，其烃源岩为 Napo 组，储层为 Napo 组和 Hollin 组，盖层为 Tena 组和 Napo 组。另一个次要含油气系统为侏罗系—白垩系含油气系统，其烃源岩为侏罗系，储层为 Napo 组和 Hollin 组，盖层为 Tena 组和 Napo 组。

白垩系烃源岩在渐新世末期（30Ma±）进入生油窗（$R_o$=0.7%）。而侏罗系页岩从阿尔布阶晚期（97Ma±）到渐新世初期（35Ma±）是主要的生油期，在白垩纪末期（65Ma±）达到生油高峰。大部分侏罗纪生成的油（差不多 70%）在始新世初期（50Ma）及中新世初期（22Ma±）被排出。选取三条典型的剖面（图 2-25），通过对过剖面的井埋藏史分析，系统研究了奥连特盆地热演化史的特征。

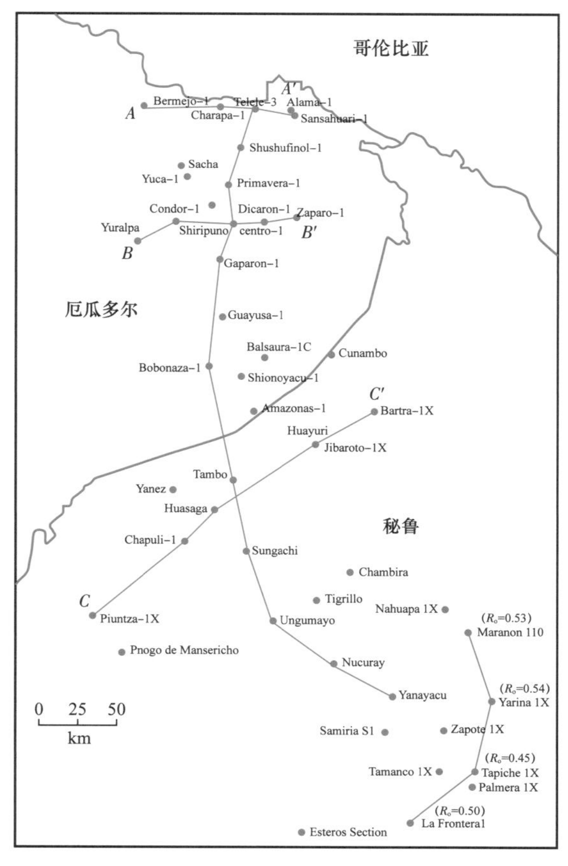


图 2-25 盆地井位分布图

剖面 *AA′* 方向（Bermejo-1 井到 Alama-1 井），从西到东，白垩系烃源岩成熟度逐渐降低（图 2-26）。位于西部的 Bermrjo-1 井在中新世早期进入成熟阶段，在中新世末地层剧烈抬升之前，Napo 组埋藏深度达 3353m，烃源已经成熟，而目前地层由于构造抬升已不具备生烃可能。Charapa-2 井烃源岩目前刚进入低成熟阶段（图 2-27）。位于东部的各井，由于埋藏深度较浅，尚处于未成熟阶段。

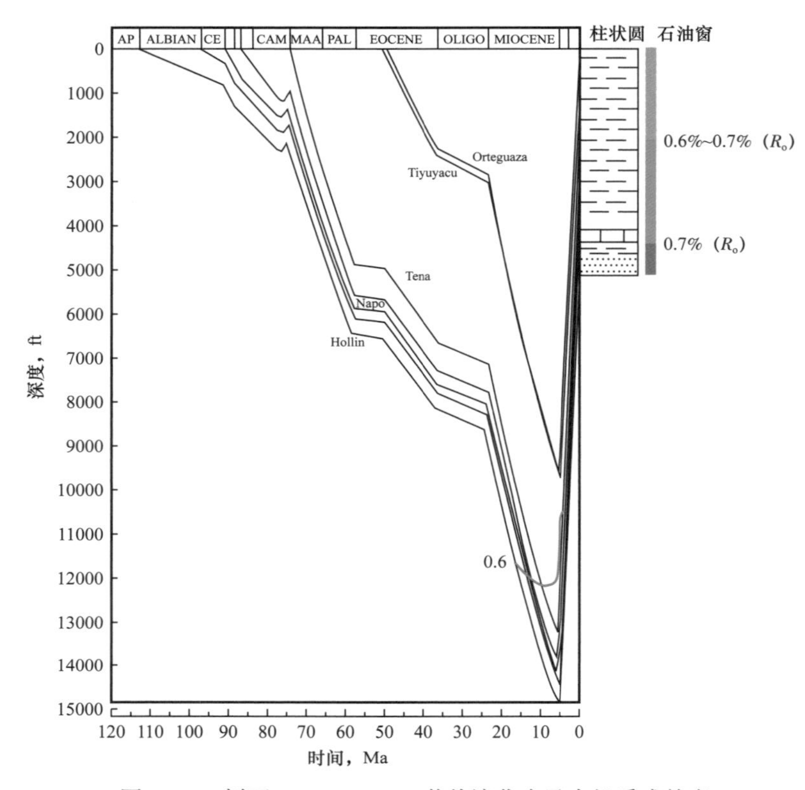


图 2-26 剖面 *AA′* Bermrjo-1 井热演化史及有机质成熟度

剖面 *BB′* 方向，从西至东，从 Yuralpa 井、Shiripuno-1 至 Zaparo-1 井，烃源岩成熟度变化不大。Shiripuno C-1 井的 $R_o$ 刚达到 0.5%，处于未—低成熟阶段（图 2-28）。Condor-1 井往西，地层已开始抬升，不具备生烃能力。

剖面 *CC′* 方向，从西向东烃源岩的成熟度逐渐降低。西部 Piuntza-1X 显示 Vivian 组以下烃源岩均已成熟，白垩系下部烃源岩从始新世（约 50Ma ± ）开始排烃（$R_o$>0.5%），于渐新世（30Ma ± ）大量排烃至今（图 2-29），中部烃源岩从中新世开始大量排烃至今，而东部地层埋藏深度逐渐降低，至 Batra-2X 井，烃源岩已没有生烃可能。

对奥连特盆地及邻区由北向南 Tetete-3 井至 Yanayacu 井埋藏史的研究表明（图 2-30），盆地在 Bobonaza-1 井处白垩系烃源岩成熟度达到整个盆地的最高点。通过对北部 Sacha profundo-1 井的埋藏史分析认为，其 Santiago 组和 Macuma 组烃源岩已达到生烃门限。

Macuum 组为一套浅海碳酸盐岩沉积，由薄层状的碳酸盐岩和页岩组成，而下侏罗统 Santiago 组仅在 Santiago 流域及 Sacha 地区可见，其他地区由于构造运动而缺失，Chapiza 组亦被认为是可能的生油岩。而 Shushufinidi—Sacha—Auca 地区存在一个油气聚集带，Chapiza 组、Santiago 组和 Macuma 组烃源岩能否对油气聚集具有贡献，目前还缺乏相应的地球化学证据[10]。

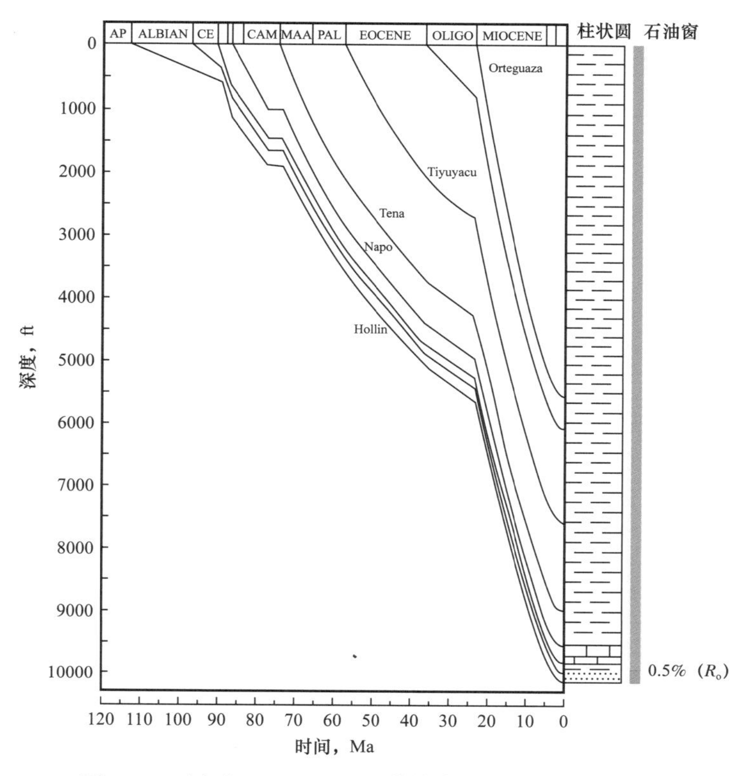


图 2-27 剖面 *AA′* Charapa-2 井热演化史及有机质成熟度

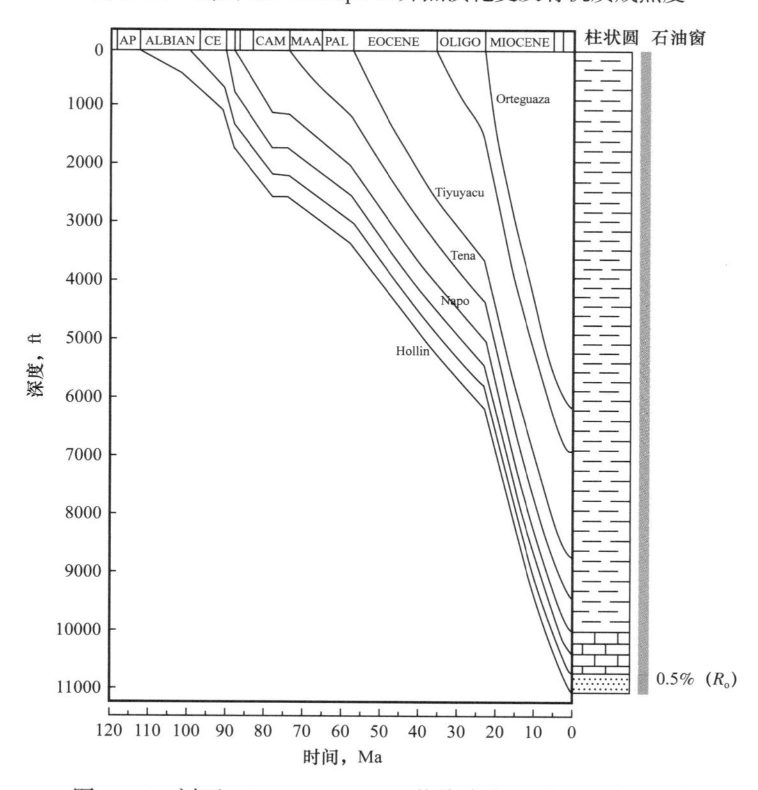


图 2-28 剖面 *BB′* Shiripuno C-1 井热演化史及有机质成熟度

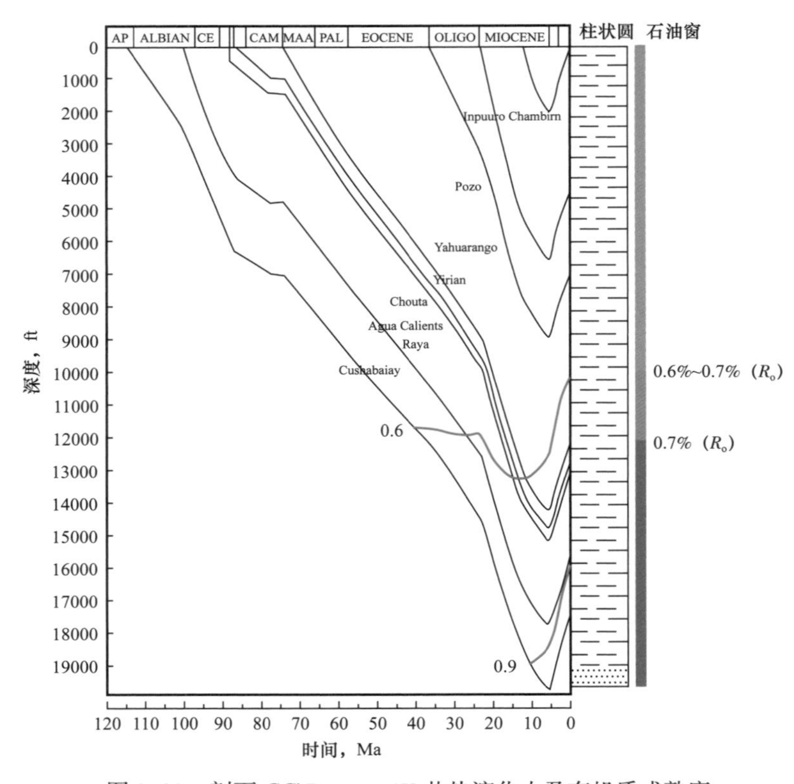


图 2-29　剖面 *CC′* Piuntza-1X 井热演化史及有机质成熟度

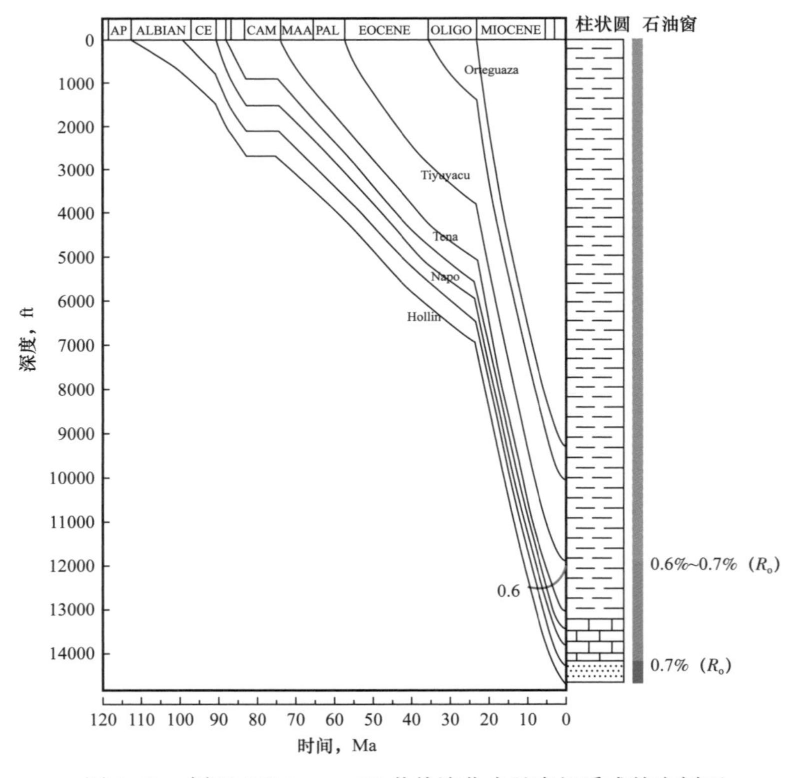


图 2-30　剖面 *CC′* Bartra-1X 井热演化史及有机质成熟度剖面

造山带各井地层热演化史及有机质成熟度研究表明，奥连特盆地抬升剧烈，南北部烃源岩埋藏深度已达到生烃范围，而中部地区在达到生烃门限之前就开始抬升，因此，中部地区在不具备对烃类贡献的能力。奥连特盆地沿造山带一侧目前已不具备生烃能力。

Bermejo 油田东部及以 Sacha 油田为中心的烃源灶由于刚进入生烃门限（$R_o$=0.5%），对油气聚集的贡献较弱。目前对油气的主要贡献，还是来自以 Bobonaza 油田为中心的南部生烃灶。

盆地白垩系烃源岩从西到东，成熟度逐渐降低。盆地西部造山带内的白垩系烃源岩在中新世早期进入成熟阶段，而目前地层由于构造抬升已无生烃可能；位于中部的烃源岩目前刚进入低成熟阶段；位于东部的各井，由于埋藏深度较浅，尚处于未成熟阶段。

在南北方向上，由于受奥连特盆地不同构造抬升程度的影响，位于盆地南部和北部埋藏深度已达到生烃范围，而中部地区在达到生烃门限之前就开始抬升，因此，中部地区在历史时期不具备对烃类贡献的能力。

总体上，奥连特盆地油气生成（针对白垩系）存在两个阶段：第一阶段油气生成是在安第斯构造运动早期。在构造抬升前，奥连特盆地西部造山带烃源岩是整个盆地油气的主要贡献者，此时，白垩系底部烃源岩在渐新世末期（30Ma）进入生油窗，主要生排烃发生在 15Ma 左右，主力烃源岩分布在奥连特盆地造山带的中部及奥连特盆地西北端；第二阶段油气生成发生在新近纪晚期，随构造抬升，盆底深凹埋藏深度增大，烃源岩在 10Ma 左右开始大量排烃至今。相比较而言，新近纪晚期生成的油气更成熟、更轻质。并且早期生成的油气与第二阶段生成的油气混合运移造成了原油不同的物性特征（10°～25°API）。

油源对比和生烃史模拟的结果表明，Napo 组烃源岩为整个奥连特盆地提供油气。盆地油气具有长距离运移和阶梯式运移的特征。下白垩统 Hollin 组高孔隙度、高渗透率砂岩直接与烃源岩接触，支持了它作为输导层为油气的大规模横向运移提供良好通道的解释，如果油源区位于现今盆地中心以西，那么油气横向运移的距离超过 100km[12, 17, 20]。

此外，古近纪以前继承性的断裂活动开启了油气垂向运移通道，使油气向缓坡的浅层进行运移，表现出阶梯式运移的特征。但是，垂直运移在很大程度上被限制在白垩纪岩层中，因为 Napo 组的页岩充当了相当好的区域盖层，阻止了任何油气垂直运移到上覆新近纪层序中可能的储层中。

## 五、圈闭形成

奥连特盆地的三叠—侏罗纪原型为伸展型盆地，盆地基底存在大量的裂陷阶段形成的正断层，晚白垩世和古近纪安第斯造山运动的挤压和冲断运动早期的断层活化，最终形成了现今奥连特盆地多种圈闭类型发育的结果[16-17, 21]。盆地的圈闭类型包括Ⅰ类圈闭、Ⅱ类圈闭、Ⅲ类圈闭及Ⅳ类圈闭（图 2-31），但是含油气圈闭主要为构造圈闭。

从晚白垩世开始，太平洋板块持续向南美板块俯冲，强烈的挤压应力在盆地西部得到释放，形成逆冲断层 / 褶皱圈闭和基底卷入圈闭。剩余挤压应力向东传递，盆地中部所受的挤压作用最弱，在早期正断层的基础上形成挤压或披覆背斜。在盆地东部，从西面传递过来的挤压应力受到冈瓦纳地盾的阻挡，导致该区域所受的挤压作用强于盆地中部，使早期正断层反转，形成牵引背斜圈闭。各种类型的圈闭沿北西—南东走向呈带状分布。此外，在盆地的中部和东部可能发育岩性圈闭和地层圈闭。

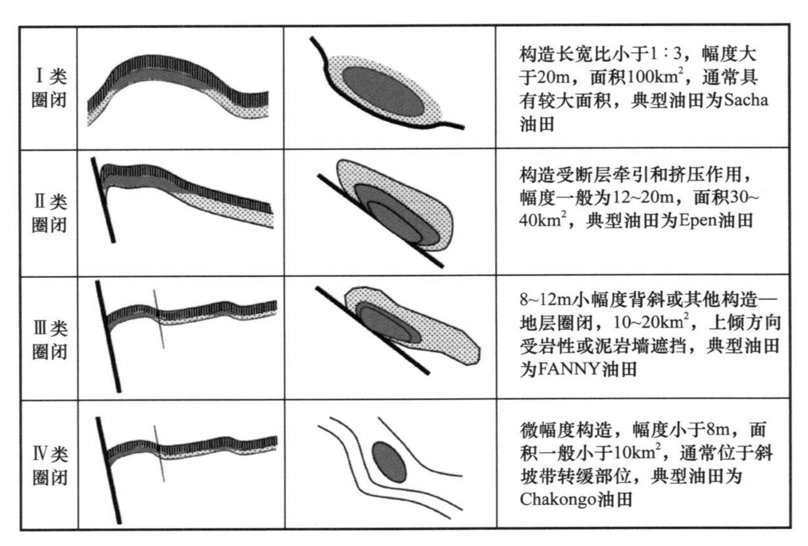


图 2-31　奥连特盆地主要圈闭类型

## 六、成藏模式

盆地的主要目的层是白垩系，主要盖层是白垩系和古近—新近系泥岩层。在盆地的冲断带，断层是油气成藏的关键因素。断层切入烃源岩，打开油气运移的通道，同时断层对油气的保存也至关重要。向上断开的层位越多，含油气层系也越多。但当断层断开区域性盖层则不利于油气保存，安第斯山间沿断层有多处油气苗，即是油气藏破坏的证据。

盆地的前渊带，受近东西向挤压应力的影响，早期正断层发生活化比较剧烈，牵引作用较强，形成牵引背斜。由于早期的断层断距较大，或者后期牵引作用较小，也可形成反向正断构造圈闭的成藏模式，另外，反向正断层可使断层上盘的白垩系砂岩与断层下盘古近系泥岩对接，造成断层侧向封堵，形成与断层相关的断鼻和断背斜构造圈闭。

盆地的斜坡带，受近东西向挤压应力的影响，早期正断层发生活化较弱，形成了一个共轭的逆—走滑断裂系统。含油气圈闭主要是断层上盘形成的压性背斜和受南北向走滑断层影响产生的伴生背斜圈闭。并且，岩性和地层因素对构造圈闭的形成起重要作用，同时岩性和地层圈闭也是重要的油气聚集目标。在斜坡背景下，在构造上倾方向发育泥岩封堵，形成岩性遮挡（图 2-32）。油气借助早期的正断层形成的油源通道进入储层，聚集成藏[10, 12]。

## 七、成藏组合

成藏组合是指相似地质背景下相同储层内、具有相似岩相的一组远景圈闭或油气藏，它们在储层层位、岩相储盖组合等方面具有一致性，共同烃源岩不是划分成藏组合的必需条件[22-26]。由于成藏组合是以相同层位、相似岩性和岩相的储层为划分核心，因此以成藏组合为核心的资源潜力评价对盆地内有利勘探层系和有利勘探区带的优选具有极强的指导意义[27]。由于奥连特盆地、北部的普图马约盆地和南部的马拉农盆地在地质意义上属一个盆地，因此从研究角度出发，将奥连特盆地、北部的普图马约盆地和南部的马拉农盆地作为一个整体进行评价更符合客观实际，三个盆地简称为POM盆地[27]。

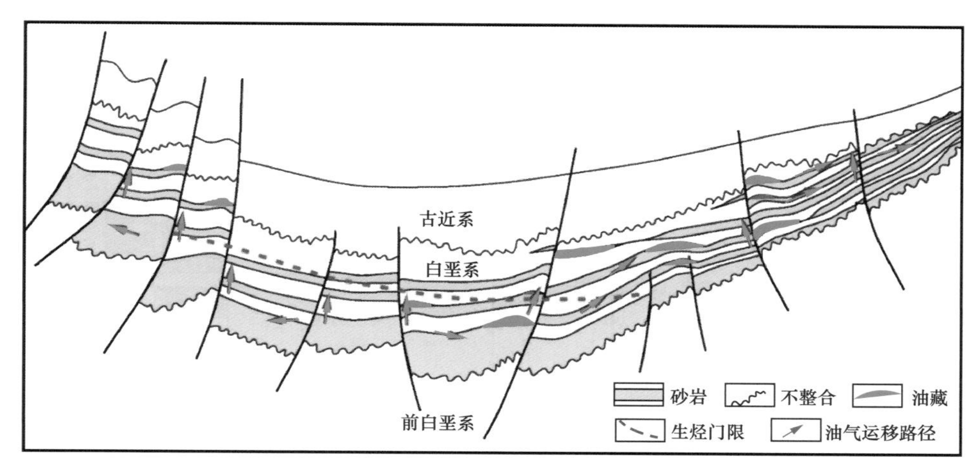


图 2-32　奥连特—马拉农盆地油气成藏模式图

奥连特盆地纵向上主要发育志留系—泥盆系砂岩储层、侏罗系砂岩储层、白垩系砂岩储层、古近—新近系砂岩储层等含油气层系，其中绝大部分油田以白垩系砂岩为主要储层，该储层可进一步划分为Hollin组砂岩、Napo组T段砂岩、Napo组U段砂岩、Napo组M1段砂岩等。奥连特盆地主要发育志留系—泥盆系泥岩盖层、侏罗系泥岩盖层、白垩系层内泥岩盖层、古近—新近系Tena组泥岩盖层等。依据成藏组合划分原则及方法，将奥连特盆地纵向上划分为九套成藏组合，采用“主力储层地层名”+“岩性”命名方式（三个次盆地纵向地层发育具有可对比性，尽管名字不同），本次以发现油气藏最多的中部奥连特盆地地层名字对成藏组合命名，从下到上依次为Pumbuiza组砂岩成藏组合、Santiago组砂岩成藏组合、Hollin组砂岩成藏组合、Napo组T段砂岩成藏组合、Napo组U段砂岩成藏组合、Napo组M2段砂岩成藏组合、Napo组M1段砂岩成藏组合、Basel Tena组砂岩成藏组合和Tiyuyacu组砂岩成藏组合（图2-33）。根据IHS数据库油藏数据[28]，结合Andes公司近年新发现的油气藏数据，统计不同成藏组合内可采储量（表2-7），可见盆地可采储量主要分布在四套成藏组合中：即Napo组T段砂岩成藏组合、Napo组U段砂岩成藏组合、Napo组M1段砂岩成藏组合和Hollin组砂岩成藏组合，占盆地已发现油气可采储量的96%，其余五套成藏组合发现可采储量仅占4%。

盆地内成藏组合特征描述如下（图2-34）：

（1）Pumbuiza组砂岩成藏组合：该组合内尚未有油气藏发现。Pumbuiza组砂岩是一套海相沉积砂岩，主要发育在POM盆地南部的厄瓜多尔和秘鲁境内。该套成藏组合远离主力Napo组烃源岩，邻近Santiago组次要烃源岩资源潜力有限，因此该组合是盆地潜在成藏组合，勘探程度低。

（2）Santiago组砂岩成藏组合：自生自储型成藏组合，仅在盆地最南部秘鲁境内靠近冲断带处发现一个气藏（Shanusi气藏）。该成藏组合与盆地次要烃源岩（Santiago组）同层，远离主要烃源岩层，是盆地次要的成藏组合，勘探程度低。

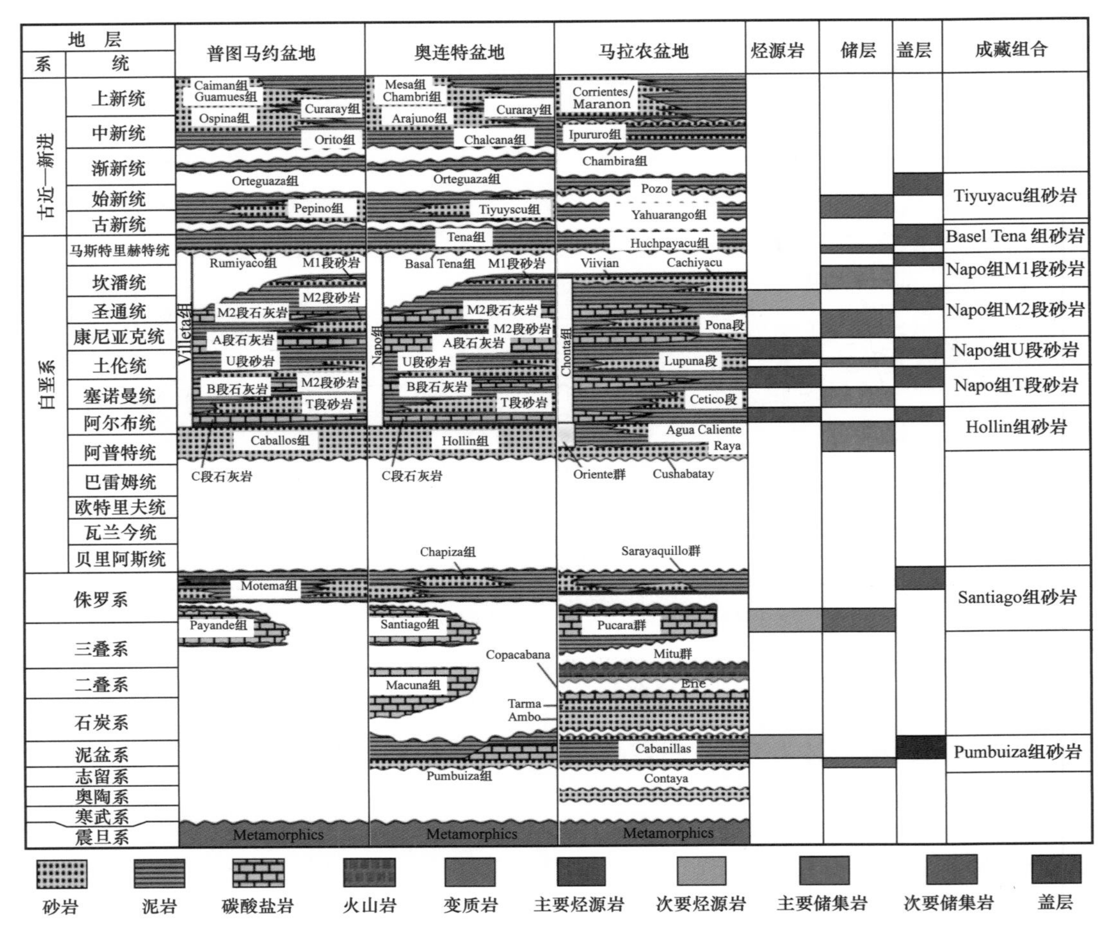


图 2-33 POM 盆地综合柱状图及成藏组合划分（据马中振等，2017）

**表 2-7 POM 盆地成藏组合内油气储量概况（据 IHS Energy，2014，2015）**

| 成藏组合 | 油气藏个数<br>个 | 可采储量<br>$10^6$t | 可采储量占盆地百分比<br>% | 单个油气藏可采探储量<br>最小<br>$10^4$t | <br>最大<br>$10^6$t | <br>平均<br>$10^4$t | 代表性油气藏 |
|---|---|---|---|---|---|---|---|
| Pumbuiza 组砂岩 | 0 | 0 | 0 | 0 | 0 | 0 | |
| Santiago 组砂岩 | 1 | 0.01 | 0 | 1.19 | 0.01 | 1.19 | Shanusi 组气藏 |
| Hollin 组砂岩 | 102 | 439.91 | 24.64 | 0.15 | 94.31 | 431.29 | Shacha 组油藏 |
| Napo 组 T 段砂岩 | 151 | 453.12 | 25.38 | 0.15 | 169.07 | 300.08 | Shushufindi–Aguarico 组油藏 |
| Napo 组 U 段砂岩 | 148 | 462.96 | 25.93 | 0.30 | 94.81 | 312.81 | Shushufindi–Aguarico 组油藏 |
| Napo 组 M2 段砂岩 | 15 | 19.41 | 1.09 | 2.23 | 5.11 | 129.39 | Corrientes 组油藏 |
| Napo 组 M1 段砂岩 | 106 | 358.73 | 20.09 | 0.89 | 36.43 | 338.43 | Tiputini 组油藏 |
| Basel Tena 组砂岩 | 40 | 38.26 | 2.14 | 0.74 | 7.15 | 95.66 | Tiputini 组油藏 |
| Tiyuyacu 组砂岩 | 6 | 12.80 | 0.72 | 7.87 | 8.97 | 213.38 | Capella 组油气藏 |

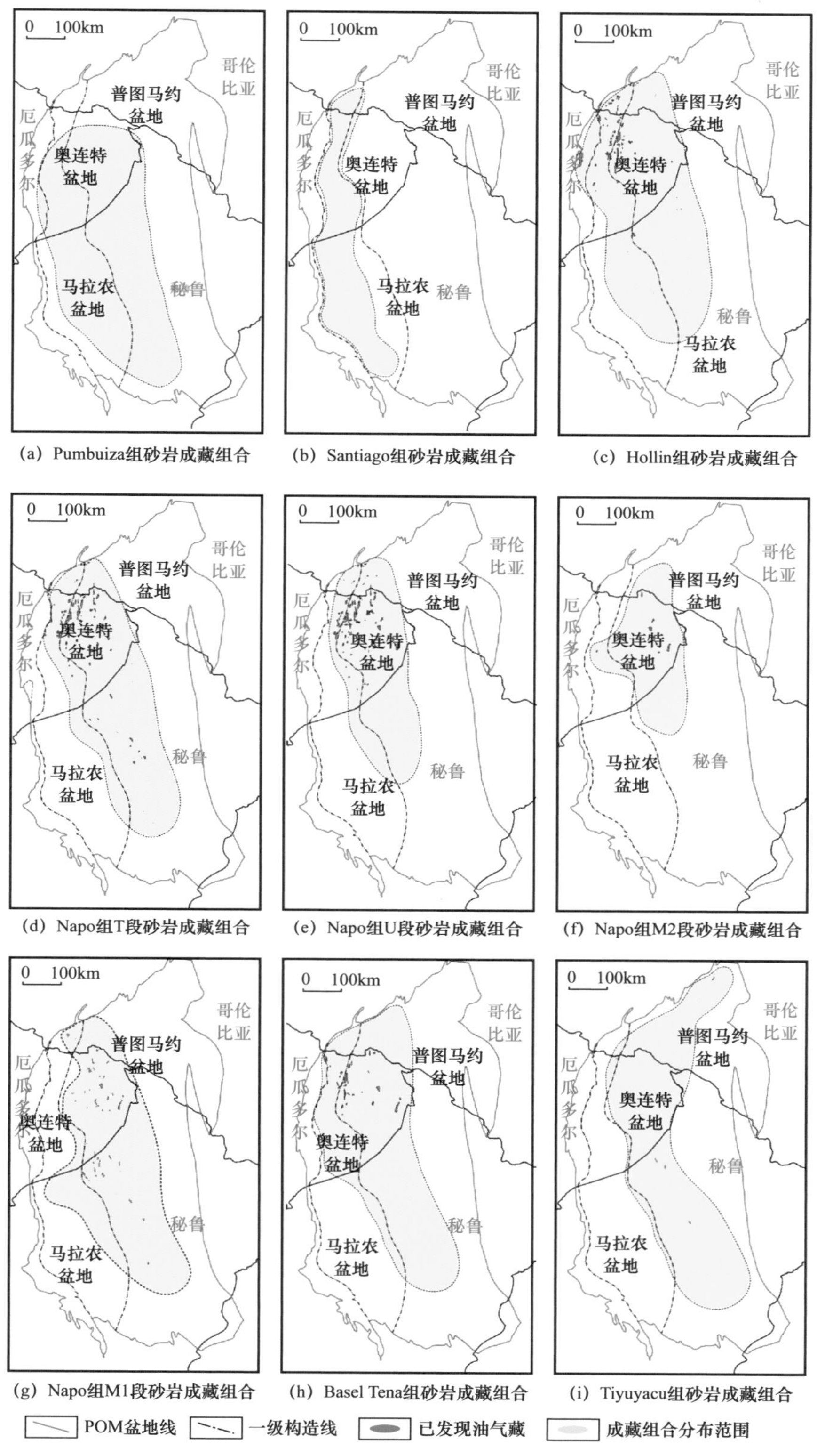


图 2-34　POM 盆地各成藏组合内已发现油藏位置及成藏组合平面展布范围[27]

（3）Hollin 组砂岩成藏组合：上生下储型成藏组合，组合内已发现油气藏 102 个，发现可采储量 $4.4\times10^8$t（占盆地 24.6%），是盆地最重要的成藏组合之一。已发现油藏几乎遍布全盆地，其中盆地中部厄瓜多尔境内的奥连特盆地是重点的分布区。Hollin 组砂岩为一套三角洲—河流相砂岩，与下伏地层呈角度不整合接触，盆地范围内广泛发育，具有储层厚度大、分布广、物性好的特点，向东北上超至圭亚那地盾之上，是盆地最重要的一套储层。储层净厚度 5～100m，平均 50m；孔隙度 12%～25%，平均 20%；渗透率 20～2000mD，平均 650mD。该组合以构造型油气藏为主，规模通常较大，代表性油藏为厄瓜多尔境内的 Shacha 组油藏（可采储量 $9400\times10^4$t）。该组合紧邻盆地主力烃源岩层，自身储层条件好，是盆地有利成藏组合，目前针对该组合的勘探主要集中在盆地北部地区，南部地区勘探程度低，未来勘探潜力大[27]。

（4）Napo 组 T 段砂岩成藏组合：自生自储型成藏组合，该组合内已发现油气藏 151 个，是发现油气藏数量最多的一个成藏组合，累计发现可采储量为 $4.5\times10^8$t（占盆地 25.4%），是盆地最重要的成藏组合之一。已发现油藏主要分布在盆地西部斜坡带上，冲断带及相邻的前渊带几乎没有发现。该组合紧邻盆地主力烃源岩层——Napo 组黑色页岩，储层为海陆过渡相砂岩，主要分布在盆地中西部地区，包含 UT 和 LT 段两套砂岩，UT 砂岩段以富含海绿石为特点（海绿石含量介于 5%～50% 之间），厚度较为稳定，渗透性较差，易形成低阻、高密度、高 GR 油层，以岩性油气藏为主，低电阻、高密度、高伽马含海绿石砂岩油层的准确识别是该组合成功勘探的关键；下部 LT 砂岩段为纯石英砂岩段，厚度稳定（30～50m）、渗透性好、孔隙度大（25%～32%），主要发育构造型油藏，以厄瓜多尔境内奥连特盆地中部发现的 Shushufendi 大型断背斜油藏为代表（可采储量 $1.7\times10^8$t），未来勘探潜力巨大[27]。

（5）Napo 组 U 段砂岩成藏组合：自生自储型成藏组合，该组合内已发现油气藏 148 个，仅次于 T 段砂岩成藏组合，已发现油气藏主要分布在奥连特盆地西部斜坡带上，此外在南部马拉农盆地北部也有少量发现，发现可采储量为 $4.6\times10^8$t（占比 25.9%），是盆地主力成藏组合。该组合与主力烃源岩互层，成藏条件较好。储层为海陆过渡相沉积砂岩，包含 UU 和 LU 段两套砂岩，主要分布在盆地中部地区，向东超覆在圭亚那地盾之上，UU 段砂岩厚度横向展布不稳定；LU 段厚度相对较大，介于 15～40m 之间，横向分布较为稳定，孔隙度介于 15%～25% 之间。该组合以构造型油藏为主、构造—岩性型油藏为辅，代表性油藏为厄瓜多尔境内的 Shushufindi 构造油藏（可采储量 $9480\times10^4$t），盆地北部勘探程度较高，大型构造型油藏基本探明，未来以构造—岩性型油藏勘探为主[27]。

（6）Napo 组 M2 段砂岩成藏组合：自生自储型成藏组合，组合内已发现油气藏 15 个，主要分布在盆地中段斜坡带上，分布较为局限，已发现可采储量 $19.41\times10^6$t，规模通常较小（平均单个油藏可采储量 $129\times10^4$t）。该组合与盆地主力烃源岩互层，储层 M2 砂岩分布较为局限，以岩性型油藏为主，是盆地次要成藏组合，以秘鲁境内的 Corriente 油藏为代表（可采储量 $511\times10^4$t），未来勘探潜力中等。

（7）Napo 组 M1 段砂岩成藏组合：下生上储型成藏组合，该组合内共发现油气藏 106 个，分布范围规律性较强，几乎所有油气藏均分布在盆地东部斜坡带上，盆地冲断带和前渊带几乎没有发现。目前该组合内共发现可采储量 $3.6\times10^8$t（占比 20.1%）。该组合下部紧邻盆地主力烃源岩层，储层 M1 砂岩为河口湾沉积砂岩，主要分布在东部斜坡带上，厚度介于 10～40m 之间，孔隙度介于 18～32% 之间，渗透率在 1000mD 以上，斜坡带上发育大量南北走向的走滑正断层沟通了下部烃源岩层与上部 M1 砂岩段，为该成藏组合的油气聚集提供了必要的油气疏导条件。以发育低幅度构造—岩性型圈闭为主，代表性油藏为 Tiputini 油藏（可采储量 $3643\times10^4$t），勘探潜力巨大，尤其是盆地斜坡带，厄瓜多尔境内近几年多个大发现均属于该成藏组合。

（8）Basel Tena 组砂岩成藏组合：下生上储型成藏组合，该组合内共发现油藏 40 个，主要分布在盆地中段前渊带和斜坡带，北部普图马约盆地和南部马拉农盆地几乎没有发现，该组合共计发现油气可采储量 $3826\times10^4$t。Basel Tena 组砂岩储层下部为一套厚约 10m 的红色砂岩，西厚东薄，分布局限，为盆地局部次要储层，与下伏地层呈不整合接触，以哥伦比亚境内 Yari 次盆的 Capella 油藏为代表（可采储量 $897\times10^4$t），是盆地次要成藏组合[27]。

（9）Tiyuyacu 组砂岩成藏组合：下生上储型成藏组合，烃源岩为 Napo 组黑色页岩，储层为 Tiyuyacu 组河流相沉积粗砂岩和砾岩，孔隙度介于 18%～36% 之间。该组合内共发现油藏六个，分布在盆地北部 Yari 次盆和南部马拉农盆地的南部隆起带上，已发现油气可采储量 $12.8\times10^6$t，原油密度介于 11°～22°API 之间，该组合远离主力烃源岩层，勘探潜力一般[27]。

采用以成藏组合为核心的资源评价方法对 POM 盆地各成藏组合资源潜力进行评价。依据成藏组合发现油气藏数量多少分别采用主观概率法（成藏组合内发现油藏小于六个）和规模序列法（成藏组合内发现油藏数量不小于六个）对盆地九套成藏组合资源量进行评价，其中 Pumbuiza 组砂岩和 Santiago 组砂岩成藏组合内发现油藏数小于六，采用主观概率法；其余七个成藏组合发现的油藏数据均不小于 6，采用规模序列法。结果表明，盆地内总的油气可采资源量为 $28.9\times10^8$t，其中待发现油气可采资源量为 $11.0\times10^8$t。待发现油气可采资源量主要分布在 Napo 组 U 段砂岩成藏组合、Hollin 组砂岩成藏组合、Napo 组 T 段砂岩成藏组合和 Napo 组 M1 段砂岩成藏组合，其待发现油气可采资源量分别为 $5.09\times10^8$t、$2.37\times10^8$t、$1.98\times10^8$t 和 $0.96\times10^8$t，预测油藏规模与已发现油藏规模匹配率分别为 99.9 %、98.9 %、99.3 % 和 96.1 %，预测油藏匹配率非常高，说明结果比较可靠（图 2-35）。这四个成藏组合也是目前盆地内发现油气储量最多的成藏组合。近年盆地中部厄瓜多尔境内奥连特盆地东部斜坡带在这四套成藏组合内勘探屡获突破也证明了预测结果的合理性[27]。

USGS 认为该盆地待发现油气可采资源量为 $4.6\times10^8$t[30]，相比而言，本次评价的结果较为乐观，分析其原因有两方面：（1）评价基本单元不同，USGS 以含油气系统为评价单元，将盆地分为太古宇含油气系统和中生界—新生界含油气系统，而盆地已发现油气全部位于中生界—新生界含油气系统内，显然这种评价单元设置过粗；而本次以成藏组合为基本评价单元，并且纵向上将盆地划分为九个成藏组合，成藏组合内油气藏个数介于 0～151 个，且主要成藏组合内的油气藏介于 102～151 个，油藏分布较为平均，数量也有利于采用规模序列法，并且主力成藏组合规模序列法预测油藏序列与已发现油藏序列吻合度非常高（大于 96 %），自然评价结果要更为准确；（2）评价的资料基础不同，USGS 研究发现的资料截止时间为 2012 年底，本次评价资料截止时间为 2015 年底，并且 2012

年之后，盆地发现多个油气藏，以奥连特盆地 Tarapoa 区块为例，在 2011—2015 年间先后发现 20 多个油藏，累计新增可采储量 $0.2\times10^8$t，这也是本次评价结果相对乐观的原因之一[27]（表 2-8）。

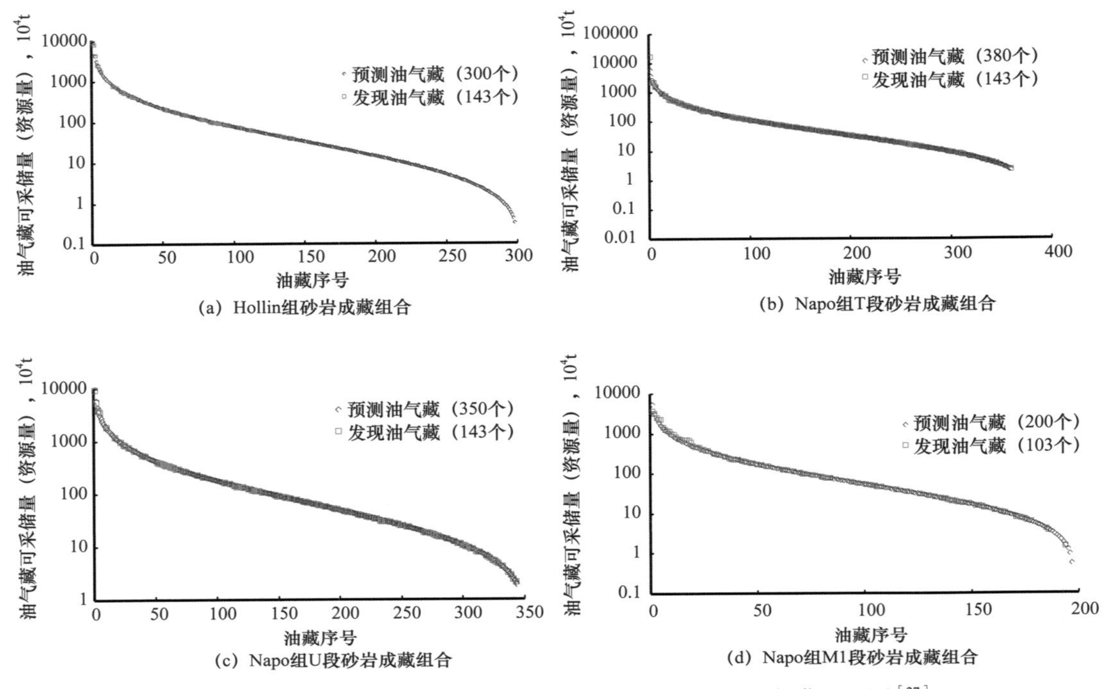


图 2-35 POM 盆地重点成藏组合内预测油气藏与发现油气藏匹配图[27]

**表 2-8 POM 盆地不同成藏组合内待发现油气可采资源量数据表[27]**

| 成藏组合 | 发现油气藏个数<br>个 | 计算方法 | 勘探效率<br>$\beta$ | 预测总油气藏个数 | | 待发现油气可采资源量 | | |
|---|---|---|---|---|---|---|---|---|
| | | | | 最小<br>P95 | 最大<br>P5 | 总<br>$10^6$t | 石油<br>$10^6$t | 天然气<br>$10^8m^3$ |
| Pumbuiza 组砂岩 | 0 | 主观概率法 | | 1 | 6 | 1.6 | 1.5 | 0.3 |
| Santiago 组砂岩 | 1 | 主观概率法 | | 2 | 8 | 2.2 | 1.9 | 0.6 |
| Hollin 组砂岩 | 102 | 规模序列法 | 0.5 | 160 | 300 | 236.6 | 222.4 | 27.1 |
| Napo 组 T 段砂岩 | 151 | 规模序列法 | 0.6 | 230 | 380 | 197.7 | 186.8 | 20.7 |
| Napo 组 U 段砂岩 | 148 | 规模序列法 | 0.6 | 200 | 400 | 508.5 | 488.2 | 38.8 |
| Napo 组 M2 段砂岩 | 15 | 规模序列法 | 0.5 | 20 | 35 | 26.4 | 25.9 | 1.0 |
| Napo 组 M1 段砂岩 | 106 | 规模序列法 | 0.7 | 130 | 200 | 96.0 | 94.1 | 3.7 |
| Basel Tena 组砂岩 | 40 | 规模序列法 | 0.7 | 50 | 90 | 21.4 | 20.9 | 0.8 |
| Tiyuyacu 组砂岩 | 6 | 规模序列法 | 0.5 | 10 | 20 | 12.7 | 12.7 | 0 |

# 第三节　盆地油气勘探历程

奥连特盆地早期的油气勘探工作均是由西方的石油公司开展的。20 世纪 20 年代起，奥连特盆地开展了大规模的地质调查和石油勘探工作，发现了一系列不同规模的油气田，获得了巨大的经济效益。从勘探区域上讲，主要经历了从盆地西部前陆冲断褶皱带的山前、盆地斜坡带东部边缘、再到盆地主体斜坡带的勘探历程（图 2–36）。盆地主体斜坡带又经历了从北部勘探到南部勘探，再回到北部勘探的曲折历程。从勘探层位上讲，经历了从整个沉积层段勘探到锁定白垩系砂岩勘探历程。根据奥连特盆地的油气勘探时期，则可以大致划分为以下几个阶段。

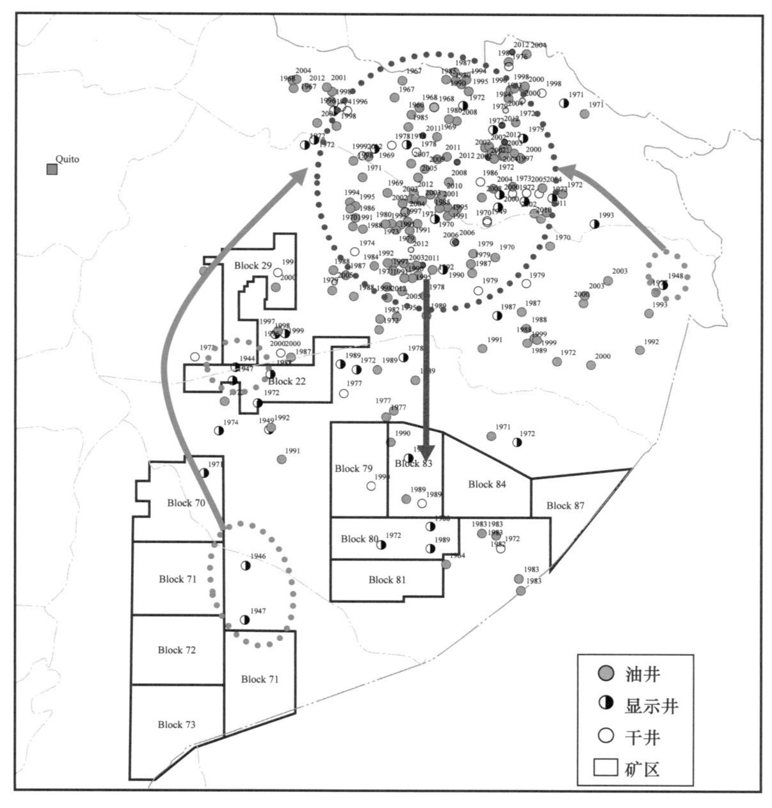


图 2–36　奥连特盆地预探井分布图

## 一、萌芽发展阶段

20 世纪 60 年代以前为盆地油气勘探的萌芽发展阶段。1858 年，首次在 Hollin 河发现了沥青。1921 年开始，加拿大伦纳德勘探公司获得盆地最南部的勘探权。1937 年，盎格鲁—撒克逊石油公司获得了奥连特全盆地约 $10\times10^4km^2$ 的勘探权，次年由壳牌公司接手并开钻第一口区域探井[32]。1942 年，厄瓜多尔与秘鲁重新划定了边界线，壳牌公司的勘探面积减少为 $83456km^2$。1943—1949 年，壳牌公司开展了规模勘探，实施了超过 3000km 的二维地震采集[29]。1944 年起，壳牌公司在盆地西南部前缘褶皱带钻了五口探井，见到了油气显示。20世纪50年代没有钻井作业。

## 二、重点突破阶段

20世纪60—70年代，奥连特盆地进入勘探大发现时期，发现了一系列大油气田。1964—1966年，Texaco/Gulf合作伙伴开展了大量的野外地质考察，获取了28290km$^2$的航空照片、18150km$^2$的航磁及2400km的二维地震采集[32]。

1966—1972年是奥连特盆地油气发现的重点突破时期，主要为构造型大油气田的发现阶段（图2-37）。1966年德士古公司在北部三口钻井均在白垩系获高产油流，打开盆地勘探新局面。1967年，发现Lago Agrio、Charapa和Bermejo Norte油田。1968年，发现Bermejo Sur、Parahuacu和Atacapi油气田。1969年，发现了Shushufindi-Aguarico、Guanta-Dureno和Sacha油气田。其中Shushufindi-Aguarico油田是盆地已发现的最大油气田，估计可采原油储量达$2.5 \times 10^8$t、天然气$155.8 \times 10^8 m^3$，是一个大型的构造型含油气圈闭，从中生代裂谷经过白垩纪末期之后的构造反转形成的北北东—南南西向的构造。1970年，发现Auca大油气田，1972年又陆续发现Cononaco和Cuyabeno油田。

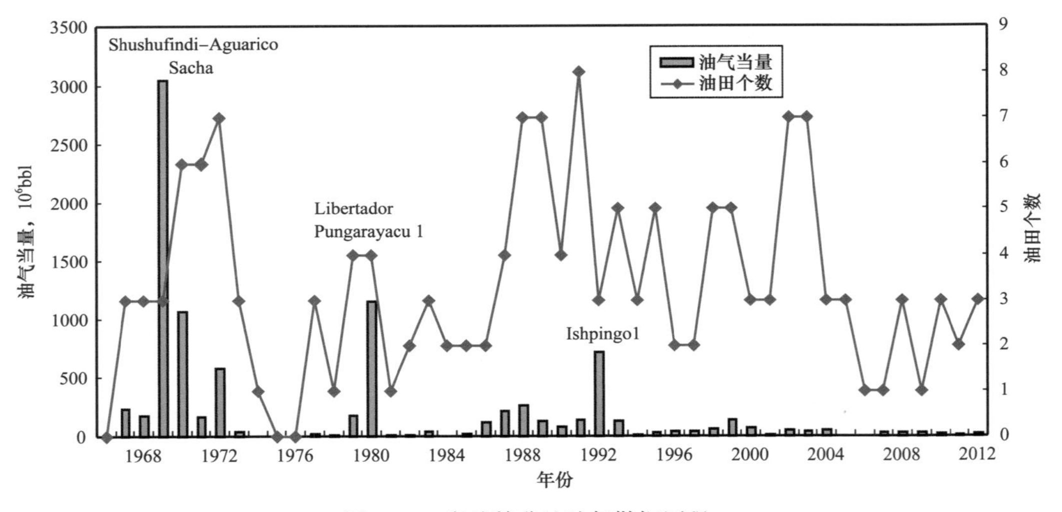


图2-37　奥连特盆地油气勘探历程

## 三、平稳发展阶段

20世纪80年代至90年代初，CEPE、Occidental、Esso、BP、Conoco和Elf等公司陆续实施了地震采集工作。1980年在安第斯山前的Napo隆起发现超重油，即Ivanhoe油田[32]。1985—1993年，在盆地山前和东部斜坡带发现了一些中小型油气田。20世纪90年代共采集了七块三维地震，约949km$^2$。此外，还有两个工区完成了重磁勘查。

在盆地南部紧邻秘鲁的区块，一系列的勘探取得一些油气发现，但并未获得重要突破。

## 四、缓慢发展阶段

1995年至今，这是奥连特盆地小型油气田的发现阶段，勘探发现主要集中在已发现大油田的周边或已发现油田的滚动扩边区，陆续出现岩性—构造复合圈闭和上倾方向泥岩墙遮挡的岩性圈闭[33]。2005 年，中国石化在 VHR 油田实施了 560km$^2$ 的三维地震。2013 年招标的 13 区块主要位于南部 Pastaza 地区，勘探程度较低，截至 2012 年，仅钻预探井 24 口，12 口井获油气发现，预探井成功率达 50%（盆地总体为 67%）。

## 参考文献


[1] Duval B C, Cramez C, Valdes G E. Giant fields of the '80s associated with an 'A' subduction in S. America[J]. Oil and Gas Journal, 1995, 67–71.

[2] 谢寅符，马中振，刘亚明，等．南美洲常规油气资源评价及勘探方向[J]．地学前缘，2014，21（3）：101–111.

[3] 马中振，谢寅符，李嘉，等．南美西缘前陆盆地油气差异聚集及控制因素分析[J]．石油实验地质，2014，36（5）：597–604.

[4] 谢寅符，赵明章，杨福忠，等．拉丁美洲主要沉积盆地类型及典型含油气盆地石油地质特征[J]．中国石油勘探，2009，14（1）：65–73.

[5] Mathalone J M P, Montoya M. Petroleum geology of the sub–Andean basins of Peru[M]// Tankard A, Su á rez S R, Welsink H J, et al. Petroleum Basins of South America, AAPG Memoir 62, 1995, 423–444.

[6] Debra K Higley. The Putumayo–Oriente–Maranon Province of Colombia, Ecuador, and Peru Mesozoic–Cenozoic and Paleozoic Petroleum Systems[R]. USA: U. S. Geological Survey, 2001, 1–31.

[7] Gary Wine. Maranon basin technical report about the hydrocarbon potential of NE Peru, Huallaga, Santiago and Maranon basin study[R]. Lima, Peru: Parsep, 2002, 1–60.

[8] Tankard A. Regional framework of basin evolution and hydrodynamics in South America: a methodology for hydrocarbon exploration and exploitation: Unpublished manuscript, AAPG Distinguished Lecturer, 1997, Tour of South America.

[9] Tankard A, Uliana M A, Welsink H J. et al. Structural and tectonic controls of basin evolution in southwestern Gondwana[M]// Tankard A, Suárez Soruco R, Welsink H J, eds. Petroleum Basins of South America. AAPG Memoir 62, 1995, 5–52.

[10] Dashwood M F, Abbotts I L. Aspects of the petroleum geology of the Oriente Basin, Ecuador, Brooks, J[J]. Classic petroleum provinces: Geologic Society Special Publication, 1990, 50: 89–117.

[11] Marocco R, Lavenu A, Baudino R. Intermontane Late Paleogene Neogene Basins of the Andes of Ecuador and Peru, sedimentologic and tectonic characteristics[M]// Petroleum basins of South America. AAPG Memoir 62, 1995. 597–613.

[12] 谢寅符，季汉成，苏永地，胡瑛．Oriente—Maranon 盆地石油地质特征及勘探潜力[J]．石油勘探与开发，2010，37（1）：51–56.

[13] Yang X F, Xie Y F, Ma Z Z, et al. Source Rocks Variation and its links to Sequence Stratigraphy in the Upper Cretaceous of the Oriente Basin, Ecuador[C]. Japan: Goldschmidt Conference Abstracts. 2016.

[14] Yang X F, Xie Y F, Zhang Z W, et al. Hydrocarbon Generation Potential and Depositional Environment of Shales in the Cretaceous Napo Formation, Eastern Oriente Basin, Ecuador[J]. Journal of Petroleum Geology, 2017, 40（2）：173–193.

[15] Feininger T. Origin of Petroleum in the Oriente of Ecuador [J]. AAPG Bulletin, 1975, 59 (7): 1166–1175.

[16] Shanmugam G, Poffenberger M, Toro Alava J. Tide dominated estuarine facies in the Hollin and Napo Formation (Cretaceous), Sacha field, Oriente basin, Ecuador [J]. AAPG Bulletin, 2000, 84 (5): 652–682.

[17] Pindell J L, Tabbutt K D, Mesozoic–Cenozoic Andean paleogeography and regional controls on hydrocarbon systems [M] // Tankard A J, et al. ed. Petroleum basins of South America : AAPG Memoir 62, 1995: 101–128.

[18] Baby P, Rivadeneira M, Barragan R and Christophoul F. Thick–skinned Tectonics in the Oriente Foreland Basin of Ecuador [M] // Geological Society, London, Special Publications, 2013. 377 (1): 59–76.

[19] 阳孝法，谢寅符，张志伟，等．奥连特盆地白垩系海绿石成因类型及沉积地质意义 [J]. 地球科学，2016，42 (10): 1696–1708.

[20] 王青，张映红，赵新军，等．Maranon 盆地油气地质特征及勘探潜力分析 [J]. 石油勘探与开发，2006. 33 (5): 643–647.

[21] Valasek D, Alem an A M, Antenor M, et a1. Cretaceous sequence stratigraphy of the Maranon–Oriente–Putumayo Basins, northeastern Peru, eastern Ecuador and Southeastern Colombia [J]. AAPG Bulletin, 1996, 80 (8): 1341–1342.

[22] White D A. Assessing oil and gas plays in faces–cycle wedges [J]. AAPG Bulletin, 1980, 64 (8): 1158–1178.

[23] Miller B M. Application of exploration play–analysis techniques to the assessment of conventional petroleum resources by the U. S [J]. Geological Survey, 1982, 47 (1): 101–109.

[24] 童晓光，论成藏组合在勘探评价中的意义 [J]. 西南石油大学学报（自然科学版），2009，31 (6): 1–8.

[25] 童晓光，李浩武，肖坤叶，等．成藏组合快速分析技术在海外低勘探程度盆地的应用 [J]. 石油学报，2009，30 (3): 317–323.

[26] 谢寅符，马中振，刘亚明，等．以成藏组合为核心的油气资源评价方法及应用 [J]. 地质科技情报，2012，32 (2): 45–49.

[27] 马中振，陈和平，谢寅符，等．南美 Putomayo—Oriente—Maranon 盆地成藏组合划分与资源潜力评价 [J]. 石油勘探与开发，2017，44 (2): 225–234.

[28] IHS Energy. Field & reserves data [DB/OL]. (2014–06–13) [2014–07–03]. http : //www. ihs. com/.

[29] IHS Energy. Maranon Basin [DB/OL]. (2014–06–13) [2015–04–10]. http : //www. ihs. com/.

[30] U. S. Geological Survey. An Estimate of Undiscovered Conventional Oil and Gas Resources of the World, 2012 [EB/OL] (2012–03) [2015–02–30]. http : //pubs. usgs. gov/fs/2012/3042/fs2012–3042.

[31] Tschopp T J. Oil explorations in the Oriente of Ecuador 1938—1950 [J]. AAPG Bulletin, 1953, 68: 31–49.

[32] 阳孝法，谢寅符，张志伟，等．南美 Oriente 盆地北部海绿石砂岩油藏特征及成藏规律 [J]. 地质科学，2016，42 (10): 189–203.

# 第三章　奥连特盆地斜坡带低幅度构造地震资料采集与处理技术

奥连特盆地大规模商业性油气田的发现始于20世纪70年代，经过30多年的勘探开发，大型构造圈闭油田基本上都已发现，盆地剩余待发现的油气资源主要分布在低幅度构造—岩性圈闭中。由于低幅度构造通常具有圈闭幅度低、面积小，以及岩性复杂的特点，因此识别和描述的难度非常大。随着中国石油在该盆地油气商业活动的实质性介入，开展了一系列针对性的攻关课题研究，形成了一套适用于低幅度构造勘探的特色技术，并与盆地中油区块的勘探开发实践密切结合、相互促进，取得了显著的经济效益。本文以奥连特盆地中油区块的勘探实例为佐证，系统论述适用于低幅度构造的勘探技术，本章将集中讨论斜坡带低幅度构造地震资料采集与处理技术。

## 第一节　低幅度构造地震资料采集技术

针对低幅度构造幅度低、面积小的特点，需要尽可能地提高地震资料纵横向分辨率，高分辨率地震资料采集是提高低幅度构造地震资料分辨率的基础[1-3]。对于储层地震预测而言，地震资料采集的原则是获得高信噪比和高分辨率的地震资料[2]。另外，由于岩性分布具有纵横向变化大的特点，所以要求在三维地震资料采集过程中做到“三个均”，即目的层覆盖次数均匀、炮检距分布均匀、方位角分布均匀[1，4-5]。为了满足储层地震预测需要，对地震资料空间采样的要求是方形小面元，对最大炮检距的要求是大于目的层埋深的1.2倍[4]。

现阶段已初步形成了一套独具特色的高分辨率地震资料采集方法，主要措施包括小道距、小组合基距、小偏移距、小采样率、高覆盖次数、精细表层调查、潜水面以下激发、优化激发岩性、适度炸药量、宽频接收、三级风以下施工等[2-3]，这些都已取得了明显的效果。为了进一步提高地震资料分辨率，在做好精细表层速度结构调查的基础上，进一步优化地震波激发接收技术，如接收要避开表层强吸收衰减层，应用大范围动态高精度的井下宽频检波器（甚至数字检波器）；激发上要保证宽频激发，增强下传能量等[6]。

多年实践经验表明，高分辨率三维地震勘探是岩性地层油气藏勘探的有效技术手段[7-14]，不论是陆相沉积层序中的河流相砂体，还是三角洲前缘相砂体，几乎都是多期叠置，砂泥岩互层发育，空间分布极不均匀，储层相带变化快、储层成因各异、非均质性强，所以需要三维空间立体地震数据，才有可能来描述这些储集体及其含油气性。此外，在油气预探阶段，主要应用的是不同阶段采集、处理的不同测网密度的二维地震资料。如果要用这些二维地震资料进行储层预测，一定要明确二维地震资料的空间特点（即二维地震资料不能在垂直测线方向归位）和资料的归一化问题[15-17]，并在具体解释时给予充分考虑。

## 一、野外静校正技术

通过对奥连特盆地部分地区开展表层及深层地震地质条件分析，区内主要存在以下三个方面的问题[18-21]：

（1）表层结构复杂，岩性变化大；

（2）低降速带起伏剧烈，易引起长波长静校正问题；

（3）构造幅度低，小断层及岩性圈闭发育。

针对上述问题从道密度分析、对地震有效信号折叠无污染的空间采样间距选取分析方法、基于噪声压制分析的观测系统设计、对称均匀波场连续的空间采样、静校正方法、激发与接收技术等方面开展研究，提高研究区下一步低幅度勘探的精度[22-24]。

静校正是影响地震资料品质的重要因素[17-24]。它不仅直接影响到水平叠加剖面上的成像效果，还是影响反射波构造形态的重要因素。由于奥连特盆地斜坡带主要发育低幅度构造圈闭，圈闭幅度在10～30m，静校正问题对构造幅度和构造形态的影响尤为突出[26-28]。因此开展表层调查和静校正方法攻关是解决该区低幅度构造落实的重要任务。根据研究的要求和资料情况，本书选择了奥连特盆地斜坡带F南三维工区作为实例，进行表层调查和静校正方法研究，探索和总结一套适合本区奥连特盆地斜坡带低幅度构造勘探的表层调查和静校正方法。

1. *表层调查排列长度*

表层调查排列长度大小与表层结构有关，由于区块的表层调查资料少，以往老资料中仅有三口微测井数据（F南三维工区两口，T东三维工区一口）和两条岩性录井柱状图（在T三维工区，无坐标和桩号），无法通过表层调查资料对整个区块进行详细的近地表结构分析和研究。通过对区内现有的微测井资料分析，工区表层为层状介质，有较薄的低速层（0～5m）、较厚的降速层（大约60m）、高速层三层结构，低降速层总厚度65m左右。

根据研究区表层结构特点，对表层调查的长度进行了模型正演（图3-1），通过模型正演，认为本区小折射调查采用48道，长度在340m左右。

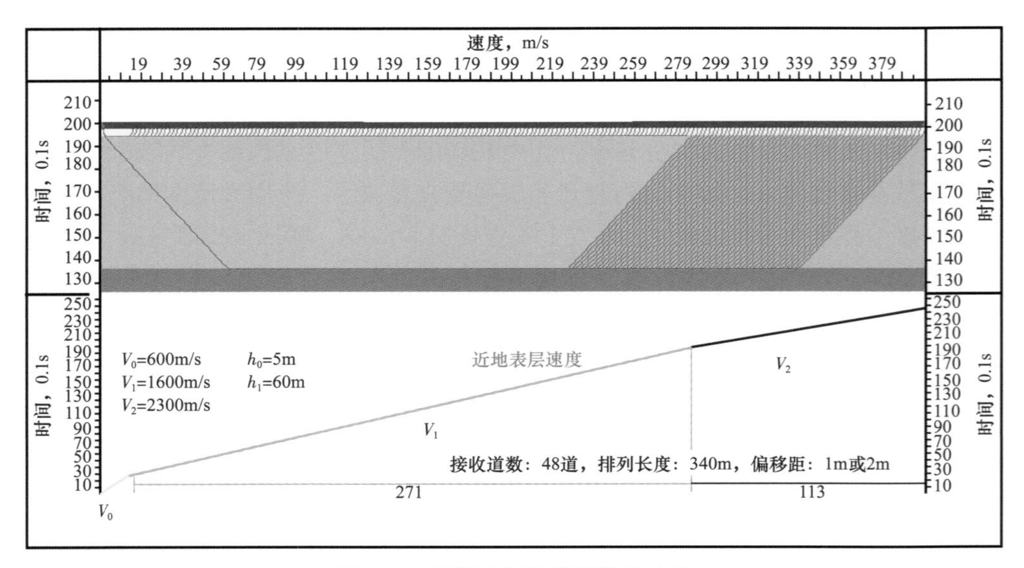


图3-1　正演小折射排列调查长度

2. 静校正方法

为了能为低幅度构造勘探提供高精度的静校正量，针对该区块的表层结构特点进行了低幅度构造长波长静校正问题研究[22-23]。由近地表异常引起的长波长静校正问题影响着叠加剖面上构造形态的变化。长波长静校正问题解决的好坏很大程度上影响着构造形态的可靠程度和幅度大小[29-31]。对于低幅度构造勘探来说，由于地下构造幅度小，较小的静校正异常就可能导致剖面上出现和地下真实构造相似的假的小构造。如何识别和判断哪些低幅度构造是由近地表异常引起的、哪些构造是地下地质情况的真实反映，如何才能解决由近地表异常引起的长波长静校正问题，将变得尤为重要[30-31]。

各向同性条件下，对于近地表异常导致的长波长静校正问题，有效的识别方法是限偏移距叠加。通过远、近炮检距叠加剖面的构造差异判断中、长波长静校正问题。近地表异常导致的反射波时移与地面位置有关，这时用不同炮检距的数据叠加其构造形态不同；而地下异常导致的反射波时移只与 CMP 点位置有关，故与叠加中使用的炮检距范围无关。因此，在不同炮检距的叠加剖面上出现不同的视构造，就意味着存在中、长波长静校正问题。

图 3-2 是高程静校正叠加剖面，图 3-3 是层析等速界面约束的初至反演综合静校正叠加剖面。通过不同炮检距的叠加剖面对比可以看出：图 3-2 中，近炮检距叠加剖面上的反射波同相轴有很大扭曲，不同炮检距叠加剖面的同相轴形态差异很大；图 3-3 中，高程静校正的叠加剖面有很大改善，但近炮检距叠加剖面上的同相轴也有扭曲现象，长波长静校正问题并未完全解决。

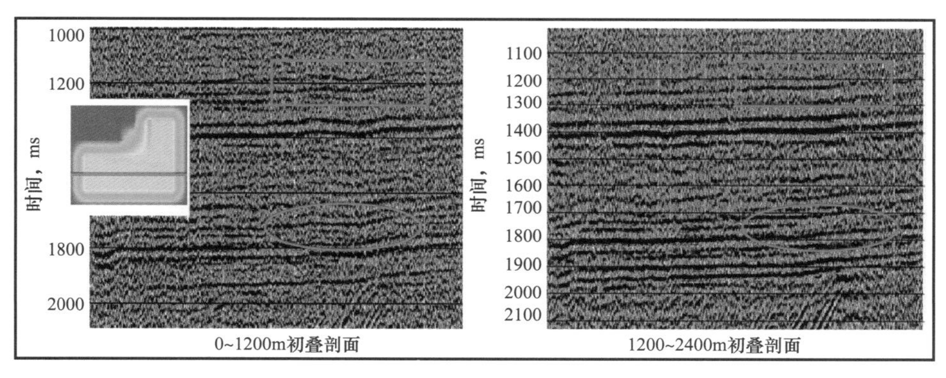


图 3-2　高程静校正分炮检距初叠剖面

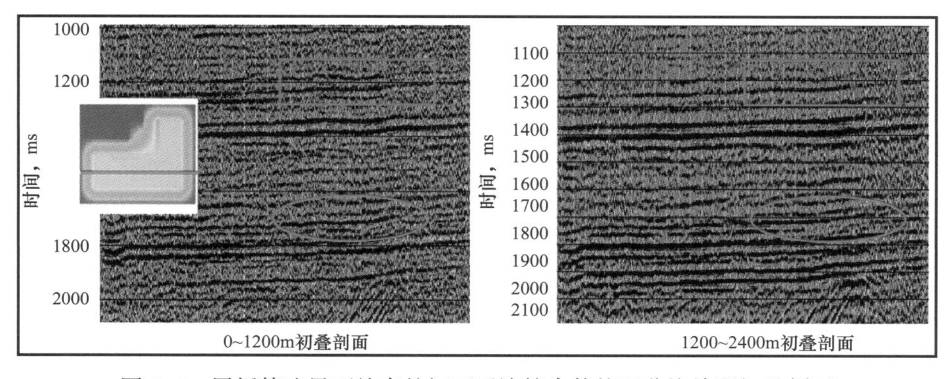


图 3-3　层析等速界面约束的初至反演综合静校正分炮检距初叠剖面

图 3-4 是 F 南 08 线的层析等速界面约束的初至反演静校正剖面；图 3-5 是 08 线应用了表层调查资料约束的初至反演静校正剖面。对比 08 线不同炮检距静校正叠加剖面可以看出，层析等速界面约束的初至反演静校正和层析反演静校正不同炮检距剖面上的构造形态并不一致，反射波同相轴有不同程度的扭曲；而模型约束的初至反演静校正剖面，其构造形态基本一致，同相轴没有出现扭曲现象。因此，模型约束初至反演静校正能较好地解决该低幅度构造地区的长波长静校正问题。

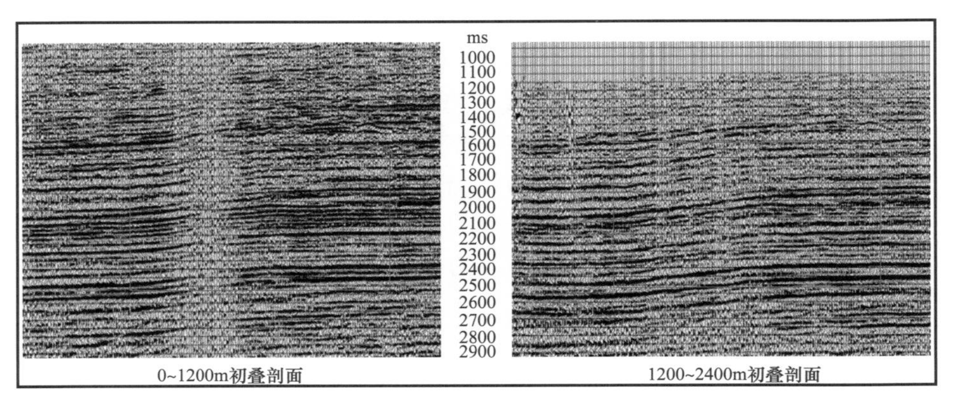


图 3-4　08 线模型约束的初至反演静校正分炮检距初叠剖面

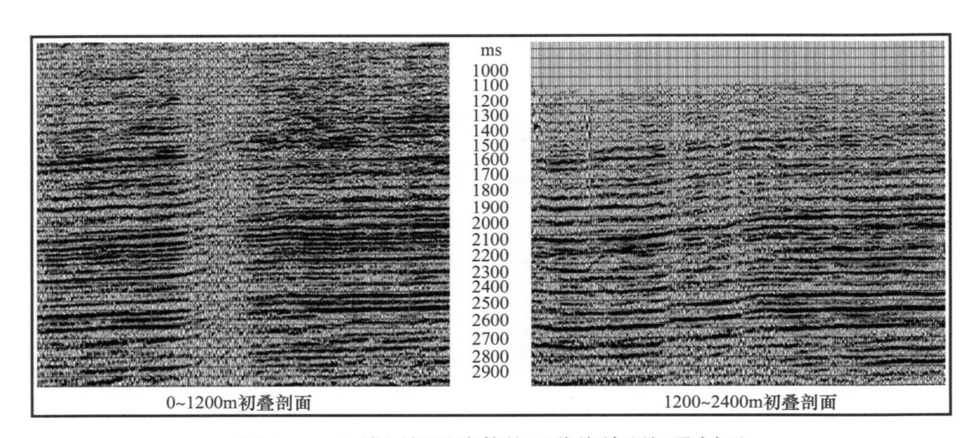


图 3-5　08 线层析反演静校正分炮检距初叠剖面

上述分析表明，研究区在表层调查上采用在 340m 左右小折射调查排列，静校正方法应采用模型约束初至波静校正方法。

## 二、噪声压制技术

地震资料的噪声并非全部来自采集，在资料处理过程中，如去噪、反褶积、偏移都会产生噪声[32-36]，且这些噪声与所采用的观测系统有很大关系。因此，在观测系统优选过程中，对各候选观测系统进行叠加响应、PSTM 响应分析与评价是非常必要的。首先应该测试各候选观测系统对各种噪声的压制响应，如源生线性噪声、反向散射噪声、多次波等。然后计算目标体 PSTM 响应，测试最佳成像效果（偏移响应）。最终选取的观测系统应当有最佳的噪声压制效果、对称和聚焦的 PSTM 响应。

下面结合实际观测系统分析减少叠加与偏移噪声的观测系统优选方法。观测系统设计采用接收线距与炮线距相等、道距与炮距相等，且采用较宽方位和少线束滚动等进行观测系统的优选，再将设计观测系统与本工区以往采集时所采用的观测系统作对比分析，主要从叠加响应、DMO的脉冲响应和PSTM脉冲响应来分析减少叠加与偏移噪声观测系统分析方法。根据上面对观测系统分析研究的结果，结合工区有关地球物理参数对观测系统采集参数进行论证，初步拟定以下三种观测系统和以往采集三维观测系统从减少叠加与偏移噪声方面进行论证分析，比较四种观测系统优缺点。具体观测系统参数见表3-1。

**表3-1　叠加响应分析观测系统参数表**

| 观测系统类型 | 老观测系统 | 方案1 | 方案2 | 方案3 |
|---|---|---|---|---|
| 束状 | 12线8炮 | 12线12炮 | 12线8炮 | 12线6炮 |
| 道数 | 12×128=1536 | 12×288=3456 | 12×192=2304 | 12×144=1728 |
| 道距，m | 60 | 20 | 30 | 40 |
| 接收线距，m | 480 | 240 | 240 | 240 |
| 炮线距，m | 480 | 240 | 240 | 240 |
| 炮点距，m | 60 | 20 | 30 | 40 |
| 地下面元，m×m | 30×30 | 10×10 | 15×15 | 20×20 |
| 覆盖次数，次 | 6×8 =48 | 6×12 =72 | 6×12 =72 | 6×12 =72 |
| 最小炮检距，m | 30 | 10 | 15 | 20 |
| 最大炮检距，m | 4758 | 3207 | 3200 | 2840 |
| 束线滚动距离，m | 480 | 240 | 240 | 240 |
| 横纵比 | 0.75 | 0.5 | 0.5 | 0.5 |

1. 叠加响应分析

叠加响应分析是分析观测系统在资料处理时对噪声的压制能力[37]。其分析方法是利用每个面元所构建的数据进行叠加，结果作为该面元对应的一个输出地震道，从而形成三维工区的叠加输出数据体。由于每一个CMP叠加面元中包含着一定数量具有不同炮检距和方位角的记录道，这些道经过预处理后进行叠加，叠加会大大加强相干信号而削弱不相干噪声，如源致噪声和多次波等。理想的炮检距分布应该是自近到远均匀分布。炮检距分布不均会引起倾斜信号、震源噪声，甚至一次波发生混叠，严重时会使速度分析失败。不同观测系统参数会造成满覆盖区面元内炮检距分布不相同。因为不同的炮检距数据道所携带的有效波能量不同，如果相邻面元炮检距数据道道数不同、或具有相同炮检距数据道数但炮检距分布不一致，有效波叠加效果就会存在差异。另外，CMP面元中不同的炮检距组合具有不同的组合特性，如果相邻面元炮检距数或炮检距分布不同，压制噪声的能力就不同。不同的三维观测系统具有不同的覆盖次数、不同的炮检距分布，也就具有不同的叠加响应，表现出对噪声压制效果也不尽相同。叠加响应分析是将每个面元所构建的数据进行叠加，结果作为该面元对应的一个输出地震道，从而形成三维工区的叠加输出数据体。因为每个 CMP 道集形成的叠加道是从同一个参考炮检距道集数据合成的，所以该数据体不包含地质结构和其他地质信息，只与观测系统属性有关，下面就对不同观测系统叠加响应进行分析。

图 3-6 是 12L8S128R 观测系统 30m × 30m 面元、12L6S144R 观测系统 20m × 20m 面元、12L8S192R 观测系统 15m × 15m 面元、12L12S288R 观测系统 10m × 10m 面元的叠加响应在 1.82s 的时间切片，可以看出 30m × 30m 面元观测系统采集脚印十分明显，随着面元减少，10m × 10m 面元观测系统采集脚印最弱。总体来看，面元小于 15m × 15m 以下具有较好的叠加响应。

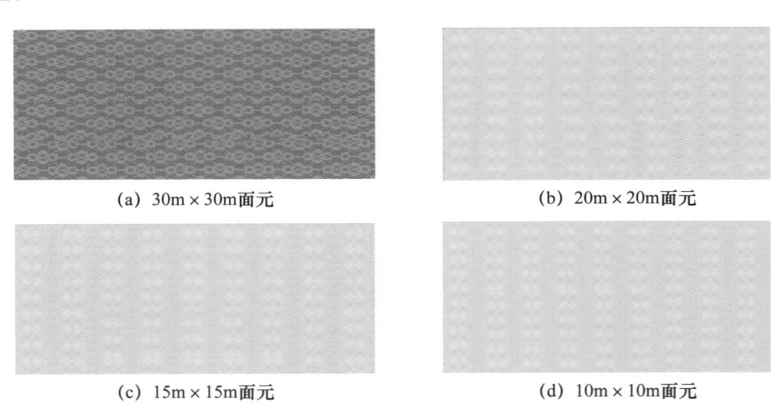

(a) 30m × 30m面元　(b) 20m × 20m面元　(c) 15m × 15m面元　(d) 10m × 10m面元

图 3-6　不同观测系统叠加响应

2. DMO 脉冲响应（DMOI）

当地层具有倾角时，CMP 叠加不能形成真正的零偏移距叠加，当具有不同叠加速度、不同倾角的地层存在时，叠后偏移处理不会得到较好的剖面成像效果。而 DMO 算法就是把一个非零偏移距的地震道转换为多个零偏移距的地震道，形成 DMO 算子，DMO 算子的形态取决于 DMO 速度场和 DMO 叠加所选取的倾角参数，此外还与地震道的偏移距及地震波双程旅行时有关[38-41]。倾角越大，偏移距越大，波的反射时间越小，算子的振幅随着椭圆面的倾角变陡而变小。在三维地震处理中，DMO 叠加的这种特性从 DMO 算子可以看出来，DMO 算子沿着它的脉冲响应轨迹进行偏移算子振幅映射。如 DMO 脉冲响应的几何形状顶部太宽，说明不能很好地处理陡倾角。DMO 覆盖次数分析则是针对每个炮点 / 接收对，从中心点沿着炮点 / 接收点轴到下一个邻近的面元计算覆盖长度，然后计算针对选择的目的层（时间、速度、主频，便于菲涅尔带计算）DMO 后的加权覆盖。采用 DMO 后的每个面元的加权覆盖次数，能够很好地反映 DMO 响应。

从旧的三维观测系统（12 线 8 炮 30m × 30m 面元）和新的三维观测系统（12 线 6 炮 20m × 20m 面元、12 线 8 炮 15m × 15m 面元、12 线 12 炮 10m × 10m 面元）四种观测系统 DMO 后加权覆盖次数叠加响应来看（图 3-7），以往 30m × 30m 面元分布呈明显条带状，分布最不均匀，10m × 10m 面元最为均匀，有利于反射波叠加，提高资料信噪比。另外，四种观测系统在上述情况下的 DMO 脉冲子波响应如图 3-8 所示，从 DMO 脉冲子波的变化特征（振幅、相位、能量）来看，以往施工观测系统使用 DMO 后，它的振幅、相位、能量都有很大变化，影响反射波叠加及资料的分辨率，新三维观测系统 20m × 20m 面元、

15m×15m 面元沿三个方向 DMO 脉冲子波的振幅、相位、能量也都有较大变化，但比老三维观测系统弱很多，面元小于 15m×15m 的观测系统子波响应良好。

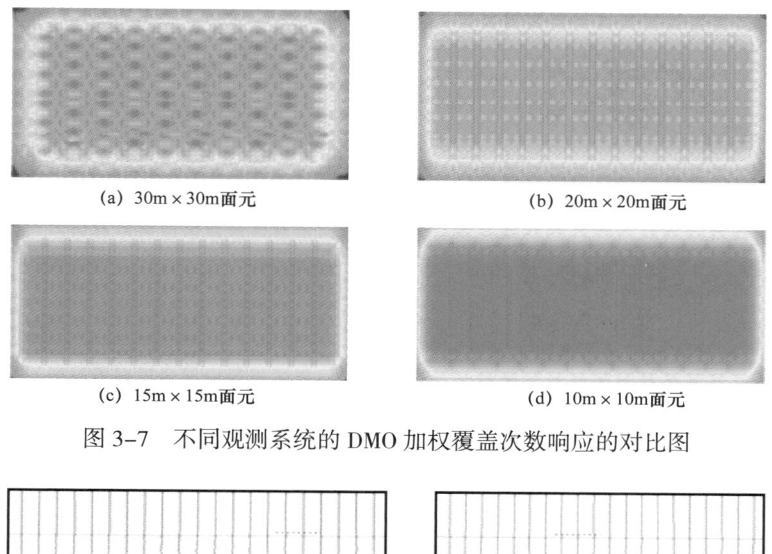

(a) 30m×30m面元 (b) 20m×20m面元

(c) 15m×15m面元 (d) 10m×10m面元

图 3-7 不同观测系统的 DMO 加权覆盖次数响应的对比图

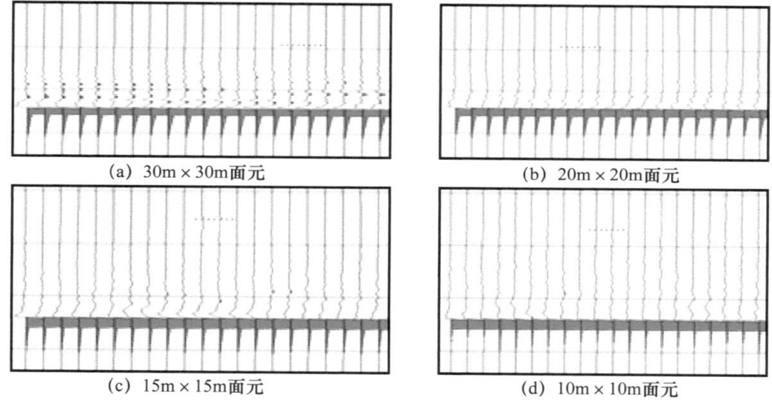

(a) 30m×30m面元 (b) 20m×20m面元

(c) 15m×15m面元 (d) 10m×10m面元

图 3-8 不同观测系统沿对角线方向的 DMO 脉冲响应（DMOI）对比

3. 偏移噪声分析（PSTM）

在输入炮检距数据道上来自地下某点绕射脉冲旅行时由炮点到绕射点、绕射点到接收点的传播路径所决定，在进行叠前时间偏移时，该能量脉冲被认为是可以来自通过该绕射点并聚焦于激发点和接收点的 PSTM 椭球上任何一点，因此，叠前时间偏移形成的数据道就是对所有通过给定输出点的 PSTM 椭球求和的结果。所以三维观测系统炮检点的布设将直接影响 PSTM 的输出。理论上，一个理想的 PSTM 响应将是一个能量很强的对称子波，没有旁瓣。实际上，所有三维观测系统（除全三维观测以外）由于空间采样率的限制，PSTM 脉冲响应是一个带有旁瓣的不对称子波。因为不同的观测系统具有不同的空间采样和炮检距、方位角分布，PSTM 脉冲响应旁瓣能量的大小和子波不对称的程度将不同。因此，在观测系统面设时尽量保持面元内炮检距与方位角均匀，以减少偏移噪声[42-44]。

为了测试这些种观测方式的偏移响应，用一个常数速度定义一个绕射点，对于探区中的每一个炮点 / 接收点对，在适当的时间针对同相轴产生雷克子波合成响应，在三维的每一个面元上将所有合成道的样点偏移到输出道的位置[45]。假设有一个绕射点位于观测中心深度为 1500m 处，从表层到绕射点的速度为 3000m/s，PSTM 子波输出深度为 1500m。对比了 12L8S128R（30m × 30m）、12L6S144R（20m × 20m）、12L8S192R（15m × 15m）和 12L12S288R（10m × 10m）观测系统的 PSTM 脉冲响应，图 3–9 分别是四种观测系统得到的整体 PSTM 脉冲响应。从结果分析来看，12L12S288R 观测系统 10m × 10m 面元观测偏移脉冲具有很好的对称性，12L8S128R 观测系统 30m × 30m 面元偏移脉冲的对称性最差，偏移噪声也最强。总体来看，面元小于 15m × 15m 观测系统具有很好的对称性。

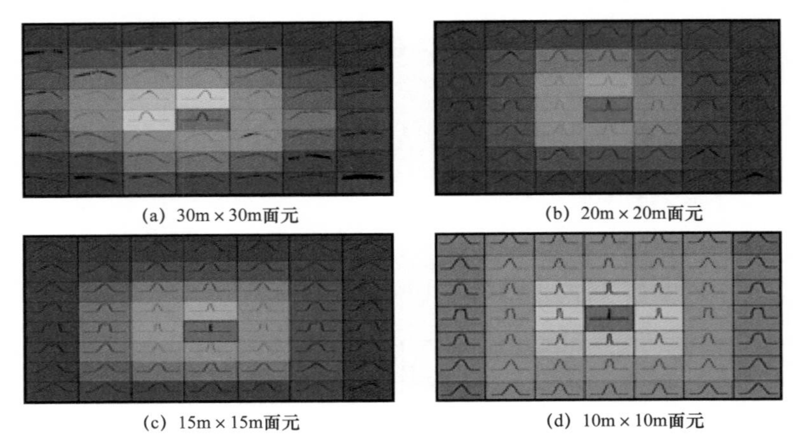


图 3–9　不同观测系统 PSTM 脉冲响应对比图

综上所述，从有利于研究区低幅度构造勘探角度出发，应当采用小面元、较宽方位的观测系统，面元小于 15m × 15m 的观测系统可满足低幅度勘探精度的要求，从经济因素方面考虑，15m × 15m 的观测系统为最优选择。

## 三、观测系统优化研究

1. 道密度分析

传统观点认为，地震剖面成像质量好坏与覆盖次数有直接关系[46-50]。覆盖次数直接影响成像质量是基于一个特定的面元尺寸所说的，是基于 CDP 叠加的思路下形成的，而当成像技术走向叠前偏移时，道密度是一个更有意义的术语，它可指示三维采集潜在的数据质量。因此进入叠前偏移成像时期，衡量地震剖面成像质量好坏的标准不应该是覆盖次数，而应该是道密度。道密度可定义为

$$道密度 =（排列片有用面积 \times 10^6）/（SL \times RL \times S_i \times R_i）$$

式中　$SL$——炮线间距；

$RL$——接收线间距；

$S_i$——炮点间隔；

$R_i$——接收点间隔。

上公式表示每平方千米内在给定切除函数（$X_{max}$）的情况下用于目标体成像的道数。道密度设计时可以说道密度越高越利于复杂地质目标成像，但道密度也不能一直高下去，道密度设计还应考虑能够完成地质任务及勘探成本的要求。

在地震勘探中，道密度设计时应考虑噪声分析、去噪、高频保护、地震波场的连续

性、减少叠前偏移处理时产生的随机噪声等，以提高地震资料的信噪比和分辨率。因此，道密度的设计应在普通三维设计的基础上进一步提高，道密度设计不应只考虑最陡预期倾角的 Nyquist 采样，还要考虑整个地震波场的采样效果，包括噪声和绕射能量。确定道密度时应考虑从浅到深多个目的层的要求，这对于埋藏浅、频率高的低速反射层尤其重要，以用于绘制等时线和等厚线，或那些为偏移而建立的速度模型所必需的东西。另外，在地震勘探中为了照顾深层而引入更大偏移距时，深层的道密度可能会超过所需密度，会显著地改善速度场的准确性，并在偏移后数据上见到明显改善，这正好有利于得到更准确的速度和更佳的成像[49]。

工区以往三维道密度一般在 27000～66000 道 /km$^2$ 之间，大部分三维采用 40000 道数 /km$^2$（表 3–2）。由于本区为低幅度构造，小断块十分发育，因此，构造非常复杂，道密度明显偏小。为了满足精细勘探的需要，应进一步增加道密度并参照同类地区勘探道密度，从国内外近年来低幅度构造来看，目的层有效道密度都在 120000 道 /km$^2$ 以上，一般为 200000 道 /km$^2$ 左右。因此，为了提高研究区勘探效果，研究区道密度至少在 120000 道 /km$^2$ 以上。

表 3–2　工区以往勘探道密度统计

| 采集地区 | Fanny Tarapoa 东—Cigarra Hormiguro | Tarapoa | Mariann 和 Isabel 西 | Mascary | Ecuador | Zamona |
|---|---|---|---|---|---|---|
| 覆盖次数，次 | 6× 8 | 4× 5 | 5× 5 | 6× 5 | 5×4 | 5×10 |
| CMP 面元，m×m | 30× 30 | 25× 25 | 30× 30 | 15× 30 | 20× 20 | 30× 30 |
| 道密度，道 /km$^2$ | 40000 | 32000 | 27000 | 66000 | 50000 | 55000 |

2. 空间采样间距选取分析

在低幅度构造勘探中，为了提高分辨率需要充分保护有效信号，野外采用小组合压制高频随机噪声，对于规则干扰波一般在室内处理时根据有效波和干扰波的具体特征对干扰波进行压制，以达到保护有效信号的目的，避免野外采用大组合在压制线性干扰的同时影响高频有效信号，从而降低资料分辨率的缺点。因此，为了保证室内处理时能够有效地去除源生线性干扰波，野外采集设计时不仅要考虑对地震有效信号采样不出现空间假频，而且要考虑对线性干扰波的折叠噪声不污染地震波的有效信号，这时的道间距就是可以接受的，因此提出了地震有效信号折叠无污染的空间采样间距（道距）选取方法，下面就从野外实际资料分析道距大小对信号与噪声的影响。

图 3–10 是研究区 50m 道距的 *F—K* 谱分析和去噪后的单炮记录。从图中可以看出，50m 道距的空间假频非常严重。图 3–11 可以看出，50m 道距的数据由于存在较严重的空间假频，其单炮数据去噪后假频不能有效地去除。

下面再从室内模型正演模拟分析道距大小对信号的采样与噪声的影响分析。利用研究区建立的地质模型（图 3–12），并进行不同道距的采集，通过对不同道距采集模拟的单炮记录进行 *F—K* 谱分析（图 3–13），从不同道距 *F—K* 谱中看到道距 20m、30m 产生折叠噪声基本不影响有效信号，也就是说干扰波对地震有效信号基本没有产生污染。而 40m

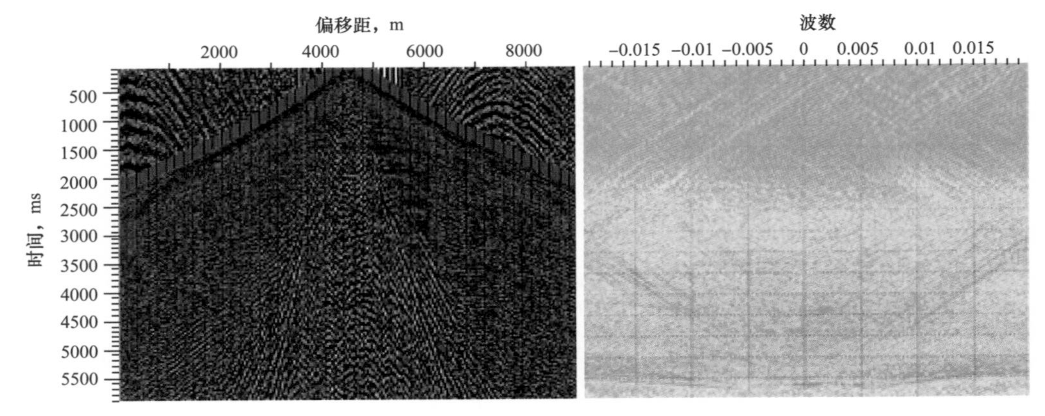


图 3-10　50m 道距的 *F*—*K* 谱分析

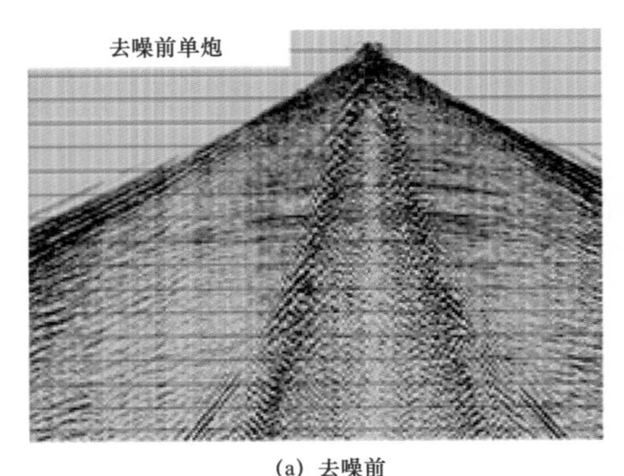


(a) 去噪前

去噪后单炮

(b) 去噪后

图 3-11　去噪前后单炮对比

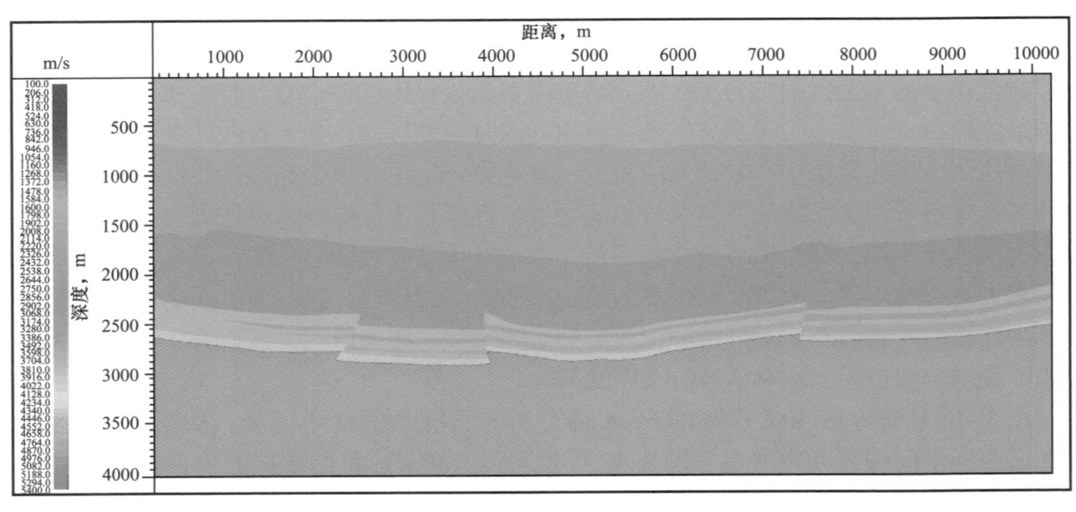


图 3-12　建立的地质模型

以上道距的噪声空间假频较为严重，与有效波发生了混叠，这样处理时就不能对干扰波进行有效压制，污染了有效波。因此，在低幅度构造地震采集设计时，通过合理的模型正演进行不同道距的模拟，可以避免因采样密度不足而导致的空间假频，以避免给后续的噪声压制留下隐患，同样也没必要一味缩小道距，增加无意义的勘探成本。

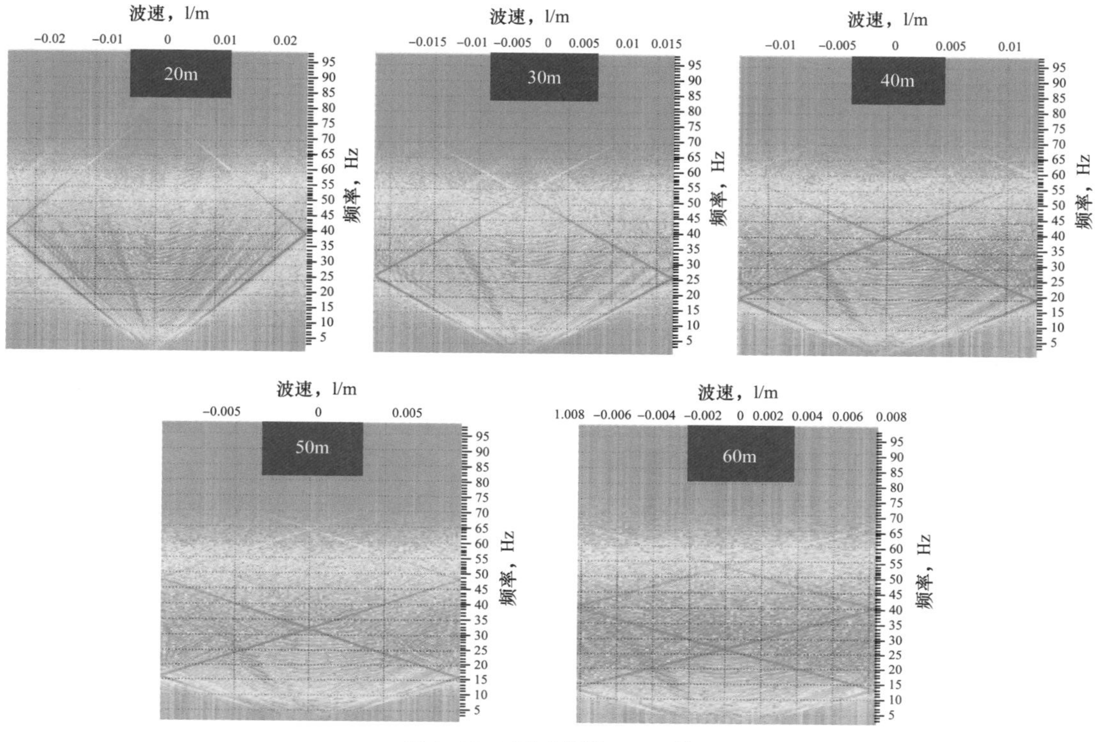


图 3-13　不同道距 *F—K* 谱

3. 对称均匀且波场连续的空间采样技术

在低幅度地震勘探中，为了使得到的地震数据更有利于噪声压制与高质量的成像，在观测系统设计中，应该尽量保证采集数据的对称性与均匀性，并使接收到的波场具有时间和空间上的连续性。对称采样是指利用炮点检波点互换原理得到的共检波点道集的波场特性和共炮集波场特性相同，这样在两个域里波场特征没有大的变化，而连续采样可以反映地震波在时间和空间上的变化是连续的，这种连续性能反映炮点和检波点位置的小的移动都可能在波场中反映出来。因此，对称均匀采样与波场连续对于地震资料正确成像是非常必要的。对称采样一般要求接收点距与激发点距、接收线距与炮线距相等以便在不同方向观测到的地震波是均匀的，避免采样不均匀带来对地震波波场特征不正确的认识。波场连续的空间采样要求观测系统具有较宽的方位，较宽方位采集有利于各个方向断面绕射波信息接收，有利于偏移归位时断层的落实。从不同方位大小的振幅特性来看，宽方位观测系统能识别到岩性变化引起的振幅变化，在图 3-14 中岩性尖灭点处引起振幅差异在宽方位中能准确识别出来，而在窄方位观测系统中基本没有反映（图 3-15）。总体来讲，较宽方位三维采集的地震波在空间上变化是连续的，能有效识别因地下地质体差异引起的地震波属性变化，给解释人员进行地震资料解释提供丰富的地震信息，指导复杂区油气勘探。因此，为提高复杂区油气藏勘探精度，低幅度勘探宜采用宽方位观测系统。

另外，接收线距变化也能反映波场连续的空间采样变化，下面就接收线距大小进行分析，设计两种观测系统。采用的方法让其中一种观测系统的接收线距相对较小，另外一种观测系统的接收线距相对较大，具体观测系统参数见表 3-3。

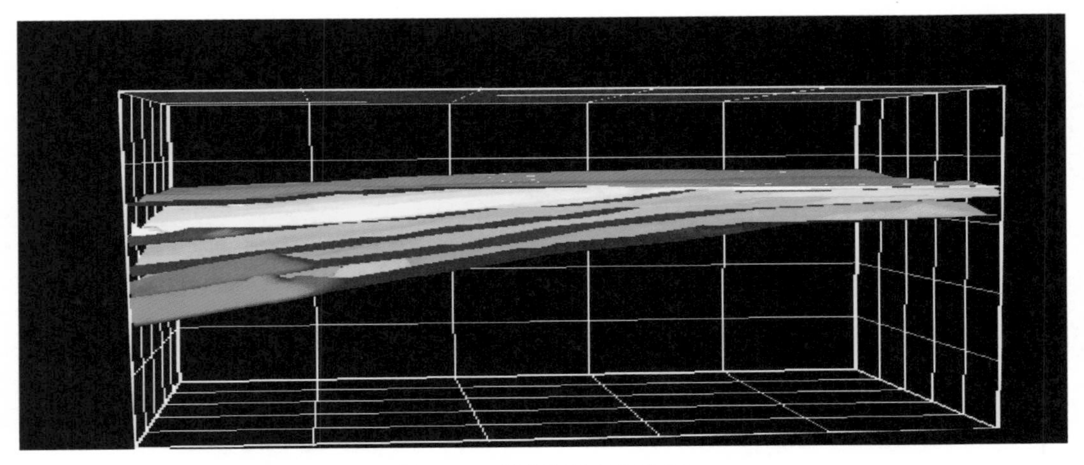

图 3-14　模拟放炮地质模型

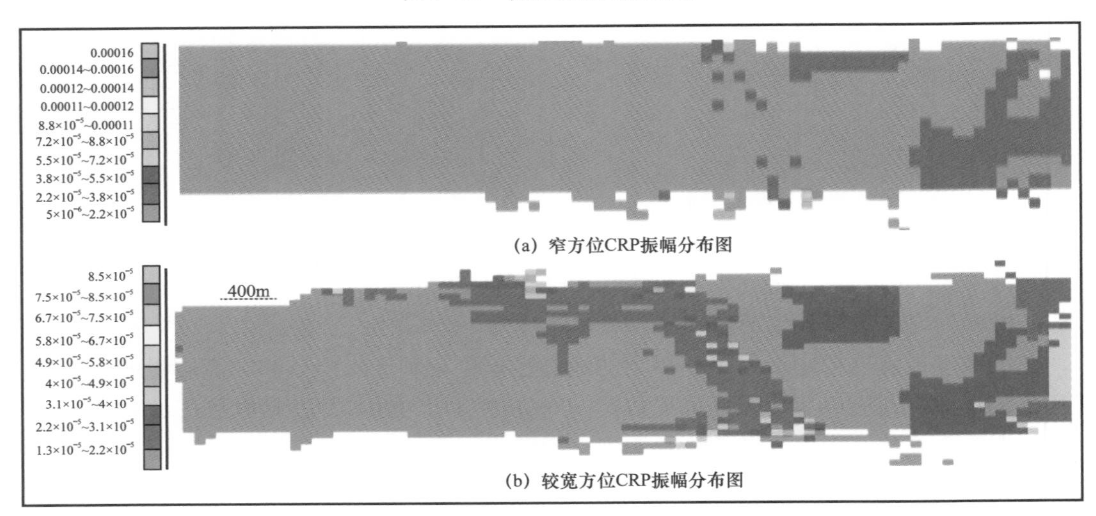


(a) 窄方位CRP振幅分布图

(b) 较宽方位CRP振幅分布图

图 3-15　不同方位 CRP 振幅分布图

**表 3-3　不同接收线距对比观测系统参数对比表**

| | 观测系统一 | 观测系统二 |
|---|---|---|
| 类型 | 4 线 32 炮 240 道 | 4 线 32 炮 240 道 |
| 覆盖次数，次 | 48 | 48 |
| 面元尺寸，m × m | 25 × 25 | 50 × 25 |
| 炮点距，m | 50 | 100 |
| 检波点距，m | 50 | 50 |
| 炮线距，m | 500 | 500 |
| 检波线距，m | 200 | 400 |
| 横向滚动距离 | 4 条接收线 | 4 条接收线 |

由于表 3–3 中两种观测系统除接收线距不同外，其他参数相同，从炮检距和方位角属性分布上看，在炮检距和方位角分布上没有太大变化，只是方位宽窄不同，为了说明接收线距的变化对采集脚印的影响，下面从振幅上的变化进行分析。

采用地震波吸收衰减的计算方法对这两种观测系统进行了对比，假定某目的层埋深2000m，速度为 4000m/s，下面对满覆盖区进行两种观测系统的振幅分析。从图 3–16 可以看出，采用 400m 线距引起的振幅条带状变化明显比 200m 线距大，其中 400m 线距最大振幅比差值为 7%，而 200m 线距最大振幅比差值为 3.4%，这说明接收线距过大会产生较为严重的地震波间属性变化。因此，要减少地震波间属性变化应尽量采用较小的接收线距。

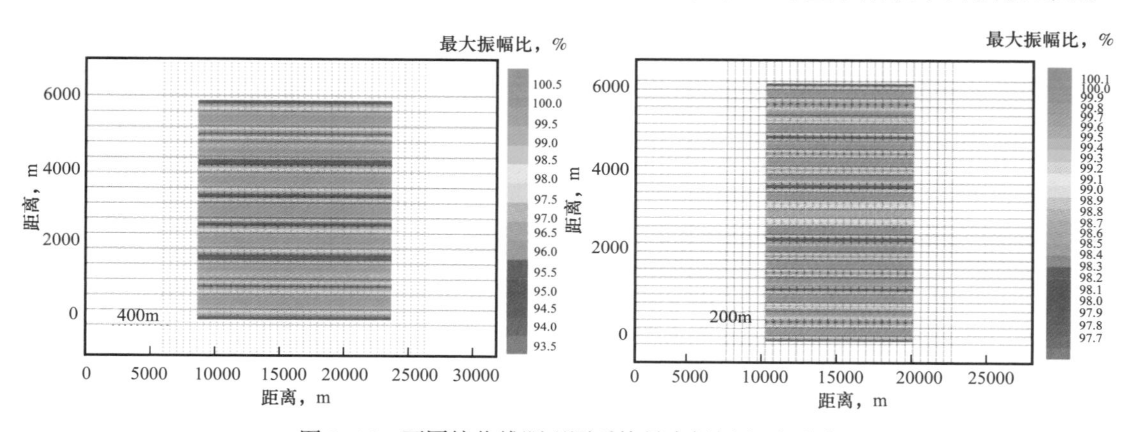


图 3–16 不同接收线距观测系统最大振幅比平面图

4. 激发技术

对于研究区而言，在激发方面激发井深是影响低幅度勘探精度的主要因素。激发井深应选择在高速层以下激发效果最好，在高速层以下激发应考虑虚反射的影响。虚反射是指震源在高速顶下激发时，高速顶对地震波产生的向上传播的一次反射，虚反射对地震资料频率有很强的滤波效应[51–53]。

从理论上讲，当两个相同的波时间相差为 $T/2$ 时，则振幅完全抵消。针对虚反射而言，由于虚反射存在先上行然后再下行的过程，假设激发点到高速层顶界面的距离为 $H_2$，则虚反射与反射实际距离相差为 $2H_2$。受虚反射界面的影响，虚反射与原反射波的相位相差 180°。

根据 $H_2$ 与不同 $\lambda$ 的分析图（图 3–17）可以看出，当 $0<H_2<\lambda/4$，虚反射与原反射随着井深的增加是相干加强的；当 $H_2=\lambda/4$ 时，振幅达到最强；在 $\lambda/4<H_2<\lambda/2$ 区域内，振幅是逐渐减弱的，并且当 $H_2=\lambda/2$ 时，叠加振幅则完全抵消，在此段选择井深，取得的效果势必与期望值相反。所以最理想的激发深度是激发点位于高速层以下 $\lambda/4$ 处。$\lambda$ 值的选择和需要保护的频率及高速层的速度有着直接的关系：

$$\lambda=V/F$$

最佳激发井深的确定可以根据如下公式来进行计算：

$$H_3=H_1+H_2$$

$$H_2=V/(4\times F)$$

式中 $H_1$——低降速带厚度；

$H_2$——激发点进入高速层的深度；

$H_3$——设计激发井深；

$F$——需要保护的频率；

$V$——高速层速度。

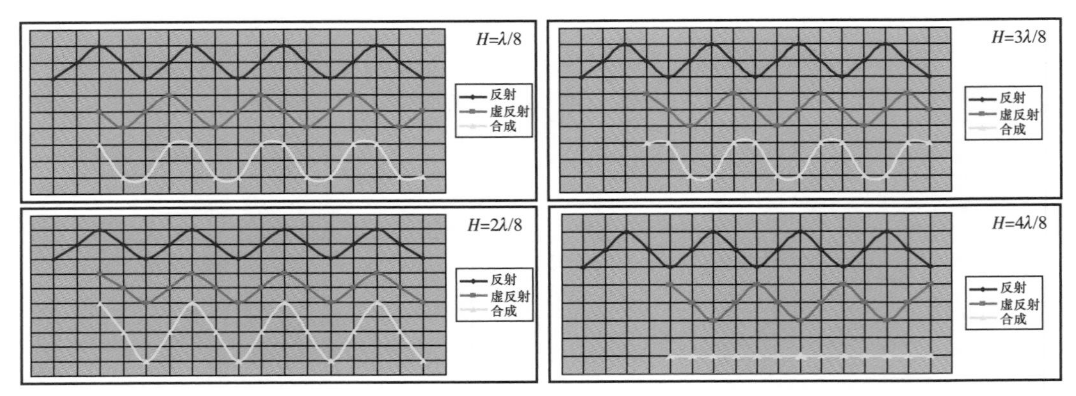


图 3-17 高速顶以下不同 λ 深度的虚反射、反射波和合成波分析

针对该区而言，激发井深的速度为 1700m/s，通过计算即可得到需要保护的频率所对应的最佳激发井深（表 3-4）。

表 3-4 需要保护的频率与激发井深对应表

| 需要保护的频率，Hz | 40 | 50 | 60 | 70 | 80 | 90 | 100 |
|---|---|---|---|---|---|---|---|
| 潜水面以下激发井深，m | 10.3 | 8.2 | 6.8 | 5.8 | 5.1 | 4.5 | 4.0 |

根据表 3-4 和图 3-18 可以很明显地看出，潜水面以下 3～5m 井深可以保护 80Hz 以内频率，本区主要目的层最高频率在 80Hz 左右，因此采用潜水面以下 3～5m 激发可以保护本区主要目的层最高频率的有效波。

5. 接收技术

在野外进行地震勘探时，影响最大的是震源激发时由于折射面上的岩性不均一产生的各种干扰，其次是周围环境产生的环境噪声，影响最小的是面波、折射波和地面干扰等规则干扰。总之，这些噪声的存在严重降低了地震资料的信噪比和分辨率。为提高地震资料的信噪比，需要对噪声进行有效压制。具体而言，震源激发产生的干扰和环境噪声尽量采用组合检波进行压制。

对于组合检波压噪问题应选择合适组合基距，下面就组合基距的问题进行分析。图 3-19 是野外单炮分别采用时差校正和不进行时差校正时的两种子波，不仅可以看出两种子波的形态差异，而且可以很明显地看出未经时差校正的子波因组合基距拉大产生了一定的影响。这也就说明，检波器野外组合所产生的动校正问题对高频成分造成了一定影响，因为各个检波器对应的反射波到达时间是不同的，但其信号在野外组合时按一道进行输出，忽略了由于检波器彼此之间存在的这种时差导致各个检波器动校正量之间的差异，而是强行的进行叠加，这种做法无疑会降低资料的分辨率。

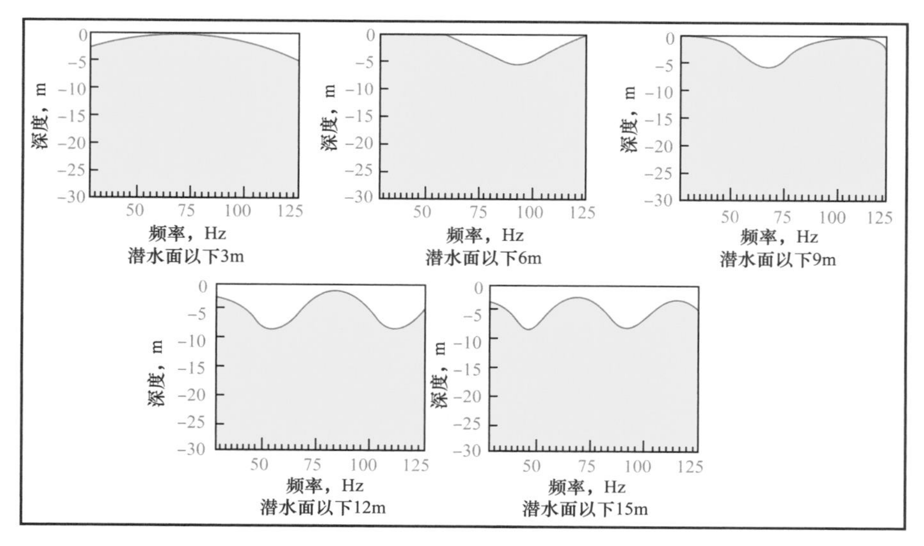


图 3-18 虚反射分析

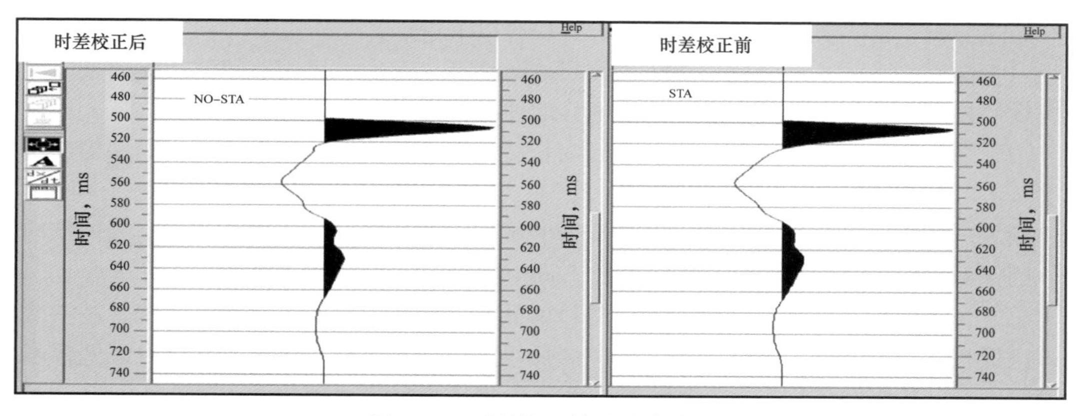


图 3-19 时差校正前后子波对比

所以在检波器组合方式选择方面，采用小组合基距的组合方式有助于减弱环境噪声和随机干扰，同时小组合对静校正与动校正的影响较小，利于高频保护，提高分辨率。

通过对研究区低幅度采集方法研究，获得以下几点认识：

（1）小面元有利于研究区小断层落实，同时利于叠前去噪和叠前偏移成像质量。

（2）采用较宽方位、较小接收线距、少线束滚动观测系统可减少采集脚印的影响，提高成像精度。

（3）应注重表层调查工作，同时采用合适的静校正方法对提高研究区低幅度构造精度至关重要。

根据上述研究结果及获得的研究认识，对本区下步地震勘探提出以下施工建议：

（1）二维观测系统：道距：30m，接收道数：280 道，炮点距：60m，覆盖次数：70 次，观测系统：4185–15–30–15–4185。

（2）三维观测系统：12 线 8 炮 192 道正交线束状观测系统，道距：30m，炮点距：30m，接收线距：240m，炮线距：240m，CMP 面元：15m × 15m，覆盖次数：12（纵）× 6（横）次，最小非纵距：15m，最大非纵距：1425m，最大炮检距：3 200m，纵横比：0.5，道密度：

320000 道 /km$^2$。

（3）激发参数：1 口 ×（2～6）kg× 潜水面以下 3～5m。

（4）表层调查及静校正技术：① 表层调查方法：340m 小折射调查排列长度；② 静校正方法：模型约束初至反演静校正。

上述观测系统适宜于反射时间在 1.7s 左右的目的层，如果目的层变化较大时，应适当调整观测系统。在成本方面，二维观测系统与以往施工方案相比，目前二维施工炮数基本不增加，只是增加了接收道数，总接收道数及施工备用道数在施工方野外必须配备道数的范围内，所以基本不增加野外采集成本。在三维方面，推荐的观测系统与以往施工 12 线 80 道观测系统相比，接收道数、炮数增加一倍，按照增加一倍，成本增加 70% 计算，采集成本比以往增加 2.9 倍。如果按照目前其他地区采用的观测系统计算，则设计接收道数与其他地区采用道数基本一致，其他地区道距 50m，则按照增加一倍炮点，费用增加 70% 计算，则增加费用基本上是炮点距缩小的费用，增加费用为炮点距由 50m 缩小为 30m 增加费用的 58%。总之，目前设计的观测系统是勘探效果及经济上基本能接受的施工方案。

通过分析，南美奥连特盆地地震施工方法有以下特点：

（1）同以往观测系统相比，缩小面元尺寸、提高道密度、采用空间波长连续采样观测系统设计技术，有利于叠前去噪、叠前偏移处理和低幅度构造分辨率的提高。

（2）采用的静构正方法有利于消除区内长波长静校正问题，确保下一步勘探构造落实精度。

（3）选择的激发参数有利于降低虚反射的影响，同时在接收上也有利于高频信息的保护，确保低幅度构造勘探有较高的信噪比，同时也有利于分辨率的提高。

总之，上述采集参数及静校正方法是目前低幅度构造勘探的主要技术方法，基本能解决该区低幅度构造问题。形成的针对研究区低幅度地震采集技术将在未来研究区低幅度地震勘探中起到积极的作用，并在地震勘探实践中进一步完善。

## 第二节　低幅度构造地震资料处理技术

从目前奥连特盆地已发现的油气藏情况来看，构造以几米至几十米的低幅度圈闭为主，且单井产量高，因此这类油藏仍将是该地区的主要勘探对象。但随着勘探程度逐步提高，圈闭规模越来越小，幅度也越来越低，识别难度相应加大。加之该盆地沉积环境的变化，有形成地层—岩性圈闭的条件，对该类型勘探目标的探索则要求地震资料有较高的信噪比和分辨率。同时针对储层预测研究，要求地震资料还必须有较高的保真度。

因此南美地区前陆盆地低幅度构造勘探需要解决三个方面的地质问题：一是保证低幅度构造的准确性；二是提高薄层砂体的分辨能力；三是真实反映岩性油藏的地震、地质特征。针对这三方面的地质要求，采用了三套技术措施：一是以折射静校正与迭代分频剩余静校正为代表的高精度静校正技术；二是以地表一致性振幅补偿、分频去噪、多域去噪、高保真叠前偏移成像为主的高保真振幅处理及高精度的偏移成像技术；三是以串联多道预测反褶积、优势频率约束反褶积为代表的针对低幅度构造的高分辨率处理技术。这些措施不仅确保低幅度构造的真实可靠，在保持振幅属性的同时，提高了薄层砂体的分辨率和低幅度构造的成像精度，有利于开展精确的构造研究和储层预测[54-55]。这套技术流程和措施不仅对南美地区前陆盆地低幅度构造勘探实践有一定的指导作用，对其他地区的勘探研究也有一定的借鉴作用。

## 一、低幅度构造的静校正技术

静校正是实现CMP同相叠加的一项最主要的基础工作，它直接影响叠加效果，决定叠加剖面的信噪比和剖面的垂向分辨率，同时又影响叠加速度分析的质量。先通过统一的野外静校正处理，然后进行剩余静校正处理是目前普遍采用的静校正方法。针对南美前陆盆地低幅度构造的特点，采用的静校正方法包括四个步骤：一是利用折射静校正来解决野外静校正问题，确保构造的真实可靠；二是利用迭代分频剩余静校正提高同相轴的同相叠加，提高信噪比；三是与解释结合，利用提取的储层属性平面图与野外静校正进行对比分析，对属性进行去伪存真；四是通过地震资料与井标定，如果目的层的起伏与地表降速带的厚度没有关联，这说明目的层的低幅度构造排除了由于地表引起的误差。实践表明，应用折射静校正及分频迭代剩余静校正，比较好地解决了南美地区前陆盆地低幅度构造的问题。

1. 长波长和短波长静校正对资料质量的影响

当近地表层的速度、厚度迅速变化时，即使地表高程的变化相当小，震源和接收点组合内的静校正量仍然可以大到足以使上、下行波受到相当强的压制。

正如其他波形一样，静校正曲线也可以转换到空间—频率域，并分别对高频和低频分量进行观察。这些也常在等价的空间域中提到，即高频和低频分量就是指短波长和长波长分量，其中波长的长短是按一个排列长度考虑的。近地表特征通常由短波长和长波长分量二者组成。长、短波长的分界一般认为是在半个和一个排列长度之间。

实际上，排列长度是随双程反射时间而变化的，因为它取决于对共中心点（CMP）叠加或分析数据有贡献的炮检距范围，这个范围在切除带是渐变的。因此，在深层看到的短波长异常（高空间频率），在浅层看来可能是中到长波长异常。

短波长（高频）静校正异常对资料的影响为：

（1）叠加效果差，并可导致叠加速度估算不准；

（2）波形、振幅等特征的改变不一定与地下的地质情况严格相关；

（3）静校正时移能影响多道数据处理技术；

（4）短波长静校正误差对从CMP叠加剖面上拾取的构造时间影响可能很小。

长波长（低频）静校正异常对资料的影响为：

（1）由CMP叠加拾取的构造时间发生畸变，可能误导解释人员；

（2）叠加速度也可能会发生异常变化，特别是在异常的宽度约等于一个排列长度的地方；

（3）长波长，尤其是超长波长对叠加响应的影响很小；

（4）长波长异常能影响资料处理方法，尤其是CMP叠加后的处理或涉及大的空间孔径时的处理。

通常长波长静校正误差是近地表渐变的标志，通过理论分析和实际应用，认为使用部分炮检距叠加是可以区分地下特征和近地表异常的，因为地下特征的出现是与CMP叠加中所使用的地震道无关的构造，而近地表异常所产生的构造却取决于所使用的地震道。

2. 长波长静校正方法研究

1）扩展广义互换法（EGRM）

EGRM方法是在Palmer提出的GRM方法基础上扩展出来的，使之适用于不同观测系统采集的数据[56-58]，它的基本做法是：根据初至折射波的拾取时间，确定测线上每一个观测点的时间深度值 $T_G$，然后用扫描法或人工给定法，选择风化层速度 $v_0$ 值，用五点差值法估算出折射界面速度 $v_1$，这样就可以把每一个观测点的时间深度换算成折射界面的深度，从而建立地表折射界面模型。

时间深度确定：

在图3-20中，利用A点激发G点接收和B点激发G点接收所得到的初至折射旅行时间 $T_{AG}$ 和 $T_{BG}$ 来确定G点的时间深度 $T_G$：

$$T_G=\left(T_{AY}+T_{BX}-T_{AB}\right)/2-\left(AY+BX-AB\right)/2v_1 \tag{3-1}$$

公式中第一项为互换项，第二项为偏移距剩余项。

折射界面深度（$H_G$）计算：

$$H_G=\frac{T_G v_0}{\cos\theta}=\frac{T_G v_0 v_1}{\sqrt{v_1^2-v_0^2}} \tag{3-2}$$

速度 $v_1$ 可通过五点差值法来估算。

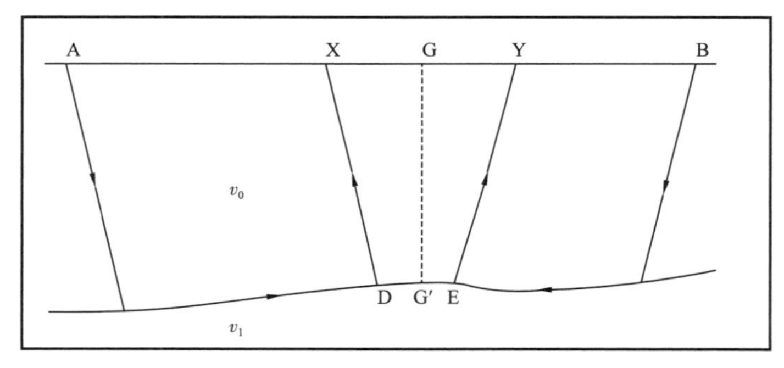


图3-20　广义互换法确定时间深度示意图[56]

图3-21展示了用五点差值法估算 $v_1$ 的流程，A和B为两个激发点，$G_1$、$G_2$、$G_3$、$G_4$、$G_5$ 为五个接收点。

$$T_{AG_1}=\frac{2h\cos\theta}{v_0}+\frac{AG_1}{v_1} \tag{3-3}$$

$$T_{BG_1}=\frac{2h\cos\theta}{v_0}+\frac{BG_1}{v_1} \tag{3-4}$$

上述两式相减得

$$T_{AG_1}-T_{BG_1}=\frac{AG_1-BG_1}{v_1} \tag{3-5}$$

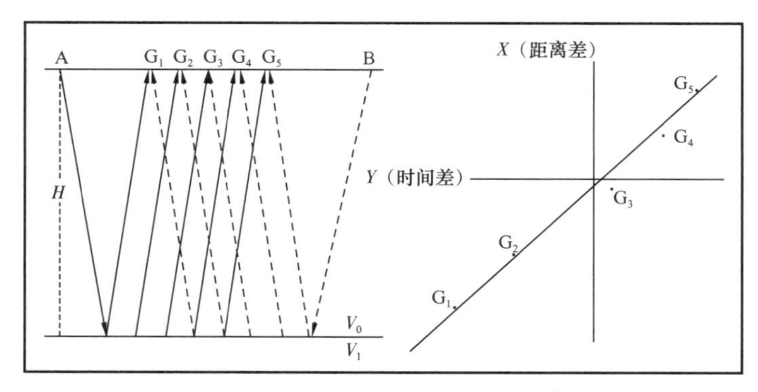


图 3-21 五点差值估算 $v_i$ 值示意图[56-58]

每一点的折射界面深度一旦确定，就得到了折射界面模型，从而就可以计算出各点的静校正量。

实际应用时，$v_0$ 可以事先给出或通过扫描确定。

2）表层模型法

表层模型法主要是利用小折射、微测井等表层调查资料得到速度与厚度及各层之间的关系，进而通过内插建立表层模型[59-60]。该方法的基本要求有两点：一是野外低速带调查点要相对较密，以便更好地控制近地表速度和厚度的横向变化；二是要求每一个点的探测深度要能够达到高速顶。因此，这种方法通常只适用于表层结构变化规律较为简单的地区。

3）层析反演静校正方法

对二维地震勘探而言，在两个炮点之间均假设有一个或多个检波点位于一条直线上，在这种情况下，由每个炮点沿折射面到达同一个检波点的旅行路径，与从一个炮点到另一个炮点的旅行路径有重复，因此用大多数折射波解释方法都可以估算出检波点的延迟时[61-62]。但是对于弯线观测系统来说，沿两炮点之间的折射面的传播路径与由每个炮点到同一个检波点位置的传播路径不同，这时在直线观测情况下所用的简单关系不再适用，而需要适应折射层速度随方位或折射面深度的变化。再有就是，当出现弯线或炮点偏离测线的情况时，在任何一个炮点和检波点位置穿过近地表层的射线路径不同，造成在一个点上的所有折射波的延迟时不是一个常数，如果折射层或近地表速度变化时，延迟时的值是不一样的。当然这种情况即使是在规则的直测线观测时也会发生，特别是在中间放炮观测系统的情况下。因此适用于弯线的折射波解释方法必须能够识别应用每个检波点的炮检距，不要求沿折射面有共同的射线路径；而层析反演静校正方法更加适合于这样的情况。当然在常规生产中弯线数据也是可以按二维测线的方式进行折射层数据解释，不考虑方位角和炮点处其他因素的变化，而将延迟时的校正放到剩余静校正方法中以剩余静校正量的形式来完成。但是这种方法是在假设折射层的速度和厚度不变的前提下，在近地表变化剧烈的地区还是会有很多问题。

三维地震勘探使问题更加复杂化，其中的主要问题是在折射面上不具有共同的射线路径，在炮点和检波点穿过低速层的射线路径也不相同，折射层的速度随方位和垂直测线方向上折射层倾角的变化而变化。对于规则观测系统来说，一般可以通过抽取一组三维记录来模拟线性采集观测系统的二维记录，虽然只是部分数据，但多数情况下是能够生成合理的近地表模型的。但当观测系统较为复杂时，这种方法就不适用了。

层析反演静校正方法作为更为数学化的折射静校正方法被广泛应用于弯线和三维地震勘探的折射波解释中，其主要目的是利用射线追踪理论来获得一个与观测到的折射波到达时间拟合得最好的近地表模型，对模型的修改是基于广义线性反演理论的。对于近地表速度的确定可以通过以下几个方面获得：微测井、在折射勘探中所记录的直达波、浅层折射面、沿测线的延迟时分析及浅层反射勘探。

理论上来说，研究区的表层结构特征比较适合初至反演静校正方法，但实际应用上由于缺乏表层调查信息，无法提供较为可靠的初至模型和折射层到地表的速度变化，使得由初至反演静校正方法计算出的静校正量精度受到很大影响。

4）低幅度构造静校正效果分析

图3-22为有近地表异常的地震叠加剖面和相应的连井剖面，地震剖面上F18b-54处可以清楚地看出存在构造，而下部相应部位的连井剖面显示此处并不存在任何构造。从前面的讨论中可以知道，根据不同炮检距的叠加剖面是可以分辨出地下特征和近地表异常的，因此可以通过分炮检距叠加来证实。

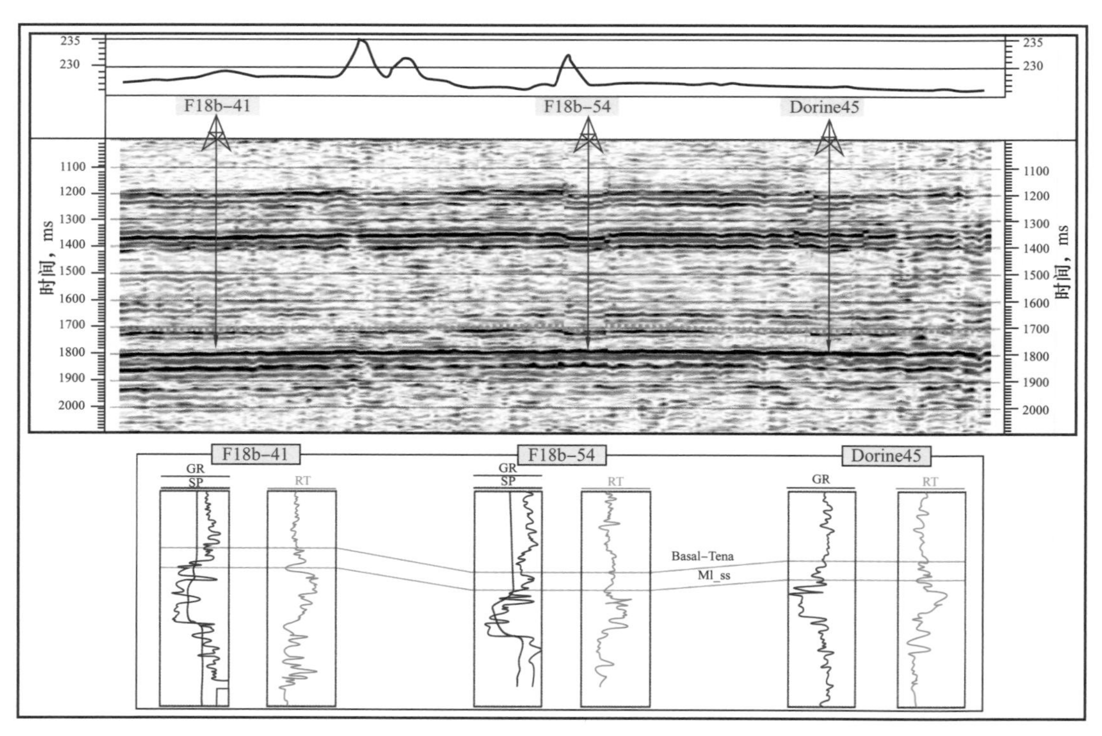


图3-22　近地表异常处理叠加剖面及连井剖面

图3-23是两张限制炮检距的叠加剖面，近炮检距为0～1500m，远炮检距1500～3000m的叠加剖面，对比两张剖面发现由于存在长波长静校正问题，使得构造高点的位置随炮检距的增大发生了变化，由此可见，产生构造假象的主要原因就是长波长静校正问题。

从该地区的近地表分析来看（图3-24），东西方向地表变化较为平缓，南北方向变化呈渐变趋势，显然高程的变化不是引起长波长问题的主要原因；但从低降速带厚度图上可以看出南北方向的厚度变化是间断的，基本上可以断定长波长静校正是由于低降速带厚度的变化引起的。虽然原始数据中缺少近地表调查的信息，但由于炮集数据初至较为清楚，因此对折射静校正方法的应用也提供了有利的条件。从图 3–25 所显示的静校正对比剖面可见，折射静校正较好地解决了近地表异常产生的构造假象。而在地下确实存在构造特征的部位，从远、近炮检距叠加剖面也可看出，构造高点是不随炮检距的变化而变化的（图 3–26）。由此可见，该地区的长波长静校正问题得到了较好的解决。

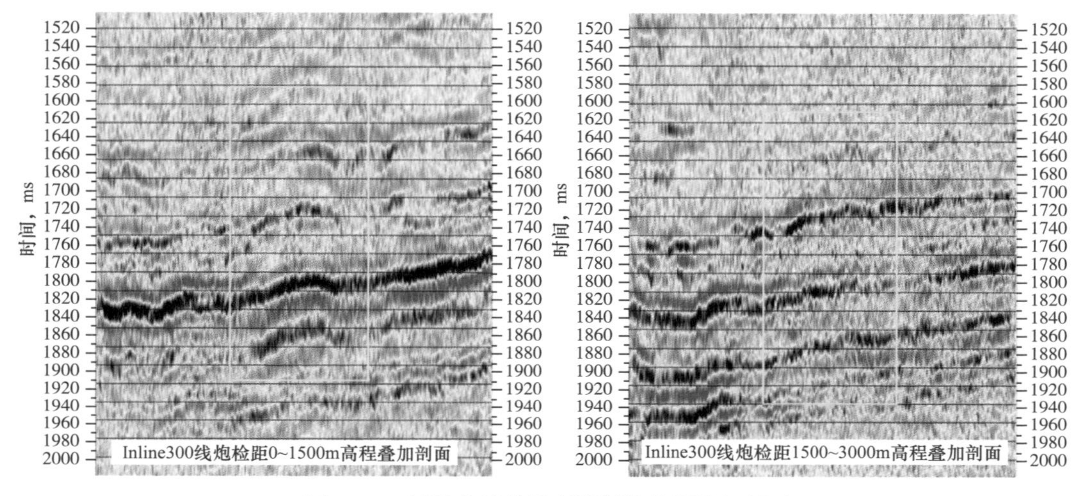


图 3–23　近地表异常处理限制炮捡距叠加剖面

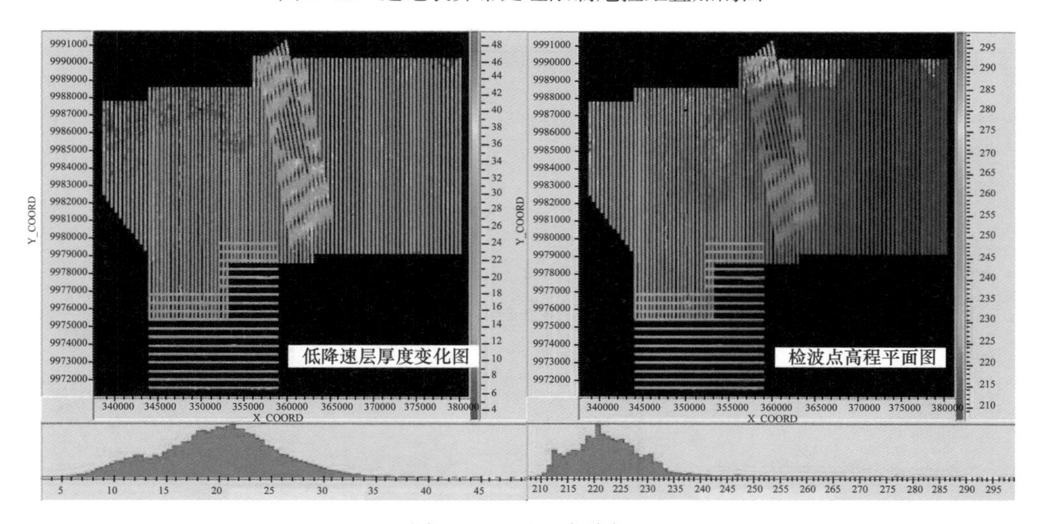


图 3–24　近地表分析

3. 地表一致性反射波剩余静校正方法研究

许多静校正方法均采用地表一致性模型。检波器组在位置 $i$ 的延迟 $G_i$ 和震源在位置 $j$ 的延迟 $S_j$，对所有相应的地震道都是相同的。如果 $i$ 和 $j$ 具有公共的坐标原点，其炮检距正比于（$j–i$）。如果沿测线有构造，我们以 CMP 号位置 $k$ 来表示延迟量 $L_k$，其中 $k$=（$j–i$）/2，表示构造的深度比其他位置深 $L_k$ 个单位，$L_k$ 是构造时移的均值。对于平界面反射而言，它即指向中点位置。如果倾角很缓，$L_k$ 对于共中心点来说几乎是常数。如果动校正速度有误差，就会保留一些剩余时差 $M_k$，它随炮检距的平方而变化。如果不考虑炮点或检波点对测线的横向偏离，那么对于地表一致性模型，一个道总的时移量 $T_{i,\ j}$ 为

$$T_{i,\ j}=G_i+S_j+L_k+M_k\,(j-i)^2 \tag{3-6}$$

地表一致性模型不只限于确定静校正量的时移，在振幅调节、子波提取、反褶积及其他算法中，有时候都是基于地表一致性模型，均按上述相同的过程进行。

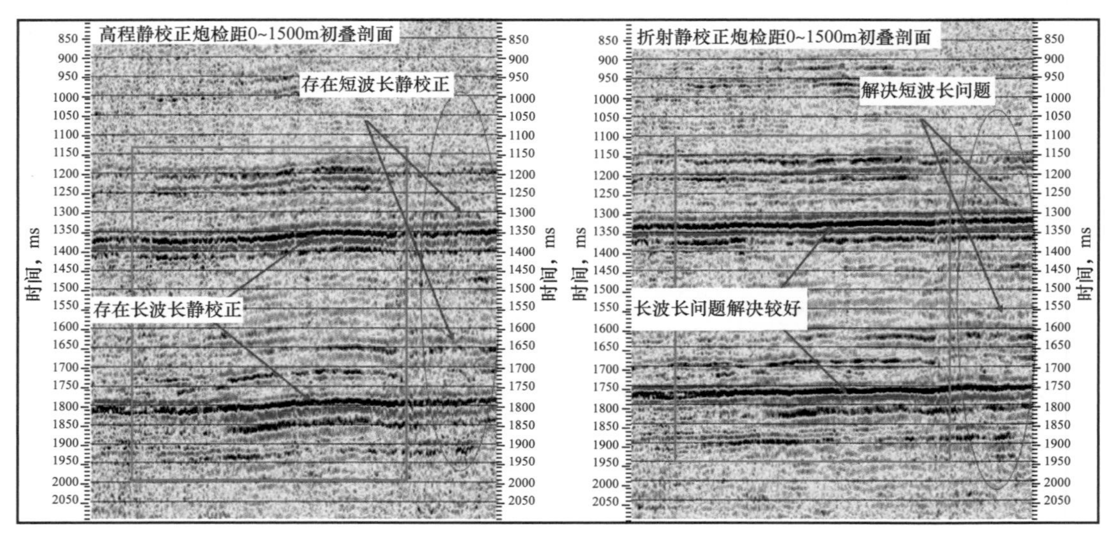


图 3-25　近地表异常处静校正对比

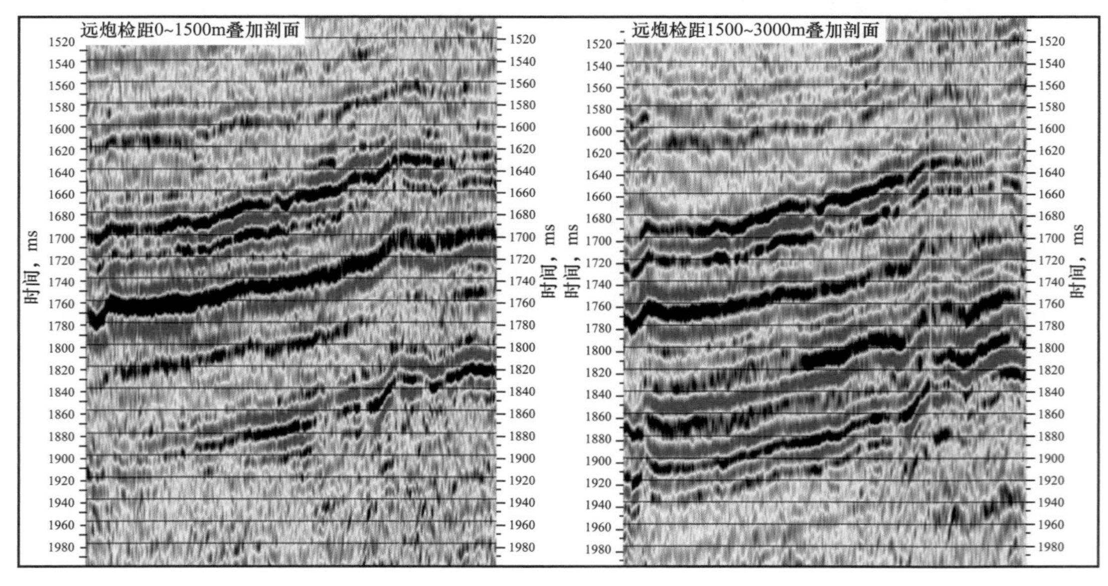


图 3-26　真实构造特征处限制炮捡距叠加剖面

我们并不知道每一道的时移量，但可以利用互相关求一个道对于另一个道的时移量，通常用最小平方法，有时也用迭代法。应该指出的是，地表一致性静校正的概念是针对陆上资料而言的，至于复杂山地，如果认定确属静校正问题也可以采用这一模型求解炮点和检波点校正量，其前提是存在低降速带。

地表一致性反射波剩余静校正的结果解决了短波长静校正问题，改善了叠加成像效果。综合使用静校正方法有效地落实了低幅度构造。从新旧最终偏移剖面对比分析，低幅度构造特征更加清楚，幅度增加了 10ms（图 3-27）。

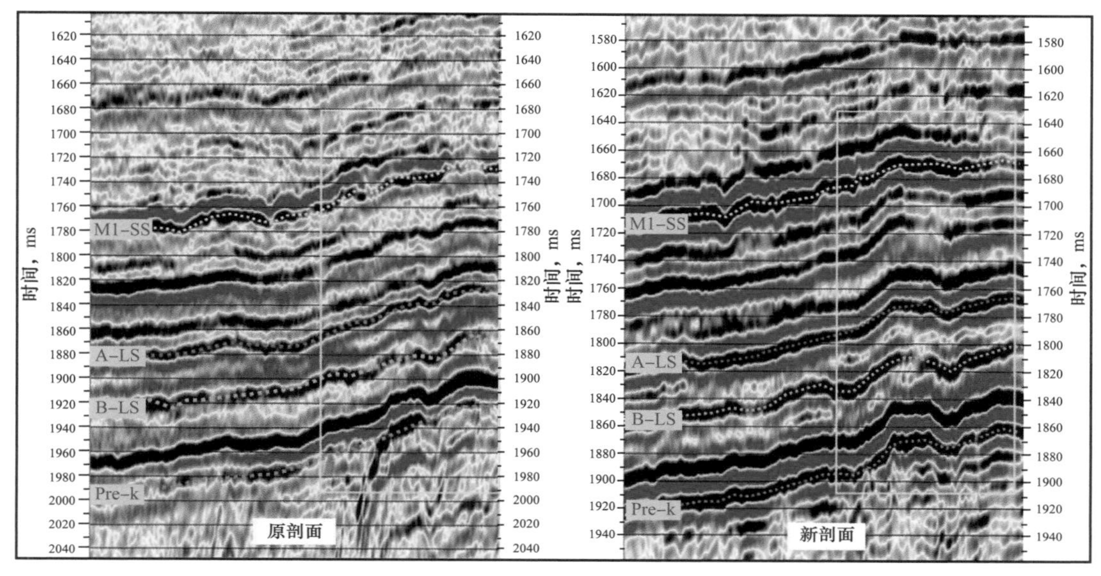


图 3-27　最终剖面对比

## 二、低幅度构造的高分辨率处理技术

分辨率包括垂向分辨率和横向分辨率[63-64]。利用地表一致性反褶积来解决横向频率的一致性；利用迭代分频剩余静校正在提高信噪比的同时，提高分辨率；在高信噪比的道集上，串联多道预测反褶积及优势频带约束反褶积进一步提高分辨率；在最终成果上，利用井资料提取匹配因子，使最终成果零相位化，从而使分辨率达到最佳。

1. 串联反褶积

反褶积主要是用于压缩子波，拓宽频带，消除短周期多次波，稳定波形，提高分辨率[65-67]。由于表层条件的变化，对地震波的影响不仅造成到达时间上的延迟，而且对波的振幅特性和相位特性均有影响，如果不消除这种影响，将不利于后续的三维处理。因此从本次处理的任务和要求出发，我们选择地表一致性反褶积方法。地表一致性反褶积从其方法原理来讲，不仅具有剩余静校正时差校正的功能，而且还具有波形一致性校正的作用，这对后续的岩性分析是非常有利的。在地表一致性反褶积的基础上，在分频迭代剩余静校正后串联多道预测反褶积，进一步拓宽频带。

从反褶积前后频谱、单炮、剖面来看，在整体信噪比基本不变的情况下，反褶积后的频带有了比较大的拓宽，垂向分辨率有了很大提高，相位从最小相位转换到接近于零相位。

所谓地表一致性，就是假设同一激发点的所有接收道，都具有这个激发点和它附近地表引起的相同影响；同理，对于同一个接收点所有的道，都具有这个接收点及其附近地表引起的相同影响。这种影响，对于炮集而言，主要表现在向下传播的波前上；如对检波点而言，主要表现在向上传播的波前上；对于共炮检距集而言，包含有入射角、出射角及射线轨迹的影响。这种影响使信号产生畸变，包括旅行时间、振幅和子波的形状。如果要对这种畸变进行校正，就必须建立在地表一致性的原理之上。因此，地表一致性反褶积从其方法原理来讲，不仅具有校正剩余静校正时差的功能，而且还具有波形一致性校正的作用，有利于各区块之间的频率和相位的统一。

图 3–28 为地表一致性反褶积前后剖面与频谱对比，图 3–29 为多道预测反褶积前后的剖面对比。

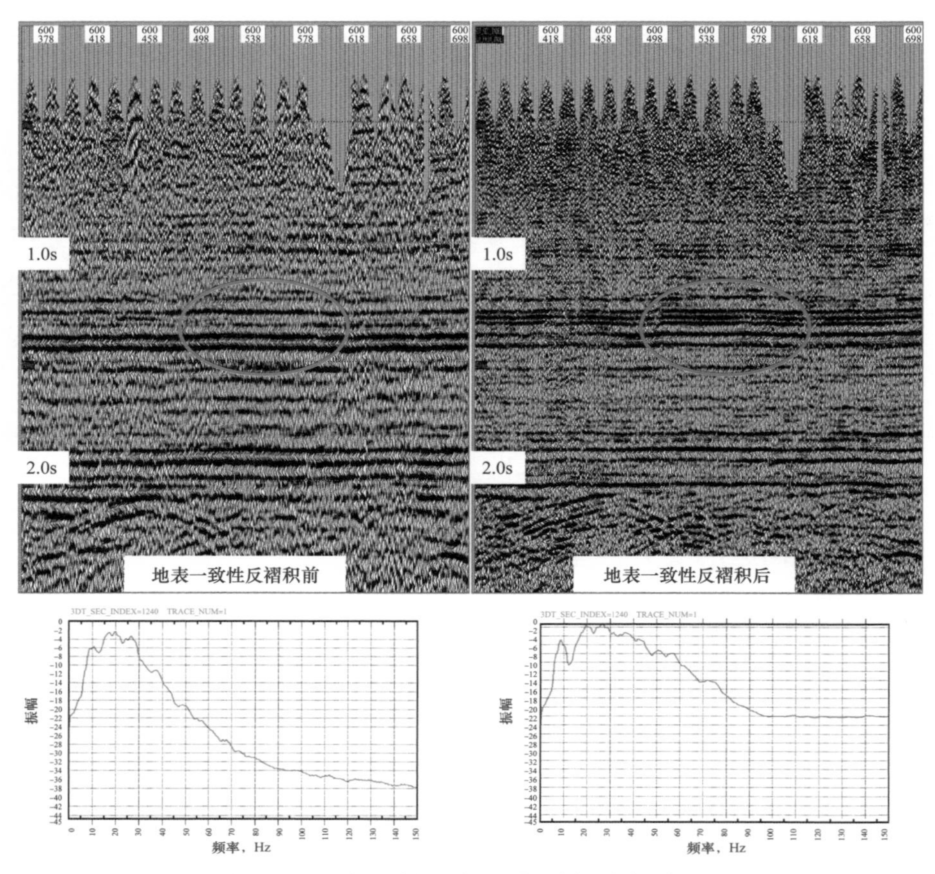


图 3–28　地表一致性反褶积前后剖面与频谱对比

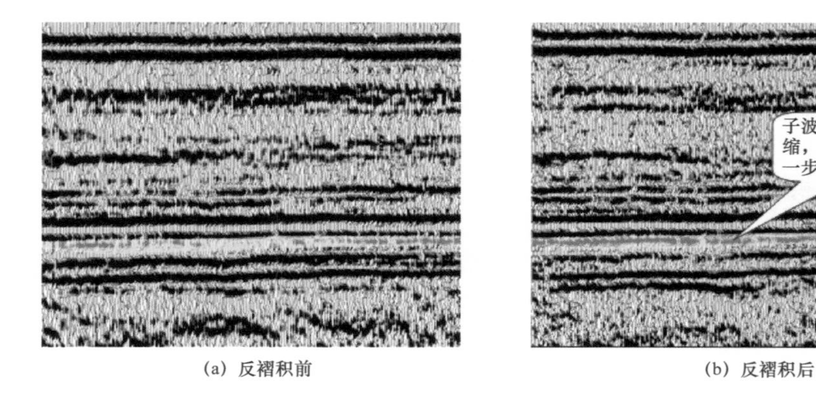


图 3–29　多道预测反褶积前后的剖面对比

2. 利用优势频率约束的高分辨率处理技术

要在保证信噪比的前提下，尽可能提高主要目的层的分辨率，而且在高分辨率的情况下，保持地震反射波组特征不变，这是处理当中的一大难题。因为分辨率和资料的信噪比是相互矛盾的，越到高频成分其信噪比越低，提频后其信噪比会变得更低，无法保持好的波组特征。因此，分频信号增强，已成为高分辨率处理流程中的一个处理手段[68-69]，把地震数据分解成多个频带的数据，分别进行增强，再进行重构，能有效地扩展优势信噪比频带的宽度。

为此本次研究总结出了一套采用优势频带约束的高分辨率处理技术，该技术是利用高信噪比的优势频率约束高频成分的 FXDCN 技术。

地下地层的倾角和倾向是唯一确定的，它不应该随着频段的改变而改变。在优势频带信号范围内通过扫描确定的同相轴走向，应较好地对应地下地层的倾角和倾向，对于其他频段，可以直接应用这个走向进行中值滤波，来提高信噪比，然后再把各个频段的信号均衡到同一水平上，达到提高分辨率的目的。优势频带范围内提取的地下地层倾角的信息，对其他频段的压噪起着约束和控制的作用。

记录信号的频谱是噪声和有效信号频谱的合成，如果通过信噪分离处理，近似得到了有效信号的频谱，再把它叠合在记录信号的频谱上，就可以近似估算出每一个频率成分的信噪比，称为信噪比谱。通过优势频带约束压噪，一方面压制噪声，另一方面提升有效信号，就改变了原始信噪比谱的每一个频率分量的信噪比，得到了提高分辨率处理后的频谱。这个谱与处理前的谱比较，信噪比明显改善，分辨率提高。图 3-30 为优势频带约束反褶积的前后剖面对比，图 3-31 为常规处理与特色处理的剖面效果对比，图 3-32 为所有反褶积前后的频谱对比。

3. 高分辨率处理 QC

本次高分辨率处理得到的 LU 薄砂层的反射特征是否真实可靠，主要利用井震标定来检验。通过多口井的标定来看，井的合成地震记录与井旁道的吻合非常好。图 3-33 为 FB96 井在新成果和老成果上的标定结果对比。

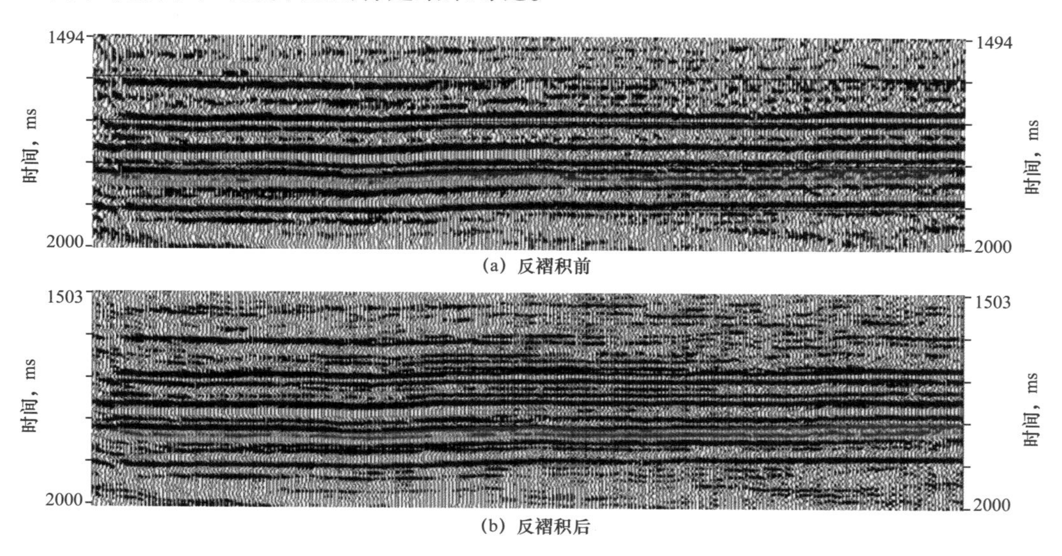


图 3-30 优势频带约束反褶积的前后剖面对比

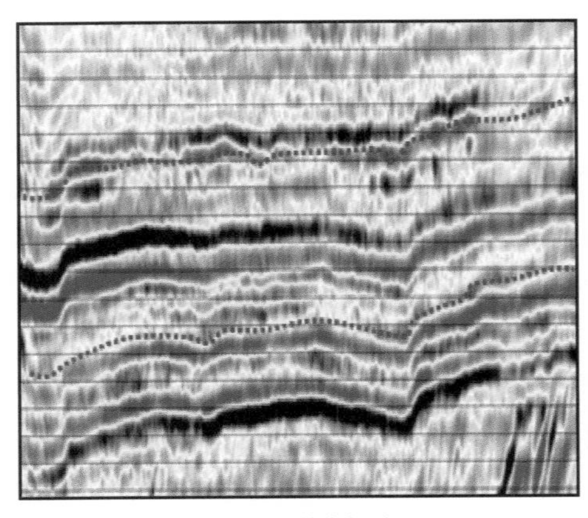


(a) 常规处理技术剖面

(b) 运用特色处理技术剖面

图 3-31 常规处理与特色处理的剖面效果对比

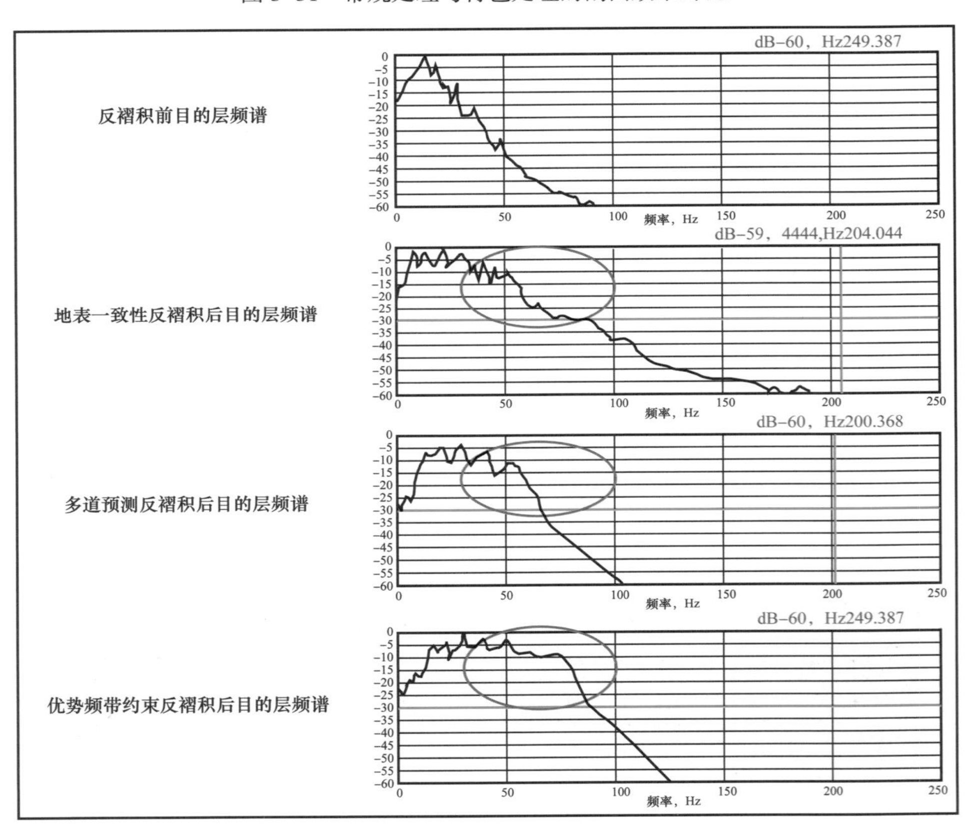


图 3-32 所有反褶积前后的频谱对比

## 三、低幅度构造—岩性油藏的高保真处理技术

岩性圈闭发育是南美地区低幅度构造的特点，为了确保后续叠前时间偏道集能量均匀，真实反映岩性变化，高保真处理就显得非常重要[70-72]，高保真处理技术包括高保真静校正、高保真振幅处理、高保真叠前去噪、高保真偏移成像等，这里重点说明在南美低幅度构造勘探中的几项高保真处理特色技术。

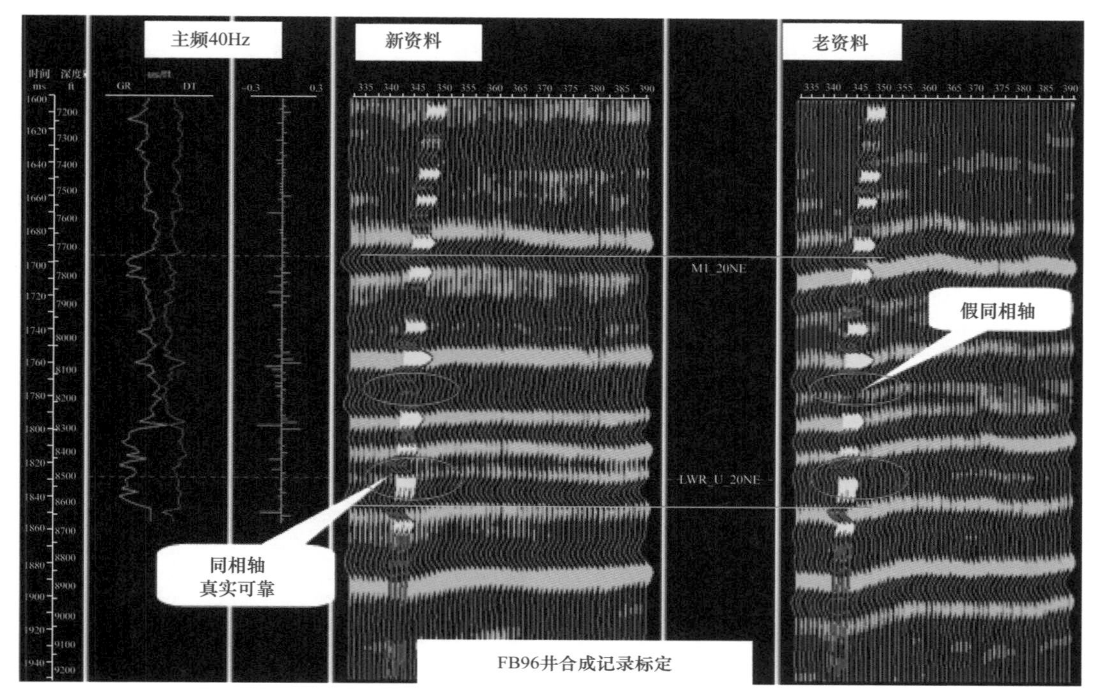


图 3–33　FB96 井在新成果和老成果上的标定结果对比

1. 高保真振幅处理

为了保证叠前偏移道集能量的一致性，除用球面扩散及吸收补偿外，还分别在反褶积前后采用地表一致性振幅补偿技术，解决因地表地质条件或激发条件不同而引起的炮间或道间能量不均衡性，这是实现能量一致性的有效手段，可以确保后续叠前时间偏移处理的质量。

1）有效频带的振幅补偿

为了保证储层的岩性特征，研究中主要利用在有效频带内进行迭代地表一致性振幅补偿等特殊技术手段，有效地补偿因地表地质条件或激发条件不同而引起的炮间或道间能量不均衡性和异常道，确保后续叠前时间偏移道集能量均匀及后续岩性解释的真实性。另外，为了确保后续叠前时间偏移道集能量均匀，防止叠前时间偏移画弧，保振幅处理就显得比较重要。在振幅处理过程中，主要分三步：一是时间方向上的能量补偿；二是空间方向上的各区块的地表一致性能量补偿；三是剩余振幅补偿。

2）球面扩散和大地吸收补偿

真振幅恢复的目的是补偿球面扩散与地层吸收引起的振幅衰减，以便恢复地震道的原始振幅。时间方向上的能量补偿是一个重要环节，时间方向上的能量处理不好，会影响下一步的地表一致性能量补偿处理，因此这项工作要比普通常规处理做得更细致。通过对能量曲线的定量分析，确定合理的振幅恢复参数，相比于常规的肉眼观察方法更加准确。图 3–34 为球面扩散补偿前后单炮对比图。

3）有效频带内的地表一致性振幅补偿

为了保证叠前偏移道集能量的一致性，除用球面扩散及吸收补偿外，还分别在反褶积前后采用有效频带内的地表一致性振幅补偿技术，解决因地表地质条件或激发条件不同而

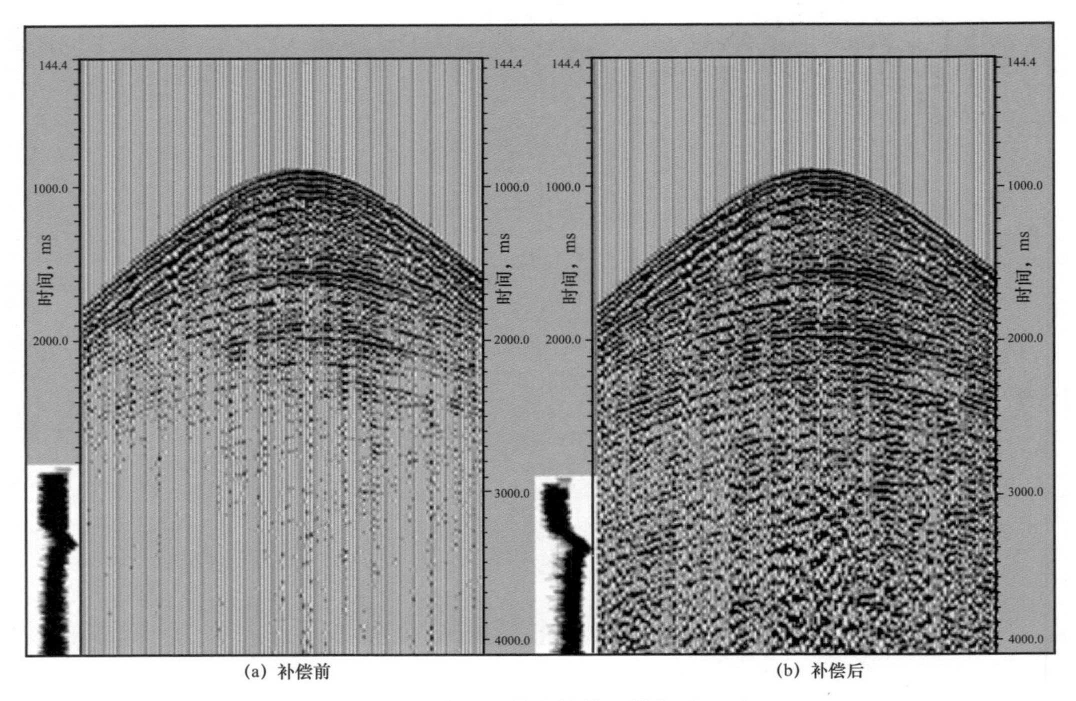


图 3-34　球面扩散补偿前后单炮对比图

引起的炮间或道间能量不均衡性，这是实现能量一致性的有效手段，确保后续叠前时间偏移处理的质量。要做好这项补偿工作，首先必须正确计算地表一致性振幅补偿因子，也就是说在计算地表一致性振幅补偿因子时必须排除非地表的影响，如：必须排除野外记录中的野值、面波等强能量干扰因素影响。所以在计算地表一致性振幅补偿因子前必须认真做好记录净化和叠前去噪等处理工作。

图 3-35 为地表一致性振幅补偿前后的单炮对比，图 3-36 为地表一致性振幅补偿及剩余振幅补偿前后的剖面对比。

2. 高保真叠前去噪

1）噪声特征分析

通过选用 6 个共炮点道集分析了奥连特盆地地震资料的噪声和信号的特征。噪声可以归为两类：随机噪声和相干噪声。随机噪声又包括时间域随机噪声和空间域随机噪声。相干噪声包括相干线性噪声和多次波。相干线性噪声以面波、散射波为主，其中面波能量强、分布广、频带宽；侧面散射在记录深部多表现为线性高速（图 3-37）；多次波能量强，多集中在基底附近，对基底成像构成影响，其速度特征表现为与一次波之间存在剩余时差（图 3-38）。

2）多域噪声衰减方法

在地震记录中通常晚接收到的时间噪声要比先接收到的能量强，通常采用时变带通滤波来压制时间域随机噪声。由于不同道的空间随机噪声是互不相关的，常规 CMP 叠加是压制道间互不相关随机噪声的一种十分有效的处理方法。对于相干线性噪声来说，面波以频散瑞雷波的形式存在，具有低速度、低频率、强振幅的特点。如图 3-39 所示，面波几乎掩盖了地震记录上的反射能量，从选定的炮记录上可以看到，由于近地表条件的变化，

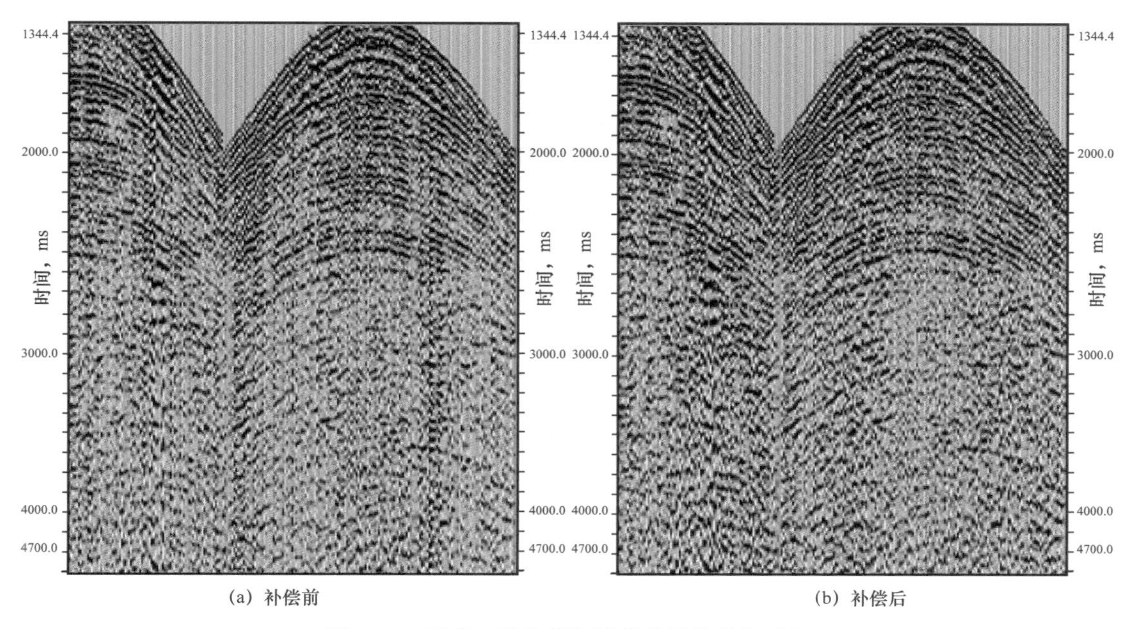


图 3-35　地表一致性振幅补偿前后的单炮对比

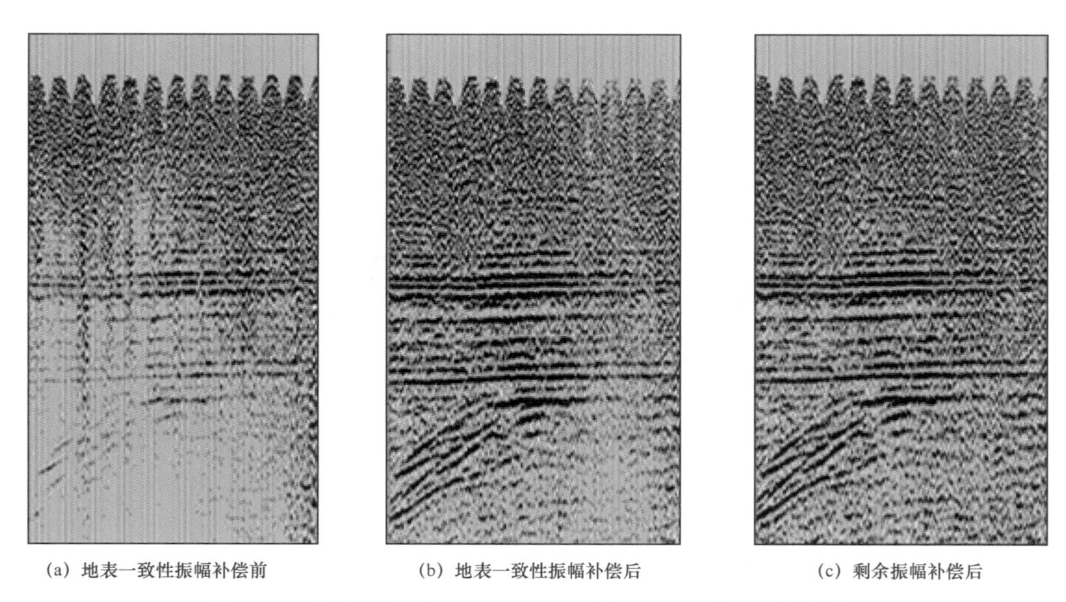


图 3-36　地表一致性振幅补偿及剩余振幅补偿前后的剖面对比

与面波有关的频散波在能量和时差（线性噪声的倾角）方面也发生了变化。侧面散射有一个较大的时差变化范围，有时在共炮点道集上线性特征并不明显，但是在叠加道集上又作为线性噪声重新出现，侧面散射伴随着有效反射的旅行时以线性高速的形式出现，尤其在资料的深层所看到的线性噪声，很可能是侧面散射能量与高速反射波叠加在一起的。这两类线性噪声都可以变换到 *F—K* 域的径向线上，通过 *F—K* 倾角滤波进行衰减。图 3-39 和图 3-40 为线性噪声衰减前后的炮集和叠加剖面，可以清楚地看出，*F—K* 滤波后线性噪声的能量大大衰减。

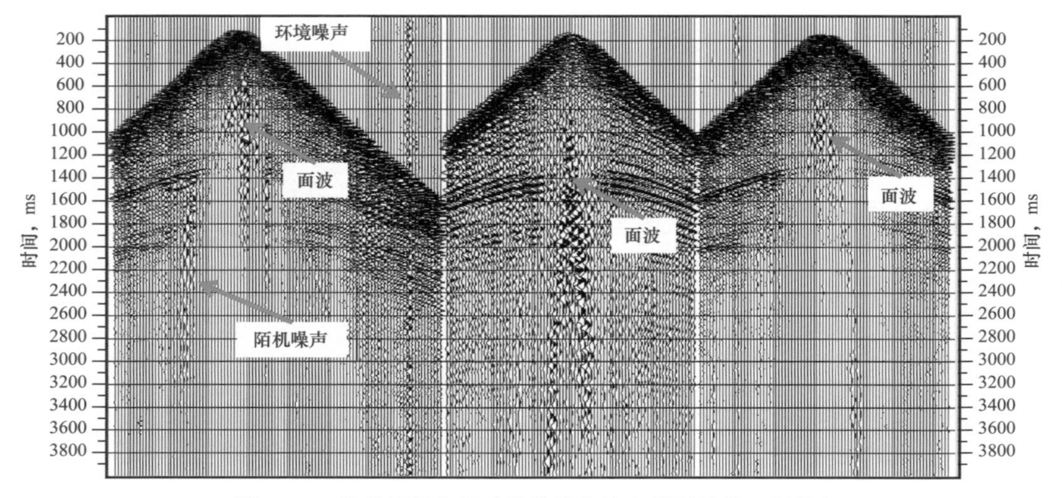


图 3-37　噪声特征分析（奥连特盆地东部斜坡带 T 区块）

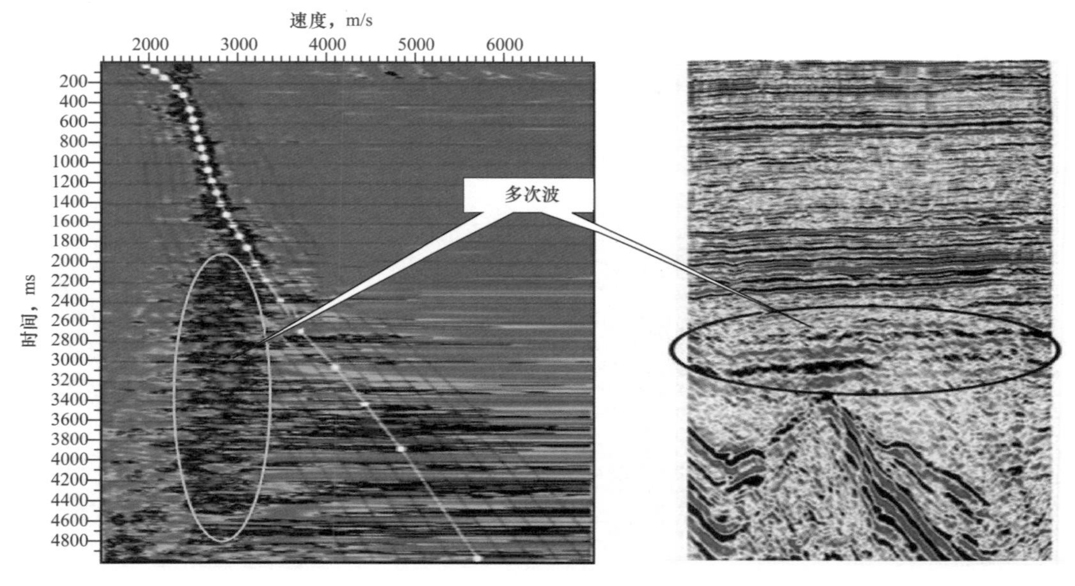


图 3-38　噪声速度特征分析（奥连特盆地东部斜坡带 T 区块）

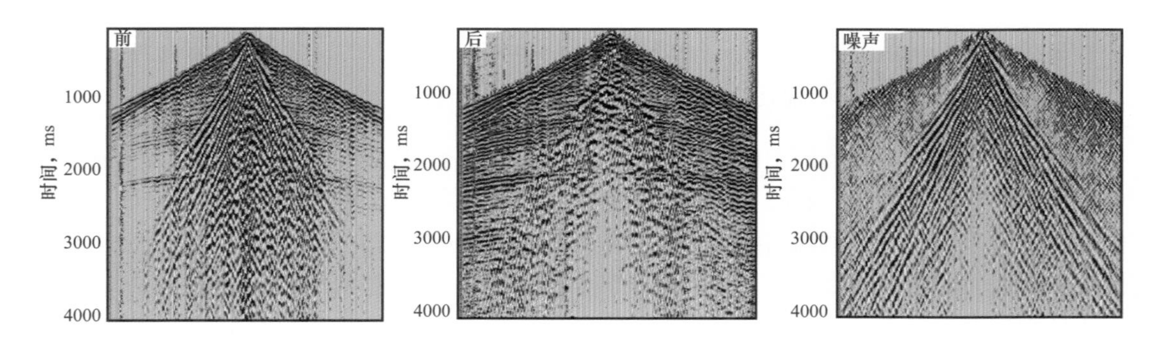


图 3-39　*F—K* 滤波前后单炮记录对比

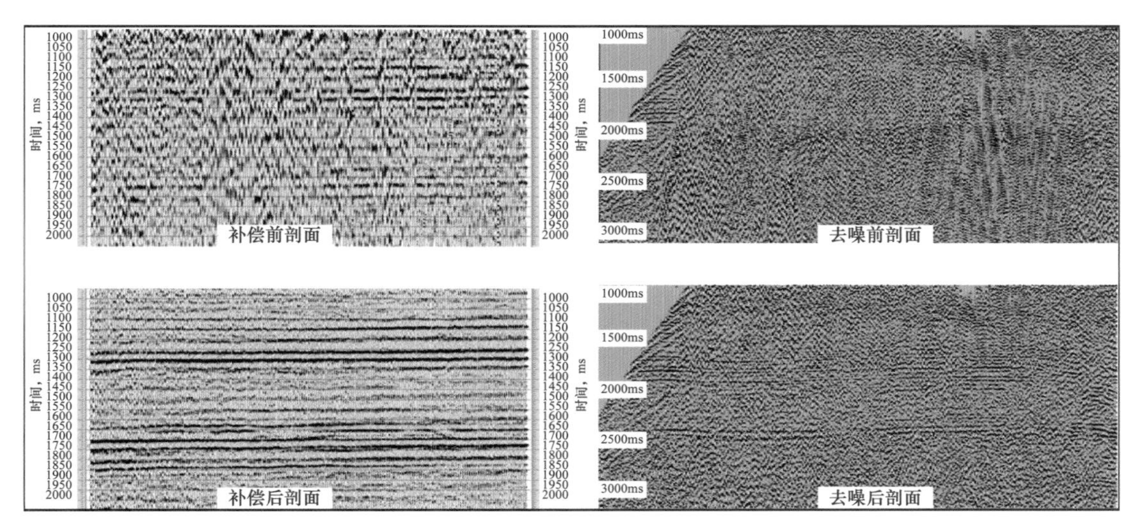


图 3-40　*F*—*K* 提高信噪比技术应用前后剖面对比

通过对采集脚印生成机理分析研究认为：地面炮点和接收点几何图形离散化分布可造成地下水平层照明强度分布不均匀，并导致 CMP 面元水平叠加、偏移振幅和相位不均匀，是采集脚印生成机理之一；三维观测系统规律性的纵、横向滚动可造成地下 CMP 面元属性的周期性变化，导致 CMP 面元水平叠加振幅和相位也呈现周期性变化，这是采集脚印的生成机理之二。

3）消除采集脚印方法研究

采集脚印不是随机噪声，而是规则噪声[73-77]。虽然采集脚印的噪声水平对强反射信号影响不大，但它足以影响中、弱反射信号的振幅和相位，从而影响中、深层地质目标的地震成像质量。因此有必要利用采集脚印模拟预测方法，优化高分辨率三维观测系统设计，提高资料采集质量。

处理中利用三维叠后 *FK* 滤波技术[78-80]，结合地表一致性的振幅补偿技术补偿反射振幅能量在空间上的不均一性，消除了由此而产生的“采集脚印”现象，信噪比有了较大提高（图 3-41、图 3-42）。

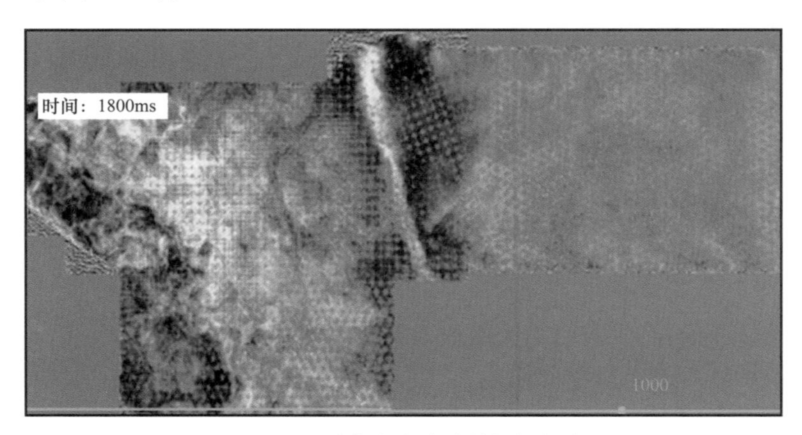


图 3-41　采集脚印消除前振幅切片

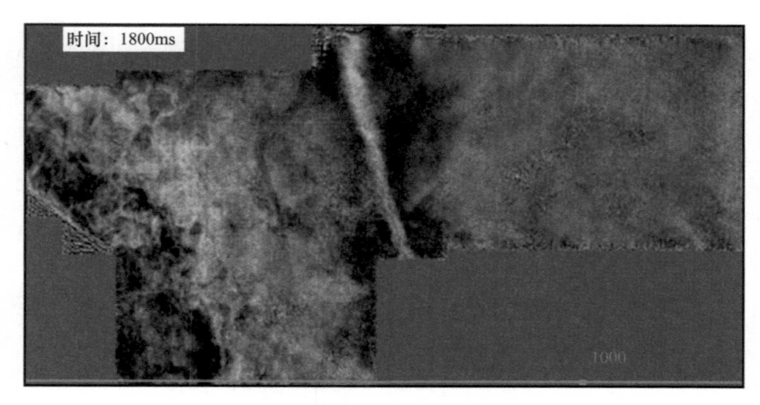


图 3-42　采集脚印消除后振幅切片

4）匹配滤波技术

（1）叠前匹配滤波。

叠前匹配滤波要求输入具有较高信噪比的炮集记录[81-83]。假设两个炮集分别为

$$X_i(t)=(i=1,2,\cdots,N)$$
$$Z_i(t)=(i=1,2,\cdots,N)$$

式中　$i$——道号；

$N$——炮集中的道数。

令 $x_i$（$t$）和 $z_i$（$t$）的炮检距相同，则 $x_i$（$t$）和 $z_i$（$t$）表示不同震源在同一排列接收的两个地震记录。设计一个叠前匹配滤波算子 $m_i$（$t$），使 $x_i$（$t$）经叠前匹配滤波后逼近地震道 $z_i(t)$。假设叠前匹配滤波器的实际输出 $x_i(t)*m_i(t)$ 与期望输出 $z_i(t)$ 的误差为 $e_i(t)$，则有

$$e_i(t)=x_i(t)*m_i(t)-z_i(t) \tag{3-7}$$

总误差能量为

$$E=\sum_t e_i^2(t)=\sum_t\left[x_i(t)*m_i(t)-z_i(t)\right]^2 \tag{3-8}$$

应用最小二乘法原理，令总误差能量 $E$ 对 $m_i$（$t$）的偏导数等于零，即

$$\frac{\partial E}{\partial m_i}=\frac{\partial}{\partial m_i}\sum_t\left[x_i(x_i)(t)*m_i(t)-z_i(t)\right]^2=0 \tag{3-9}$$

可以得到求解叠前匹配滤波算子的托布里兹矩阵方程：

$$\boldsymbol{R}_{xx}\cdot M=R_{zr} \tag{3-10}$$

式中　$\boldsymbol{R}_{xx}$——输入道 $x_i$（$t$）的自相关函数矩阵；

$M$——叠前匹配滤波算子向量；

$R_{zr}$——期望输出道 $z_i$（$t$）与输入道 $x_i$（$t$）的互相关函数向量。

求解式（3-9）的托布里兹矩阵方程，可以得到震源 1 第 $i$ 道的叠前匹配滤波算子 $m_i$（$t$）。选择相关型好的、由信噪比高的地震道计算出来的 $N$ 个算子进行平均，就得到叠

前匹配滤波算子：

$$m(t)=\frac{1}{N}\sum_{i=1}^{N}m_i(t) \tag{3-11}$$

再将叠前匹配滤波算子作用于震源 1 的所有地震道，便完成叠前匹配滤波处理。设震源 1 的地震记录为 $x(t)$，震源 2 的地震记录为 $z(t)$，则

$$z(t)=x(t)*m(t) \tag{3-12}$$

如果 $x_i(t)$ 和 $z_i(t)$ 在目的层具有较高的信噪比，则经过叠前匹配滤波处理后的 $x_i(t)$ 的振幅、相位和波形都与 $z_i(t)$ 接近。

（2）叠后匹配滤波。

在经过叠前匹配滤波处理后的叠加剖面上，如果在资料衔接处还存在拼接问题，则可通过叠后匹配滤波来解决。在水平叠加剖面的不同震源激发记录衔接处，选取 CDP 号相同、且具有较高信噪比的两段叠加道，即

$$X_i(t)(i=1,2,\cdots,N)$$
$$Z_i(t)(i=1,2,\cdots,N)$$

式中　$N$——叠加段的道数；

$x_i(t)$——震源 1 的叠加道；

$z_i(t)$——震源 2 的叠加道；

$i$——CDP 号。

令 $x_i(t)$ 为输入道，$z_i(t)$ 为期望输出，按式（3-7）至式（3-12）的方法求出叠后匹配滤波算子，再将此滤波算子作用于震源 1 的所有叠加道，便完成叠后地震资料的匹配滤波处理。经过叠前和叠后匹配滤波处理后，不同震源衔接处地震资料记录的振幅、频率和相位都能得到较好的匹配，深浅层的反射波数据都能较好的拼接。

图 3-43 为匹配滤波前后的剖面对比，匹配滤波消除了不同区块同相轴之间的时差，剖面信噪比提高，资料衔接处地震记录的振幅、频率和相位匹配良好，深、浅层的反射波数据得到了较好的拼接。

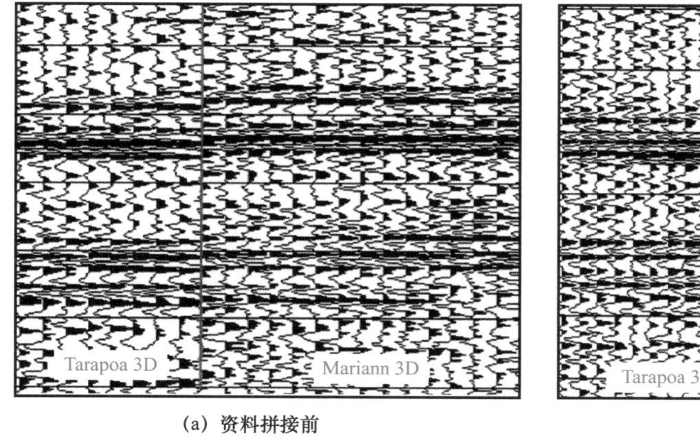


(a) 资料拼接前

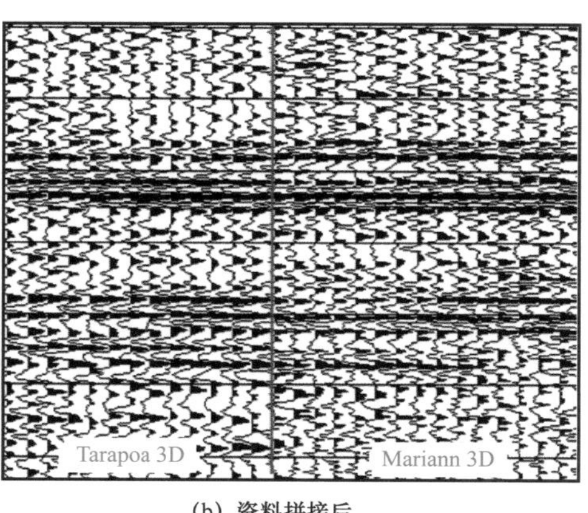


(b) 资料拼接后

图 3-43　资料拼接前后剖面对比（T 区块）

5）高保真叠前去躁

（1）分频去噪对强能量噪声压制。

强能量噪声是在野外施工中由于机械及人为振动产生的干扰。叠加时对有效信号有较强的压制作用，产生假振幅，造成同相轴扭曲，在进行叠前偏移处理时会出现画弧现象，不能使构造正确归位，甚至产生假构造。后续的地表一致性振幅补偿和地表一致性反褶积均为多道处理，所以必须对强能量噪声进行压制。

这类干扰往往能量强，而且频带很窄。这里采用的噪声自动识别和压制的方法是通过小波变换进行分频。通常的分频信号处理是带通滤波，但由于傅里叶分析其理论本身的局限性，它不具有“变焦”特性，因此这里借助于一个近年来研究非常活跃的数学方法——小波变换，将地震记录按不同尺度分解为不同频带的信号。强能量噪声通常只分布在某一频带的记录上，对每个分频记录进行希尔伯特变换，计算地震道包络，有效信号的地震道包络是平稳的，强能量脉冲噪声包络横向突变，根据加权中值的方法可以很好地识别出噪声并进行压制。然后通过小波反变换，进行波场重构。该方法的分频去噪能够最大限度地保护有效波的成分，是一种比较理想的叠前强能量噪声压制方法

（2）多域去噪对随机干扰的压制。

三维随机噪声衰减是一种减少地震资料非相干噪声的技术，包括三种方法。

① 共偏移距法。

首先将初步加工过的道集，以其不同的偏移距段分成几组或十几组相同偏移距范围的数据体，而将每一偏移距范围的道集进行叠加，将这些叠加数据体按以上原理分别进行三维 RNA 处理，处理后再返回到道集中。

② 炮域法。

利用炮顺序的叠前数据重构三维叠加数据体，具体做法是：将加工的道集返回到炮域，再将按顺序排列的单炮作为纵轴，将每炮中的地震道作为横轴，形成两个方向的平面，每炮中的地震道与按顺序排列的地震炮形成三维“叠加”数据体，实现叠前三维 RNA 处理，其方法和原理与叠后三维 RNA 处理相同。

③ 道集域方法。

利用对三维网格的修改，将三维叠前经过动校正后的 CMP 道集作为一个“三维”数据体，然后将每一道的 CMP 道头字修改成叠加道头字，以每条线的 CMP 轴作为纵轴，而以偏移距大小排列的 CMP 道集中的单道作为横轴，形成两个方向的平面并与时间构成“三维叠加”数据体。在进行三维 RNA 处理后，再将网格和道头字修改回原始的网格和道头字并反动校正返回到原道集。

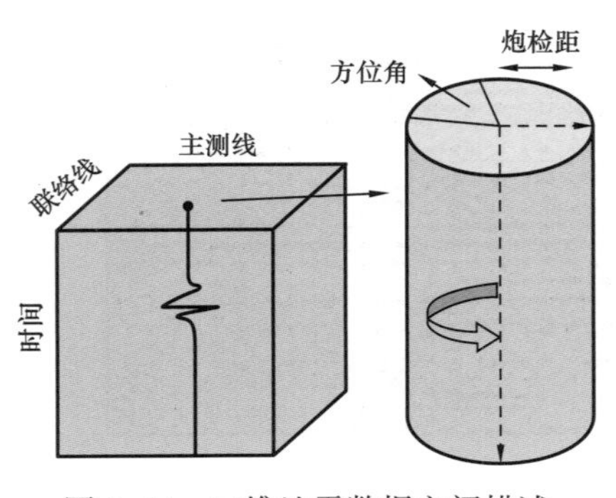


图 3-44　三维地震数据空间描述

静校正问题是影响该方法应用效果的重要因素，因此必须与地表一致性剩余静校正相结合，才能达到最佳效果，并且保真性好。

3. 五维数据规则化

众所周知，三维地震数据需要五个维度才能被完整描述（图 3-44），在不同的坐标系统下，这五个维度可以有不同的含义。除了时间维度外，另外四个维

度既可以用炮、检点的 $x$、$y$ 坐标来描述；也可以用 CMP 点的 $x$、$y$ 坐标加上炮检距在 $x$、$y$ 方向的投影来描述；还可以用 CMP 点的 $x$、$y$ 坐标加上绝对炮检距和炮检方位角来描述，总体来说就两个域，一个是炮检域，另外一个是 CMP 域。

常规数据规则化主要在 CMP 域进行重构，只能针对炮检距或者方位角中的一个维度进行处理，不能同时对炮检距和方位角进行处理。而五维数据规则化能同时利用炮检距和方位角信息，当某一个维度信息分布不均时，可以利用另外一个维度信息来进行约束处理，因此具有更好的保真度和补缺口能力。

关于炮检域规则化处理，五维数据规则化基于空间真实坐标，能够充分利用数据五个维度信息，在炮检域进行加密炮线、炮点、检波线和检波点处理，在一定程度上能弥补采集不足的问题。该方法能通过五维插值增加炮道密度，改善面元属性，解决由于野外采集因素导致的采集脚印问题，切实有效地压制噪声、抑制空间假频，而三维规则化则不能在炮检域进行加密炮线、炮点、检波线和检波点等处理。

连片处理中为了保证数据的完整性和一致性，以及解决由于野外采集不规则的问题经常采用五维数据规则化，图 3–45 展示了不同规则化方法叠加剖面对比，通过对比分析可以看出，三维数据规则化和五维数据规则化均能补充空道，但仔细对比就会发现：五维规则化结果剖面更自然，保真度更高。为了进一步对比，分别对三维规则化结果和五维规则化结果进行叠前时间偏移。图 3–46 展示了两种规则化方法得到的偏移剖面，与三维规则化偏移剖面对比，五维规则化结果不但能减少偏移噪声，而且深层的保真度更高，弱反射信号明显比三维规则化更清晰自然。

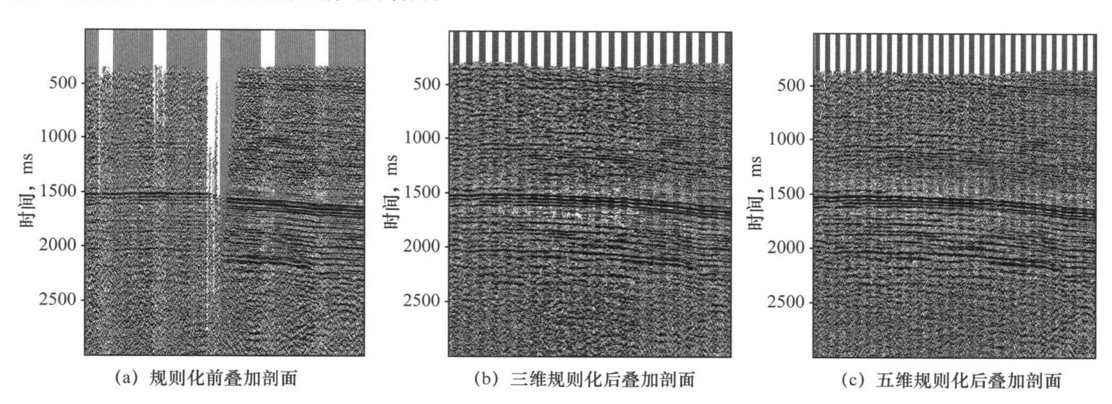


图 3–45 规则化前后叠加剖面对比

4. 高保真偏移成像

对于具有不同叠加速度的不同倾角反射成像问题，严格的解决方法是叠前时间偏移。目前，叠前时间偏移以其特有的技术优势在国内外油气勘探、生产中受到了高度重视，正发展成为地震偏移成像的主导技术，在精细构造解释与岩性—地层油气藏勘探中发挥了重要作用。

1）叠前时间偏移方法原理

叠前偏移，不论是时间偏移还是深度偏移，均以叠前道集为处理对象实现偏移操作[84–88]。从应用的角度而言，叠前偏移与叠后偏移的本质差别在于不需要对地震数据进行正常时差校正（NMO）和水平叠加，从而避免了水平层状介质模型的假设，提高了复杂

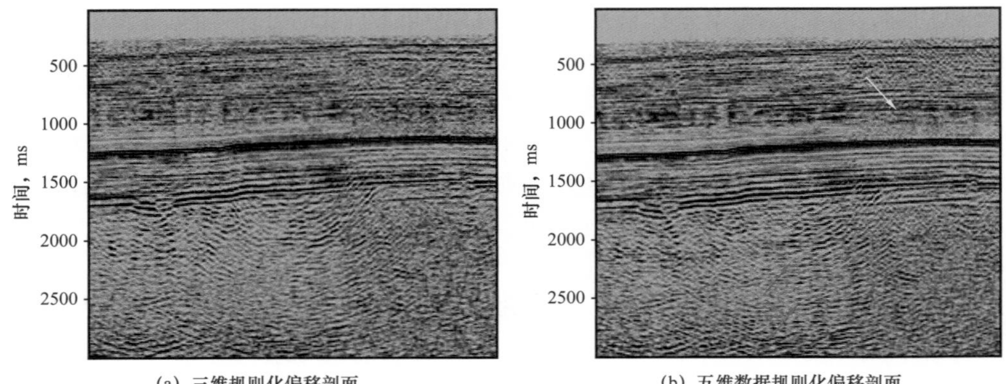


图 3–46　不同规则化方法偏移剖面对比

构造的成像精度。叠前时间偏移和叠后时间偏移，均假设地层速度在横向上不发生变化或仅有微小变化。时间偏移与深度偏移的本质差别在于对速度横向变化的处理方式不同：深度偏移在算法中精确考虑了由于横向速度变化引起的地震波射线的折射现象，而时间偏移在算法中或者假设反射界面水平，或者在局部以水平界面近似真实倾斜界面，不能正确处理射线的折射现象。因此，叠前时间偏移实际上是一种以叠前数据为基础的时间偏移方法[89]。

鉴于上述特点，叠前时间偏移方法比较适合构造较为复杂、地层速度横向变化幅度不大地区的地震成像（图 3–47）。

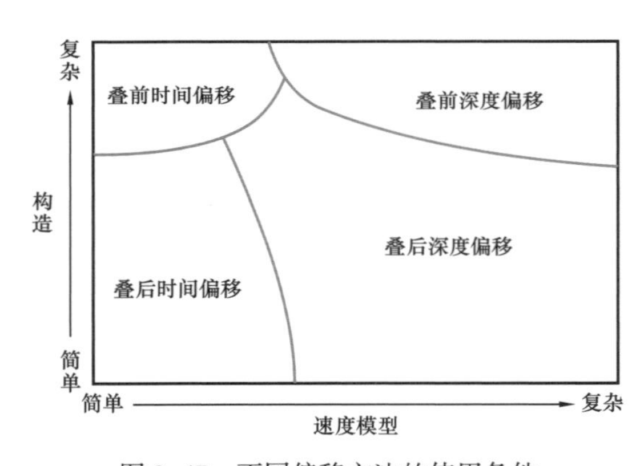


图 3–47　不同偏移方法的使用条件

时间偏移和深度偏移的偏移公式都是在深度域定义的，但偏移结果均可以采用时间域或深度域的形式输出。由于速度模型精度等原因，实际应用中时间偏移结果一般都以时间域形式输出。“时间偏移即是在时间域进行的偏移处理”的说法其实是对时间偏移的一种误解。

叠前时间偏移可以用 Kirchhoff 法、*FK* 法、有限差分法及各种混合算法来实现[90–92]。这些方法的数学物理基础相同，因此存在共同点，但是因计算方法不同，它们又有一些不同之处。共同点主要表现在各种偏移方法的原理相同，都可以理解为一种数学物理过程：将地震叠前数据进行波场外推，从中提取满足成像条件的波场，其结果便是最终偏移成像结果；不同点主要表现在不同方法所导出的波场外推算子的计算精度和效率有所差异，因此对复杂构造、速度场变化的适应性及处理周期有所不同。

2）偏移速度场的建立与优化技术

偏移速度场决定了偏移算子的绕射轨迹，从而决定了成像的正确性与精度。因此，从应用的角度而言，叠前时间偏移处理的核心是求取精确的偏移速度场[93–96]。偏移速度场建立与优化的方法主要有 Deregowski 循环法、剩余速度分析法、速度扫描法和模型法四种。Deregowski 循环法首先利用由常规叠加速度转换的均方根速度（RMS 速度）进行第一轮叠前时间偏移处理，然后对生成的 CRP 道集做反动校正，并进行均方根速度（RMS 速度）分析，据此建立偏移速度场，进行新一轮的叠前时间偏移处理。重复以上过程可对偏移速度场进行迭代优化，得到精度较高的、最终用于整个数据体叠前时间偏移处理的偏移速度场。该方法的优点是应用简单方便，缺点是当速度横向变化较大时误差较大。剩余速度分析法是对已有速度模型进行优化的一种速度分析方法。它利用叠前时间偏移后得到的 CRP 道集的剩余延迟时或剩余速度进行剩余速度分析，可以在纵向上或在横向上沿层进行速度的细调、优化，提高偏移速度场的精度。速度调整主要以 CRP 道集达到平直、速度变化符合地质规律、成像效果合理为依据。该方法的优点是简单、方便、快速，缺点是当信噪比低、速度横向变化大时，速度分析精度较低。速度扫描法与传统的时间偏移处理中使用的扫描方法类似，其优点是当资料信噪比低时有一定优势，缺点是计算量大、运算速度慢。它可以作为重点针对低信噪比区或复杂区段、层段进行精细速度求取的一种补充方法。模型法首先在层位解释的基础上进行沿层速度分析，得到一个初始速度模型，然后进行叠前时间偏移处理，依此来对速度进行调整、修改，然后通过迭代和逐层递推来求取偏移速度场。其优点是对区域速度控制性较好，能反映速度总体变化规律，缺点是当模型复杂时，误差会累积、向下传递，影响整体速度场的精度。这四种方法各有优缺点，当速度横向变化不大、资料信噪比较高时，宜使用 Deregowski 循环法和剩余速度分析法；当速度横向变化较大时，适合使用模型法；当信噪比较低时，速度扫描法有其独特的优势。在实际应用中，可以多种方法联合使用，以获得最佳的偏移速度场。

3）偏移算法与参数优选技术

叠前时间偏移以微分波动方程为基础，从数学物理方法的角度，波动方程求解可以分为积分方程法和微分方程法两大类，实际应用中常将叠前时间偏移方法分为 Kirchhoff 积分法和微分波动方程法两大类。计算方法的差异使得这两类方法在实际应用中存在一些差别。

Kirchhoff 法叠前时间偏移的基础是计算地下绕射点的时距曲面[89-91]。根据 Kirchhoff 绕射积分理论，时距曲面上所有样点振幅之和就是该绕射点的偏移结果。这类方法大多假设震源到绕射点、绕射点到检波点的射线路径为直线，但有些改进的方法不仅考虑了弯曲射线的旅行时计算问题，而且还考虑了各向异性的旅行时计算问题，从而提高了 Kirchhoff 法叠前时间偏移处理的精度。Kirchhoff 叠前时间偏移使用加权函数来实现保幅偏移，加权函数是保幅偏移理论的核心。保幅加权函数具有三大功能：（1）对偏移场进行振幅标定，使其正比于反射面的反射系数；（2）消除由偏移孔径边缘产生的偏移噪声；（3）从偏移总场中孤立出所需要的稳相点的贡献。在构造成像中，叠前时间偏移也能够起到消除偏移假象、改善成像效果的作用。Kirchhoff 积分法的优点是对变观的适应能力较强，能适应大倾角反射的归位，技术相对成熟，成像效率高。

微分波动方程法是比较精确的偏移方法，主要采用有限差分算法来实现，其优点是振幅关系保持较好、成像准确，缺点是处理周期长，相对而言技术还不太成熟，特别是变观严重时适应性很差[97]。

从偏移理论而言，叠前深度偏移是最精确的地震成像技术，叠前时间偏移是对其在速度场横向变化幅度不大条件下的近似，因此在速度场横向变化剧烈的情况下，后者成像精度不如前者。叠前时间偏移也因此对速度场的误差不如叠前深度偏移敏感，在实际数据处理时多解性问题就不如叠前深度偏移突出。因此，叠前时间偏移技术既有优势，也有局限，在实际应用中应注意其应用条件，以便更好地发挥这项技术的优势。

从叠前时间偏移和叠后时间偏移处理结果对比来看，叠前偏移数据偏移归位更好，能量更集中，地层层序更清楚。其中最为明显的就是上、下U砂段、T砂段在叠后时间偏移剖面上表现为一套地层，而在叠前偏移剖面上表现为两套地层，效果对比如图3–48所示。

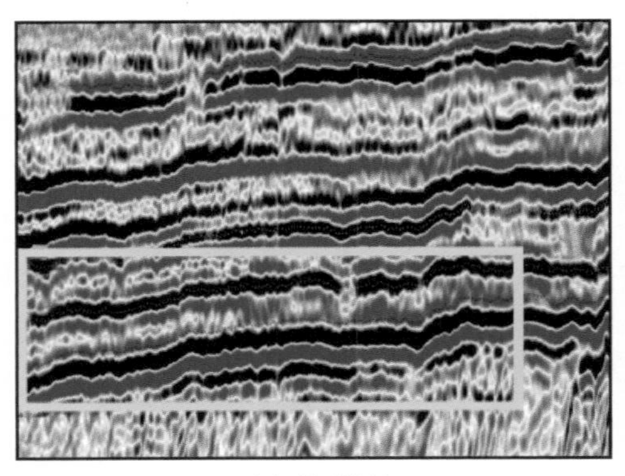

(a) 叠后资料

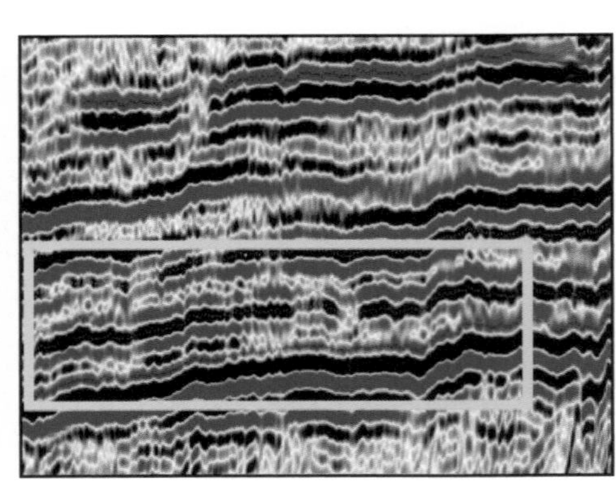

(b) 叠前资料

图3–48　叠前与叠后资料对比

## 四、处理流程优化及认识

通过对南美奥连特—马拉农盆地低幅度构造地震处理方法研究，形成了一套针对南美低幅度构造的处理方法。主要的处理成果为：近地表静校正分析方法、静校正处理方法、叠前多域去躁、时频域振幅补偿、拉冬滤波多次波衰减、消除采集脚印处理技术、三维连片处理技术、克希霍夫叠前时间偏移处理、叠后逐点反褶积技术。这些方法的应用有效地解决了南美低幅度构造中存在的问题，提高了低幅度构造的识别精度。

通过对南美奥连特盆地低幅度构造的研究，研究总结出一套适合该区低幅度构造特征的资料处理流程，这些处理方法与合适的采集方法相结合可以更好地解决研究区低幅度构造问题（图3–49、图3–50）。

通过对前期处理工作的总结认为随着采集方法新技术的应用，目前处理中所遇到的问题有望在今后得到较好的解决，具体的认识和建议如下：

（1）建议选择潜水面下3～5m激发，这样可以保证激发能量在空间上有效保护80Hz以内频率的均一性，有利于对干扰波的压制。

（2）建议设计观测系统时应保证地下CMP点在面元内均匀分布，避免产生“采集脚印”，增加覆盖次数可提高资料信噪比，加大排列长度对消除多次波、增强基底反射十分重要。

（3）加强小折射、微测井等近地表调查工作，确保小折射和微测井记录的质量，满足处理中对近地表信息空间采样的要求。

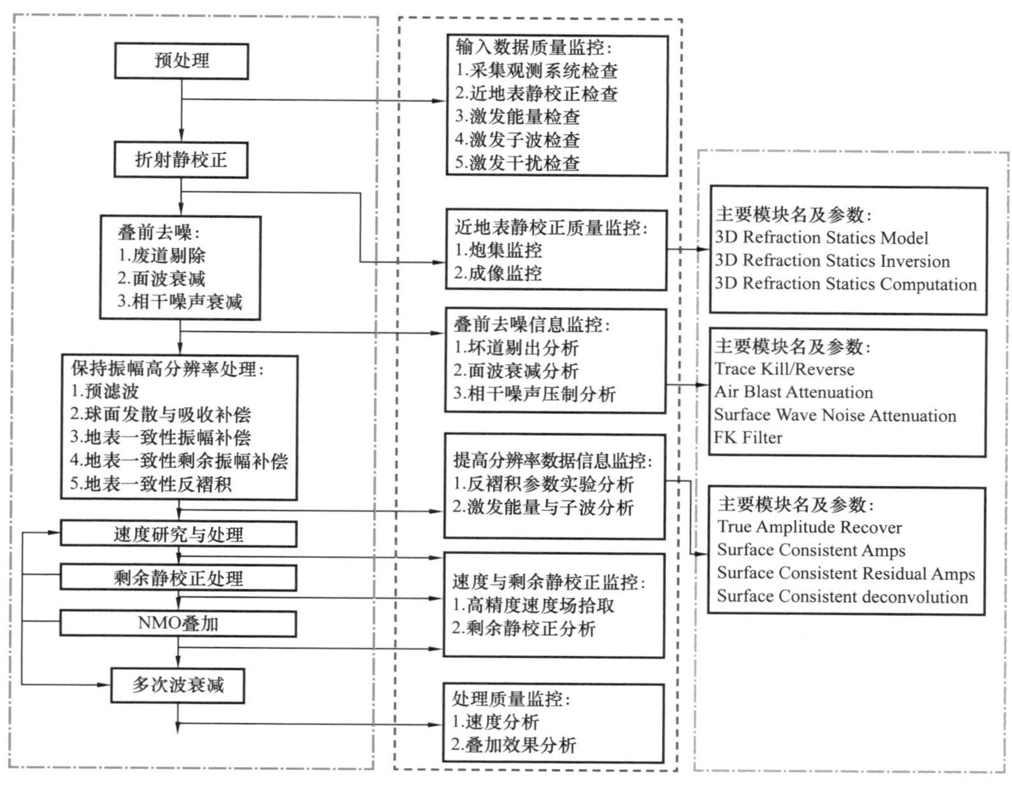


图 3-49　地震处理流程图（1）

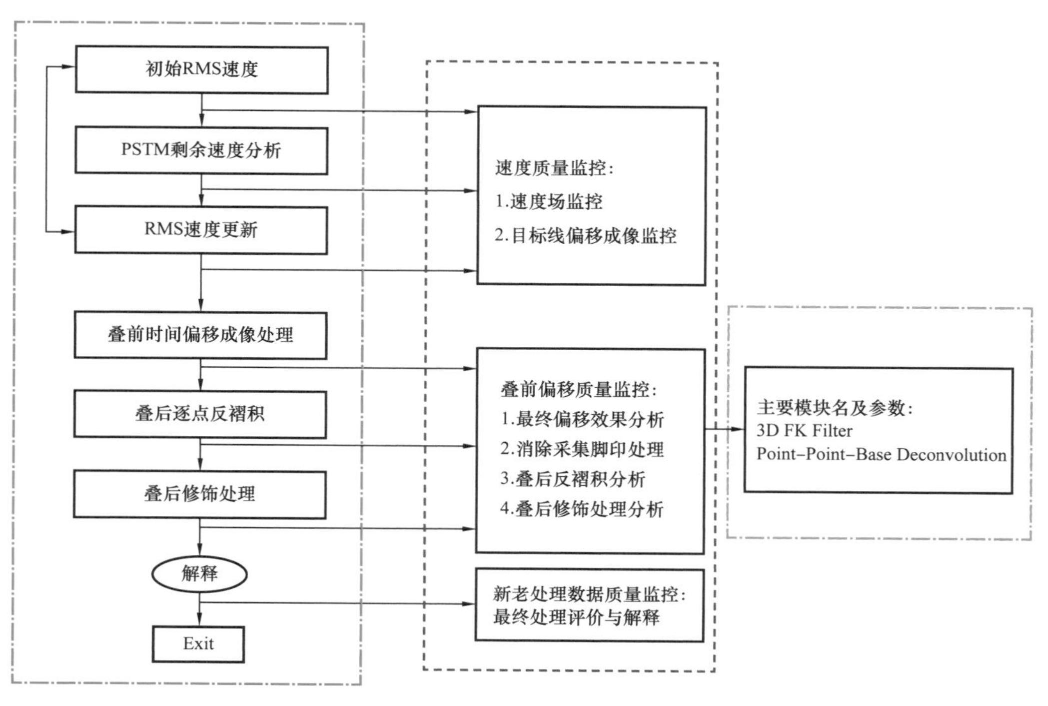


图 3-50　地震处理流程图（2）

# 参考文献


[1]朱洪昌，朱莉，玄长虹，等．运用高分辨率地震资料处理技术识别薄储层及微幅构造［J］．石油地球物理勘探，2010，45（增刊Ⅰ）：90-93.

[2]赵殿栋，郑泽继，吕公河，等．高分辨率地震勘探采集技术［J］．石油地球物理勘探，2001，36（3）：263-271.

[3]马朋善，王向阳，黄照文．高分辨率三维地震资料采集仪器及采集技术［J］．物探装备，2001，11（4）：243-246.

[4]刘振武，撒利明，等．中国石油开发地震技术应用现状和未来发展建议［J］．石油学报，2009，30（5）：711-712.

[5]林伯香．复杂地表条件静校正中的3D表层速度层析反演研究［J］．石油物探，2005，44（5）：454-455.

[6]邸志欣，谭绍泉，姜维才，等．川东北地区山地三维高分辨率地震采集技术［J］．石油物探，2005，44（5）：517-524.

[7]谭绍泉，徐锦玺，何京国，等．官1地区高分辨率地震采集技术及应用［J］．石油物探，2005，44（6）：12-15.

[8]谭胜章，杜惠平，宋国良，等．高精度三维地震资料采集技术——以官渡地区山地地震勘探为例［J］．石油物探，2007，46（1）：74-80.

[9]陈祖庆，杨鸿飞，王静波，等．页岩气高精度三维地震勘探技术的应用与探讨——以四川盆地焦石坝大型页岩气田勘探实践为例［J］．天然气工业，2016，36（2）．

[10]杨平，高国成，侯艳，等．针对陆上深层目标的地震资料采集技术——以塔里木盆地深层勘探为例［J］．中国石油勘探，2016，21（1）：61-75.

[11]俞寿朋．高分辨率地震勘探［J］．石油地球物理勘探，1993，28（6）：693-693.

[12]唐建人．高分辨率地震勘探理论与实践［M］．北京：石油工业出版社，2001.

[13]王继辉．砂泥岩薄互层高分辨率地震资料分层解释方法研究［D］．吉林大学，2001.

[14]路鹏飞，郭爱华，杨长春，等．砂泥岩薄互层波阻抗模拟退火反演方法研究［J］．地球物理学进展，2011，26（5）：1676-1682.

[15]杨剑，蔡涵鹏．二维地震资料处理在红沙泉煤矿勘探中的应用［J］．煤炭科学技术，2008，36（2）．

[16]凌国庆．三维地震资料动态处理技术在煤矿采区勘探中的应用［J］．西部探矿工程，2017，29（3）：158-161.

[17]张亚斌．复杂地表条件下二维地震资料拼接处理技术［J］．吐哈油气，2009（2）：101-103.

[18]潘树林，高磊，陈辉，等．复杂地区拟合差分配静校正方法研究［J］．物探化探计算技术，2010，32（3）：241-246.

[19]张永峰，王鹏，张亚兵，等．基于变差函数的高精度静校正融合技术及其应用［J］．岩性油气藏，2015，27（3）：108-114.

[20]梁秀文．逆掩断裂带复杂地区的静校正方法［J］．石油地球物理勘探，1989，24（5）：568-574.

[21]刘宜文，王政，郑鸿明，等．初至拟合静校正法在独山子探区的应用［J］．新疆石油地质，2012（5）：602-604.

[22]刘秋良，冯会元，汪清辉，等．几种静校正方法在苏里格气田的应用［J］．石油天然气学报，2012，

34（6）：72-76.
[23] 王克斌，赵灵芝，张旭民．折射静校正在苏里格气田三维处理中的应用［J］. 石油物探,2003,42(2)：248-251.
[24] 李彦鹏，马在田，孙鹏远，等．厚风化层覆盖区转换波静校正方法［J］. 地球物理学报,2012,55(2)：614-621.
[25] 周文，谢洪光，陈红．低幅度圈闭识别方法探讨［J］. 江汉石油科技，2006，(3)：4-8.
[26] 陈广军，宋国奇．低幅度构造地震解释探讨［J］. 石油物探，2003，42（3）：395-398.
[27] 梁国平．低幅度构造识别技术研究综述［J］. 西部探矿工程，2010，22（3）：63-66.
[28] 杨勤林，王彦春，张菊梅，等．低幅度构造识别技术在Carmen油田三维工区的应用［J］. 地球物理学进展，2009，24（3）：965-969.
[29] 戴云，张建中．长波长静校正问题的一种解决方法［J］. 石油地球物理勘探，2000，35（3）：315-325.
[30] 王志刚，刘志伟，王彦春，等．复杂近地表区综合长波长静校正方法［J］. 石油地球物理勘探，2014，49（3）：480-485.
[31] 祖云飞，冯泽元，李振华．长波长静校正问题的探讨和实例分析［J］. 天然气工业，2007，(s1)：201-204.
[32] 胡玉双，徐春梅，蒋波，等．基于正交子集的叠前噪音压制技术［J］. 科学技术与工程，2010，10（16）：3832-3836.
[33] 吴亚东，赵文智，邹才能，等．基于视速度的波场变换的叠前强相干噪音压制技术［J］. 吉林大学学报（地），2006，36（3）：462-467.
[34] 吕景贵，刘振彪，管叶君，等．压制叠前相干噪音的速度变换域滤波方法［J］. 石油物探，2001，40（4）：94-99.
[35] 王兆湖，王建民，高振山，等．叠前自适应F—X域相干噪音衰减技术及应用［J］. 地球物理学进展，2013，28（5）：2605-2610.
[36] 李雪英，侯相辉．基于广义S变换的叠前高频噪声压制［J］. 石油地球物理勘探，2011，46（4）：545-549.
[37] 周锡元，董娣，苏幼坡．非正交阻尼线性振动系统的复振型地震响应叠加分析方法［J］. 土木工程学报，2003，36（5）：30-36.
[38] 耿建华，马在田．在F-K域实现转换波（P-SV，SV-P）DMO［J］. 石油地球物理勘探，1995，30（1）：62-65.
[39] 孙沛勇，李承楚．利用倾角分解法实现转换波DMO［J］. 石油地球物理勘探，1998，33（2）：265-271.
[40] 马在田．P-SV反射转换波的倾角时差校正（DMO）方法研究［J］. 地球物理学报，1996，39（2）：243-250.
[41] 周青春，刘怀山，Kondrashkov，等．双参数展开CRP叠加和速度分析方法研究［J］. 地球物理学报，2009，52（7）：1881-1890.
[42] 陈可洋，吴清岭，范兴才，等．地震波逆时偏移中不同域共成像点道集偏移噪声分析［J］. 岩性油气藏，2014，26（2）：118-124.
[43] 李伟波，李培明，王薇，等．观测系统对偏移振幅和偏移噪声的影响分析［J］. 石油地球物理勘探，

2013，48（5）：682-687.
[44] 张丽艳，刘洋，陈小宏．几种相对振幅保持的叠前偏移方法对比分析［J］．地球物理学进展，2008，23（3）：852-858.
[45] Ekre，高生军．真振幅频率——波数域共偏移距偏移［J］．油气藏评价与开发，1999（6）：18-27.
[46] 尹成，吕公河，田继东，等．三维观测系统属性分析与优化设计［J］．石油地球物理勘探，2005，40（5）：495-498.
[47] 姚江．基于属性评价分析的三维观测系统优化设计与应用效果［J］．石油物探，2014，53（4）：384-390.
[48] 狄帮让，王长春，顾培成，等．三维观测系统优化设计的双聚焦方法［J］．石油地球物理勘探，2003，38（5）：463-469.
[49] 姚刚，刘学伟．基于Rayleigh积分的聚焦束估算层状介质的三维地震观测系统分辨率［J］．地球物理学进展，2010，25（2）：432-438.
[50] 秦广胜，蔡其新，汪功怀，等．基于叠前成像的三维地震观测系统设计［J］．地球物理学进展，2010，25（1）：238-248.
[51] 刘绍新，王建民，金昌赫，等．大庆长垣油田主城区高精度三维地震激发技术［J］．石油地球物理勘探，2010（a01）：30-34.
[52] 陈贞文，胡啸，黄剑，等．巴楚隆起罗斯塔格山体区地震激发技术研究［J］．石油地质与工程，2009，23（4）：29-31.
[53] 何永清，甄文胜，尹吴海，等．柴达木盆地风成沙漠区地震激发技术的应用［J］．油气藏评价与开发，2009，32（2）：122-126.
[54] 郭勇，王元波．高分辨率地震资料处理技术［J］．大庆石油地质与开发，2002，21（5）：58-59.
[55] 赵峰，郑鸿明，郭洪宪，等．层析反演静校正技术及应用效果分析［J］．新疆石油地质，2002，23（5）：397-399.
[56] 张恒超，李学聪．模型法、扩展广义互换法（EGRM）、沙丘曲线法静校正对比研究及在ZGE沙漠资料处理中的应用［J］．地球物理学进展，2010，25（6）：2193-2198.
[57] 王克斌，王顺根．利用扩展广义互换折射波静校正方法解决MX地区资料的野外静校正闭合差［J］．石油物探，2001，40（2）：126-142.
[58] 王立会，梁久亮．三种折射静校正方法原理的比较［J］．科技资讯，2014，12（25）：16-17.
[59] 李录明，罗省贤，赵波．初至波表层模型层析反演［J］．石油地球物理勘探，2000，35（5）：559-564.
[60] 李录明，罗省贤．复杂三维表层模型层析反演与静校正［J］．石油地球物理勘探，2003，38（6）：636-641.
[61] 李福中，邢国栋，白旭明，等．初至波层析反演静校正方法研究［J］．石油地球物理勘探，2000，35（6）：710-718.
[62] 王红旗，曲寿利，宁俊瑞，等．层析反演静校正方法在西部复杂地区的应用［J］．天然气地球科学，2009，20（2）：104-108.
[63] 凌云研究组．地震分辨率极限问题的研究［J］．石油地球物理勘探，2004，39（4）：435-442.
[64] 沈财余，阎向华．测井约束地震反演的分辨率与地震分辨率的关系［J］．石油物探，1999（4）：96-106.

[65] 黄绪德．反褶积与地震道反演［M］．北京：石油工业出版社，1992.

[66] 赵波，俞寿朋，聂勋碧，等．谱模拟反褶积方法及其应用［J］．石油地球物理勘探，1996，31（1）：101–116.

[67] 章珂，刘贵忠．多分辨率地震信号反褶积［J］．地球物理学报，1999，42（4）：529–535.

[68] 陈必远，马在田．优势频率约束下的递推 f–x 去噪和谱均衡方法［J］．石油地球物理勘探，1997，32（4）：575–581.

[69] 芮拥军，石林光．准中区块地震资料提高分辨率处理技术研究［J］．胜利油田职工大学学报，2006，20（5）：37–38.

[70] 王者顺，樊佳芳，高鸿，等．塔河油田叠后地震资料高保真处理技术［J］. 物探与化探,2004,28(5): 436–438.

[71] 石文武，黄荣善，王冬娜，等．地震资料的高保真融合处理技术在冀东油田南堡地区的应用［J］．海相油气地质，2015，20（2）：63–71.

[72] 刘企英．高信噪比、高分辨率和高保真度技术的综合研究［J］．石油地球物理勘探，1994，29（5）：610–622.

[73] 张军华，张帆，郑旭刚，等．地震采集脚印综合评述［J］．石油管材与仪器，2007，21（5）：1–4.

[74] 骆宗强，魏伟，孙伟家，等．三维地震观测系统采集脚印定量分析［J］．地球物理学进展，2012，27（2）：548–554.

[75] 碗学俭，杨波，孙德福，等．三维观测系统采集脚印定量分析技术［J］．石油地球物理勘探，2011，46（3）：357–363.

[76] 董世泰，刘雯林，乐金．压制三维地震数据采集脚印的方法研究［J］．石油地球物理勘探，2007，42（1）：7–10.

[77] 熊金良，狄帮让，岳英，等．基于地震物理模拟的采集脚印分析［J］．石油地球物理勘探，2006，41（5）：493–497.

[78] 张明．高密度地震资料弱信号提取及体处理方法研究［D］．中国石油大学（华东），2013.

[79] 陈习峰，薛永安，俞华，等．三维 FKK 滤波技术在叠前去噪中的应用［J］. 复杂油气藏,2013,（4): 34–38.

[80] 朱光明．垂直地震剖面方法［M］．北京：石油工业出版社，1988.

[81] 李景叶，陈小宏，芮振华．基于匹配滤波的多次波压制方法研究［J］. 地球物理学进展,2007,22(1): 200–206.

[82] 董烈乾，李振春，杨少春，等．基于相关迭代的非因果匹配滤波器多次波压制方法［J］．地球物理学报，2013，56（10）：3542–3551.

[83] 董烈乾，李振春，杨少春，等．一种改进表层多次波压制方法［J］．地球物理学进展，2013，28（6）：3148–3152.

[84] 王棣，王华忠，马在田，等．叠前时间偏移方法综述［J］．油气藏评价与开发，2004，27（5）：313–320.

[85] 张颖．三维地震叠前时间偏移处理技术应用与展望［J］．石油勘探与开发，2006，33（5）：536–541.

[86] 王喜双，张颖．地震叠前时间偏移处理技术［J］．石油勘探与开发，2006，33（4）：416–419.

[87] 樊卫花，杨长春，孙传文，等．三维地震资料叠前时间偏移应用研究［J］．地球物理学进展，2007，22（3）：836–842.

[88] 曹孟起，刘占族．叠前时间偏移处理技术及应用［J］．石油地球物理勘探，2006，41（3）：286-289.

[89] 罗银河，刘江平，董桥梁，等．Kirchhoff弯曲射线叠前时间偏移及应用［J］．天然气工业，2005，25（8）：35-37.

[90] 王小卫，姚姚，吕彬，等．弯曲射线走时计算方法在Kirchhoff叠前时间偏移中的应用［J］．天然气地球科学，2010，21（5）：855-858.

[91] 王楠，程玖兵，马在田．表驱Kirchhoff叠前时间偏移角度域成像方法［J］．石油物探，2008，47（4）：328-333.

[92] 王华忠，冯波，任浩然．二维Offset平面波有限差分法叠前时间偏移［J］．石油物探，2009，48（1）：11-19.

[93] 王元波，王建民，卢福珍，等．转换波叠前时间偏移速度场的建立与应用［J］．大庆石油地质与开发，2016，35（5）：141-145.

[94] 罗省贤，李录明．三维叠前深度偏移速度模型建立方法［J］．石油物探，1999（4）：1-6.

[95] 梅金顺，王润秋，于志龙，等．叠前深度偏移对速度场敏感性分析［J］．石油地球物理勘探，2013，48（3）：372-378.

[96] 张保银，孙建国，黄伟传，等．塔中地区速度场建立及变速成图［J］．石油物探，2004，43（6）：608-611.

[97] 马在田．水平叠加剖面的波动方程偏移法［J］．石油地球物理勘探，1977，12（5）：1-13.

# 第四章　奥连特盆地斜坡带低幅度构造地球物理解释技术

## 第一节　低幅度构造地震资料解释技术

### 一、多子波地震道分解与重构技术

1. 常规地震道模型

褶积模型是地震资料常规处理和解释中有关地震道的基本模型，即一个地震 $S(t)$ 可以表示为一个地震子波与地层反射系数序列的褶积：

$$S(t)=W(t)*R(t)+N(t) \tag{4-1}$$

式中　$R(t)$——反射系数序列函数；

$W(t)$——地震子波；

$N(t)$——噪声项。

众所周知，不同物理特性的地层，如储层和非储层、含油气储层和不含油气储层的地震响应不同，地震子波在穿过不同地层时所受到的改造也不同，其形状会发生不同的变化。因此，基于单一地震子波褶积模型的一些常规储层及油气预测的方法就存在一定的局限性，一方面可能丢掉有关储层和含油气性的信息，另一方面也可能引入虚假信息[1-3]。

2. 多子波地震道模型

图 4–1 给出了反射系数序列的建立。其中（a）给出了层状地层模型，其中 $v$ 表示所在层的速度，$\rho$ 表示所在层的密度；（b）表示深度域的反射系数序列，反射系数的位置与速度分界点的位置一致；（c）表示时间域的反射系数序列。对时间域的反射系数序列分开表示，使得每一个新的反射系数序列只包含一个非零的反射系数，而原来的反射系数序列就等于所有新的反射系数序列的叠加。在图 4–1 的情况下，分出了五个新的反射系数序列 $R_1(t)$，$R_2(t)$，…，$R_5(t)$，而原来的反射系数序列为

$$R(t)=\sum_{i=1}^{5}R_i(t) \tag{4-2}$$

假设 $W_1(t)$，$W_2(t)$，…，$W_5(t)$，代表一组不同形状的子波，分别与分解后的单一反射序列 $R_1(t)$，$R_2(t)$，…，$R_5(t)$，进行褶积，得到一组地震反射信号序列，如图 4–2、图 4–3 所示：

$$S_i(t)=W_i(t)*R_i(t) \tag{4-3}$$

这里 $i$=1，2，…，5。地震信号 $S$（$t$）可以表示为

$$S(t)=\sum_{i=1}^{5}S_i(t)+\sum_{j=1}^{5}N_j(t)=\sum_{i=1}^{5}W_i(t)*R_i+N(t) \tag{4-4}$$

这里 $N(t)=\sum_{j=1}^{5}N_j(t)$ 是干扰信号。

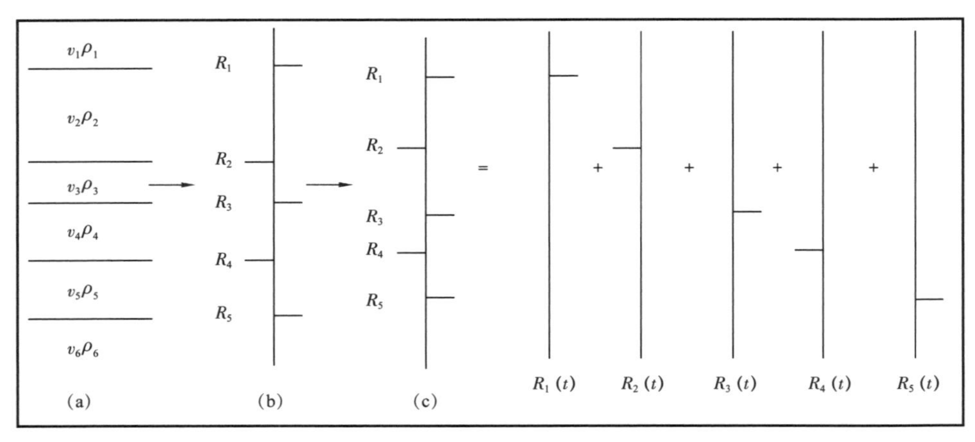


图 4–1 层状地层模型与反射系数序列分解

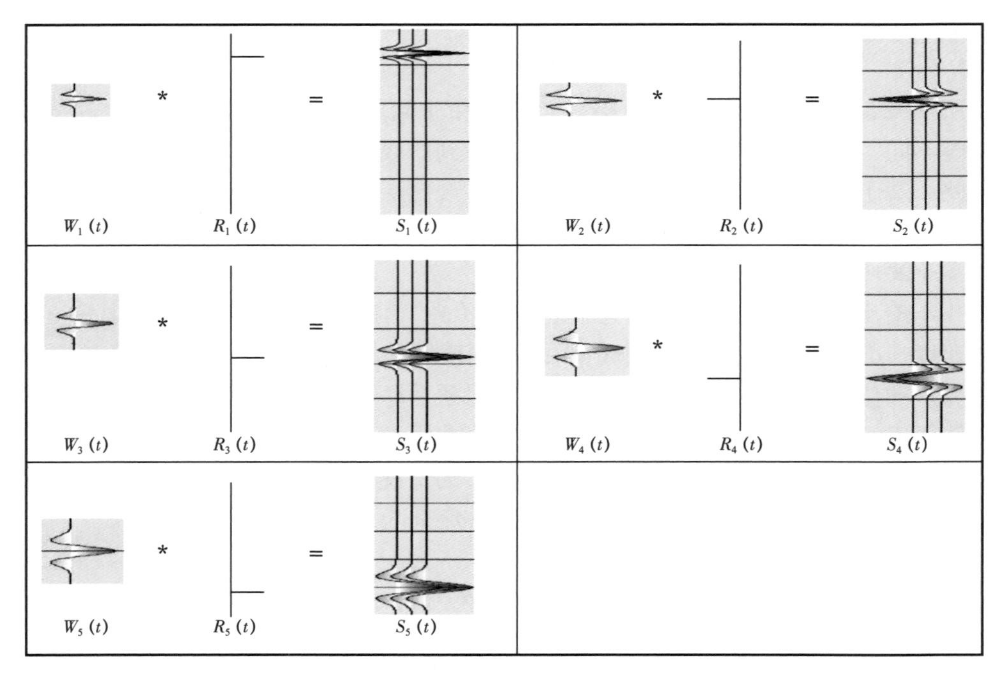


图 4–2 不同的分解后的反射系数序列与不同形状的子波褶积形成单一子波地震信号

在以上的图示中，采用了雷克子波进行说明，但所导出的多子波模型对子波没有任何特定的要求。多子波模型一般可表示为：给定反射系数序列函数 $R$（$t$），其对应的地震反射信号 $S$（$t$）可以表示为

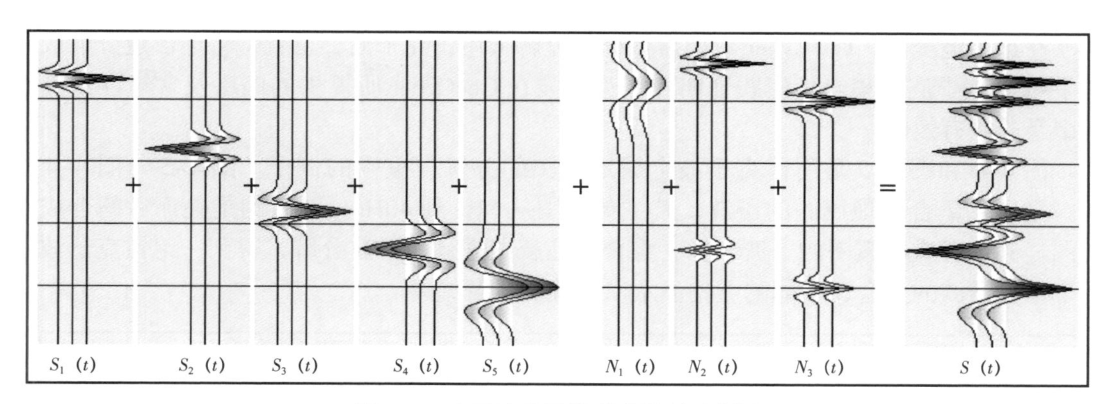


图 4-3　多子波地震道形成模型示意图

$$S(t)=\sum_{i=1}^{M}W_i(t)*R_i(t)+N(t) \tag{4-5}$$

其中，$W_i(t)$（$i$=1，2，…，$M$）代表一个子波序列，其中子波可以具有不同的形状或频谱特征，$R_i(t)$（$i$=1，2，…，$M$）是单一反射系数的序列函数，满足 $R(t)=\sum_{i=1}^{M}R_i(t)$，$N(t)$ 是噪声。

当所有的子波 $W_i(t)$（$i$=1，2，…，$M$）都相等时，根据积分的可加性，多子波地震道模型便简化为常规的单一子波的褶积模型：

$$S(t)=W(t)*R(t)+N(t) \tag{4-6}$$

3. 多子波地震道分解与傅里叶变换

傅里叶变换是把一个时间域的信号或函数转换到频率域[4-5]。换句话说，也就是把时间域的信号或函数表达成不同频率谐波的叠加。三角函数的正交性，是把时间域的信号或函数表达成不同频率谐波叠加的一个必要条件，实际上也是傅里叶变换的必要条件。

多子波地震道分解是完全基于多子波地震道模型，把一个地震道转换成不同波形子波的叠加。其分解过程完全是在时间域进行的，分解方法也与傅里叶变换完全不同。多子波地震道分解所得到的子波是有限长度的复合波，与傅里叶变换得到的无限长的谐波完全不同。因此，不能简单地认为多子波地震道分解的子波序列也必须是正交的。

4. 多子波地震道分解与重构

多子波地震道分解技术突破了许多常规地震信号处理和解释中的单一地震子波的假设，它可以将一个地震道分解成多个不同形状、不同主频率的地震子波。用这些子波重新组合，就可以精确地重构出分解前的地震道[1-3]。

关于地震子波的选取，许多商业化软件都提供了多种不同的方法，而这些方法都基于傅氏变换，也都要求一定的数据长度，因此得出的子波是某种意义下的平均。如果考虑到在地震资料处理过程中，如滤波、反褶积，以及动校正所引起的拉伸等原因，在叠后数据上提取真正的子波几乎是不可能的。在现今的技术条件下，用任何方法得到的子波，也只是在某种意义的前提下，相对当前的处理或解释目的的估计子波。

在这种情况下，GeoCyber 对叠后数据的分解采用雷克子波，也就是将地震道分解成不同主频雷克子波的集合。实践证明，雷克子波在 GeoCyber 所提供的储层及含气性预测方法中是非常有效的。

图 4-4 和图 4-5 是用雷克子波合成地震图的分解与重构的例子。图 4-5 与图 4-4 相同，显示用于合成地震图的子波，其主频范围从 8Hz 到 40Hz。图右侧是叠加后的合成地震图。假定合成地震图的子波未知，将合成地震图进行多子波分解，得到一组雷克子波或一个雷克子波的集合，不同的重构显示出精确的分解结果。

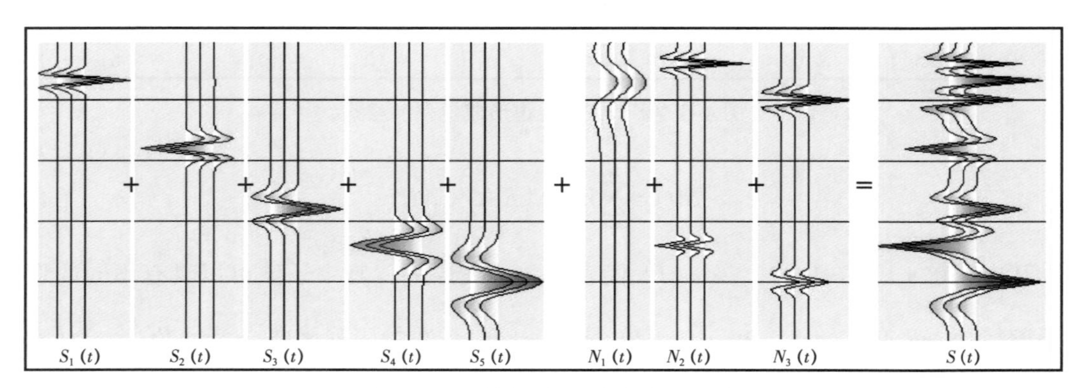


图 4-4　用不同主频子波合成地震图

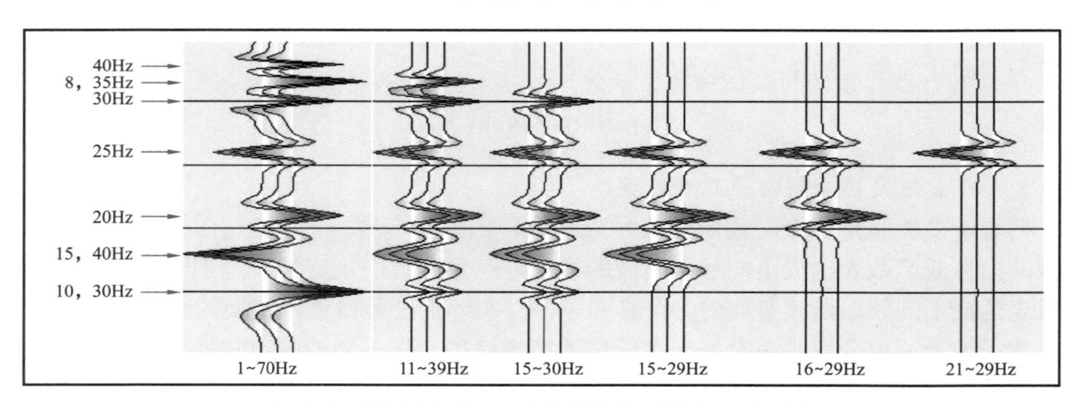


图 4-5　对分解后的子波进行筛选和重构的分解结果

实践中对多子波地震道分解和重构技术的应用分两步。第一是对叠后数据的分解处理，将地震数据中目标层段分解成不同主频的雷克子波的序列或集合。第二是重构分析，用所有子波重构就可以得到原始的地震道或数据体，用部分子波重构就可以得到新的数据体。

GeoCyber 软件提供根据子波主频对参与重构的子波进行筛选的机制，且对子波的筛选重构都是实时的。在重构中可最大限度地突出储层及含气性的特征，在新重构的数据体上做进一步的储层及含气性预测。在很多情况下，新合成的地震数据体本身就为储层及含气性的横向分布预测提供了有效的依据。

5. 子波筛选与频率滤波

子波筛选与频率滤波有着根本的区别。频率滤波是压制信号中某个频率段的频率成分。不管是干扰子波还是有效子波，该频率段的能量都受到压制。在干扰子波和有效子波的频谱重叠的情况下，频率滤波在压制干扰子波能量的同时，也削弱有效子波的能量，使其形状发生改变。

图 4-6（a）是一个主频为 25Hz 雷克子波的频谱，图 4-6（b）是一个主频为 20Hz 雷克子波的频谱，可见主频为 25Hz 子波的频谱与主频为 20Hz 子波的频谱大部分都是重叠的。将主频为 20Hz 的雷克子波和主频为 25Hz 的雷克子波叠加在一起，图 4-6（c）是两个子波叠加后的频谱。采用频率滤波，要从两个子波叠加后的信号中去掉其中任意一个子波而不改变另一个子波的能量和形状是根本不可能的。

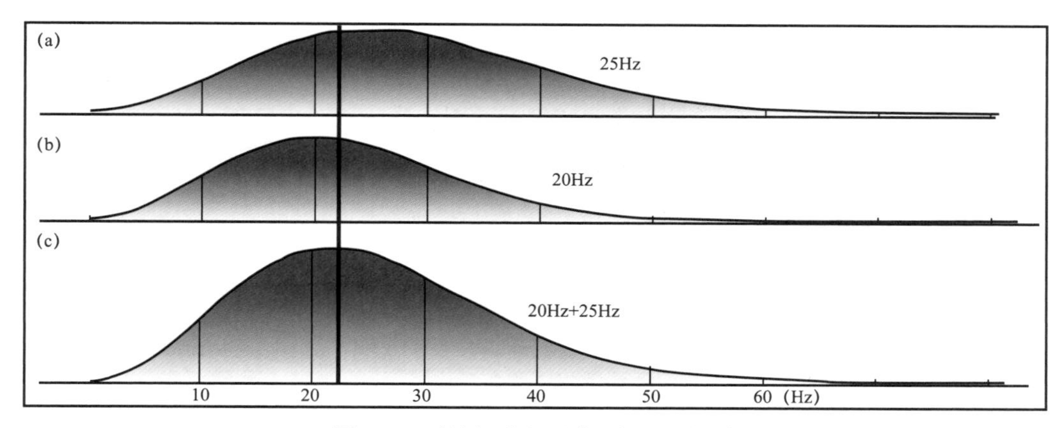


图 4-6　子波频谱和子波叠加后的频谱

子波筛选是在重构时从原地震道中删除某些主频的子波。在以上的例子中，可以先对叠加后的信号进行分解，然后在重构时删除任意一个子波，而另外一个子波的能量和形状则不会发生改变。

图 4-7 是子波筛选与频率滤波的对比图，可见带通滤波与子波筛选有很大的差别。图左侧显示的是合成地震和其子波的位置；图中间是主频为 16～29Hz 子波的重构，在此范围内只有主频为 20Hz 和 25Hz 的两个子波；图右侧是频带为 11，16～19，34 带通滤波的结果，带通滤波使所有子波的能量都受到压制，形状发生改变，带通滤波还可能引入假信号。

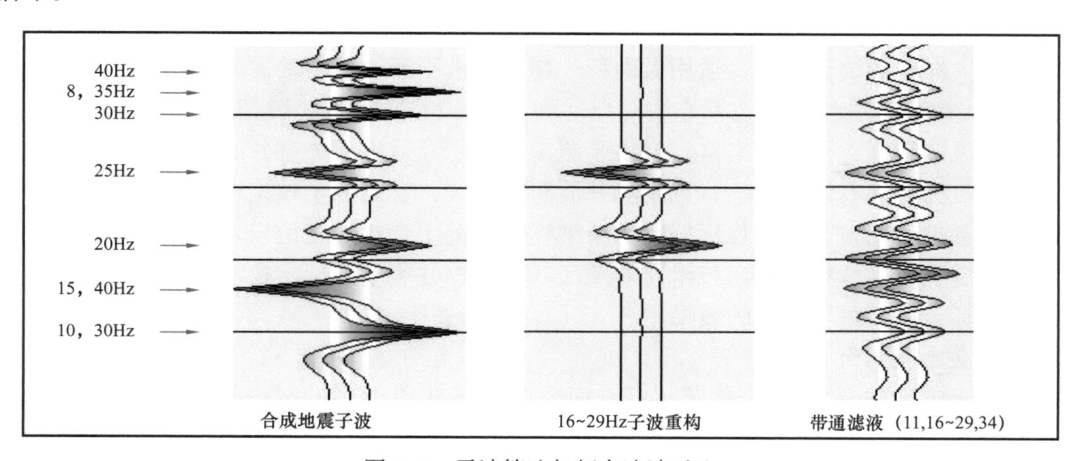


图 4-7　子波筛选与频率滤波对比

6. 地震道重构

在重构中可根据已知钻井的储层资料，选取与储层变化相关的子波，去掉与储层变化和分布没有直接关系的子波，合成新的地震数据体。新合成的地震数据体能最大限度地反映储层的横向变化。图4-8是一个通过重构预测储层横向分布的例子。上剖面是原始剖面，LU表现为复合波谷特征，在波形显示的剖面上，表现为空白特征，难以进行精细解释。下剖面为26～72Hz子波重构剖面，LU层段表现出明显的、可连续追踪的同相轴特征，与VSP的走廊叠加道的特征相符，有利于对该层段的研究。

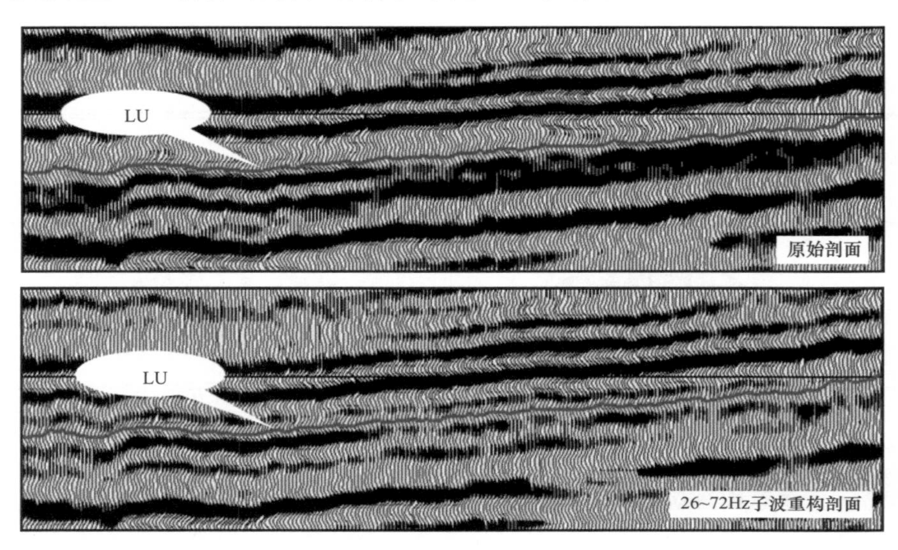


图4-8　T区块子波重构剖面

## 二、综合井震标定技术

由于地质分层、钻井和测井等资料是深度域的数据，地震资料是时间域的信息，沟通时间和深度关系的精细标定是地震资料解释的第一重要环节。目前，在地震资料解释中地震层位的地质标定通常有三种方法：综合时—深关系方法、垂直地震剖面（VSP）方法及合成地震记录方法等。第一，综合时—深关系方法是统计盆地规模或油田规模的时—深关系，服从大样本的统计效应，适用大面积、精度要求不高的早期勘探阶段。第二，垂直地震剖面（VSP）方法相当于地震方法对地层的直接测量，可直接获得时—深关系及地层组合的地震波形特征，信息最丰富，但由于施工成本，只适用于关键井的标定。第三，合成地震记录最为普遍有效的方法，选用测井波阻抗曲线，合成一个理论地震道，再与井旁的实际地震道进行比较，获得目标层段的精细标定。基于合成地震记录发展起来的井—震联合多元地震地质层位精细标定技术与多频段匹配追踪井震小层标定技术，在安第斯奥连特盆地薄层标定中获得了较好的效果。

1. 垂直地震剖面（VSP）法

VSP标定方法具有双重意义：一方面，可直接获得准确的时—深关系；另一方面，VSP的走廊叠加道可以作为对地震剖面波形特征处理的参考，因为，VSP的走廊叠加道是井旁比较理想的地震道，其波形特征具有重要的参考价值。VSP标定过程大致可分为三个层次：首先，将声波合成地震记录与VSP走廊叠加记录道进行对比，评判声波测井曲线的质量，从厄瓜多尔M油田关键井的合成记录综合标定（图4-9）可以看出，两者的匹配非常好，说明井曲线和走廊叠加道的质量都很好；第二，将VSP走廊叠加记录道与井旁地震道的波组进行对比，获得精确的时—深关系，完成地震储层时间域的精细标定；第三，将VSP走廊叠加记录道与井旁地震道的频谱特征进行对比，获得储层所对应的地震资料有效频段，便于对地震资料进行优化处理。这种方法不仅可以将深度域的地质分层准确地标定到时间域地震剖面上，而且也可以反过来分析地震资料对储层识别的有效性，进而可以作为对地震资料进行目标处理的依据。VSP资料使用中要注意地震基准面和低降速带的校正是否与地震资料处理相一致，如果两者不一致，需要做相应校正，才能取得较好的匹配。

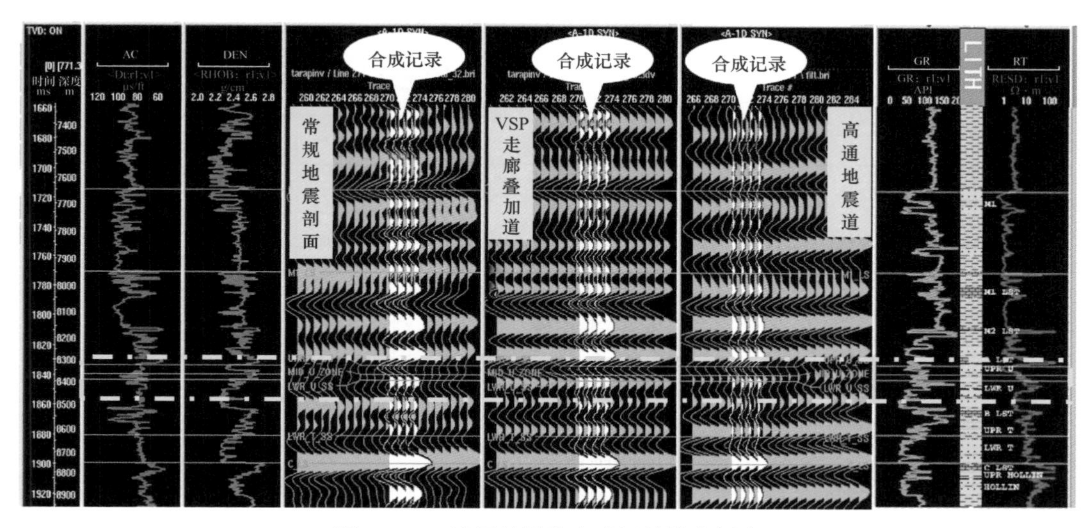


图4-9　M油田关键井合成记录综合标定

但VSP资料毕竟较少，实际应用过程中，应该在单井标定的基础上，进行多井联合对比标定，加上正、负极性对比验证，最后确定选用正极性、沿目的层段井旁道提取的实际子波来制作合成地震记录。如果井筒很不规则或声波和密度曲线质量不高时，需要进行曲线校正，经过反复分析不断提高合成地震记录的质量。

准确的井震标定通常是利用高质量的合成地震记录和VSP资料进行综合标定，达到地震波组特征与地层层序相匹配。在井震标定中，充分利用断层和特殊岩性的地震响应来检查验证井震标定准确与否，进而调整速度使之匹配合理。

2. 井—震联合多元地震地质层位精细标定技术

大多数情况下，区块是缺乏VSP资料的，因此井震标定一般都是采用声波测井资料的井震联合多元地震地质层位精细标定技术。其基本思路是通过多种方式和手段，利用多种信息与地震剖面对比，赋予地震信息明确的地质意义，达到单井时—深关系与区带综合速度一致，区域标准层、特殊地质体反射层一致，最终求取满足勘探开发需要的时—深对应关系，达到精细层位标定、提高层位标定精度的目的。

本区目的层Napo组与下伏地层呈角度不整合接触（图4-10），特征差异明显，M1和石灰岩地层的反射特征稳定，以此为基础，进行目的层的精细标定（图4-11）。

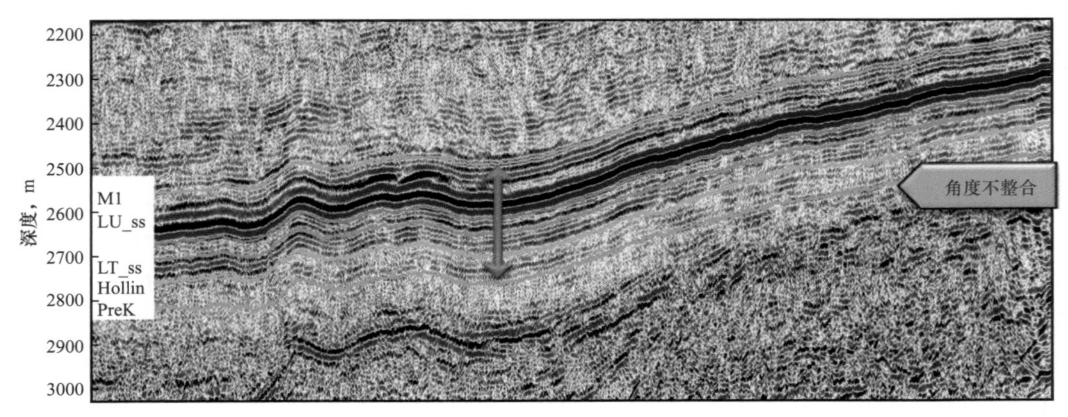


图 4-10　目的层在剖面上的整体特征

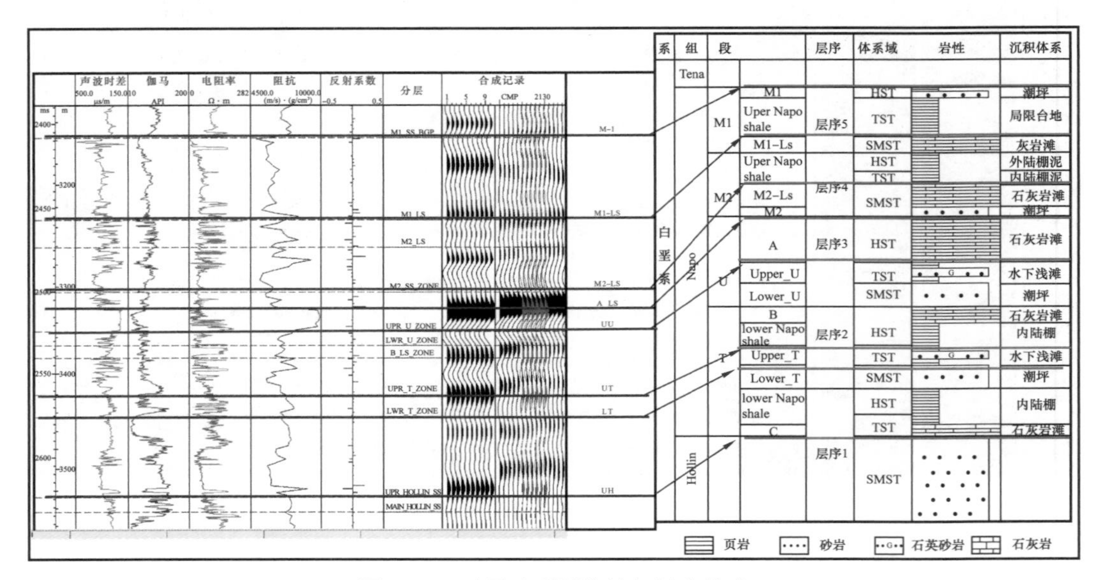


图 4-11　地震地质层位精细标定技术

在全区建立多条连井对比剖面，通过连井统层标定、对比，总结了从上到下各目的层的地震反射波组特征（表 4-1）。

M1 层顶面反射波：M1 层顶面反射波标定为波谷，强反射、连续性好，全区稳定，全区可连续追踪。区内钻遇 M1 层的测井解释厚度为 7.3～40m，M1 层对应的地震反射波为一波谷、一波峰，部分区域为两波谷、两波峰。

Upper_U 层顶面反射波：Upper_U 层顶面反射波标定为波谷，弱反射，连续性一般，全区可连续追踪。区内钻遇 Upper_U 层的测井解释地层厚度为 6.2～18.1m，Upper_U 层对应的地震反射波为一波谷。

Lower_U 层顶面反射波：Lower-U 层顶面标定为波峰，中强反射、连续性好，全区可连续追踪。区内钻遇 Lower_U 层的测井解释地层厚度为 25.35～41.46m，Lower_U 层对应的地震反射波为两波峰、一波谷，区内东部地层逐渐变薄，地震反射波合并为一波峰。

Upper_T 层顶面反射波：层顶面反射波标定为波峰、弱反射、连续性较好、全区稳定，可区域追踪。区内钻遇段 Upper_T 层的测井解释地层厚度为 3.46～20.5m，Upper_T 层对应的地震反射波为一波峰。

Lower_T 层顶面反射波：Lower_T 层顶面反射波标定为波谷、强反射、连续性好、全区稳定，可全区追踪对比解释。区内钻遇段 Lower_T 层的测井解释地层厚度为 15.7～43.4m，Lower_T 层对应的地震反射波标定为一波谷、一波峰。

Napo_shale 泥岩段：该泥岩层段发育于 M1 砂层组下部，在地震上表现为一强振幅波谷反射，连续性较好，可全区连续追踪。

A_LS 石灰岩：该石灰岩上覆于 Upper_U 砂层组之上，地震上表现为一强振幅波峰反射，连续性好，可全区追踪。

B_LS 石灰岩：该石灰岩发育于 Upper_T 砂层组上覆泥岩段之上，地震上表现为一强振幅波峰反射，可以全区连续追踪解释。

C_LS 石灰岩：此石灰岩段发育在 Lower_T 砂层组之下，地震波组反射特征同 B_LS 石灰岩地震相类似，也为中强振幅波峰反射，连续性好。

表 4–1　T 区块地震层位反射特征表

| 地震层位 | 反射波组 | 反射特征 | 接触关系 | 层位用途 |
|---|---|---|---|---|
| M1_ss | 波谷 | 强反射，连续性好 | 整合接触 | 构造解释、速度分析 |
| Upper_U | 波谷 | 较强反射，连续性好 | 整合接触 | |
| Lower_U | 波峰 | 较强反射，连续性较差 | 整合接触 | |
| Upper_T | 波峰 | 弱反射，连续性较好 | 整合接触 | |
| Lower_T | 波谷 | 强反射，连续性较好 | 整合接触 | |
| Napo_shale | 波峰 | 中强反射，较连续 | 整合接触 | 反演控制层 |
| A_LS | 波峰 | 强反射，连续性好 | 整合接触 | |
| B_LS | 波峰 | 较强反射，较连续 | 整合接触 | |
| C_LS | 波峰 | 强反射，连续性好 | 整合接触 | |

总体根据已有井的标定结果来看，各主要目的层在地震剖面上均表现为连续性相对较好，波组特征相对稳定，大部分层段均可全区连续追踪。全区具有较稳定的波组关系，各个界面反射层位在地震上的可解释性较强。

## 三、倾角测井资料校正低幅度构造

多种成因形成的低幅度构造（地层倾角 1°～3°），在圈闭面积小、构造幅度低（小于 10m）的情况下，常规地震资料难以准确识别和获得较精确的低幅度构造图。在长相关地层倾角处理成果图上，通过精细的地层划分，从区域倾斜中分离出局部圈闭的地层倾斜，经过海拔校正和井校正后，可以精细的勾绘构造图。

1. 利用倾角测井校正构造的原理

地层倾角测井是直观反映单井剖面地质构造的测井方法[6]。地层倾角包括倾斜角和方位角，倾斜角是地层顶部倾斜面与水平面之间的夹角；方位角是水平投影最大倾斜率与正北极之间的角度。倾角矢量图的每个矢量代表该深度点的地层在井眼面积范围内测到的产状。井内不同深度点的矢量，相当于构造不同部位的矢量。根据地层倾角随深度的变化规律，把地层倾角分为以下三种模式：

红模式：倾斜角随深度增加而增大，方位角相当固定，一般反映断层、沙坝、河道、岩礁、不整合等地层—岩性油气藏圈闭类型［图 4–12（a）］。

绿模式：倾斜角与方位角不随深度变化而变化，反映构造油气藏圈闭类型。根据构造倾角可以证实和改进构造图［图 4–12（b）］。

蓝模式：倾斜角随深度增加而减小，方位角大体一致，一般与断层、不整合等因素有关［图 4–12（c）］。

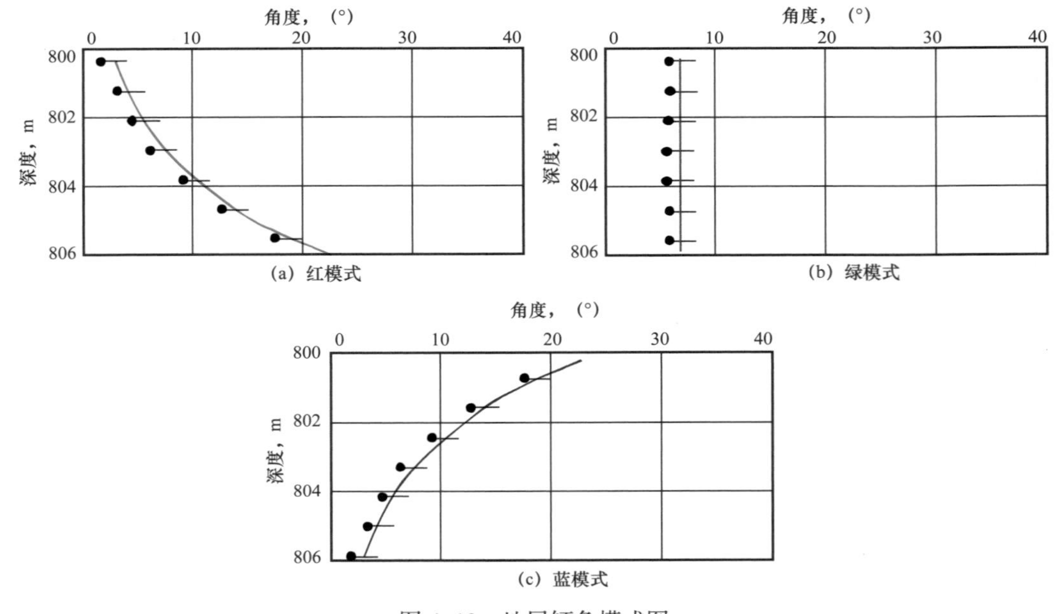


图 4–12　地层倾角模式图

当地层倾角资料质量较好，地层成层性较强时，储层产状清楚、具有较强的规律性。低能环境下沉积的泥岩或粉砂岩一般显示低角度的绿模式，而高能环境下沉积的砂岩具有高角度的红、蓝模式或杂乱模式，此时泥岩或粉砂质泥岩中绿模式的层面倾角和倾向即可以代表岩层的构造倾角和倾向，其相反方向一般为构造高部位，是勘探的有利指向。

研究区构造埋深在 2900m 左右，圈闭幅度小，且构造倾角平缓，垂直断距小的次级断裂发育。对于这种圈闭幅度在 15m 左右的小构造，目前地震资料难以精确描述其几何形态，但可以根据泥岩段绿模式确定储层的构造倾向和倾角，进而对用地震资料所做的储层顶面构造图进行校正，使构造形态更为准确，符合客观实际，减少误差。

2. 利用倾角测井校正构造的方法

对于两口相邻但地层倾向、倾角不同的已知钻井，如何利用其倾角资料推断两井间地层埋藏最低点，即两个高点间鞍部的埋深呢？

图 4–13 中 A、B 分别表示两相邻井点，$L$ 为两井间的水平距离，$\alpha$、$\phi$ 分别为两井点处目的层倾角，假设对埋深差别不太大的两个低幅度构造高点间的鞍部地层近似于线性变化，$X$ 为两高点间鞍部埋深最低点 D 距 A 点的水平距离；$Z$ 为两高点间鞍部最低点 D 的埋藏深度，那么有

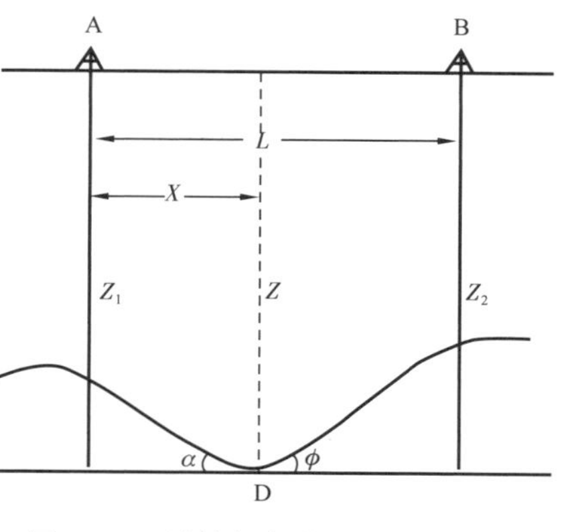


$$Z-Z_1=X\cdot\tan\alpha \quad (4\text{-}7)$$

$$Z-Z_2=(L-X)\cdot\tan\phi \quad (4\text{-}8)$$

据此可导出：

$$Z=\frac{Z_1\times\tan\phi+Z_2\times\tan\alpha+L\times\tan\alpha\times\tan\phi}{\tan\alpha+\tan\phi} \quad (4\text{-}9)$$

$$X=\frac{Z_2-Z_1+L\times\tan\phi}{\tan\alpha+\tan\phi} \quad (4\text{-}10)$$

这样就可在平面图上确定鞍部的大致位置及等值线的勾绘间距。

图 4–13　计算相邻井间埋深示意图

3. 实例分析

图 4–14 为 C 油田由南向北的一个剖面。剖面上的 CAR–1508D 和 CAR–1502D 井的地层倾角资料显示其井点处的构造倾向分别为 98.8° 和 303.3° ，倾角分别为 4.5° 和 2.7° 。而原始构造图上这两口井的构造倾向分别为 130.5° 和 218° ，倾角分别为 2.4° 和 1.0° 。据此分析该处的实际构造变化比地震解释构造更剧烈，且高点位于 CAR–1508D 井的西部和 CAR–1502D 井的东南部。进而根据这两口井的倾角数据并结合油水界面分析结果对构造做了修正，结果如图中红线所示。

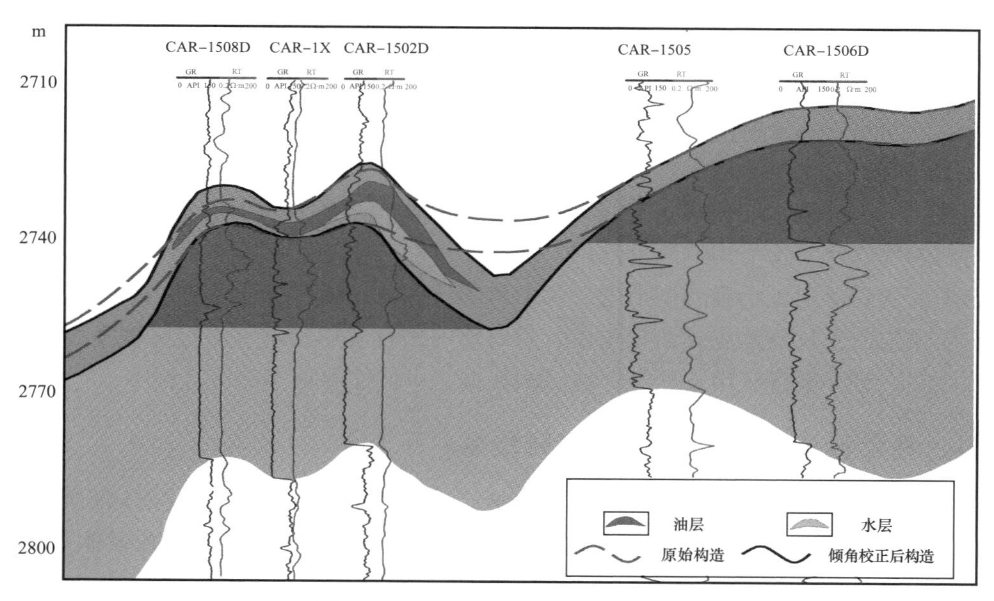


图 4–14　C 油田南北向油藏剖面图

原始构造图的圈闭幅度比油柱高度明显小很多，油水关系存在矛盾，也不符合对油藏的认识；经校正后的构造图，不仅油水关系矛盾得以解决，整个构造的形态也更趋于符合地质规律，说明修改后的结果更客观地反映了实际构造的变化特征。

图 4–15 为 C 油田东西向的油藏剖面图，剖面上 CAR–1509D 井的地层倾角资料显示其倾向为 276.9° ，倾角为 3.3° ，而原始构造图上地层倾向为 209° ，倾角只有 1.1° ，

据倾角资料对构造图做了修正，修正后的构造与岩性共同作用形成东西两个油藏之间的遮挡，从而形成不同的油水界面。

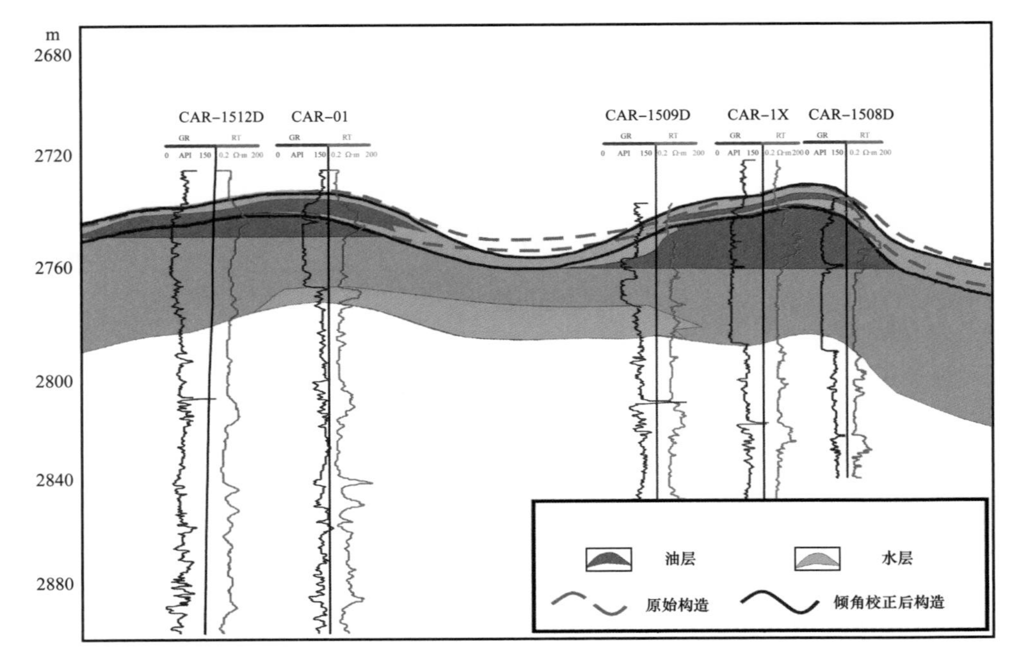


图 4-15　C 油田东西向油藏剖面图

在修改构造图的过程中，对于没有倾角资料控制的区域，在参考构造趋势的基础上，重点考虑了油水关系分析结果，并与有倾角资料的区域进行类比。修正前后的构造图对比如图 4-16 和图 4-17 所示。

地层倾角测井技术在获得了来自地层方位角和倾角等的直接信息之后[6-7]，能比较准确地判断岩层产状，预测构造高低部位，因此，可以利用测井倾角资料对储层顶面构造图进行修正，从而得到更精确的构造图，为下步评价和井位设计提供依据。同时，准确求取能真实反映构造变化的地层倾角很重要，只有那些来自沉积稳定、平行层理发育地层的数据比较可靠，对于来自交错层理发育地层的数据，可能需要更多的统计样本。

## 四、孔隙砂岩顶面精细构造解释技术

整个斜坡带主要目的层地震反射特征清晰，主要的解释难点在于孔隙砂岩顶面的精细追踪。利用积分地震道数据、常规地震数据交互追踪，并参考储层反演数据体进行修正，形成一套成熟的孔隙砂岩顶面精细构造解释技术。

### 1. 积分地震道处理

积分地震道在目前的地震解释过程中得到广泛的应用[8-11]，主要有两个因素：首先，积分地震道具有相对波阻抗的特征，而常规地震道主要反映的是反射系数的特征，因此，积分地震道更能直观地反映地层变化特征，尤其地层界面对应于波形特征的零值点，更有利于储层顶面精确层位解释；其次，积分地震道处理方便易行，目前几乎所有地震行业软件都能处理。

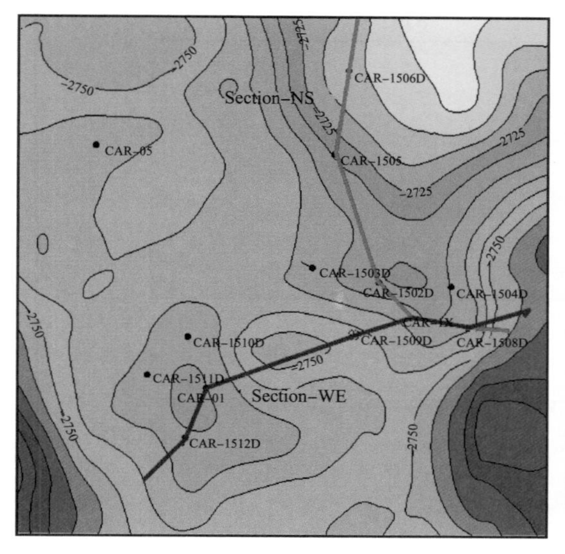


图 4-16　地震解释构造图

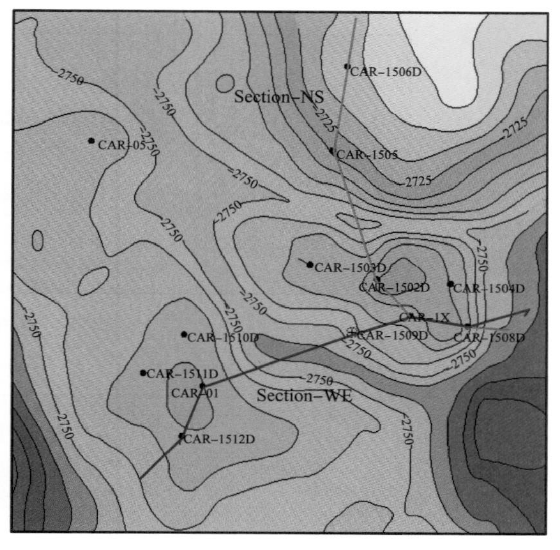


图 4-17　利用地层倾角资料修正的构造图

积分地震道处理是利用叠后地震资料计算地层相对波阻抗（速度）的直接反演方法。因为它是在地层波阻抗随深度连续可微条件下推导出来的，因而又称连续反演。道积分就是对经过高分辨处理的地震记录，从上到下作积分，并消除其直流成分，最后得到一个积分地震道。众所周知，反射系数的表达式为

$$R=\left(\rho_2 v_2-\rho_1 v_2\right)/\left(\rho_2 v_2+\rho_1 v_2\right) \tag{4-11}$$

当波阻抗反差不大时，$\rho v$ 可近似为 $\left(\rho_2 v_2+\rho_1 v_2\right)/2$ 的平均值。

上述公式中，$R$ 是反射系数，$\rho$ 和 $v$ 分别是岩石密度和岩石波速，所以反射系数的积分正比于波阻抗 $\rho v$ 的自然对数，这是一种简单的相对波阻抗概念。当然，有条件做绝对波阻抗更好，但相对来说，要花费更多的时间和精力。

与绝对波阻抗反演相比，道积分反演方法的优点是[8-11]：（1）递推时累积误差小；（2）计算简单，不需要反射系数的标定；（3）无须钻井控制，在勘探初期即可推广使用。缺点是：（1）由于这种方法受地震固有频宽的限制，分辨率低，无法适应薄层解释的需要[12-13]；（2）要求地震记录经过子波零相位化处理；（3）无法求得地层的绝对波阻抗和绝对速度，不能用于定量计算储层参数；（4）这种方法在处理过程中不能用地质或测井资料对其进行约束控制，因而其结果比较粗略。

如图 4-18、图 4-19 所示，地震积分道剖面同相轴与储层厚度比较吻合，而原始地震剖面主要表现出界面特征，对于储层厚度特征不是很明显。

2. *孔隙砂岩顶面交互解释*

常规地震资料同相轴反映地层等时界面，相移剖面可直观反映岩性界面，反演剖面更精确反映储层顶面的构造形态，三套数据的交互使用，实现储层顶界的精细追踪（图 4-20）。

通过三套数据体上的精细追踪与成图，利用波阻抗反演体得到的构造图鞍部特征明显，圈闭幅度增加，与实际钻探的油柱高度一致，较真实地反映了低幅度构造形态和幅度（图 4-21）。

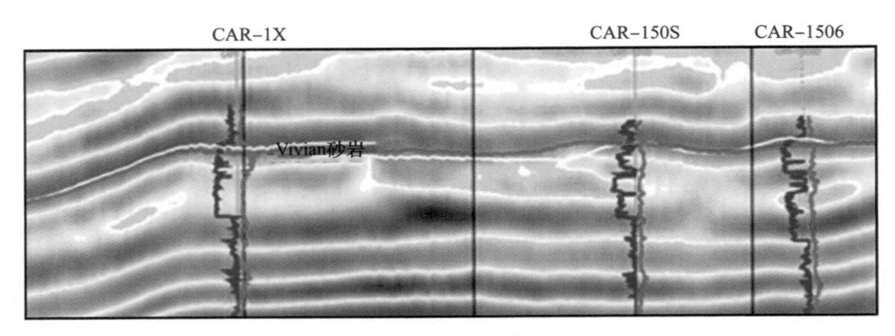


图 4-18　三维地震常规剖面

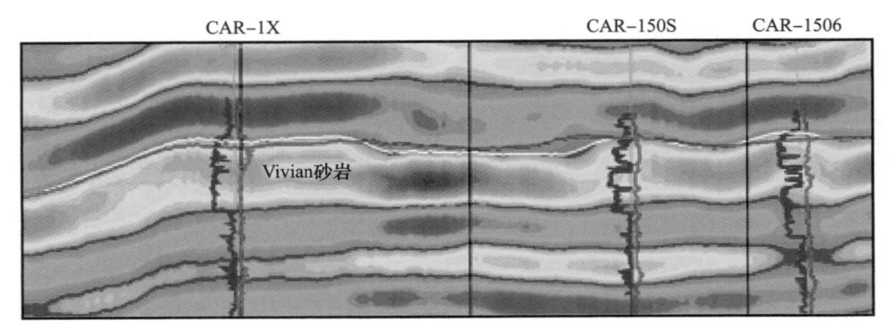


图 4-19　三维地震积分道剖面

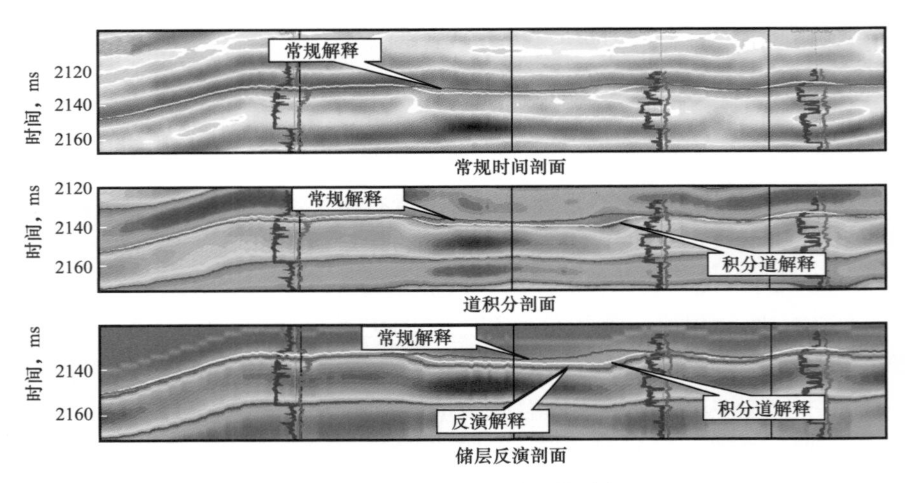


图 4-20　孔隙砂岩顶面精细构造解释

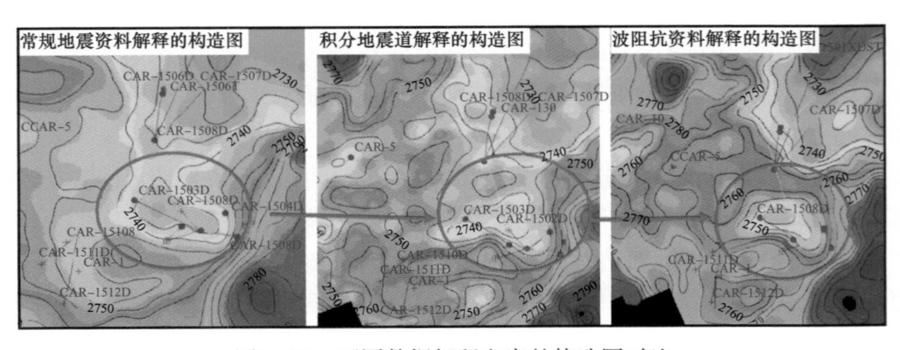


图 4-21　不同数据解释方案的构造图对比

为确保孔隙砂岩顶面精细追踪的空间合理性，同时参考三维可视化来完善储层顶面解释的精度（图 4-22）。根据标定结果，通过自动拾取、追踪和空间闭合，发现原解释层位 M1、T 和 Hollin 解释方案合理、闭合好，而 LWR_U 层顶面在 T 区块西部出现局部解释方案不准确。根据工区东部和中部的标定结果和解释方案，LWR_U 层追踪的是波谷—波峰零相位。在工区西部 1、2 号断层之间的 LWR_U 层以复波反射为主，正确的层位应该追踪复波中部的连续性较差的波谷—波峰零相位，而原解释层位追踪了复波下部的波谷—波峰零相位，解释偏低、上下地层厚度不协调，原解释层位不正确（图 4-23）。

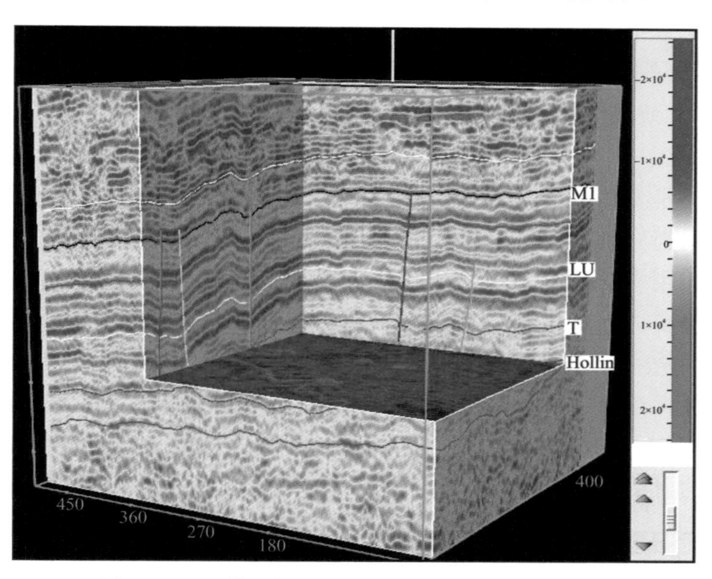


图 4-22　三维可视化手段检查原解释层位可靠性

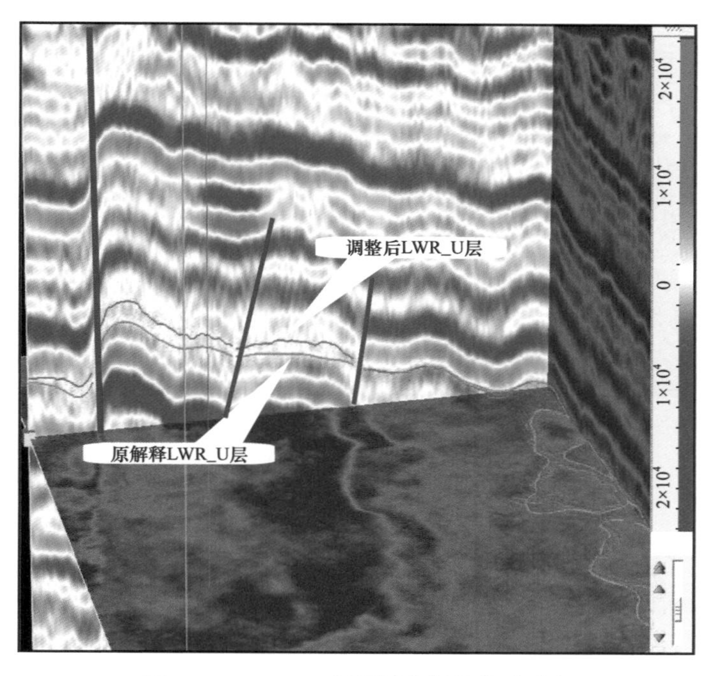


图 4-23　LWR_U 解释层位调整前后对比

## 五、剩余构造分析技术

由于低幅构造经常发育于斜坡背景，而局部异常幅值远小于背景构造埋深的数值，因此，通过层面的滤波计算出趋势面，然后消除趋势面的影响得到剩余构造异常，可清楚突出异常高点位置，帮助快速发现低幅度构造目标[14-15]，以便开展针对性的低幅度圈闭精细描述工作。具体实现方法如下：

1. 构建趋势面

构造趋势面是一个区域性地层界面，通常某一构造层数据包括三部分信息：（1）反映区域性变化的：数据中反映总体的规律性变化部分，由地质区域构造因素所决定；（2）反映局部性变化的：反映局部范围的构造变化特征；（3）反映随机性变化的：它是由随机性因素造成的误差。

趋势面分析就是要对地震数据中所包含的信息进行分析，排除随机干扰，找出区域性变化趋势，突出局部异常。趋势面分析是对地质特征的空间分布趋势进行研究、分析和预测的方法，一种应用多项回归分析的原理，采用函数逼近来近似刻画地质特征，将地质变量（特征）关系分离成趋势值和局部异常。所有趋势值点构成一个趋势面，趋势面上的局部扰动就是地质构造的异常部分。

2. 剩余构造异常分析

构造剩余异常图上正值代表正向构造幅度，负值代表负向构造幅度，其中正向构造正是我们所要寻找的目标（图 4–24）。

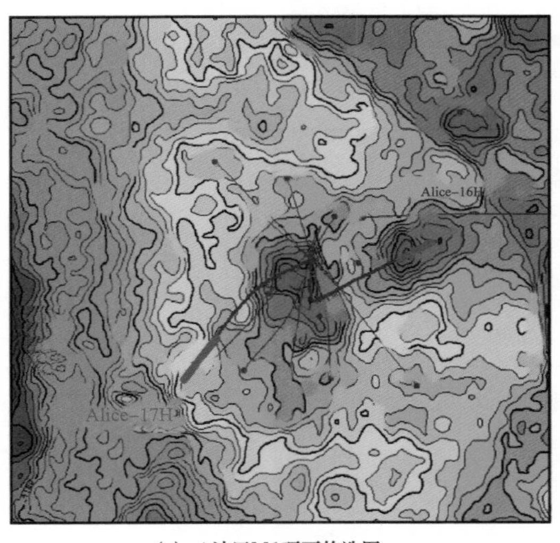


(a) A油田M1顶面构造图

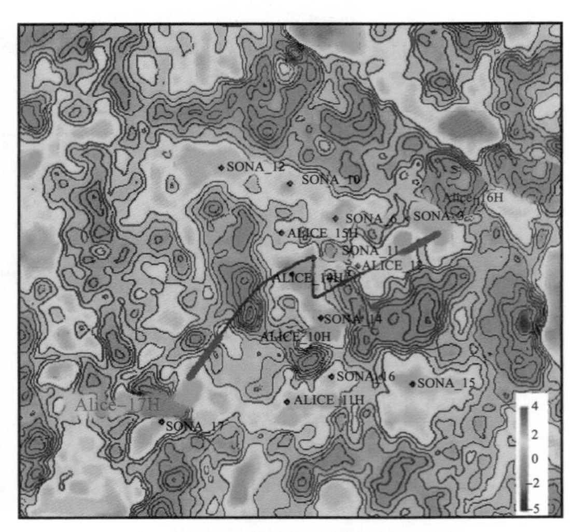


(b) A油田M1顶面剩余构造异常平面图

图 4–24　A 油田 M1 顶面构造图与剩余构造异常平面图

## 六、断裂综合解释技术

T 区块油气沿着断层分布趋势十分明显，断层是控制大型油气田的关键因素，加强断层及构造解释，是区块内现有油田增储、增产的关键。研究中采用相干体切片技术、曲率体解释技术、正演模型指导逆推断层的识别及平、剖结合开展小断裂组合等协助开展断裂分析和解释。

1. 相干体切片技术

相干处理和解释技术是目前解释断层最有效的方法之一，它利用地震波的相干原理，计算和分析相邻地震道间地震波形的变化，快速建立起断裂系统在空间的展布形态，指导断层的解释和平面的组合。在解释过程中，采用迭代处理与迭代解释的方法，不断完善和修正解释方案，使相干处理始终贯穿于资料解释的过程中，确保断层解释的合理性，同时结合地震属性倾角分析技术，使断裂解释更为合理。图 4–25 为 2000ms 反射层相干数据体层切片，从图中能够清楚地看出断层的形态和展布特征，以此来指导断层的解释和平面组合，通过相干数据体处理技术，进一步搞清了工区内断层的空间展布形态。

图 4–25　P 三维工区 2000ms 反射层相干数据体层切片

从相干切片上可以看出工区东部发育呈近南北向展布的主干断裂，工区的南部发育一系列小断层，断裂组合及展布特征清晰，能够很好地指导断裂的平面解释。

2. 曲率体解释技术

在二维平面中，曲率是曲线的二维性质，曲率值的大小反映曲线上一点的弯曲程度。曲线上某一点的曲率定义为曲线方向的改变速度。曲线上任意点的曲率是与曲线正切的圆的半径的倒数。

在三维空间中定义面的曲率，需要拟合与这个面正切的两个圆。这两个圆总是并存于相互正交的两个平面中。两个圆的圆心位于垂直于这个面的正切面的轴上。用这种方式，曲率只是简单的反射层外形的测量，它不受反射层整体旋转和平移的影响。实际应用中，层面曲率通常是沿在三维地震资料上追踪的层位数据计算。可以计算的曲率除了常用的最大正曲率和最小负曲率还包括极大曲率、极小曲率、倾向曲率、走向曲率、平均曲率、方位和形态指数等。在刻画断层和裂缝方面最大正曲率和最小负曲率是最常用的两种曲率属性，也是最有效的两种属性。

曲率属性描述了与尺度无关的层面形态，由于形态指数并不受曲率绝对值大小的影响，因而该曲率能够加强微小的断层和线性构造及其他层面特征。通过 P 三维区的实际应用也可以看出，体曲率属性与相干切片相比除了大规模断层外，小断层接触关系也比较清楚，还能反映出相干切片上解释不出的微断裂发育区带（图 4–26）。

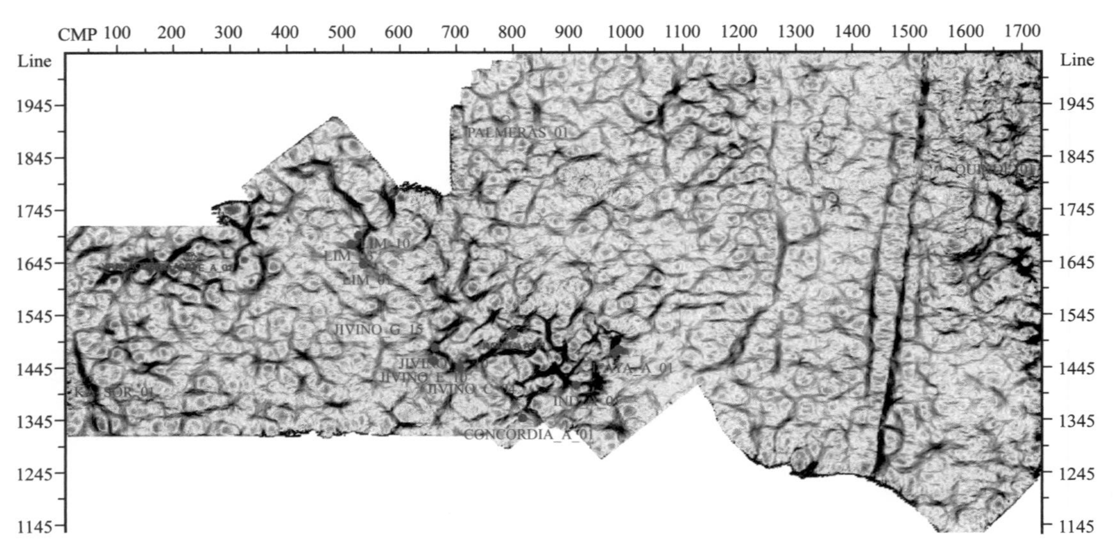


图 4–26　P 三维工区 2000ms 最大正曲率时间切片

3. 正演模型指导逆推断层的识别

根据挤压走滑构造地质背景设计地质模型，合成相应的地震反射剖面（图 4–27），分析不同断距断层的地震响应特征，用于指导地震剖面上小断层的解释。

地震正演结果表明，在地震子波为 35Hz 的地震剖面上，断距大于 15m 的断层在地震反射上具有明显的错断差，断距 10m 以下的断层则表现为同相轴的膝折、相位及振幅突变，岩性变化的地震响应为相位和振幅的渐变。

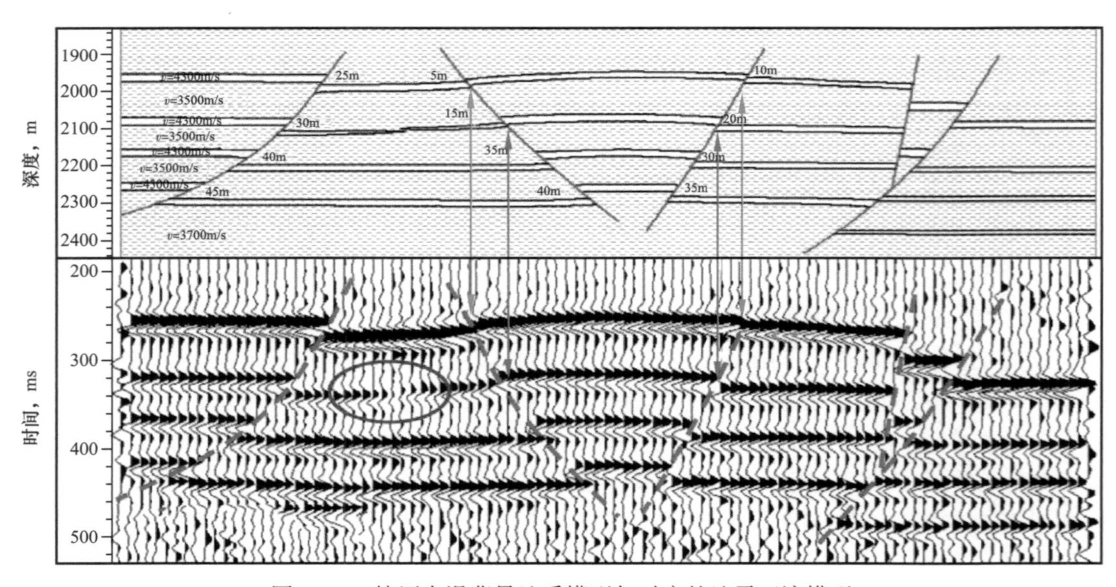


图 4–27　挤压走滑背景地质模型与对应的地震正演模型

通过对研究区地震剖面的精细观察，发现与上面正演结果相似的相位和振幅的变化点，而且这些疑似断点在平面上具有一定的延续性，可以合理地组合起来构成断层。根据新的认识，重新对研究区断层进行了识别（图 4–28、图 4–29）。

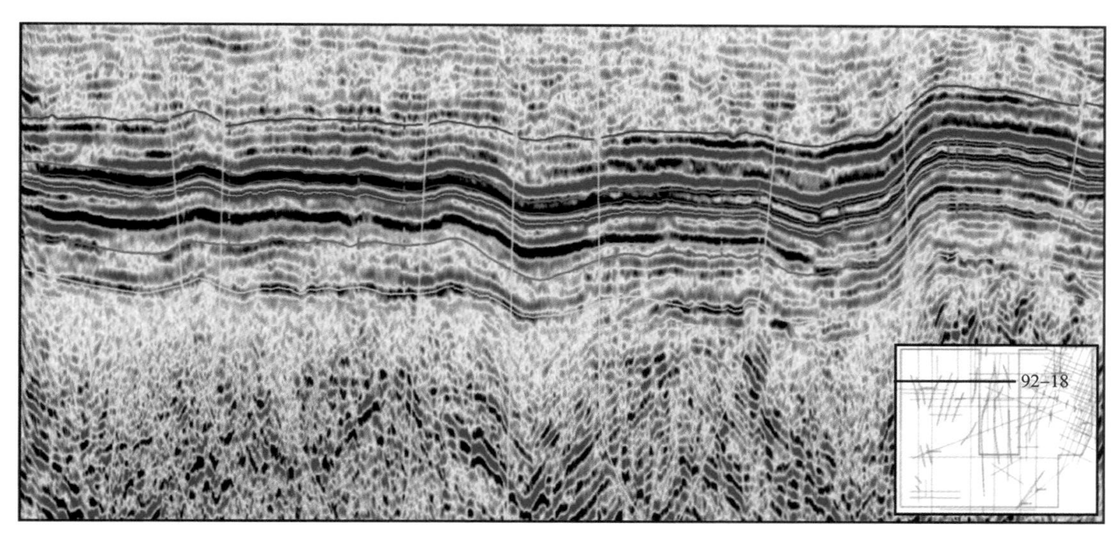


图 4–28 地震测线断层重新解释（黄线为重新解释断层）

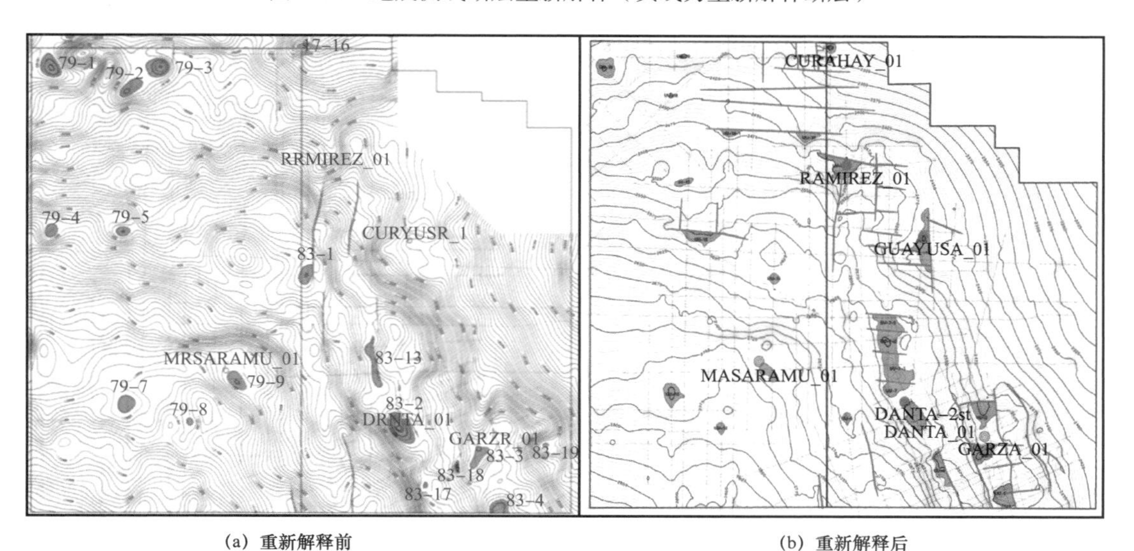


(a) 重新解释前　　(b) 重新解释后

图 4–29 断层重新解释前后对比

4. 平、剖结合开展小断裂组合

工区中南部发育了一系列北东—南西向高陡小断层，相干切片结合地震剖面开展断裂组合，避免将地震波形的横向变化误认为微断裂（图 4–30）。从断层的解释结果来看（图 4–31），本区断裂不发育，较大规模的断裂仅有 F 断层，并在其西侧发育一条伴生断层，其余为一些小断裂，断层性质都为逆断层。其中南部小断裂较为发育，断距明显，但延伸有限。

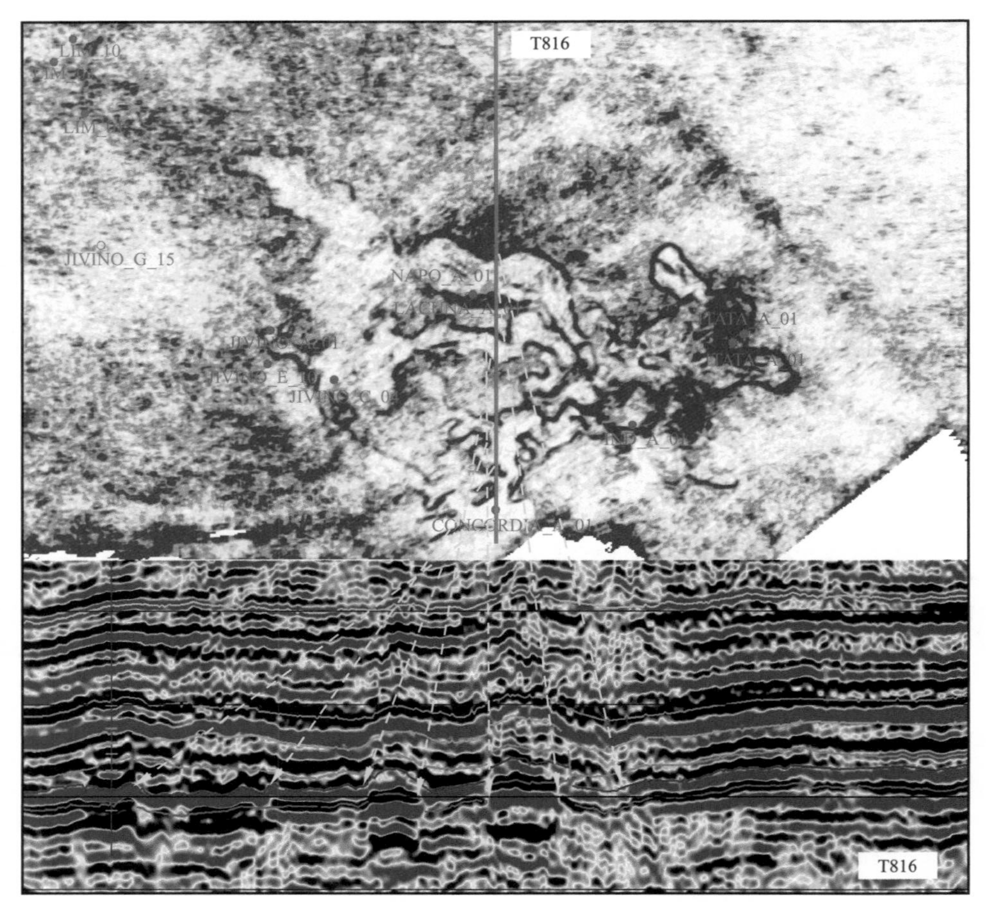


图 4-30　P 三维工区小断层平面及剖面发育特征

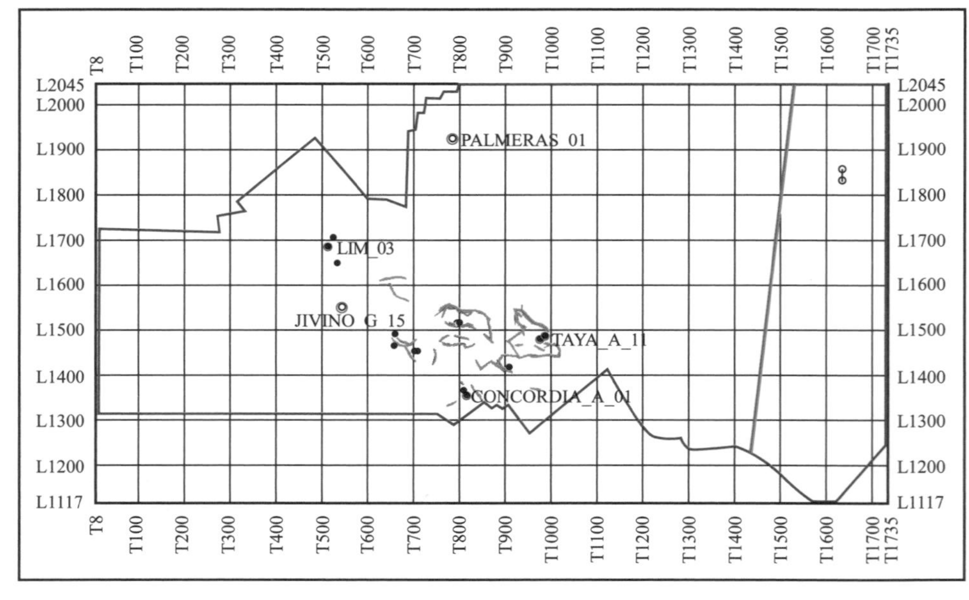


图 4-31　P 三维工区断裂纲要图

## 七、基于地震属性分析的储层预测技术

1. 单属性分析技术

1）地震振幅属性快速识别储层发育边界

地震属性体或沿层地震属性，具有快速识别储层形态的技术优势。常用的地震属性包括：相位加权振幅、平均频率、视极性、余弦瞬时相位、振幅一阶导数、瞬时包络导数、主频率、瞬时频率、瞬时相位、积分地震道、累计振幅、振幅二阶导数、瞬时包络二阶导数及时间值等。另外，波阻抗数据或相干体数据等数据体也可作为外部属性仅做数值运算后参与统计分析，外部属性的数学运算包括：倒数、对数、指数、均方根等，有利于提高属性与目标曲线的相关系数。不同的地区，能够反映储层变化的地震属性各不相同，需要深入分析。

在T区块，均方根振幅属性就能够较好地反映该地区M1砂体的特征，如图4–32所示，均方根振幅属性具有明显的特征，实钻结果证实，弱振幅区储层不发育，如FB70井钻遇该弱振幅区而没有发现M1砂岩油层，这说明T区块的油藏受低幅度构造和岩性控制明显，地震属性分析对该区下一步的井位部署有积极的指导作用。

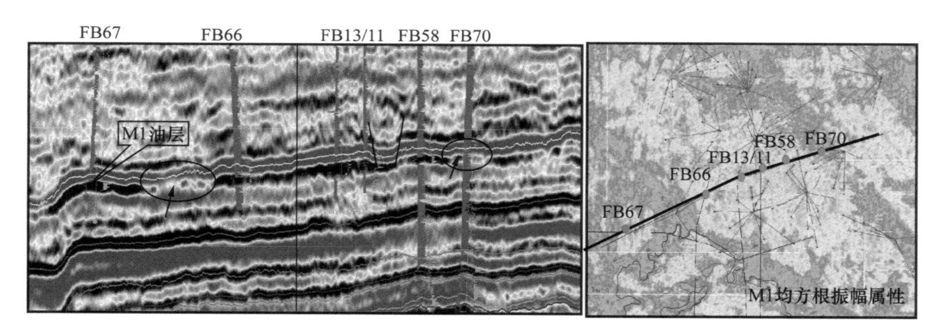


图4–32　过井地震剖面和M1砂岩沿层地震均方根属性分布图

2）曲率体技术识别低幅度圈闭的横向展布形态

曲率是圆的半径的倒数，代表了圆上某一点的切线。所以弧线弯曲程度越大，曲率就越大，而对于直线其曲率为零。从数学上来讲，曲率可以简单定义为曲线的二阶导数。如果曲线上某一点的半径用矢量来表示的话，那么就有可能对不同的地质形态赋予不同的曲率特征，曲线上矢量发散表示了背斜，矢量收敛则代表向斜。如果将一个三维曲面分割成数个平面，用一条曲线表示，那么曲率的概念就很容易地扩展到三维曲面上。计算曲线上的每一个点就得到了这个三维曲面的曲率。

曲率通常用以下形式表示：

$$z(x,y)=ax^2+cxy+by^2+dx+ey+f \tag{4–12}$$

式（4–28）中的系数可以进行其他的曲率计算，比如最小或最大曲率、最大正极性、最大负极性、倾角曲率、方位角曲率等。

体曲率是建立在形态而并非属性计算的基础上。与其他属性相比，体曲率能够反映地震分辨率无法分辨的精细断层和微小的裂缝特征，而在很多情况下，断层和裂缝对油气藏

及非常规资源都有很重要的影响。可以使用体曲率精确解释地下地质细节，而使用常规手段在这些地方解释复杂地质体往往比较困难。体曲率不需要预先解释层位，避免了解释偏差和偶然误差。体曲率增强和完善了相干体和其他体属性来揭示地质意义，最好在高质量和经过滤波的噪声小的数据基础上计算。

在曲率计算完以后，要连续进行空间滤波和中值滤波，最后进行平均滤波。这样可以去除噪声和散射特征，这些都可能生成次级曲率特征，中值滤波的计算时窗应该和曲率的计算时窗一致。

能够帮助探测河道、断层、裂缝、低幅度构造的体曲率属性有：轮廓曲率，曲度曲率，倾角，倾角曲率，走向曲率，方位角，高斯曲率，漫反射最大曲率，平均曲率，最小曲率，最小负曲率，最大正曲率，形状指数等。

通过对C油田vb地层计算体曲率，实验表明方位角属性较好地反映了该区的构造特征，低幅度构造边界清晰，与钻井揭示的情况比较吻合，较好地描述了低幅度圈闭的平面分布的形态（图4–33）。

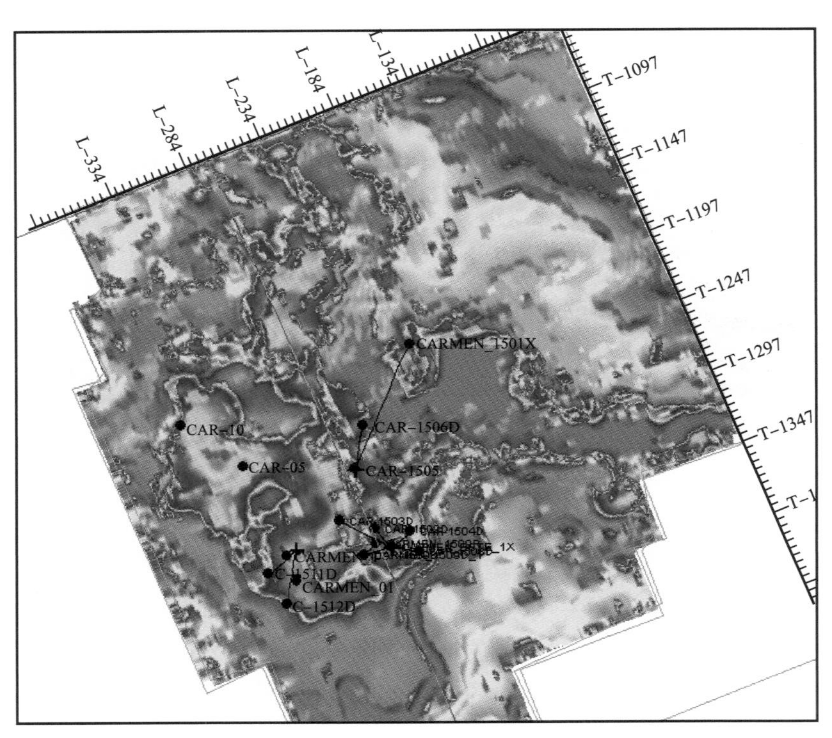


图4–33　C油田vb地层体曲率方位角属性图

从图4–33中可以看出，低幅度构造处于三角洲的前缘带，为河道砂体和河道间湾的泥岩差异压实作用所形成，整体形态成朵状或分枝状，明显受到河道沉积作用的控制。

3）频谱分解分析低幅度圈闭的形态和特征

频谱成像技术利用更稳健的振幅谱分析方法来检测薄层。频谱成像技术背后的概念是薄层反射在频率域有其特定的表述，该表述是其时间厚度的指示。该技术特别适合于河道砂岩等横向快速变化的薄储层的预测。该方法可获得地震道每个样点的频谱图像，从频谱图像的时间和空间的变化来研究储层的变化规律。同时该软件还能对特定的地质体进行频谱成像分析，从而高效快速地对目标地层进行地质分析。通过利用短时窗快速傅里叶变换、连续小波变换、时频域连续小波变换和S变换四种变换方法对地震体和地层体进行频谱分析，提高了频谱计算的效率，对各频率段地震属性可以进行更细致的分析，从而为薄储层的预测提供更加有利的工具（图4–34）。

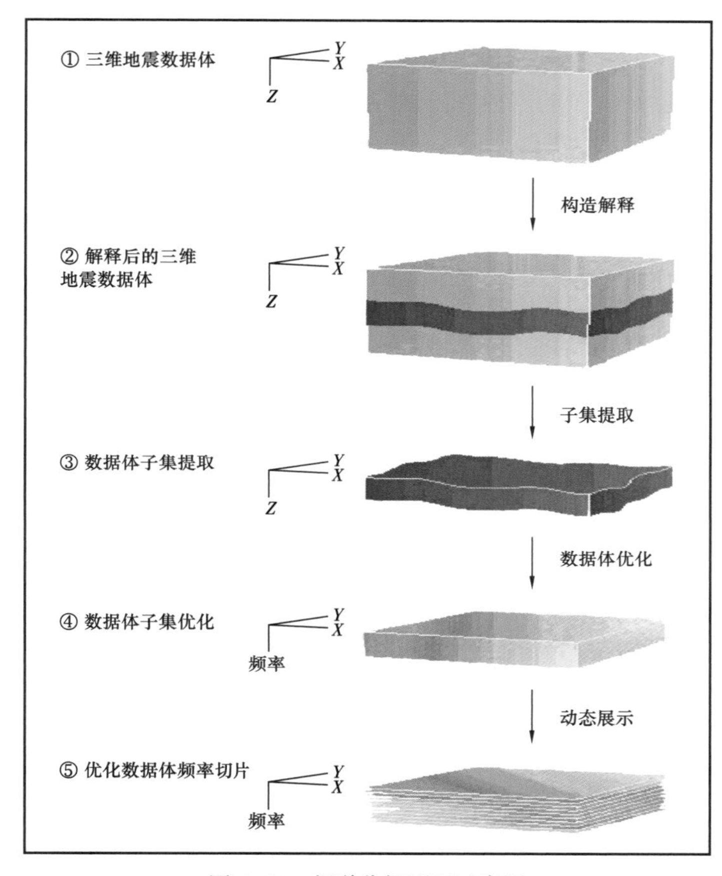


图4–34　频谱分解原理示意图

频谱分解方法将地震数据处理成频率切片，而非时间或深度切片。从本质上说，将频谱分解算法（如傅里叶变换）应用到地震反射数据后，地震信息就转换为频率信息。这有助于解释人员浏览特定频率的数据，识别出全带宽显示中可能忽略的地层和构造特征。

此方法基于薄层反射在频率域具有特定频谱响应的概念。在频率域中研究目的层段时，用户须先选择目的层段或子体，然后用频谱分解计算此区域在 $Z$ 轴方向的频率响应（而不是时间—深度响应）。输出结果是一个调谐体或是一系列调谐为特定频率的振幅或相位图。

频谱分解现正逐渐成为研究复杂油气区域的一种有价值的后期处理技术。传统的地震处理技术可提供的分辨率为20m+，频谱分解可提供10m或更高的分辨率。因此，对于分析薄储层，描述沉积特性如河道或暗礁等，频谱分解具有显著的效果。只要原始地震数据中的岩石类型之间有差异，频谱分解就能提供相当高的分辨率。如果岩石具有相近的速度，频谱分解不一定能将其区分开。频谱分解除了能提供高分辨率图外，还可用于计算地层厚度和识别油气指示。

为了更好地对储层可视化，VVA 软件的基本工作流程如下：

（1）对叠后数据应用频谱分解生成调谐体；

（2）分析频谱分解结果和频率道集；

（3）对地层体进行频谱分解 vb 地层；

（4）解释生成的结果；

对 C 油田分别使用 VVA 的四种方法做频谱分解，得到的结果有一定差别。

（1）离散傅里叶变换（DFT）。

离散傅里叶变换是一种应用广泛的频谱分解算法，它使用一个固定窗口。在此方法中，用户指定时间窗口的长度，在此窗口中转换信号使其表征声学属性和地层厚度。

窗口的长度选择越长，程序采集数据样本的范围更宽，生成的声学属性统计解释更佳。此方法的缺点是：如果窗口长度太长，此方法不能分辨小尺度同相轴。

通过在短时窗内对地震信号进行采样，可以避免固定窗口中所固有的平均效应影响以获取更佳的频率分辨率。时窗越短越有助于分辨高频同相轴，同时也有利于区分类似或邻近主频的同相轴。然而，时窗过短可能会忽略低频处的同相轴和降低分辨率。

使用该方法对本区 vb 地层做频谱分解，可以得到较有一定分辨能力的低幅度构造形态，但边界较为模糊（图 4-35）。

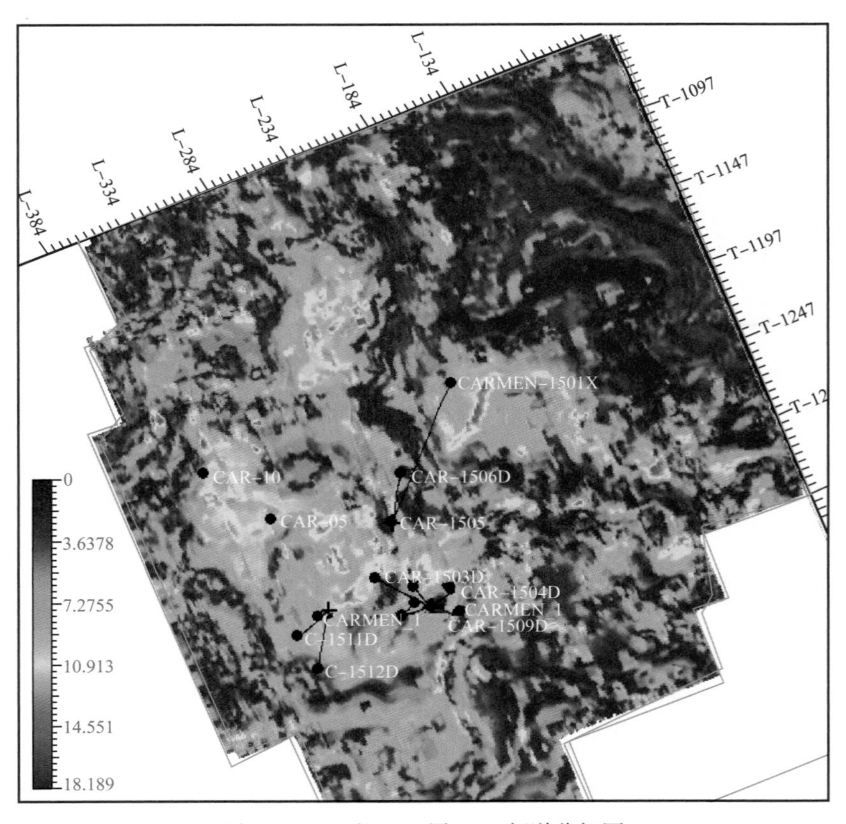


图 4-35　C 油田 vb 层 DFT 频谱分解图

（2）连续小波变换（CWT）。

CWT 使用一个移动的、尺度可变的时间窗口对地震信号采样。在此方法中，窗口的大小自动随频率的变化而变化，允许对地震道进行自适应采样。

使用该方法对本区 vb 地层做频谱分解，从图 4-36 中可以看到比 DFT 图更好地显示低幅度工作形态，说明 CWT 的移动计算窗口较 DFT 提供了更高的分辨率。

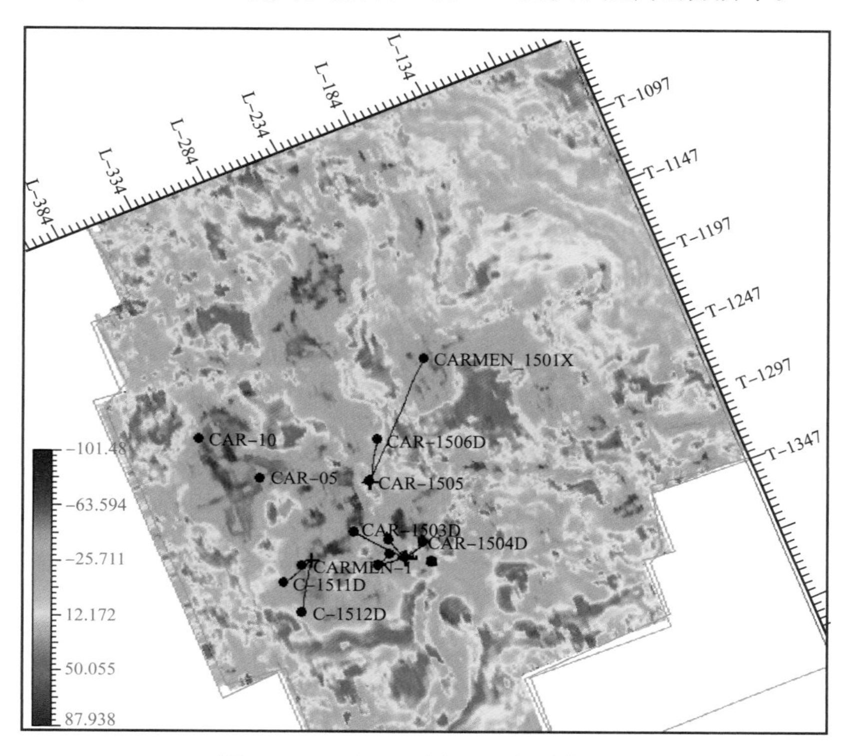


图 4-36 C 油田 vb 层 CWT 频谱分解图

（3）时间—频率连续小波变换（TFCWT）。

TFCWT 生成能显示任意同相轴上准确频率的时间—频率图。而 CWT 和 DFT 法生成给定时间窗口中心频率的频谱图。例如，CWT 频谱分解在 60Hz 的频谱图显示的是 55～65Hz 的平均振幅响应。然而 TFCWT 在 60Hz 的频谱图显示的就是在 60Hz 的振幅。

与 CWT 一样，TFCWT 频谱分解法使用移动窗口，但它不像前者那样均化邻近的频率。因此，TFCWT 方法生成的频谱图具有比 DFT 或 CWT 更高的时—频分辨率。CWT 和 TFCWT 两种方法在低频处提供高的频率分辨率和在高频处提供高的空间分辨率，而 TFCWT 频谱分解法对高频率数据的效果最好。

但 TFCWT 有一个弱点，它是计算密集型算法，用此种方法进行频谱分解非常耗时。由于 TFCWT 有瞬时谱计算功能，其具有更好的分辨率，显示出更多的地质细节。

使用该方法对本区 vb 地层做频谱分解，分析结果较叠 DFT 和 CWT 法更好地显示了低幅度构造边界（图 4-37）。

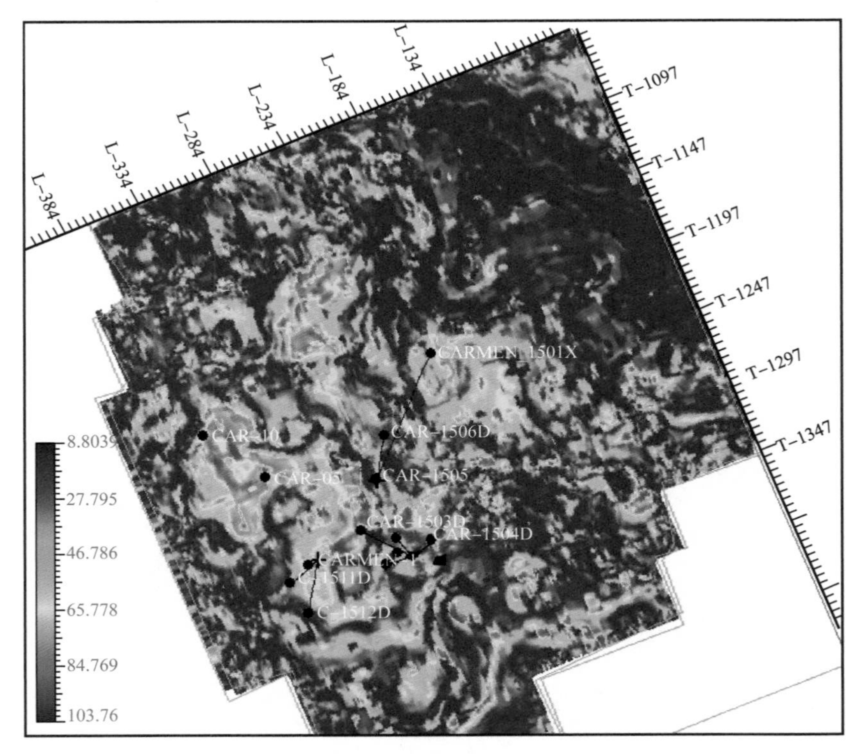


图 4-37　C 油田 vb 层 TFCWT 频谱分解图

（4）S 变换。

与 TFCWT 类似，S 变换生成真正准确的时间—频率图，同样使用移动时窗对地震信号采样。S 变换的窗口大小是取决于频率的。因为 S 变换与频谱的关系更严格，它可以生成分辨率很高的频谱分解图。S 变换可以用更快的速度得出与 TFCWT 类似的结果。

使用该方法对本区 vb 地层做频谱分解，从图 4-38 中可以看出，底图与 TFCWT 的结果基本相同。低幅度构造位置和已知认识基本吻合，多个低幅度构造间的间隔清晰，岩性导致的侧向封堵形态清晰。

综合分析以上四种频谱分解的方法，TFCWT 和 S 变换得到了类似的较为理想的结果。而 S 变换因运算速度远快于 TFCWT，更具现实意义。

（5）地震波形分类技术。

地震相代表了产生其反射的沉积物的一定岩性组合、层理和沉积特征。地震相单元的主要参数包括单元内部反射结构、单元外部几何形态、反射振幅、反射频率、反射连续性和地层速度。地震波形分类的思路就是根据地震资料，在一定时窗范围内统计地震波的几何形状、频率、能量变化快慢及各种地震属性，从而在剖面上或平面上划分各种地震属性特征总和相近的区域；然后结合地质资料在此基础上得出有关的地质认识。

（6）体检测技术。

储层在地震剖面上特征明显，多表现为强振幅—变振幅、透镜状的 1～2 个波峰—波谷组合的反射特征，在空间上该反射特征呈现连续的有规律的变化，从平面上其地震属性异常呈条带状分布。了解到河道的剖面特征后，利用当前较先进的三维可视化软件

Voxelgeo 对古河道的展布从三维空间上进行雕刻。这种方法的优点是可以将地震异常体的特征以空间的立体形式进行展现。

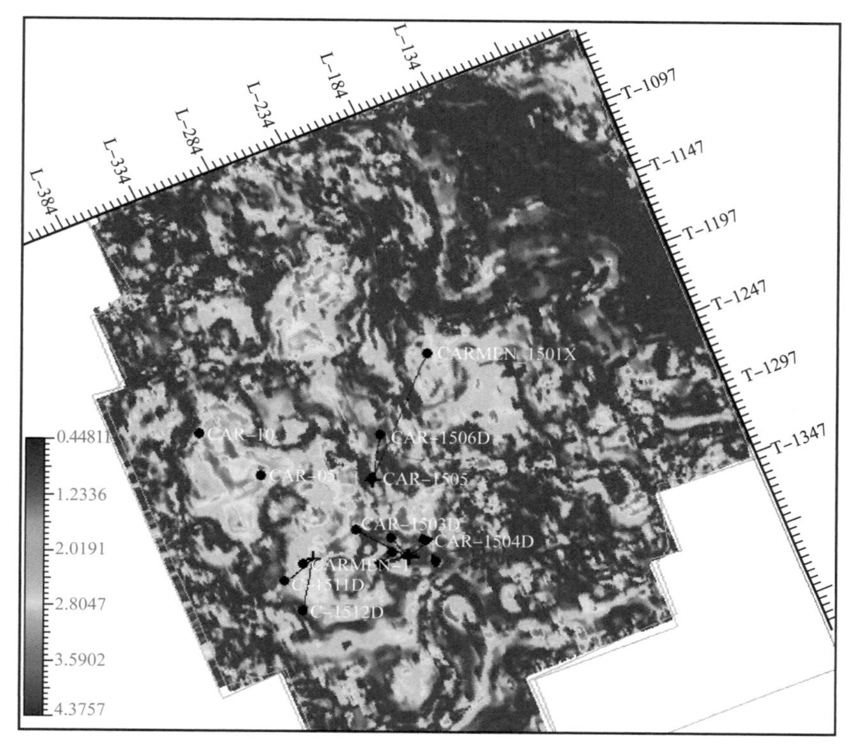


图 4-38　C 油田 vb 层 S 变换频谱分解图

（7）利用水平切片发现异常沉积体。

在三角洲的前缘带，砂、泥沉积受河流、波浪和潮汐的共同作用，表现为交互叠置沉积，由于砂、泥沉积物的差异压实作用，沉积物在成岩后，砂质沉积厚度大的地区，沉积物厚度减薄不多，而泥质沉积物厚度大的地区，沉积物厚度明显减薄，致使沉积物的原始几何状态发生明显改变，泥岩发育区向下凹，砂岩发育区向上凸，这就造成了低幅度圈闭的发育。

由于等时沉积物发生了不等厚度的形变，这就造成了地震记录上同一时间段的穿时现象，表现为：①同相轴中断和错动；②振幅发生突变，平面上表现为同相轴的宽度突然变化；③同相轴的异常形变；④相邻同相轴在走向上的不一致。

地震水平切片显示了同一时刻不同层的振幅响应在水平方向的变化。在常规垂直剖面上可以识别 1/2 相位的同相轴变化，而水平切片可以识别 1/4 相位的同相轴变化，识别的精度得到了明显提高。其原因是同一地震同相轴从纵向剖面转为水平切片时，同相轴的宽度得到了放大，在宽度放大的同时，同相轴的异常形变也得到了放大，从而水平切片对于地质异常体更加敏感；地质异常体在水平切片的平面表现为几组相互平行且包容的“圆”，在连续的几张等时水平切片上，地质异常体表现为逐渐扩大或缩小的“圆”，这反映了异常体的空间演化过程。因此可以利用水平切片的等时效应来分析异常沉积体的演化规律，落实微构造。

在 C 三维工区，通过对 vivian 地层发育的时间段在地震数据体上分析等时间距离的水平切片，可以对三角洲沉积演化规律作直观的分析，并可以有效地确定河道、河口坝、席状砂在时间域和空间域的展布规律，同时水平切片也较好地反映了该区的构造特征，揭示了受沉积控制的低幅度圈闭的空间演化规律和分布特征，其结果与钻井的结果相吻合，为下一步寻找低幅度圈闭的位置指出了方向。

在 2170ms 到 2164ms 的地震数据体上，沿 2ms 间隔提取水平切片，从中可以看到一个三角洲从发育、扩张、稳定、衰落、消亡的全过程（图 4–39）。由于受到河流和波浪的双重控制，三角洲外形成朵状，在这一时期，三角洲规模迅速扩大。从图中可以清晰地观察到水下分流河道方向和三角洲的规模和范围。三角洲内部红色部分为河口坝发育的区域，黄色部分为席状砂发育的区域，蓝色部分为湖盆范围（图 4–40）。

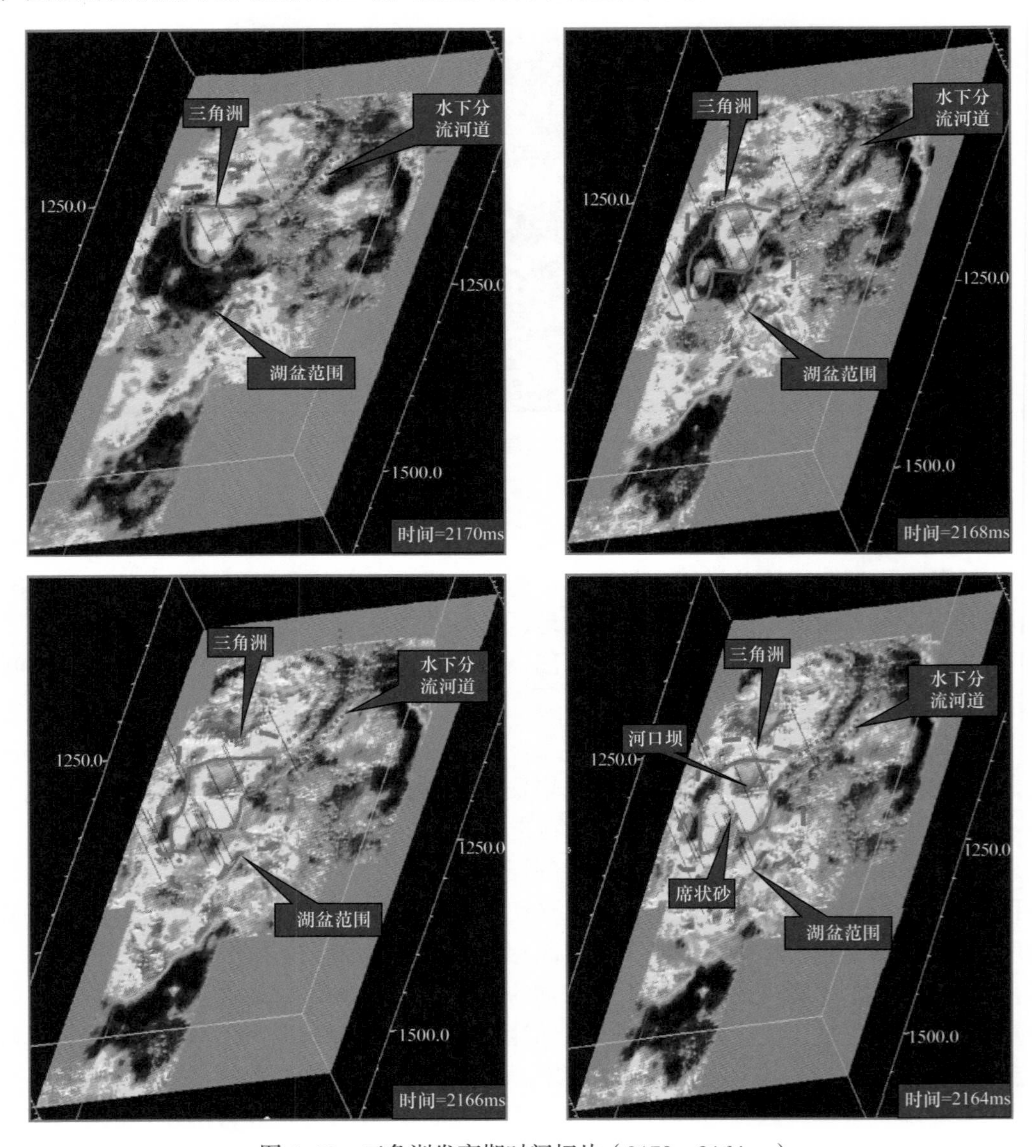


图 4–39　三角洲发育期时间切片（2170～2164ms）

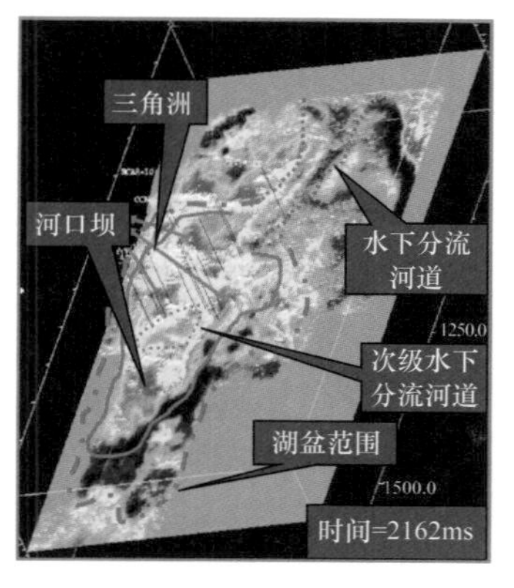


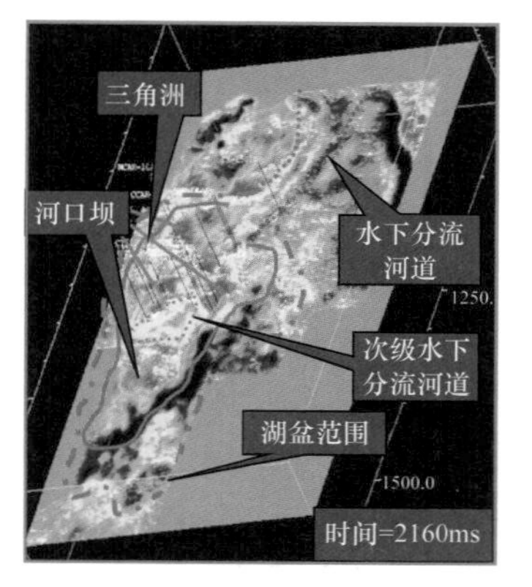


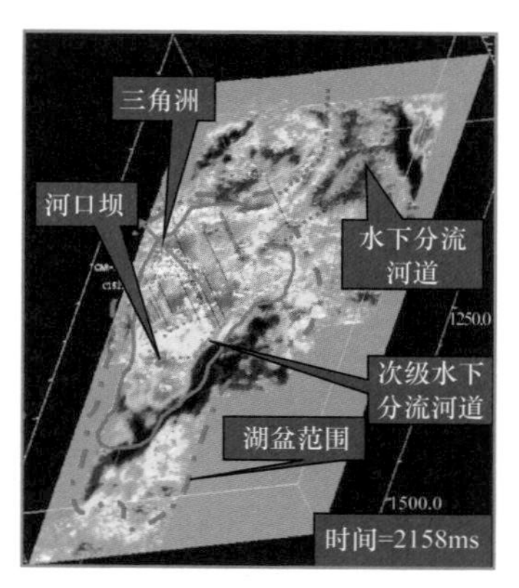


图 4–40　三角洲扩张期时间切片（2162～2158ms）

在此期间三角洲处于扩张高峰期，这时沉积物沉降速度大于湖盆扩张速度，三角洲规模迅速扩大，在这一阶段末期三角洲面积达到最大。从图中可以清晰地观察到水下分流河道方向和三角洲的规模和范围，这一期间河口坝的规模和范围都显著扩大，在三角洲内部出现次级水下分流河道，并由次级水下分流河道产生新的河口坝和席状砂等微相沉积（图 4–41）。

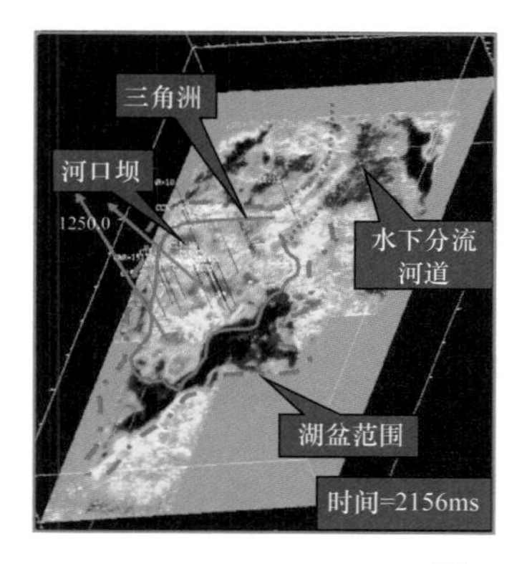


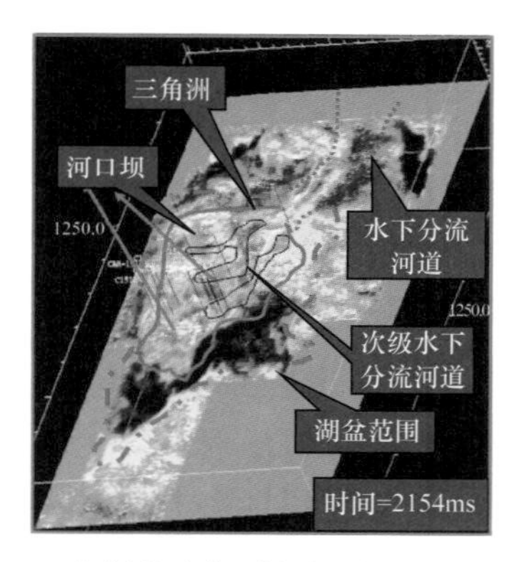


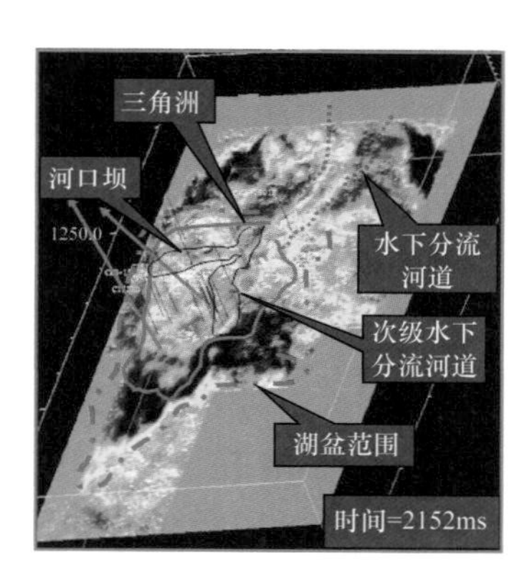


图 4–41　三角洲稳定期时间切片（2156～2152ms）

此时沉积物沉降速度和湖盆扩张速度大体一致，在此期间三角洲的面积和规模相对稳定。从图中可以观察到次级水下分流河道位置在此期间频繁改道，河口坝和席状砂等微相沉积在空间的沉积规律不断发生变化（图 4–42）。

这一期间反映一个水进过程，此时沉积物沉降速度小于湖盆扩张速度，三角洲的面积和规模逐渐减小，湖体面积逐渐扩大，逐渐与相邻的水体相互连通（图 4–43）。

该过程中随着水进进程的持续，沉积物沉降速度远小于湖盆扩张速度，三角洲的面积和规模逐渐减小直至消亡。

从上述时间切片中可以发现在 C 三维区已钻井重点集中在主河口坝上，钻井结果已认识的低幅度圈闭发育区与水平切片的分析相吻合，这证实水平切片是发现异常沉积体、分析演化规律、落实微构造的有效手段，而在研究过程中又新发现了一些由次级水下分流河道产生的新的河口坝和席状砂，指出了下一步低幅度圈闭研究的主要方向。

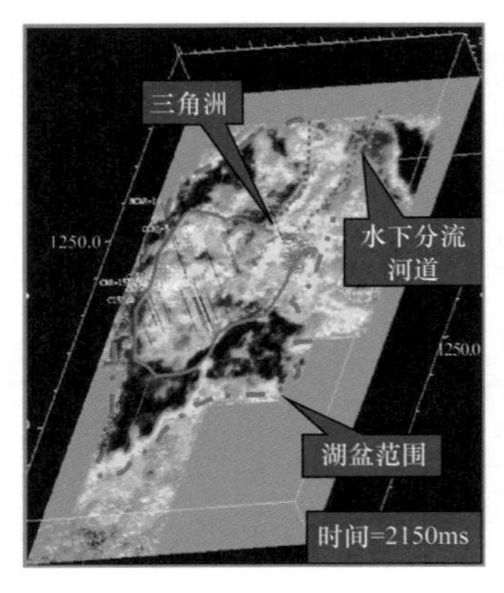

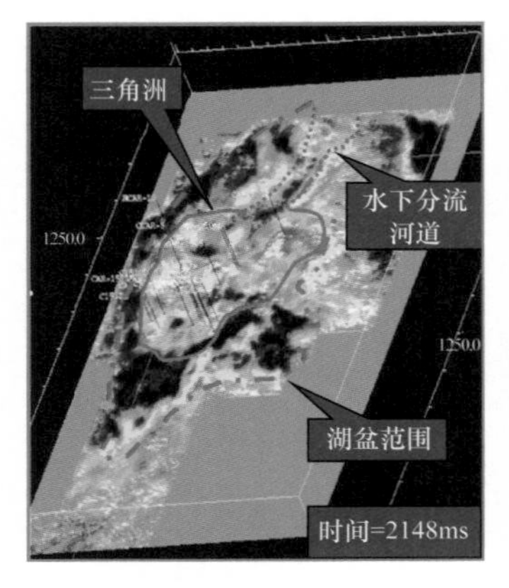

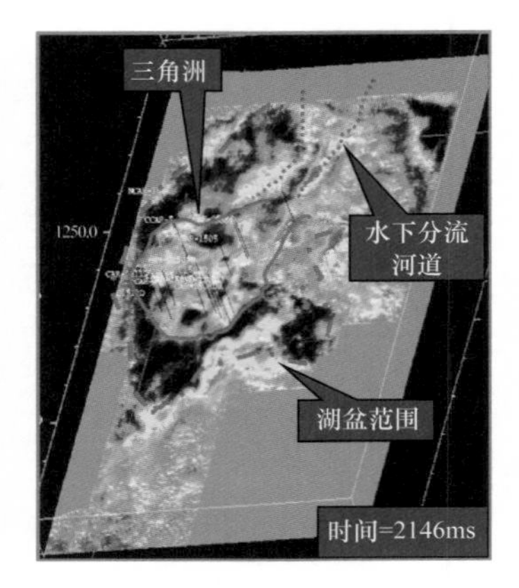


图 4-42　三角洲衰落期时间切片（2150～2146ms）

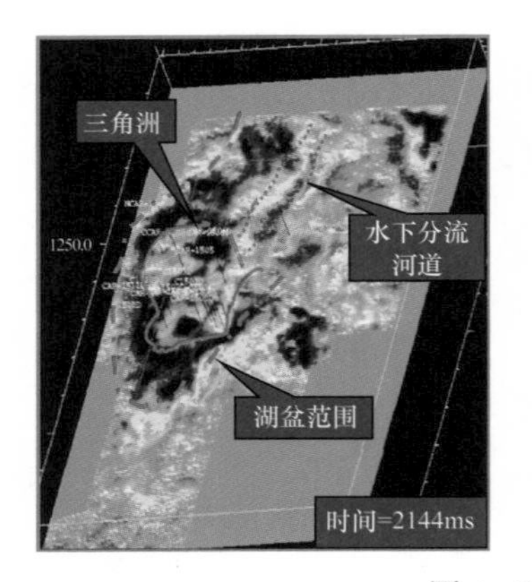

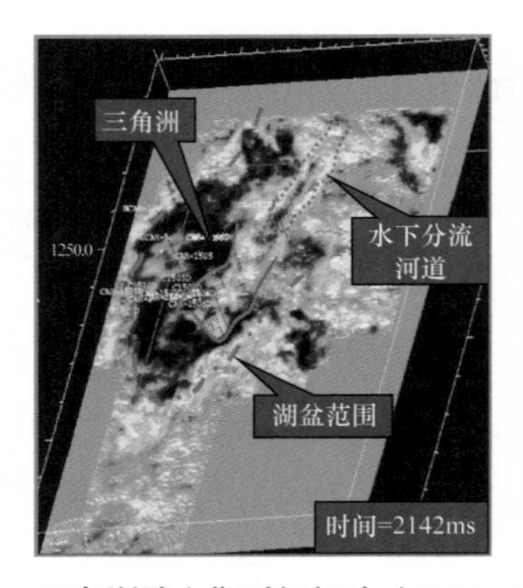

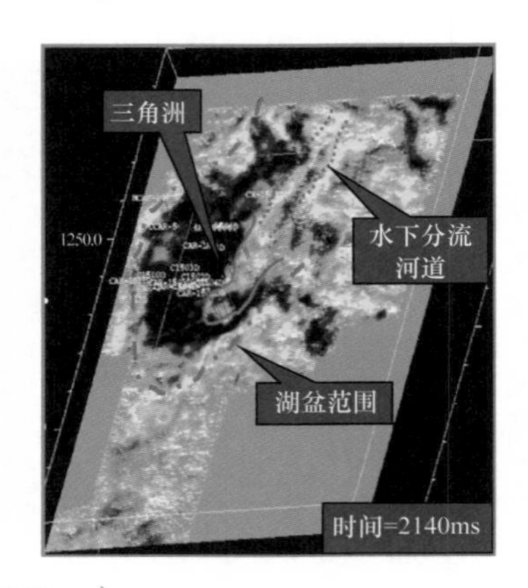


图 4-43　三角洲消亡期时间切片（2144～2140ms）

2. 多属性分析技术

1）体融合技术发现和描述低幅度圈闭

单一属性在描述地质体的形态时，受到算法本身的制约和客观条件的影响，所得到的结果往往存在多解性，而多个属性的交融可以大大减低多解性，为准确描述事物的客观形态提供了有效的手段。

交会图是用来观察两个或多个地震属性之间关系的工具，它基于单一属性不能很好刻画储层的概念。通过多个地震属性的交会，可以很容易实现属性间隐含关系的可视化并可用于识别储层中的油气显示。

在属性交会图上，通过多边形圈定属性值，能够即时在三维图、底图及剖面的属性图上显示出所选属性点的分布，从而能够利用属性的交会工具追踪地质目标。同时也能够通过多边形在底图属性图或者三维属性图上圈定范围，属性交会图上显示相应的属性点分布区域。

VVA 软件可以对以下类型的数据进行交会：

（1）层面属性；

（2）地震体属性；

（3）层段属性；

（4）地层体属性；

（5）测井曲线。

交会图与地震数据窗口间的实时交互显示可快速得到属性间的相互关系和高效的地震解释。交会结果的相关关系有助于预测储层物性和确定无井区域最佳钻探位置。

VVA 中的交会工具可用于：

（1）更好地理解和解释地震属性间的相互关系；

（2）利用测井数据交会图建立地震属性与地质参数间的关系；

（3）提取属性间相互关系用于地质体追踪和地震相划分；

（4）用于编辑层位追踪中的异常数据。

鉴于对 C 油田 vb 地层计算体曲率和做 S 变换频谱分解都得到了较好的结果，对这二者进行交互分析，过程如图 4-44 所示。

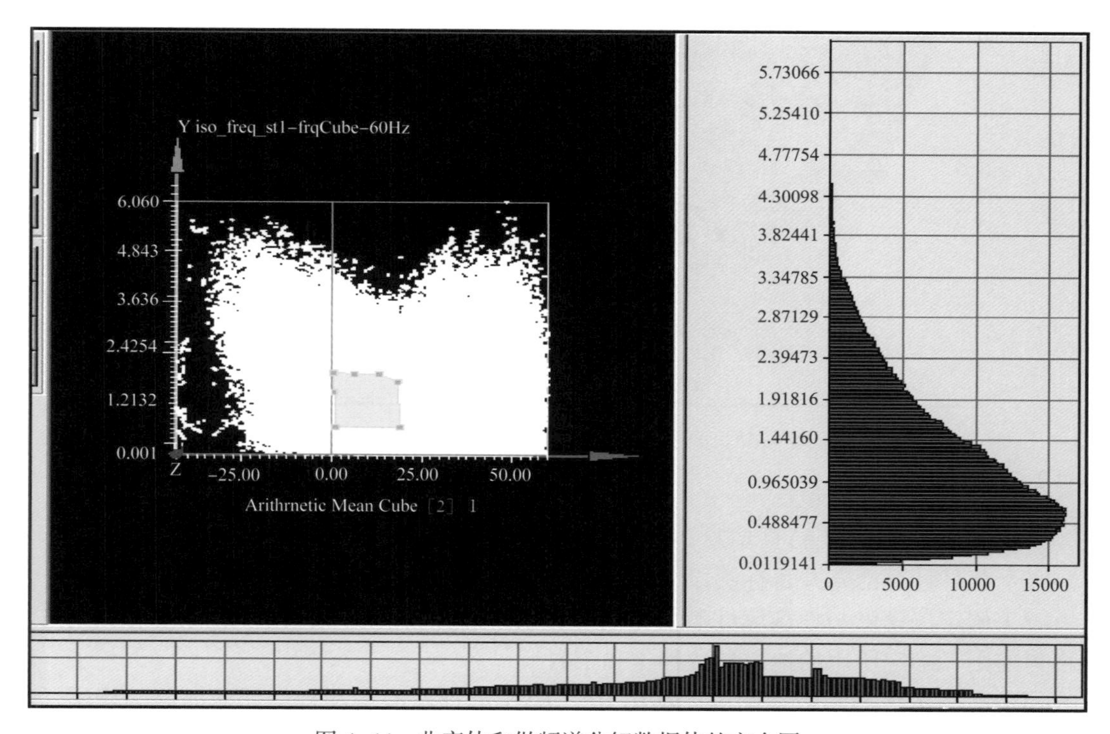


图 4-44 曲率体和做频谱分解数据体的交会图

通过两个属性体的交会分析，得到属性融合体，从平面图中可以看出（图 4-45），该属性融合体刻画的低幅度圈闭的几何形态和边界特征更加清晰，比原来的构造图更能反映低幅度圈闭的真实形态，可以有效降低多解性。通过该技术可以有效寻找无井控制的低幅度圈闭存在的位置，为下一步的工作指明方向。

2）多属性交叉互验开展储层物性及含油气性预测

地震属性反映的是地震反射特征参数，也就是反映了地下某种岩石物性参数的变化，储层参数平面预测就是利用地震属性参数和已知井的地层物性参数建立某种相关关系，通过这一关系去预测未知点的储层物性参数及含油气性。

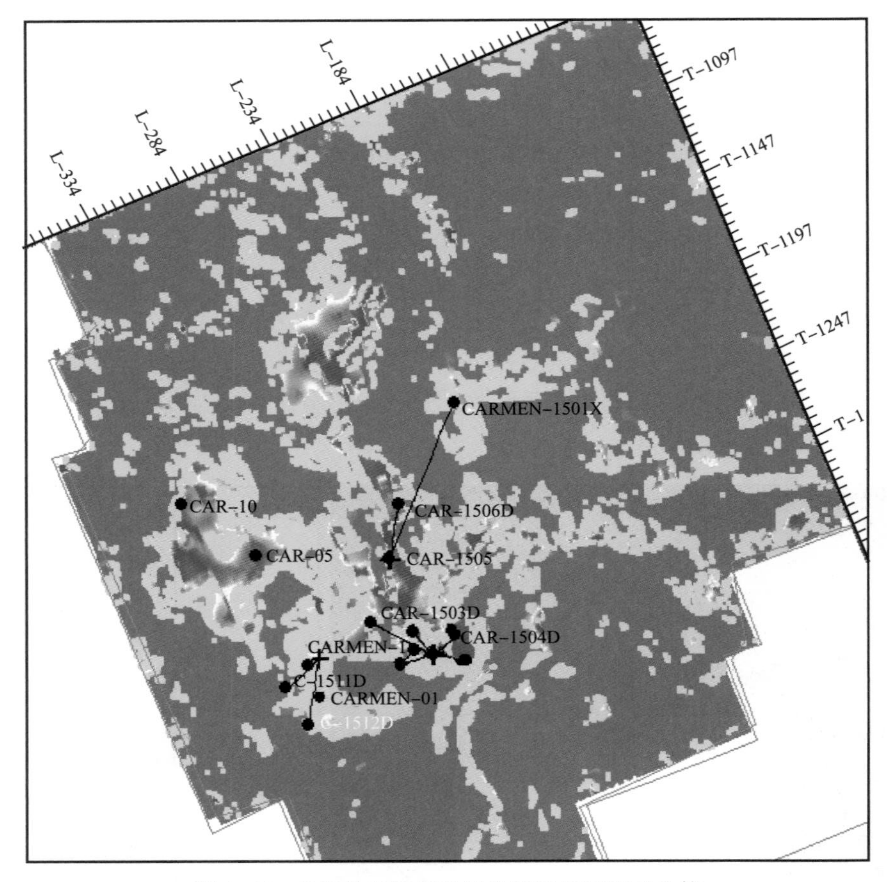


图 4-45　曲率体和频谱分解数据体的属性融合体

具体预测步骤主要包括：

（1）沿层提取包括 AVO 信息在内的多种地震属性参数。

（2）统计计算已知井目标层段上的层速度。

（3）假定层速度与地震属性参数为线性关系，以交叉检验误差最小和系统参数均方值最小为准则，确定所用的地震参数种类和个数。

（4）在所选地震参数空间内，利用 BP、PNN 等神经网络和自然邻域插值等算法，并考虑空间距离因素最终得出预测结果。

具体预测结果包括地层含砂率、储层厚度、储层物性及含油气预测。

（1）层间地震特征参数提取。

层间地震特征参数提取对预测地层物性参数至关重要，由于通常不能确定哪一个或一组参数和我们要预测的层速度关系密切，因此在开始尽可能地提取大量地震特征参数，以便加大出现与已知井点层速度关系密切参数的可能性，随后利用已知井点的层速度，根据某种规则由程序对其进行自动筛选。特征参数所用的地震数据体选用常规地震、纵波速度和泊松比，在这三种地震数据体中提取了包括振幅、频率、相关、回归等类型参数共 40 余个，在此基础上对振幅类参数进行进一步的混合处理，以便突出常规地震和 P 波在目的层段上的微弱反射能量差异。提取参数所用的时窗由目的层上下界面控制，同时限制最大

（100ms）和最小时窗（10ms）。

（2）地震特征参数筛选。

首先对所有地震参数及井点层速度进行归一化，将其均值置为0，方差置为1，并认定层速度 $v_s$ 与 $n$ 个地震参数 $Si$ 呈如下线性关系：

$$v_s = a_0 + a_1 S_1 + a_2 S_2 + a_3 S_3 + \cdots + a_n S_n \tag{4-13}$$

其中 $a$ 为待定常数。

利用已知井点数据可以求出 $ai$，即令下式最小：

$$M = \sum \left( v_{wi} - v_{si} \right)^2 \quad i = 1,\ \cdots,\ m \tag{4-14}$$

式中　$v_{wi}$——第 $i$ 口井的实际层速度；

$v_{si}$——第 $i$ 口井预测的层速度；

$m$——可用井各数。

现在的问题是选取什么种类的地震参数及使用多少个参数种类，才能得到最合理的预测效果，显然所用的地震参数种类个数越多，与已知井的符合率越高，会造成系统的稳定性变差，也就是系统的预测能力变弱。下面简单叙述一下在上面所述的线性关系意义下，如何确定最佳的地震参数种类及个数。

首先介绍一下所谓的交叉检验误差。假定选择了 $n$ 个地震参数 $Si$，令下式最小求出系统常数 $a$：

$$Mj = \sum \left( v_{wi} - v_{si} \right)^2 \quad i = 1,\ \cdots,\ m\ \ i \neq j \tag{4-15}$$

也就是说在求取系统常数 $a$ 时将第 $j$ 口井当作未知，利用这一系统预测的第 $j$ 口井层速度记为 $v_s$（$Mj$），我们将交叉检验误差 $v$ 定义为

$$v = \mathrm{sqrt}\left\{ \sum \left[ \left( v_{wi} - v_{s(Mi)} \right) \right] 2/n \right\} \quad i = 1,\ \cdots,\ m \tag{4-16}$$

简单地说就是循环将每一口井当成一个检验井，选取地震参数种类及个数的标准就是交叉检验误差应为最小，也就是在线性含义下它的预测能力最强。具体过程是，首先选取与井点数据相关性最好的地震参数作为已经完成选取的第一个地震参数 $S_0$，在本例中就是KLTR_1；接下来选取第二个地震参数，将余下的地震参数逐一与 $S_0$ 匹配计算交叉检验误差 $v$，选择 $v$ 最小的地震参数作为选定的第二个参数，对应的最小交叉检验误差记为 $v_2$，以此类推选择第三个地震参数，等等，假设选择了 $n$ 个参数，最小的交叉检验误差是 $v_m$，$m \leqslant n$，则取前 $m$ 个地震参数用于该层层速度预测（图4-46）。

线性关系通常只用于地震参数挑选，由于是线性的，其预测的层速度在远离井点的地震参数空间区域，预测结果可能出现较大偏差，其预测结果是定性的，但其层速度分布趋势是基本可靠的。我们在已选地震参数基础上，使用RBF（Radial Basis Function）方法完成最终的层速度预测。使用下式：

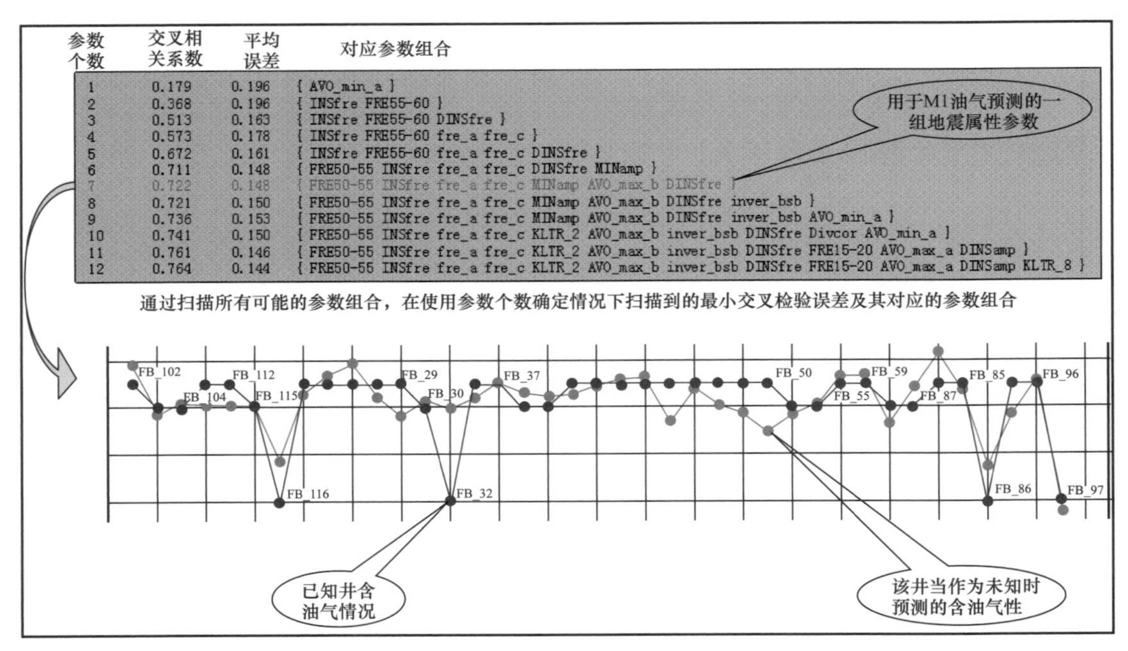

| 参数个数 | 交叉相关系数 | 平均误差 | 对应参数组合 |
| --- | --- | --- | --- |
| 1 | 0.179 | 0.196 | { AVO_min_a } |
| 2 | 0.368 | 0.196 | { INSfre FRE55-60 } |
| 3 | 0.513 | 0.163 | { INSfre FRE55-60 DINSfre } |
| 4 | 0.573 | 0.178 | { INSfre FRE55-60 fre_a fre_c } |
| 5 | 0.672 | 0.161 | { INSfre FRE55-60 fre_a fre_c DINSfre } |
| 6 | 0.711 | 0.148 | { FRE50-55 INSfre fre_a fre_c DINSfre MINamp } |
| 7 | 0.722 | 0.148 | { FRE50-55 INSfre fre_a fre_c MINamp AVO_max_b DINSfre } |
| 8 | 0.721 | 0.150 | { FRE50-55 INSfre fre_a fre_c MINamp AVO_max_b DINSfre inver_bsb } |
| 9 | 0.736 | 0.153 | { FRE50-55 INSfre fre_a fre_c MINamp AVO_max_b DINSfre inver_bsb AVO_min_a } |
| 10 | 0.741 | 0.150 | { FRE50-55 INSfre fre_a fre_c KLTR_2 AVO_max_b inver_bsb DINSfre Divcor AVO_min_a } |
| 11 | 0.761 | 0.146 | { FRE50-55 INSfre fre_a fre_c KLTR_2 AVO_max_b inver_bsb DINSfre FRE15-20 AVO_max_a DINSamp } |
| 12 | 0.764 | 0.144 | { FRE50-55 INSfre fre_a fre_c KLTR_2 AVO_max_b inver_bsb DINSfre FRE15-20 AVO_max_a DINSamp KLTR_8 } |



图 4-46　F 南油田 M1 层储层厚度与属性参数相关程度分析图

$$\mathrm{RRBF} = \sum R\mathrm{w}_i \mathrm{e}\left(-D_i / u\right) \quad i = 1,\ \cdots,\ m \tag{4-17}$$

式中　$R\mathrm{w}_i$——第 $i$ 口井的层速度；

$m$——井点个数；

$u$——常数，可根据实际需要给出一个合适的值（0.5～3.0）；

$D_i$——所预测点到第 $i$ 口井点的地震参数空间距离，定义为

$$D_i = \mathrm{sqrt}\left(\sum\left[a_j\left(s_j - s_{ij}\right)^2\right]\right) \quad j = 1,\ \cdots,\ n \tag{4-18}$$

式中　$n$——地震参数个数；

$a_j$——第 $j$ 个地震参数上述线性关系中的系数；

$s_j$——所预测点的第 $j$ 个地震参数；

$s_{ij}$——第 $i$ 口井点的第 $j$ 个地震参数。

RBF 法类似于在给定的地震参数空间的自然邻域插值方法，考虑到工区面积大、井眼密集，对 RBF 算式做了如下修改：

$$\mathrm{RRBF} = \sum R\mathrm{w}_i \mathrm{e}\left(-D_i / u\right)\mathrm{e}\left(r_i / \omega\right) \quad i = 1,\ \cdots,\ m \tag{4-19}$$

式中　$r_i$——预测点到第 $i$ 口井点的空间距离；

e（$r_i/\omega$）项的作用是限制每口井的影响区间，影响区间大小可用参数 $\omega$ 来控制。

在所选地震参数空间内，利用 BP、PNN 等神经网络和自然邻域插值等算法，并考虑空间距离因素最终得出对储层的预测结果。

（3）储层空间展布特征。

通过地震多属性分析技术[16-17]得到F南油田M1储层厚度图（图4-47），采用交叉检验误差分析，预测符合率在80%以上。M1储层主要呈北西向延伸，具有水下分流河道砂和点沙坝沉积的特点。其中位于中上部的河道勘探程度较高，已经发现了多个油藏，砂体厚度主要在12.2m左右；砂体最厚发育区在工区南部，其中位于FB85井区的砂体厚度可达21.3m以上，已经发现油藏，西南部区域目前没有勘探，总体上区内南部砂体发育，向北厚度减薄，南部区域是该区域下一步勘探重点。

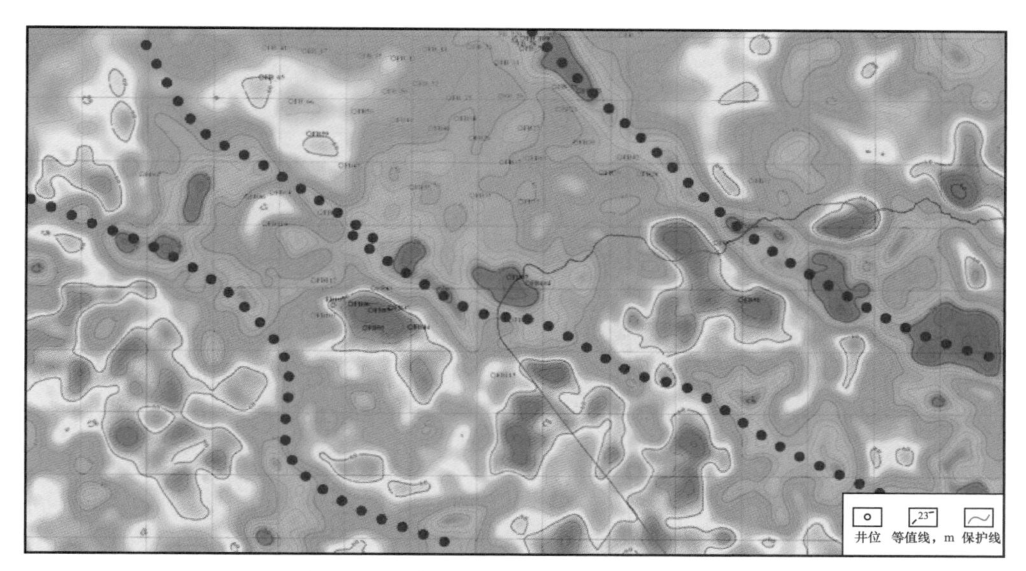


图4-47　F南油田M1层储层平面展布特征

（4）储层含油气预测。

M1储层在工区内钻遇的井较多，通过对反演所得到的属性及叠后属性与钻井的相关性分析，采用交叉检验误差分析的方法，优选了一组适合的属性参数（图4-48），并且通过线性预测和自然领域插值法预测进行含油气检测（图4-49），预计预测符合率在70%左右。从图4-49中可以发现，除已发现的含油区外，在工区的南部呈北西向展布还有多个有利的含油带，主要集中在FB131井区，FB85井区的南部和西部地区。

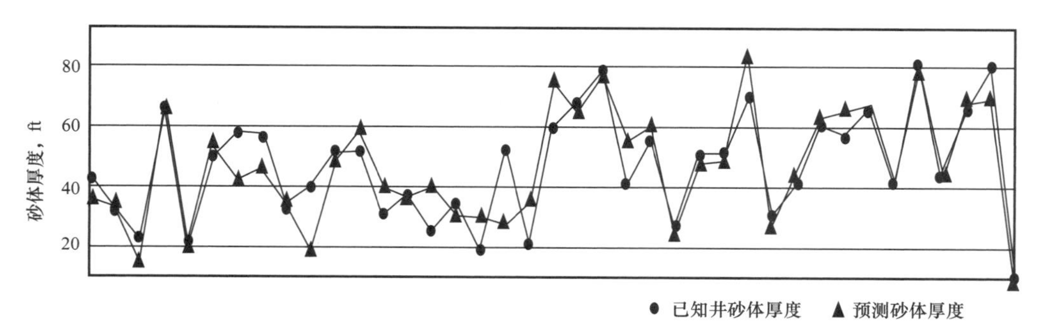


图4-48　F南油田M1层储层地震属性预测与储层实钻厚度对比图

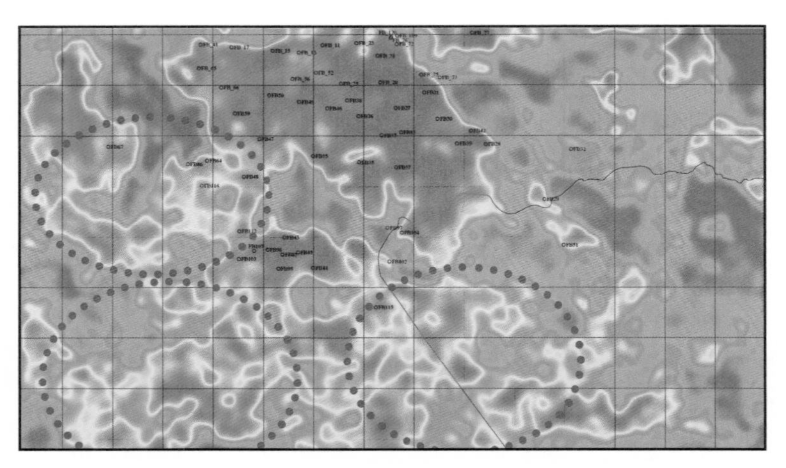

图 4-49　F 南油田 M1 层储层含油性预测图

## 第二节　海绿石砂岩特殊油层测井综合解释技术

厄瓜多尔安第斯项目 T 区块白垩系 Napo 组 Upper_T 层段海绿石砂岩含油新层系的发现为安第斯项目的增储、稳产提供了一个新的契机。安第斯项目 T 区块海绿石砂岩油层表现为“两高一低”的测井响应特征，即高伽马、高密度和低电阻特征，常规测井评价方法一般解释为非渗透层或水层，是油气勘探开发过程中极易忽略的隐蔽性含油新层系。然而近年来，T 区块陆续有井在 Upper_T 层发现工业油流。尽管单井日产量不高，但 Upper_T 层储层分布范围广，能有效扩大 T 区块的新增储量规模，显示出 Upper_T 层巨大的勘探潜力。目前急需技术攻关以有效地评价 Upper_T 层海绿石砂岩油层，了解其在 T 区块的油气勘探潜力。

利用紧邻层段储层的测井评价参数，应用如声波测井常常极大地低估了海绿石砂岩的孔隙度，加之油层的低电阻测井响应特征，常规测井方法难以有效识别海绿石砂岩油层，勘探开发过程中常常因其含油气性特征不明显而漏失这类低阻油层。针对 T 区块海绿石砂岩油层测井响应特征不明显的成因机理缺乏系统的研究，对于如何有效识别海绿石砂岩储层和评价低阻油层，目前还没有成型的技术与方法，如何合理识别和定量解释这套海绿石砂岩低阻油层是研究区勘探的一个难点和重点。

因此，迫切需要形成一套针对海绿石砂岩油层的测井评价方法和技术，了解其低阻成因机理，对现有资料重新评价，有效识别海绿石砂岩油层，并分析该类油藏的成藏特征，通过油气地质认识提高和技术创新，解决制约老油气区勘探的瓶颈问题，扩大 T 区块的勘探潜力，保持 T 区块的可持续发展，是中国石油区块新区勘探获得新突破的重要方向。

### 一、海绿石砂岩油层特征

*1. 岩石学特征*

海绿石砂岩呈灰绿色，颗粒组分主要为石英和海绿石，含极少量的长石、云母（图 4-50），以颗粒支撑结构为特征，分选性较好；填隙物含量较少，以胶结物为主。石英颗粒呈次圆状，绝大部分由于次生加大而呈现为次棱角、棱角状，粒径范围为 0.1～0.5mm，

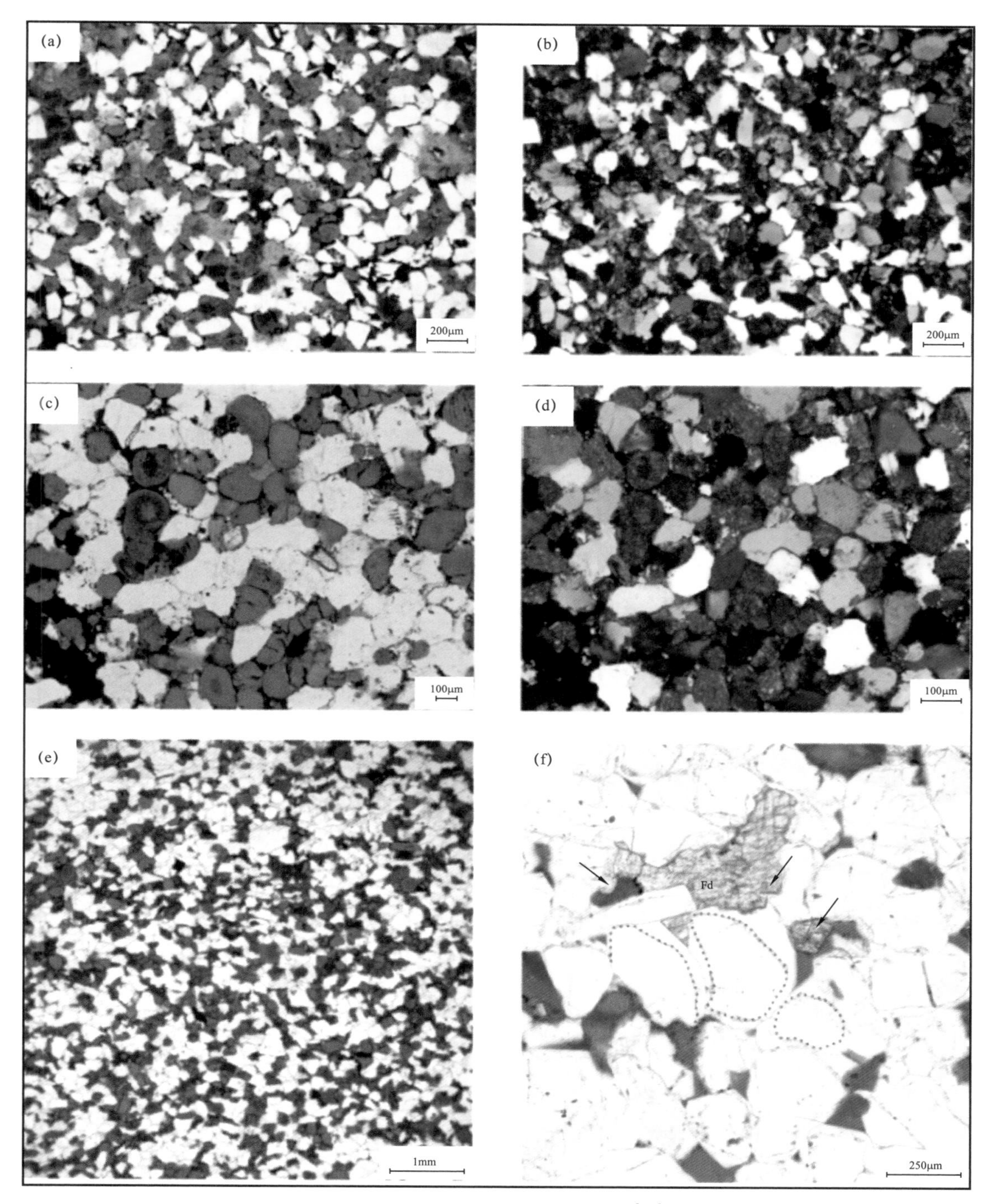


图 4-50　海绿石砂岩岩石学特征[18]

（a）和（b）分别为 A1 井海绿石砂岩储层单偏光和正交偏光显微照片，深绿色圆状或粪球粒状的颗粒为海绿石，有的具有暗色内核，白色次棱角状的颗粒为石英，天蓝色铸体表示储层孔隙空间；（c）和（d）分别为 A2 井海绿石砂岩储层单偏光和正交偏光显微照片；（e）A3 井海绿石砂岩储层单偏光显微照片，洋红色铸体表示储层孔隙空间；（f）A3 井海绿石砂岩储层单偏光显微照片，大倍数照片可以清楚地呈现出海绿石砂岩中石英颗粒普遍具有较宽的石英增生加大边（黑色虚线），成岩作用前的石英颗粒呈次圆状，局部发育铁白云石胶结自形晶面发育，属于Ⅱ级次生加大；在扫描电子显微镜下观察，发现大多数石英颗粒表面被较完整的自形晶面包裹，有的石英自形晶体向孔隙空间生长，交错相接，填塞孔隙。海绿石颗粒一般呈圆状或粪球粒状，极少量呈他形充填于孔隙间，其粒径范围为0.05～0.25mm，其含量变化范围大，为5%～50%，长石含量少，一般小于5%。填隙物含量一般小于5%，除石英加大边外，自生矿物有黄铁矿及含铁碳酸盐类胶结物，包括铁白云石、铁方解石、菱铁矿，其中菱铁矿、黄铁矿常呈脉状、小团块状局部富集[18, 19]。

2. 储层特征

海绿石砂岩储层孔隙类型主要是粒间孔，因碎屑颗粒经历压实变形、石英次生加大及发育自生矿物，而以剩余粒间孔为特征，孔隙半径一般为0.05～0.15mm，吼道的连通性相对较差（图4–51）。发育少量的海绿石溶蚀粒间孔、长石溶蚀粒内孔、黄铁矿填隙物晶间孔等微孔隙（图4–52）。整体上海绿石砂岩储层的非均质性较强，且孔喉结构复杂。

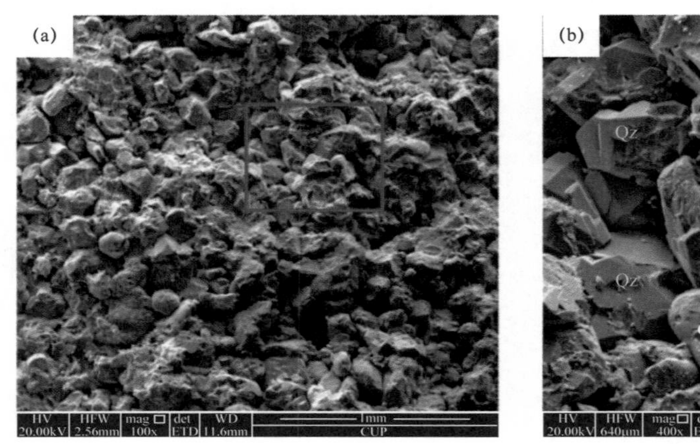

图4–51　海绿石砂岩储层扫描电镜（SEM）下颗粒空间排列与孔隙特征[18]

（a）海绿石砂岩（A1井），岩石矿物颗粒的空间排列形貌；（b）为（a）中红框内局部放大照片，海绿石颗粒表现为圆—次圆状或粪球粒状，大部分石英颗粒表现为棱角—次棱角状，被较完整的自形晶面包裹，Qz= 石英，Gl= 海绿石

储层孔隙度制约着油气的储存空间大小，渗透率则决定了流体在储层中流动的难易程度。海绿石砂岩储层的孔隙度范围主体为5%～20%，渗透率主体范围为0.1～100mD。海绿石砂岩储层核磁结果显示其孔隙度具有典型的双峰分布形态特征，指示束缚水饱和度较高，平均约占50%。按照石油天然气行业标准（SY/T 6285—1997），根据碎屑岩的岩石物性分级，海绿石砂岩储层以中—低孔隙度、中—低渗透率储层类型为主，属于常规和非常规混合型储层。

上述储层特征表明，海绿石砂岩中石英次生加大属Ⅱ级，长石碎屑颗粒常被溶蚀等，这些标志指示研究区海绿石砂岩属于中成岩阶段A期的产物。

3. 油藏特征

研究区已发现的油藏具有以下特征：

（1）位于前陆盆地东翼平缓的大型斜坡带上，烃源岩和海绿石砂岩储层呈大面积的面状接触式发育，岩性—地层性油藏表现为三明治式层状分布，具有良好的源储配置关系，而且勘探开发实践表明相对高幅度区有相对富集丰度较高的油藏特点。

图 4-52　海绿石砂岩储层孔隙及成岩作用特征[19]

（a）A3 井海绿石砂岩单偏光照片，发育粒间孔（洋红色），胶结物为铁方解石（Fc，染色后为紫红色），So= 油迹或残余油，斜长石（Pf）普遍发生溶蚀，蓝色箭头指示海绿石粒内溶蚀孔，虚线指示石英次生加大边；（b）A3 井海绿石砂岩单偏光照片，铁白云石（Fd）局部胶结（染色后为蓝色），Mi= 云母，Or= 有机质；（c）A1 井海绿石砂岩 SEM 照片，显示长石溶蚀粒内孔特征；（d）A1 井海绿石砂岩 SEM 照片，显示自生矿物球状黄铁矿（Py）的晶间孔

（2）海绿石砂岩油藏属于中—低孔隙度、中—低渗透率储层类型的中质油油藏，是由常规和非常规油气资源构成的混合型油气资源。

（3）没有明显的圈闭界限，没有统一的油水界面，含油饱和度高且差异大，说明海绿石砂岩油藏范围不受控于构造等高线，而主要受沉积环境约束下的岩性、物性、孔隙结构，成岩作用，以及低幅度构造背景等的影响。

（4）根据国家油气地质储量丰度划分，研究区海绿石砂岩油藏的储量丰度约 $74\times10^4$t/km$^2$，属于低丰度储量。

储层总体上连续大型化发育，其内部的储集空间与物性在横向上发生变化，因而在层状分布背景上形成了一系列相对较好的储渗单元，单个储渗单元的规模不大，但储集体群仍然可以规模成藏。

## 二、海绿石砂岩油层解释难点

1. 海绿石砂岩油层测井响应特征不明显，具有很大的隐蔽性

由于海绿石砂岩测井表现为高伽马特征，常被常规测井解释为泥岩、泥质砂岩而在前期勘探开发过程被忽略；海绿石砂岩油层表现为高密度、低电阻特征，常被解释成水层或干层，常规测井解释方法难以有效地评价其储层物性和含油性。

2. 缺乏低阻成因机理研究，没有成型的海绿石砂岩油层测井评价方法

针对 T 区块海绿石砂岩油层测井响应特征不明显的成因机理缺乏系统地研究，对于如何有效识别海绿石砂岩储层和评价低阻油层，目前还没有成型的技术与方法，如何合理识别和定量解释海绿石砂岩低阻油层是研究区勘探的难点和重点。

3. 成藏主控因素不清，资源潜力不明，尚未开展系统性地勘探潜力评价

区块没有开展过区域地质研究，缺少对生、储、盖、圈、运、保等油气成藏关键要素的认识，对区域油气分布规律与成藏模式的认识不清楚，无法有效指导后期油气勘探，而且对区块海绿石砂岩油层的勘探潜力没有进行过系统的评价，资源潜力不明。

## 三、海绿石砂岩油层测井综合解释技术

1. 海绿石砂岩测井响应特征及识别方法

基于岩心和录井资料研究海绿石砂岩储层的测井响应特征，在此基础上建立相应的识别方法。

根据岩心和录井资料的分析，研究区目的层钻遇五种岩性，分别为石灰岩、海绿石砂岩、泥岩、含重矿物泥岩、纯砂岩。研究重点在于区分海绿石砂岩和纯砂岩，相对于纯砂岩储层，海绿石砂岩储层具有“四高一低”的特点，即高 GR、PEF、RHOB 和 NPHI，低 Rt ；另外海绿石砂岩储层的 DT 与纯砂岩储层没有明显的差别（图 4–53）。

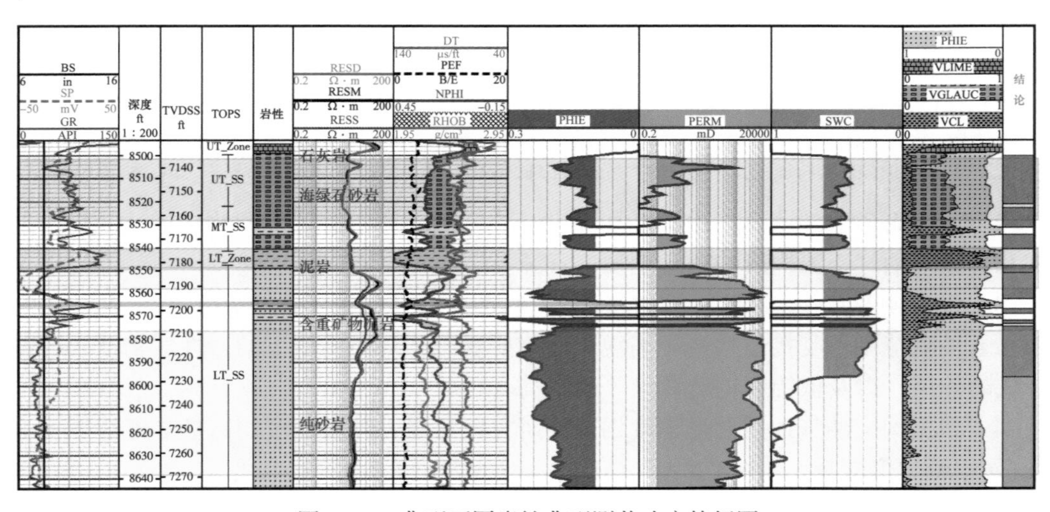


图 4–53　典型不同岩性典型测井响应特征图

通过对海绿石砂岩和纯砂岩测井响应特征的分析，结合录井岩性，总结出三类共八种海绿石砂岩的识别方法。

1）测井响应特征法

根据不同岩性测井响应特征的差异可以识别出海绿石砂岩储层。

2）曲线重叠法

根据测井响应特征分析，Upper_T 层海绿石敏感的测井响应曲线是 GR、PEF、RHOB 和 NPHI，为此可以建立曲线重叠图版来识别海绿石砂岩。如 GR—PEF、NPHI—PEF（图 4-54）。

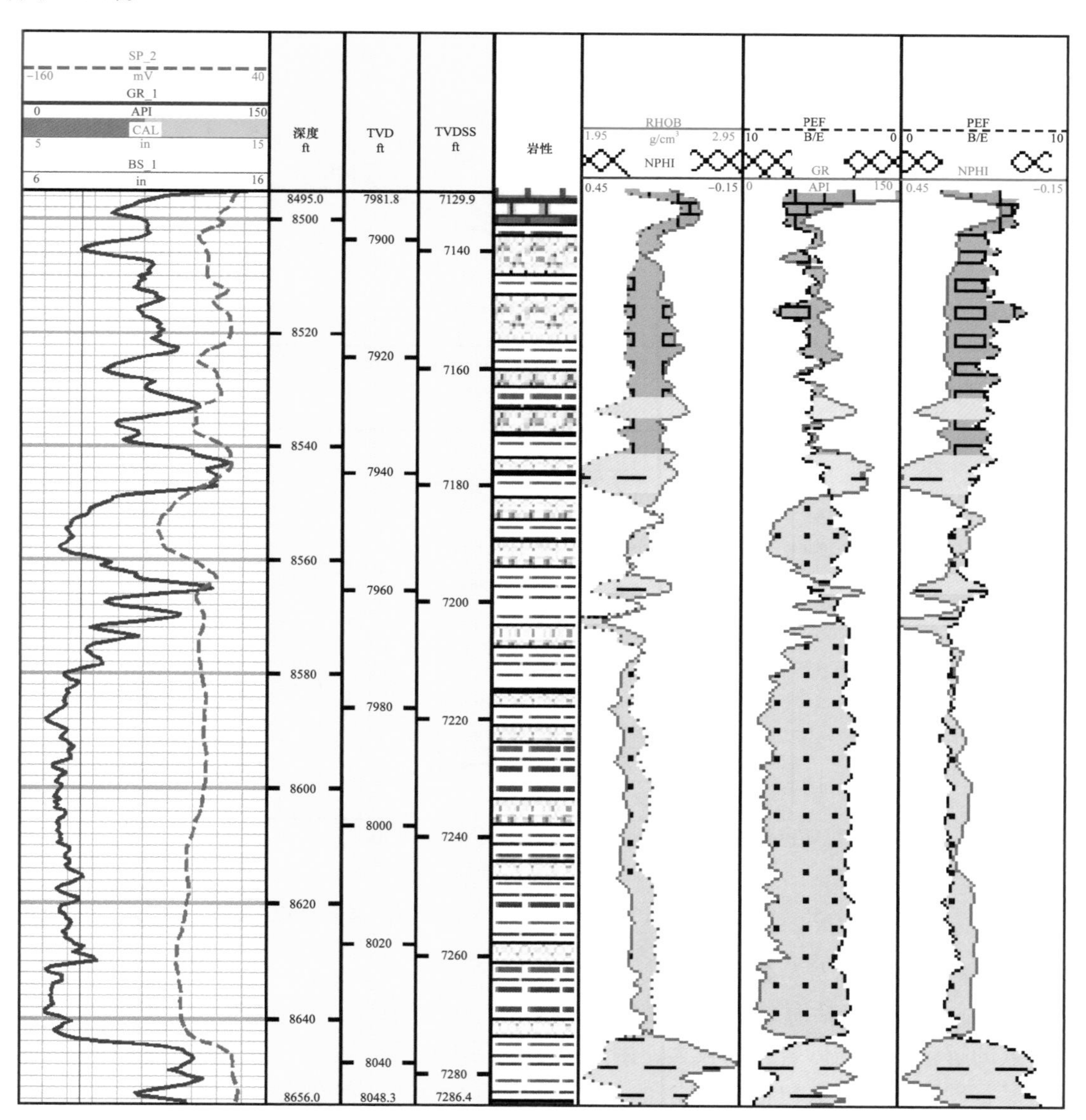


图 4-54　典型井 GR—PEF 和 NPHI—PEF 曲线重叠法识别海绿石砂岩储层

GR—PEF 曲线重叠法（图中第 7 道）：海绿石具有高 GR、高 PEF 特征，利用 GR 曲线与 PEF 曲线反向重叠，在海绿石段基本重合，在砂岩段有较大的包络面积。

NPHI—PEF 曲线重叠法（图中第 8 道）：海绿石具有高 NPHI、高 PEF 特征，利用 PEF 曲线与 NPHI 曲线反向重叠，在海绿石段会有较大的包络面积，在砂岩段基本重合。

3）交会图法

通过对海绿石砂岩与纯砂岩储层测井响应特征的差异，建立了两种交会图可以有效识别海绿石砂岩储层，分别为RHOB—NPHI、PEF—NPHI交会图（图4-55），图中分别划出理论的石英砂岩线和海绿石砂岩线。

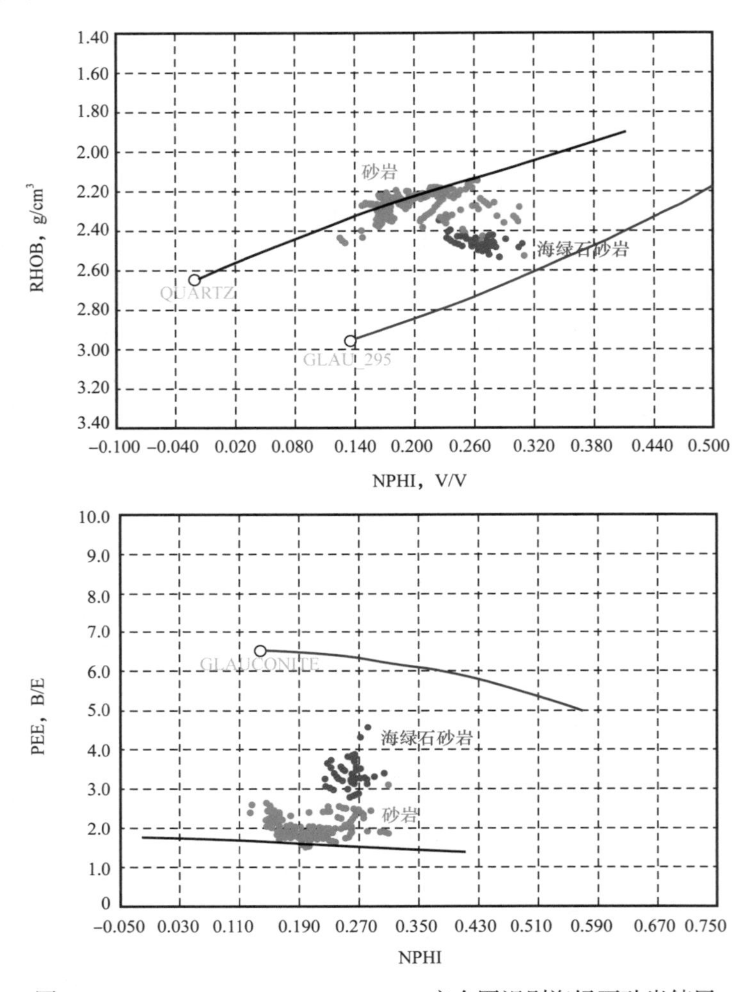


图4-55 RHOB—NPHI、PEF—NPHI交会图识别海绿石砂岩储层

2. *海绿石砂岩储层参数确定*

Upper_T层既包括海绿石砂岩又包括少量的纯砂岩储层。由于海绿石的特殊性，其储层参数的解释模型与砂岩差别较大，因此需要分别建立两类储层的储层参数解释模型。其中海绿石砂岩储层参数包括黏土含量、海绿石质量百分比、混合骨架密度、孔隙度、饱和度和渗透率。

为此，本项研究中考虑到多矿物模型中的参数多解性，提出了一种新的利用混合骨架体积物理模型（MMBB）评价海绿石砂岩储层的方法。

混合骨架体积物理模型详如图4-56所示，海绿石可以作为骨架的一部分，即解释模型中岩石骨架由海绿石矿物和石英矿物共同组成。

1）解释模型及海绿石质量百分比估算

通过研究发现，利用岩心分析数据和测井值进行理论推导可以计算出海绿石质量百分比。假设模型中不含黏土矿物。理论计算已知以下参数：（1）实验室岩心测试得到的参数包括：孔隙度（PHIT）、混合骨架密度（RHOM）、体积密度（RHOB）（若岩心没有数据，可以用测井值代替）；（2）石英骨架密度（RHOBss）和海绿石骨架密度（$RHOB_{Gl}$）的理论值。利用这些参数即可计算出海绿石质量百分比理论值。

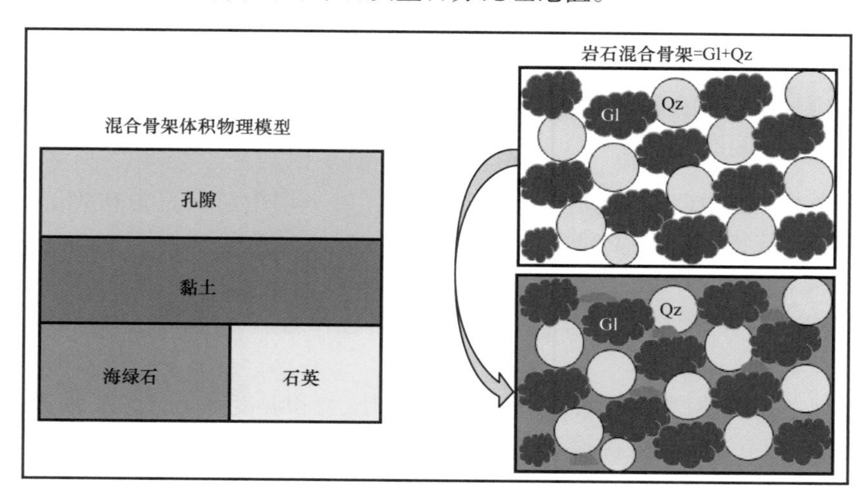


图 4-56　海绿石砂岩的体积模型图（Qz= 石英，Gl= 海绿石）

通过岩心和测井特征分析，海绿石质量百分比越高，密度与中子孔隙度测井曲线重叠区越大，设定为识别因子。根据该特征建立利用密度与中子孔隙度测井值估算海绿石质量百分比。

2）混合骨架密度

根据计算的海绿石质量百分比与岩心的混合骨架密度建立经验关系（图 4-57）：

$$\mathrm{RHOM} = f\left(V_{\mathrm{Gl}}\right)$$

式中　RHOM——混合骨架密度，$g/cm^3$；

$V_{Gl}$——海绿石质量百分比，V/V。

图 4-58 显示出根据上式得到的海绿石质量百分比计算的混合骨架密度（$RHOM_C$）与岩心骨架密度（RHOM）对比图，可以看出数据基本落在对角线上，平均绝对误差为 $0.01g/cm^3$，平均相对误差 0.42%。表明计算的海绿石质量百分比是可靠的。

3）孔隙度

利用密度曲线计算储层的孔隙度，计算公式为

$$\mathrm{PHIT} = f\left(\mathrm{RHOB}, \mathrm{RHOM}, \mathrm{RHOB_f}, V_{\mathrm{Gl}}\right)$$

式中　PHIT——总孔隙度，V/V；

RHOB——密度测井值，$g/cm^3$；

RHOM——混合骨架密度，$g/cm^3$；

$V_{Gl}$——海绿石质量百分比，V/V。

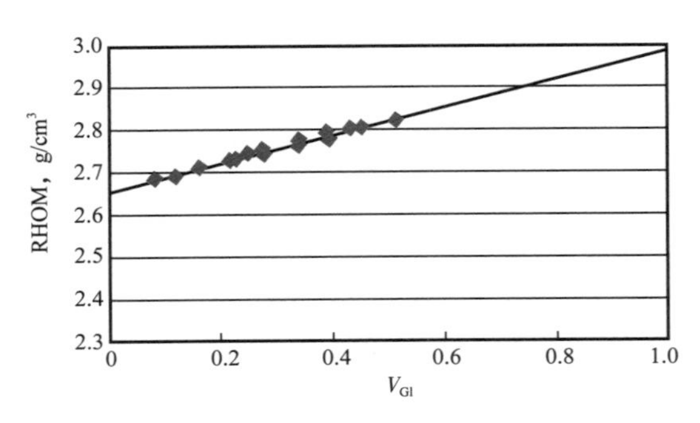


图 4-57　岩心混合骨架密度与计算的海绿石质量百分比关系图

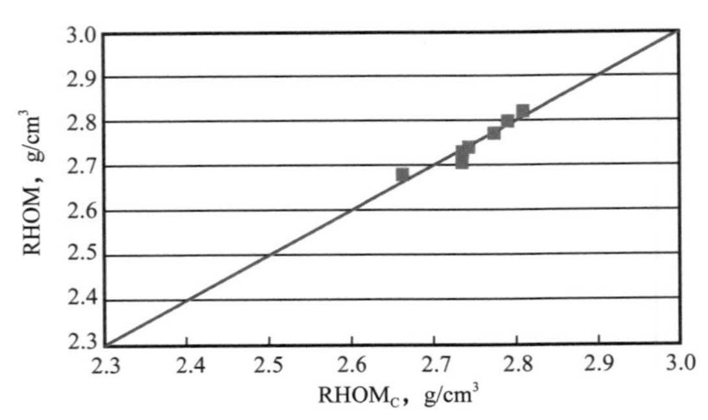


图 4-58　计算的混合骨架密度与岩心混合骨架密度对比图

计算孔隙度（PHITC）与岩心孔隙度（PHIT）的平均绝对误差为 0.8%，平均相对误差 5.3%。表明计算模型的可靠性较高。

4）含水饱和度

由于没有海绿石砂岩储层的岩电参数，采用岩心和测井资料建立的饱和度经验模型计算饱和度。

M9 井岩心分析的饱和度没有进行取心过程中压力和温度降低导致的损失校正，因此在建立含油饱和度（$S_o$）与孔隙度和测井电阻率建立经验关系之前首先对岩心的饱和度进行校正。校正方法和步骤如下：（1）原始数据的回归；（2）数据平移至 $S_o$=1，$S_o$ 平移量为 0.605；（3）数据点旋转。

根据校正后的岩心分析饱和度与岩心孔隙度、电阻率测井值按照上式经多元回归得出饱和度经验模型：

$$S_w = f(\text{RESD}, \text{PHIT})$$

图 4-59 显示出计算的含水饱和度与岩心分析的含水饱和度对比图，可以看出二者接近，平均绝对误差为 1.5%，平均相对误差 3.6%，表明该方法是可靠的。

5）渗透率

考虑含有海绿石的影响，根据岩心资料建立渗透率—孔隙度关系模型（图 4-60），可以看出计算渗透率与岩心测试的渗透率有较好的对应关系（图 4-61）。

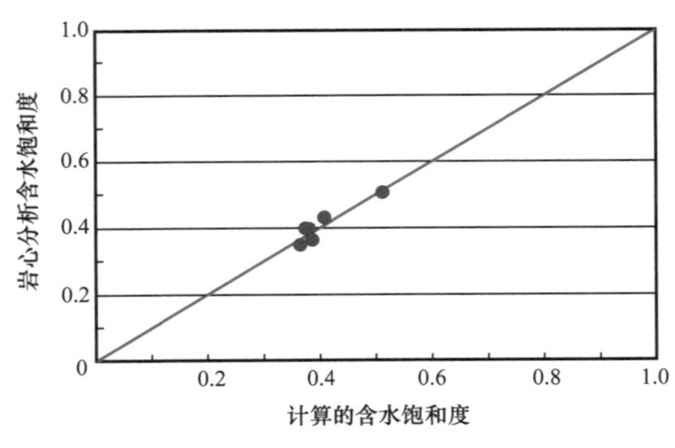


图 4-59　岩心分析含水饱和度与计算的含水饱和度对比图

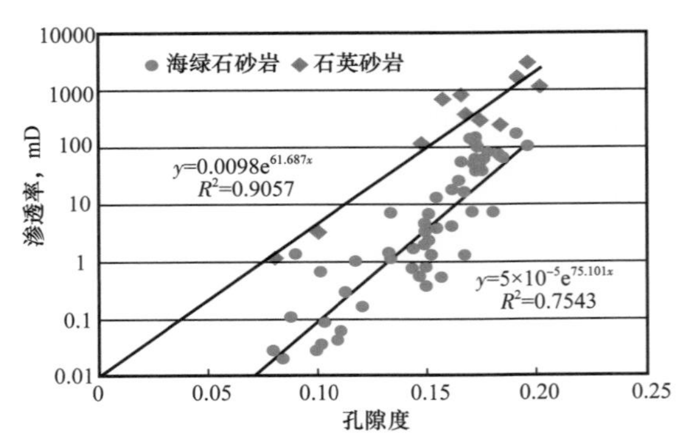


图 4-60　岩心孔渗关系图

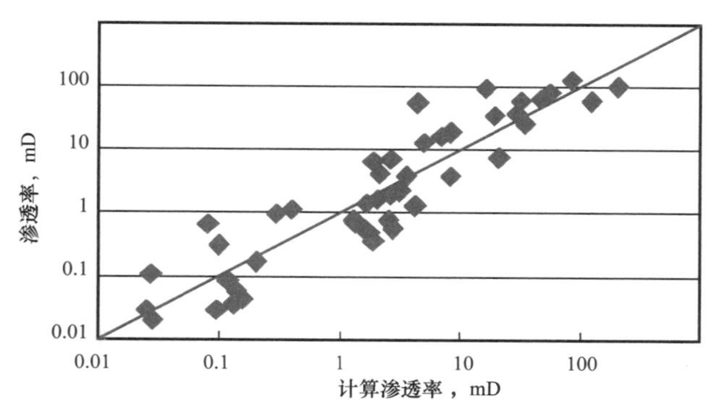


图 4-61　计算渗透率与岩心实测对比图

$$\mathrm{PERM}=10^{(-1.816-4.184V_{\mathrm{Gl}}+24.973\mathrm{PHIT})}$$

6）海绿石砂岩储层 Cutoff 值

储层的 Cutoff 值是指通过取心获得的储层岩性、物性和含油性及试油、生产资料确定的储层有效孔隙度、空气渗透率和含油饱和度的下限。

（1）有效孔隙度。

图 4-62 为计算孔隙度分布直方图，可以看出当孔隙度 Cutoff 值为 10% 时，孔隙度累计频率显示孔隙体积损失约为 10%。图 4-63 为一口典型井岩心渗透率与孔隙度关系，可看出当渗透率为 1mD 时，孔隙度为 10%。孔隙度 Cutoff 值定为 10%。

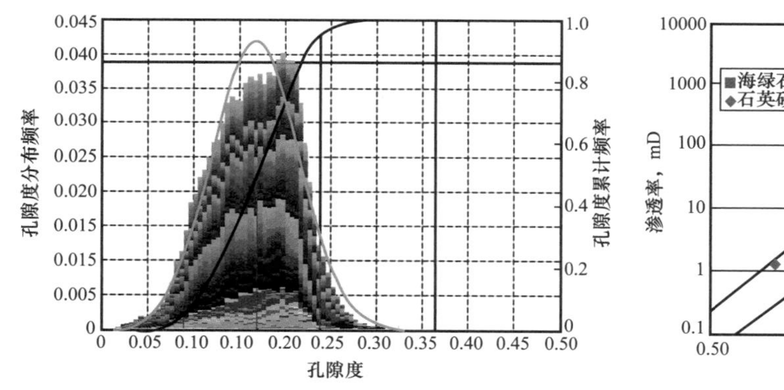


图 4-62　测井解释孔隙度分布直方图

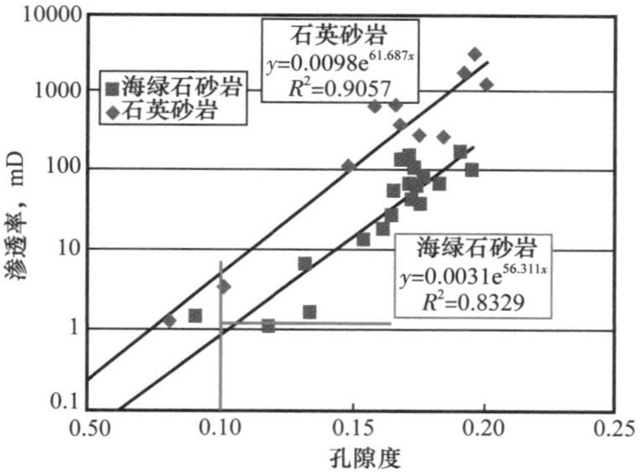

图 4-63　典型井岩心渗透率与孔隙度关系图

（2）含水饱和度。

典型井岩心校正含油饱和度与孔隙度和渗透率关系表明，当孔隙度为 10%、渗透率为 1mD 时，含油饱和度的 Cutoff 值为 40%。

图 4-64 显示出测井解释 $S_w$ 与孔隙度关系图和测井解释 $S_w$ 分布直方图，可以看出当孔隙度为 10% 时，$S_w$ 约为 60%；当含水饱和度 Cutoff 值为 60% 时，累计频率显示含油体积损失量为 10% 左右。综上所述，含油饱和度的 Cutoff 值为 40%。

（3）渗透率。

根据海绿石砂岩储层特征及油品性质，渗透率取理论 Cutoff 值为 1mD。

（4）流体识别标准。

图 4-65 显示 M34 井生产井段的测井响应特征图。

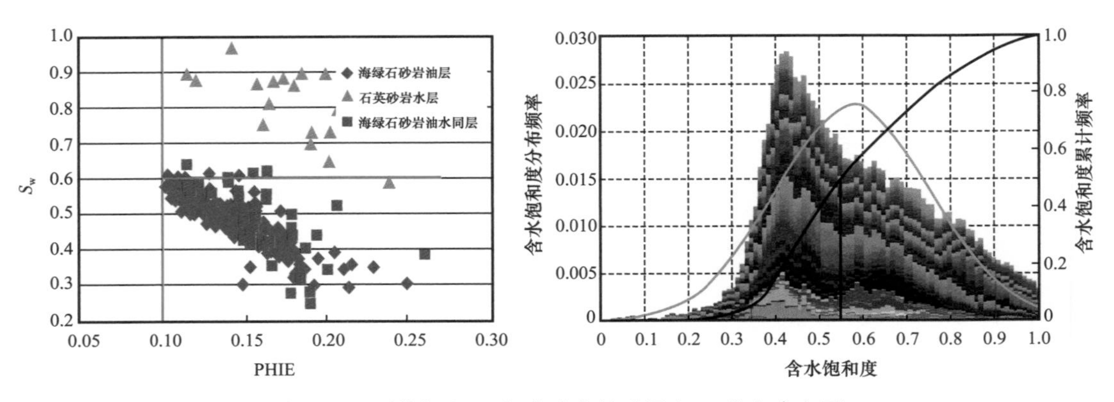


图 4–64　测井解释 $S_w$ 与孔隙度关系图和 $S_w$ 分布直方图

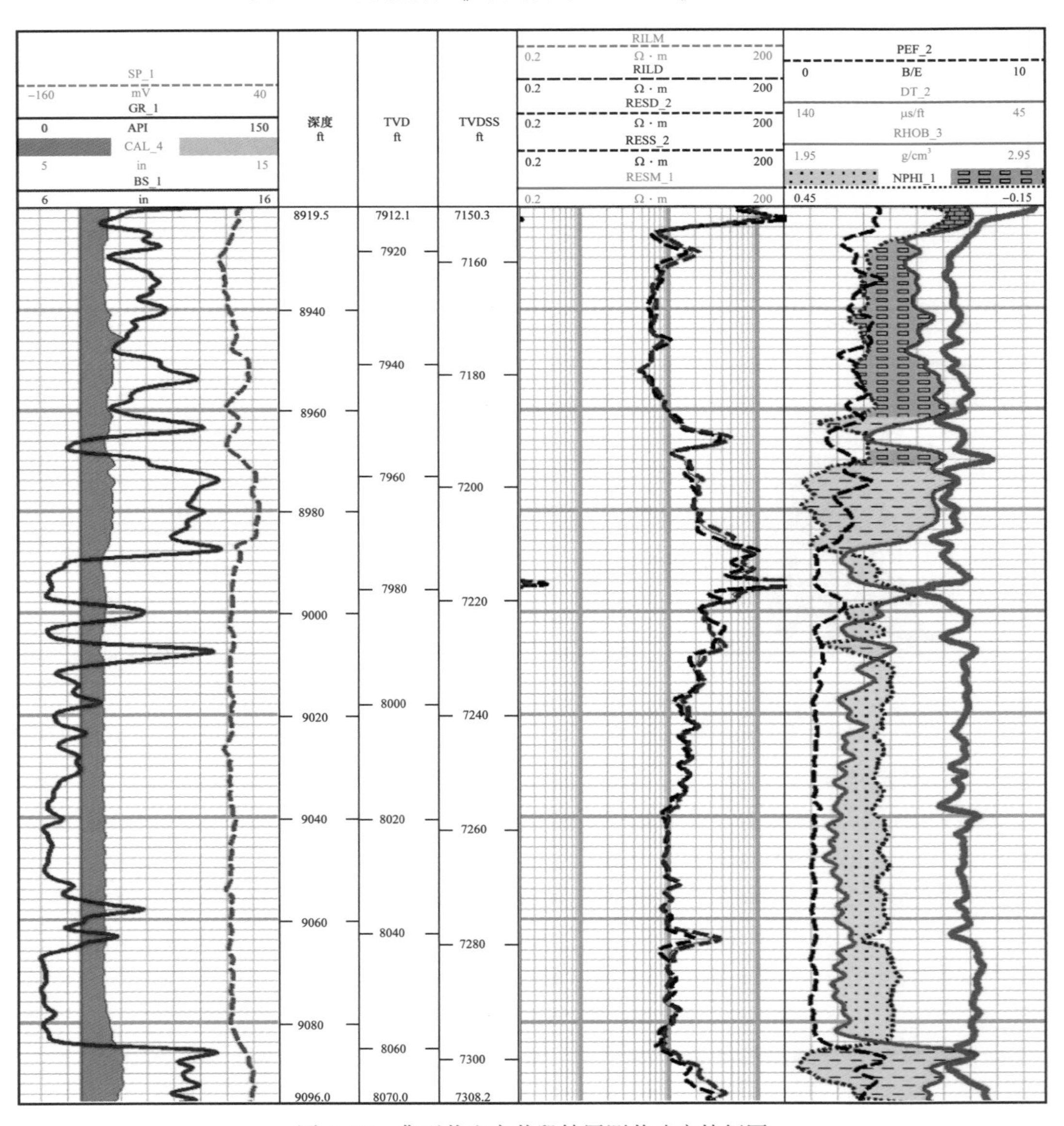


图 4–65　典型井生产井段储层测井响应特征图

典型井射孔井段的储层岩性包括海绿石砂岩（上段）和纯砂岩（下段）。两段合产的结果为：日产油 46.2t，日产水 10t，含水率仅 6.1%，属于纯油层。与下部纯砂岩油层比，海绿石砂岩油层表现为高 GR、PEF、RHOB 和 NPHI，低 Rt。另外从图中可以看出，海绿石砂岩油层低于下部纯砂岩水层的电阻率。

图 4-66 显示 M4A 井区 RESD—RHOB、RESD—NPHI、RESD—DT 和 RESD—PHIT 关系图。

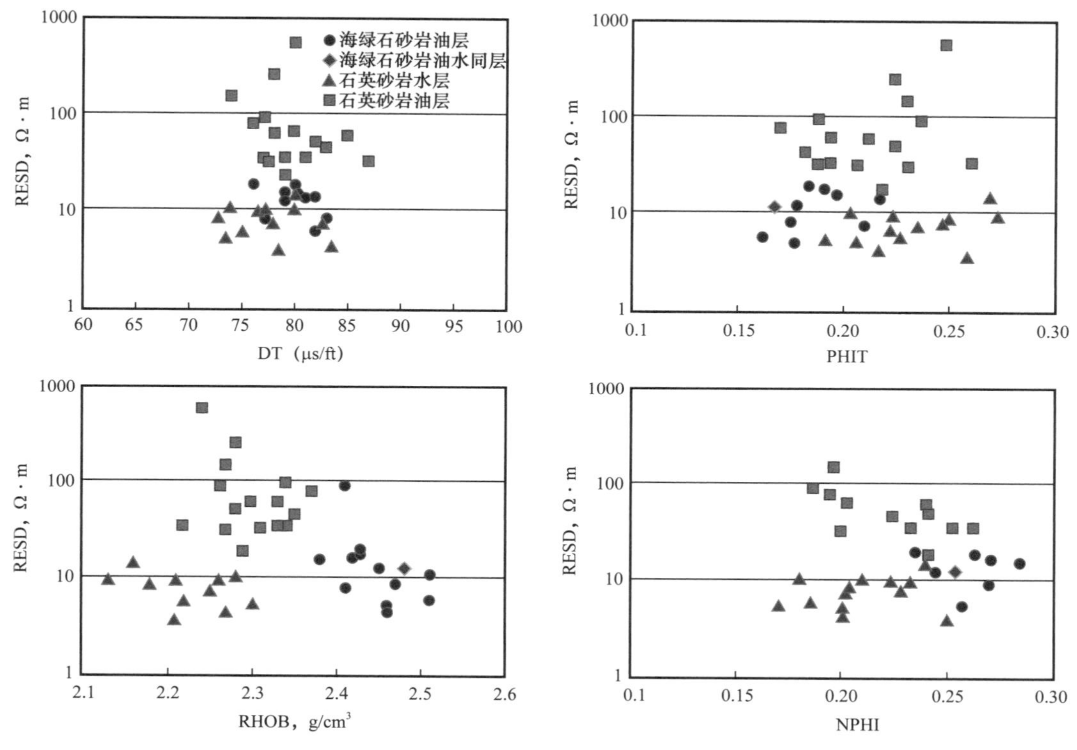


图 4-66 M4A 井区 RESD 与 RHOB、NPHI、DT 和 PHIT 关系图

图 4-67 显示 M4A 井区 RESD—RHOB、RESD—NPHI、RESD—DT 和 RESD—PHIT 关系图。从这些图中可以看出，仅仅根据电阻率大小不能有效地识别海绿石砂岩储层流体性质，主要归因于海绿石砂岩的电阻率不仅受含油性的影响，更重要的是受海绿石质量百分比的影响，呈现低电阻率的特征。因此，这就需要借助于其他参数进行流体性质的有效识别。

流体识别标准通常以试油资料为基础结合测井资料建立合理的交会图（如 RESD—RHOB、RESD—DT 等）来制订油水层的识别标准，从中可以优选出反映流体的敏感曲线。但 M 和 M4A 井区仅根据电阻率的大小不能有效识别储层的流体性质，主要归因于海绿石砂岩的电阻率不仅受含油性影响，更受海绿石质量百分比影响，呈低电阻率特征。因此，需要借助于其他参数进行流体性质的有效识别。

图 4-68 显示出 10*ΔGR*RESD 与 RHOB、NPHI、DT 和 PHIT 关系图，可以看出油层和水层具有明显不同的 10*ΔGR*RESD 值，分别为：

油层：10*ΔGR*RESD＞15；

水层：10*ΔGR*RESD＜15。

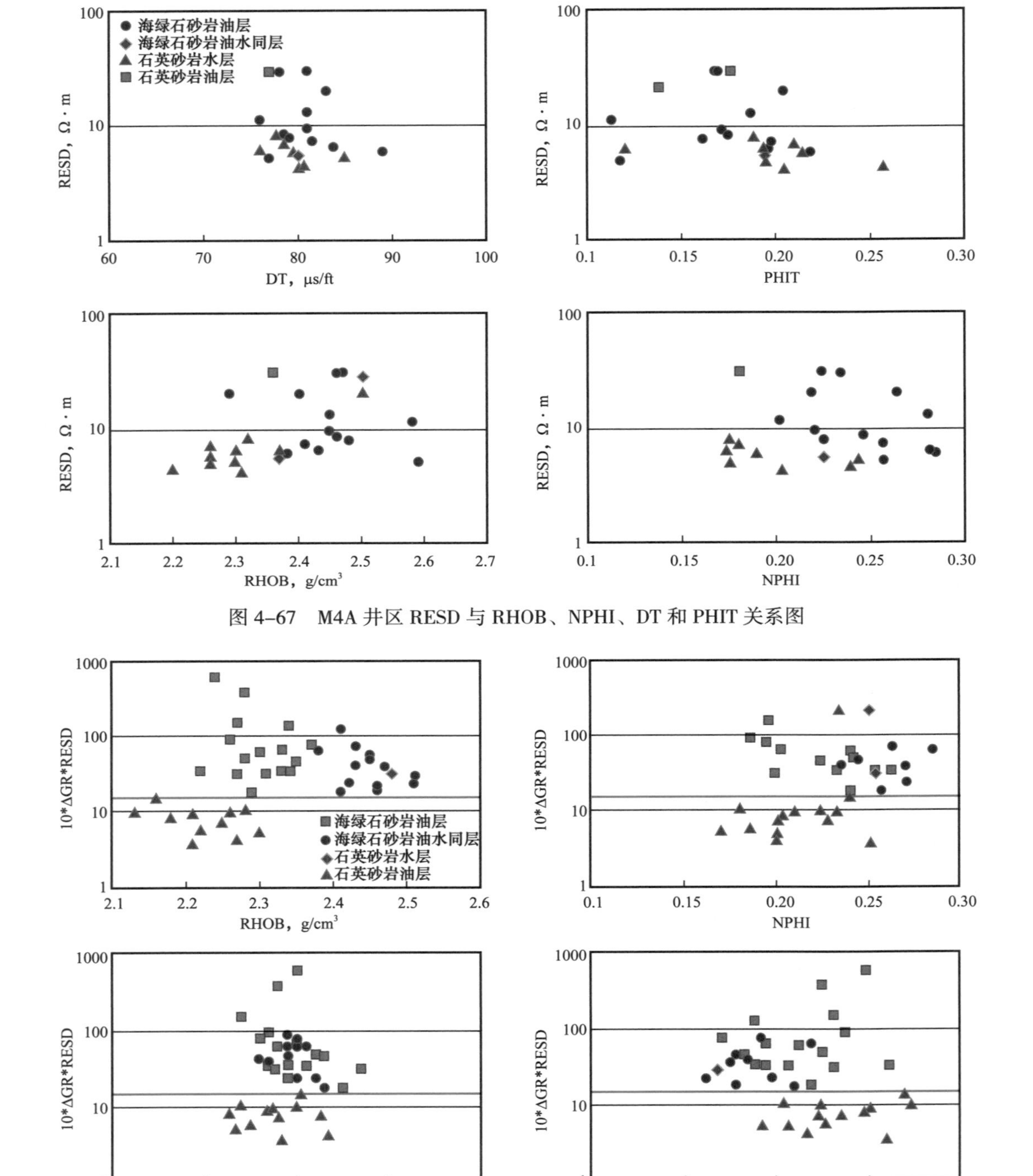


图 4-67　M4A 井区 RESD 与 RHOB、NPHI、DT 和 PHIT 关系图

图 4-68　10*ΔGR*RESD 与 RHOB、NPHI、DT 和 PHIT 关系图

7）应用效果

图 4-69 显示 1 口老生产井 M17 井利用新模型获得的测井解释结果（图中蓝线）与过去常规测井解释结果（图中红线）对比，可以看出在上部的海绿石砂岩段，过去常规测井解释的孔隙度明显偏低，导致解释的储层厚度减小，主要归因于选取的海绿石砂岩混合骨架密度取值不准确。

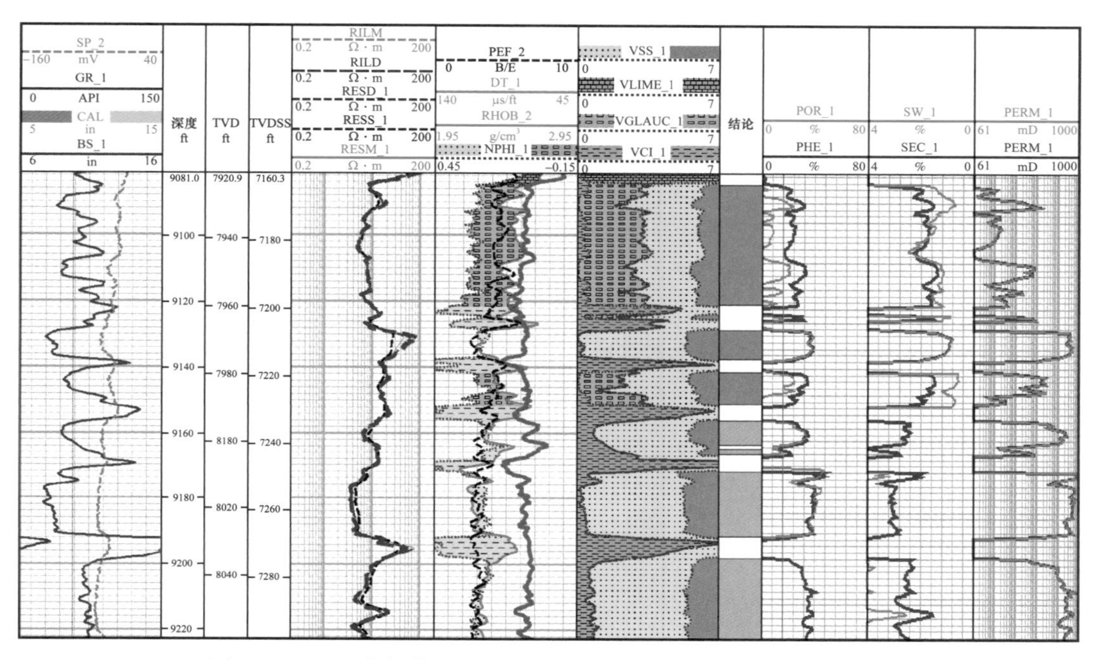

图 4-69 M17 井新模型测井解释结果与常规测井解释结果对比图

## 参考文献


[1] 李曙光，徐天吉，唐建明，等．基于频率域小波的地震信号多子波分解及重构［J］．石油地球物理勘探，2009，44（6）：675-679.

[2] 徐天吉，沈忠民，文雪康．多子波分解与重构技术应用研究［J］．成都理工大学学报（自科版），2010，37（6）：660-665.

[3] 黄跃，许多，文雪康．多子波分解与重构中子波的优选［J］．石油物探，2013，52（1）：17-22.

[4] Brigham，E. Oran，柳，群．快速傅里叶变换［M］．上海：上海科学技术出版社，1979.

[5] 吴宣志．傅里叶变换和位场谱分析方法及其应用［M］．北京：测绘出版社，1987.

[6] 姚建阳．用地震道积分法提高地层的识别能力［J］．石油物探，1990（1）：40-49.

[7] 罗春喜，程增庆，王永哲，等．利用地震道积分技术识别三维地震解释的陷阱［J］．中国煤炭地质，2007，19（1）：52-53.

[8] 刘传奇，明君，马奎前，等．地震资料极性判别与道积分技术在渤中 M 油田的应用［J］．石油物探，2013，52（3）：329-334.

[9] 姚建阳．用地震道积分的方法提高薄地层的识别能力［D］．中国科学技术大学，1989.

[10] 王曰才．地层倾角测井［M］．北京：石油工业出版社，1987.

[ 11 ] 苏静，范翔宇，刘跃辉，等 . 地层倾角测井的地质应用研究 [ J ] . 国外测井技术，2009，( 3 )：12-15.

[ 12 ] 黄斌，张宏兵，王强，等 . 广义 S 变换与短时窗傅里叶变换在地震时频分析中的对比研究 [ J ] . 中国煤炭地质，2017，29 ( 1 )：59-63.

[ 13 ] 杨培杰，印兴耀，张广智，等 . 希尔伯特—黄变换地震信号时频分析与属性提取 [ J ] . 地球物理学进展，2007，22 ( 5 )：1585-1590.

[ 14 ] 侯光汉，李公时 . 用趋势面分析法探讨海南石碌铁矿地质构造演变及其与铁矿体的分布关系 [ J ] . 中南大学学报自然科学版，1979，( 3 )：134-139.

[ 15 ] 杨世明，张建英 . 潜山面趋势面剩余值分布与构造活动 [ J ] . 特种油气藏，2002，9 ( 2 )：6-7.

[ 16 ] 魏春光，谢寅符，何雨丹 . 厄瓜多尔奥连特盆地斜坡带地震多属性储层预测 [ J ] . 吉林大学学报，地球科学版 )，2011，41 ( S1 )：374-379.

[ 17 ] 王家映 . 地球物理反演理论 [ M ] . 北京：高等教育出版社，2002.

[ 18 ] 阳孝法，谢寅符，张志伟，等 . 南美 Oriente 盆地北部海绿石砂岩油藏特征及成藏规律 [ J ] . 地质科学，2016，51 ( 1 )：189-203.

[ 19 ] 阳孝法，谢寅符，张志伟，等 . 奥连特盆地白垩系海绿石成因类型及沉积地质意义 [ J ] . 地球科学，2016，42 ( 10 )：1696-1708.

# 第五章　奥连特盆地斜坡带油气勘探评价方法

南美前陆盆地巨厚的沉积体极大加快了盆地内烃源岩的成熟与演化，强烈的挤压构造活动及断裂活动产生的微裂缝极大改善了储层物性，并形成了大量构造圈闭、构造岩性圈闭和油源断裂，使前陆盆地的烃源岩与圈闭在空间上有机结合到一起，这些因素都是前陆盆地油气富集的重要因素。

## 第一节　前陆盆地斜坡带有利区优选方法

### 一、前陆盆地斜坡带油气藏类型与展布

1. 油气藏类型

奥连特盆地蕴藏着丰富的油气资源，主要发育构造型油气藏、岩性油气藏和构造—岩性型油气藏等[1-3]，其中构造型油气藏以各种背斜型油气藏和断层型油气藏为主，岩性油气藏包括砂岩透镜体和砂岩上倾尖灭油藏，构造—岩性型油气藏以构造背景下储层上倾尖灭形成的油气藏为主。

1）背斜型油气藏

在构造运动作用下，地层发生褶皱弯曲变形而形成的背斜构造称为背斜圈闭，油气在其中的聚集称为背斜油气藏，这是一类在油气勘探史上一直占据最重要位置的油气藏。在油气勘探早期，因为这类油气藏易发现，所以对这类油藏的勘探认识较早。随后在 1885 年由美国地质学家 White 提出了“背斜学说”，对背斜圈闭的成藏进行了论述，使得背斜油气藏成为油气勘探早期的主要对象，这类油藏的成功勘探在油气勘探史上起到了很重要的作用[4]。到目前为止，背斜油气藏在油气储量和产量中仍占据重要位置[4-6]。

背斜圈闭是前陆冲断带常见的圈闭类型，背斜油气藏也是主要的油气藏类型[7-10]。由于断层发育，通常完整的背斜圈闭并不多见，背斜多与断层相伴并被断层所切割，形成断背斜油气藏[11-13]。背斜或断背斜两翼一般不对称，造山带一侧平缓，而向前隆一侧比较陡，有时甚至为平卧褶皱。

（1）Johanna01 井区 M1 油藏。

Johanna01 井区 M1 油藏位于奥连特盆地斜坡带 Tarapoa 区块西北部（图 5-1），该油藏仅钻探 1 口探井，即 Johanna01 井，该井使用 TarapoaNW3 平台，该井距 TarapoaNW1 井、TarapoaNW2 井分别为 4.6km、4.2km；该井于 2014 年 03 月 28 号开钻，2014 年 04 月 29 号完钻，完钻井深 3596m，完钻层位 Main Hollin，水平位移达 1900m。M1ss 解释油层厚度 5m，该井的钻探成功发现 Johanna01 井区 M1 油藏。

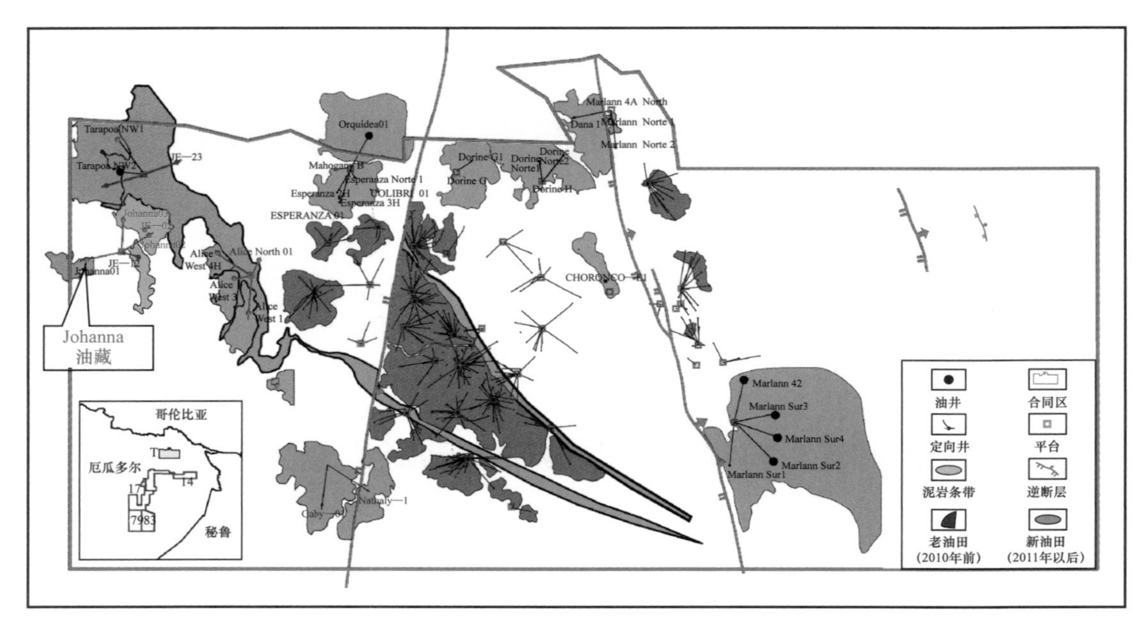


图 5-1　Johanna 油藏平面位置图

目标在 M1、LowerU 和 LowerT 三套主力目的层构造图上均显示为完整、独立的背斜构造，M1ss 层构造图上圈闭面积为 6.4 $km^2$，圈闭闭合幅度为 16.8m，圈闭溢出点为 −2237m（TVDss）（图 5-2）。

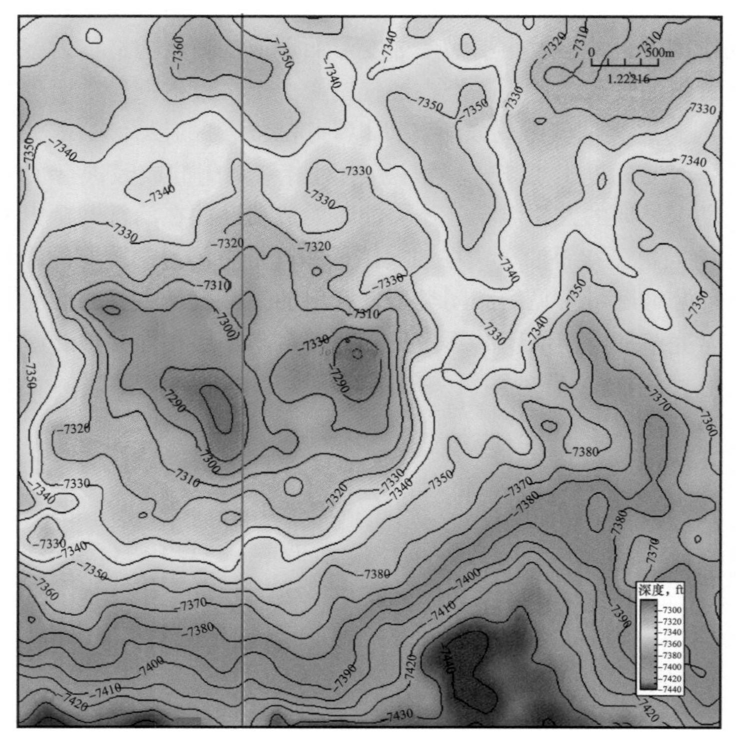


图 5-2　Johanna 油田 M1ss 层顶面构造

Johanna01 井钻后测井解释结果显示，该井在 M1ss 层钻遇四层共计 11.8m 的储层，其中油层为 4.6m，钻井钻遇油水界面为 −2226m（TVDss）（图 5-3），未超过该圈闭溢出点。均方根振幅属性（RMS）分析该地区属性均一，未有明显的侧向变化（即无明显的岩性变化），地震储层反演结果也显示盖层侧向展布较为稳定，综合分析认为该井为典型的背斜构造油藏（图 5-4）。

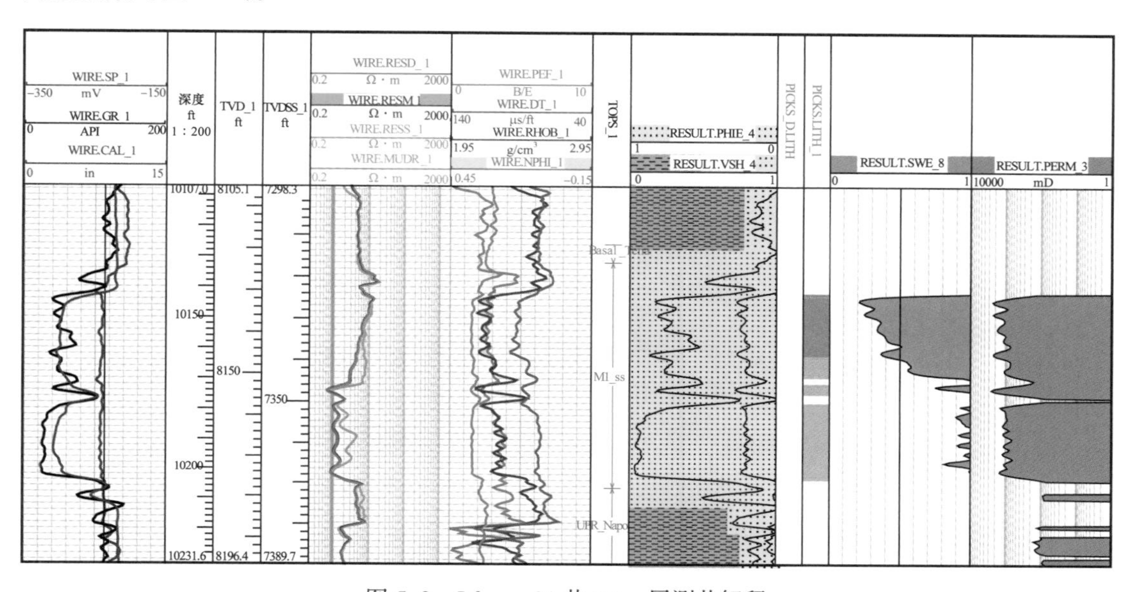


图 5-3　Johanna01 井 M1ss 层测井解释

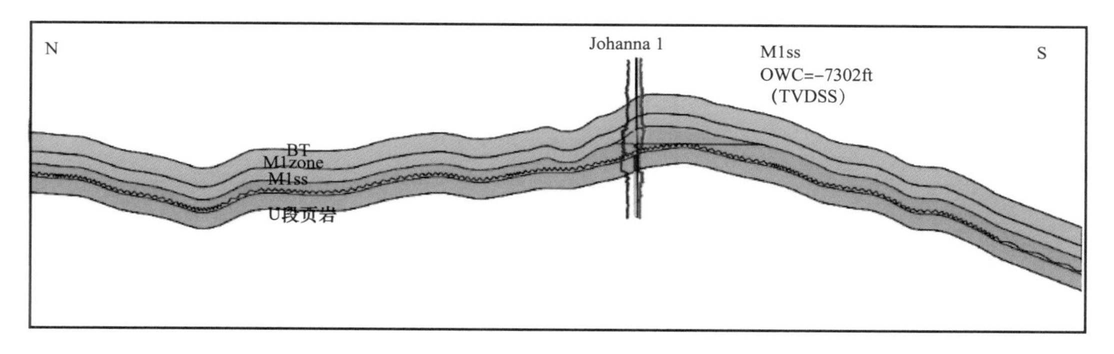


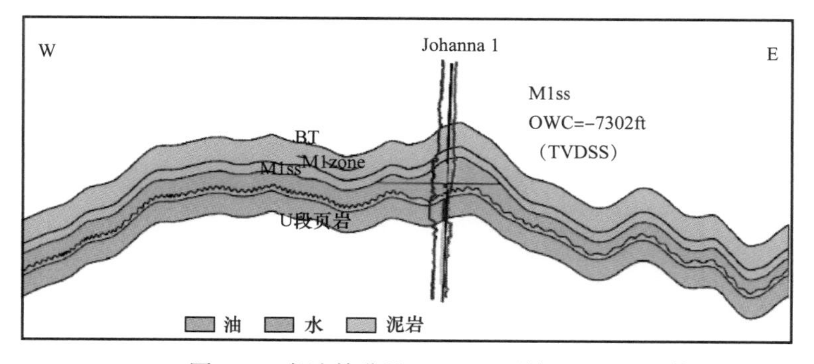


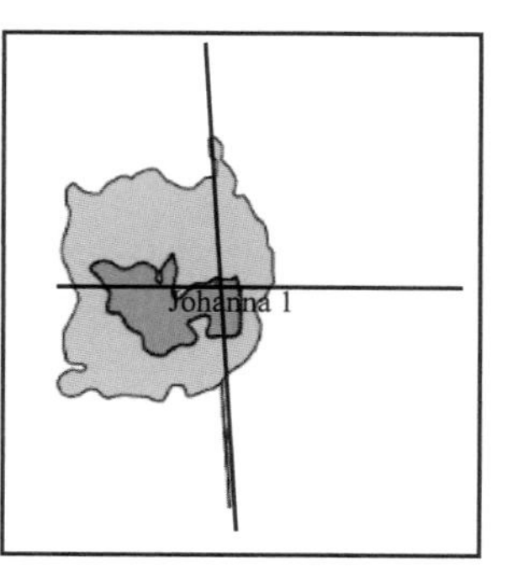


图 5-4　奥连特盆地 Tarapoa 区块 Johanna01 井区 M1ss 层十字油藏剖面

（2）Esperanza 井区 M1 油藏。

该油藏位于奥连特盆地东部斜坡带 Tarapoa 区块北部，目的层为白垩系 Napo 组 M1ss 层砂岩。M1ss 层顶面构造图上，油田位置处为一个背斜构造。过井十字剖面显示，南北向和东西向剖面上均存在明显的构造圈闭，圈闭幅度明显。Esperanza01 井钻遇储层 140ft，钻遇油层 16.3m，钻遇油水界面 −2142m（TVDSS），该井为油藏发现井；随后在该构造东北方向上的次构造高点钻探第二口探井 Colibri_01 井，钻遇油层 7.6m，测井解释油水界面 −2142m（TVDSS），这两口井的钻探成功发现 Esperanza 油藏。根据地震均方根振幅属性（RMS），M1ss 层横向延展较为稳定，综合分析该油藏为厚层底水砂岩背斜油藏，顶部夹层分布相对局限，下部发育隔层（图 5-5 至图 5-9）。

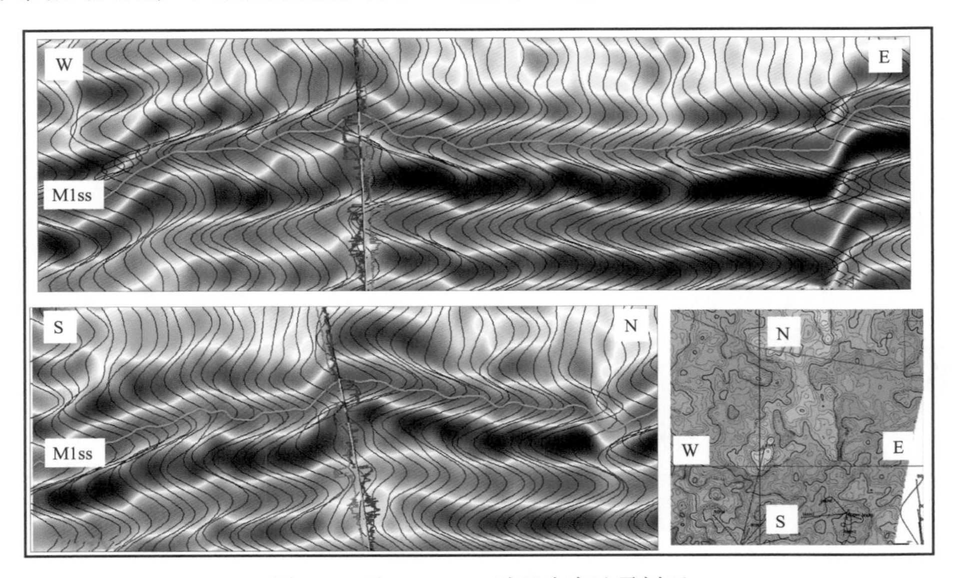


图 5-5　过 Esperanza 油田十字地震剖面

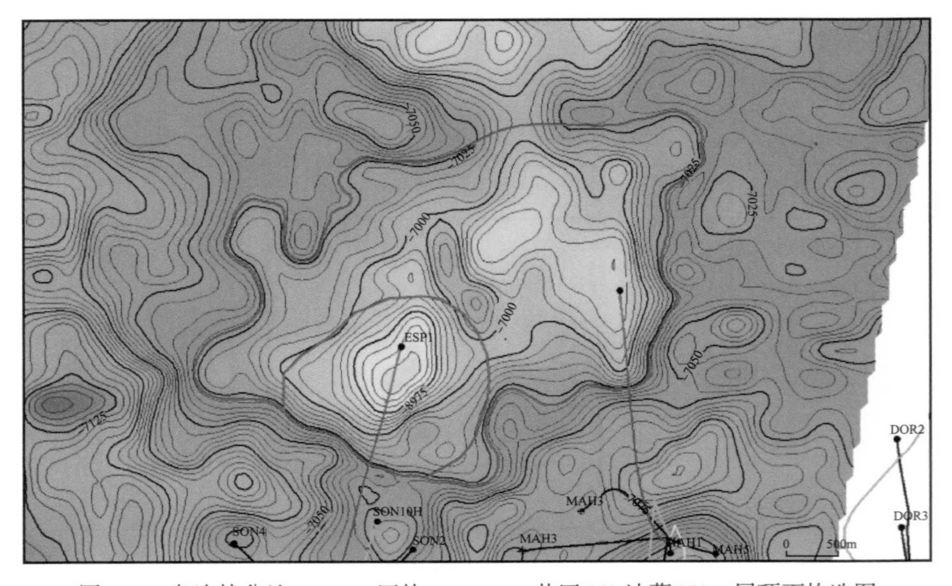


图 5-6　奥连特盆地 Tarapoa 区块 Esperanza 井区 M1 油藏 M1ss 层顶面构造图

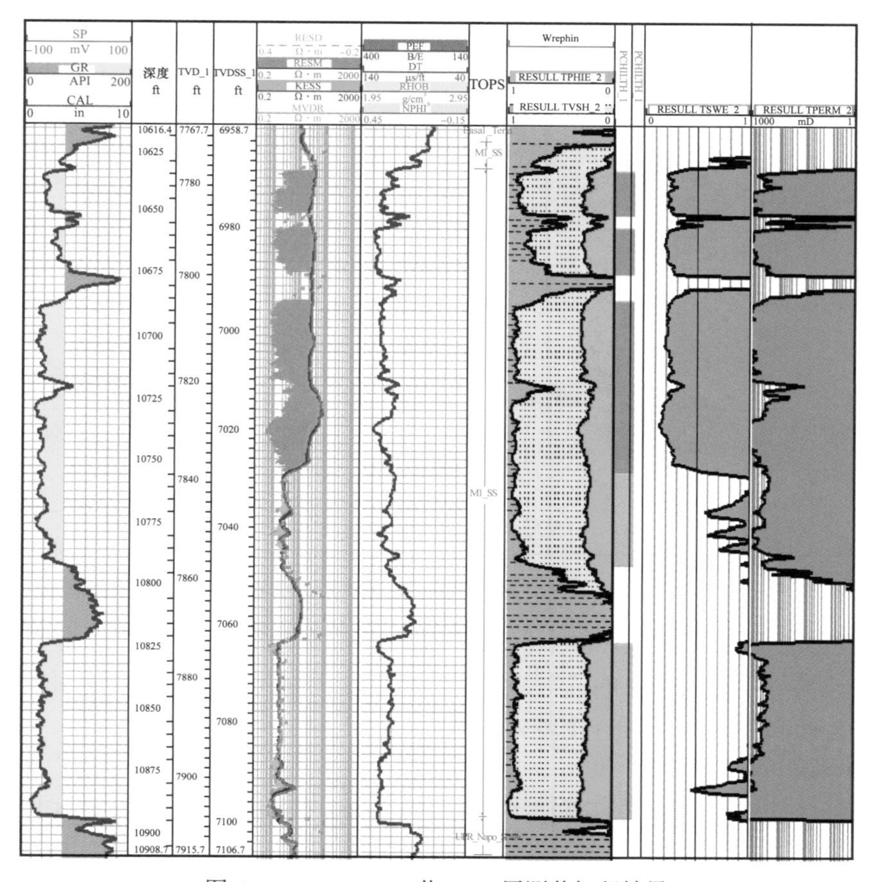


图 5-7 Esperanza_01 井 M1ss 层测井解释结果

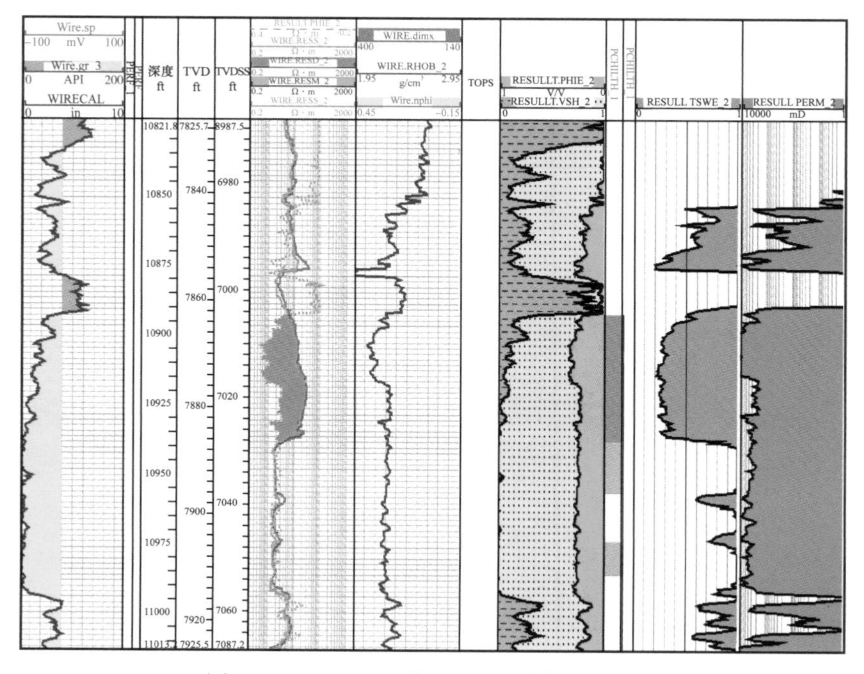


图 5-8 Colibri_01 井 M1ss 层测井解释结果

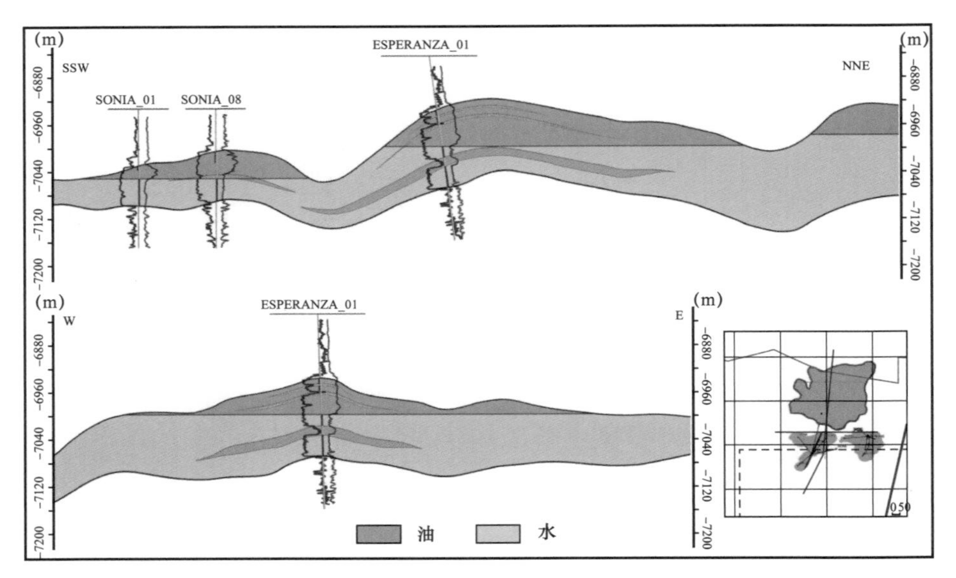


图 5-9　奥连特盆地 Tarapoa 区块 Esperanza01 井区 M1ss 层油藏十字剖面

2）断层型油气藏

该型油气藏以断层复杂化的背斜型油藏为代表，其特点是断层切割背斜圈闭，奥连特盆地内以 Shushufindi 油藏、Mlss 油藏为代表。

（1）Shushufindi 油藏。

Shushufindi 油藏位于奥连特盆地中部，于 1969 年发现，地质储量 $5.5\times10^8$t，最大日产 16337t（1986 年达到），其产量占厄瓜多尔年产量的 10%。该油藏是一个近南北走向的断背斜油藏，油藏东部发育一条南北走向大断层，切穿目的层白垩系，该断层为油源断层将白垩系 Napo 组烃源岩与 Napo 组储层有效沟通，使得该油藏在纵向上形成了多层系含油的特点（含油层包括白垩系 Napo 组 UU 层、LU 层、LT 层等）（图 5-10）。

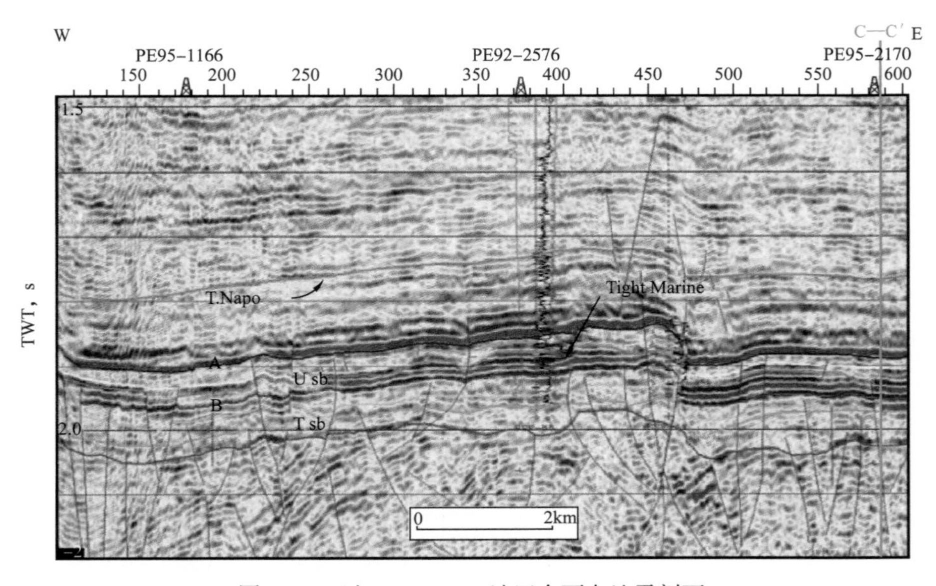


图 5-10　过 Shushufindi 油田东西向地震剖面

（2）M21 井区 M1ss 层油藏。

奥连特盆地东部斜坡带 M21 井区 M1ss 层油藏也是一个断背斜油藏（图 5-11），目的层为 M1ss，在 M1ss 层构造图上，该油藏处发育一个背斜圈闭，同时构造西南方向发育一条北西—南东走向断层，将背斜构造复杂化，提供了上倾方向的封堵条件，将 M21 井区与 M17 井区分隔开来，两个油藏具有不同的油水界面，M21 井区油水界面为 −1937.5m，M17 井区油水界面为 −1942m（图 5-12）[3]。

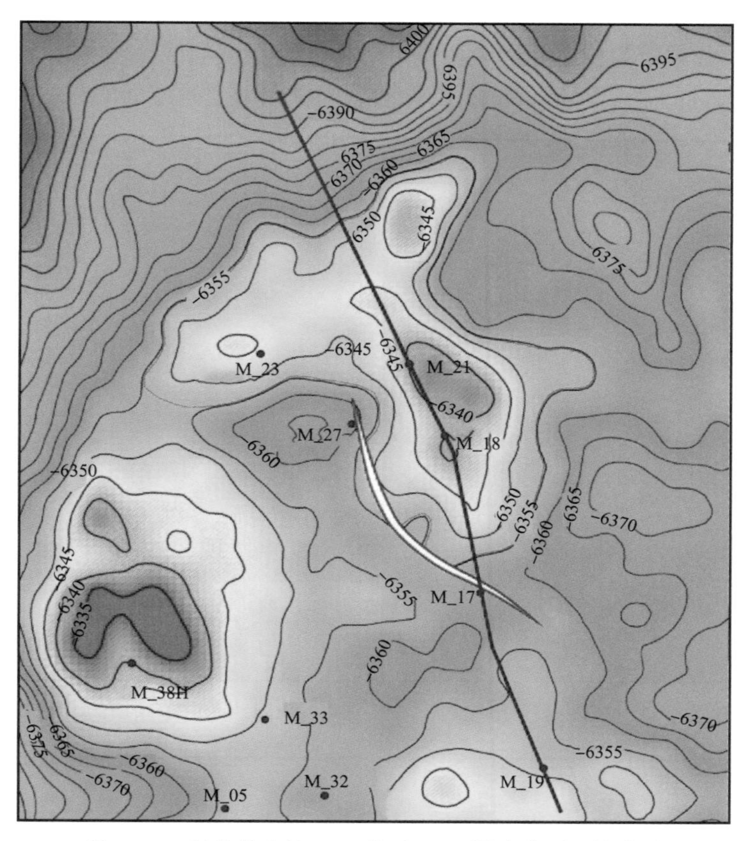


图 5-11　奥连特盆地 M21 井区 M1ss 层油藏顶面构造图

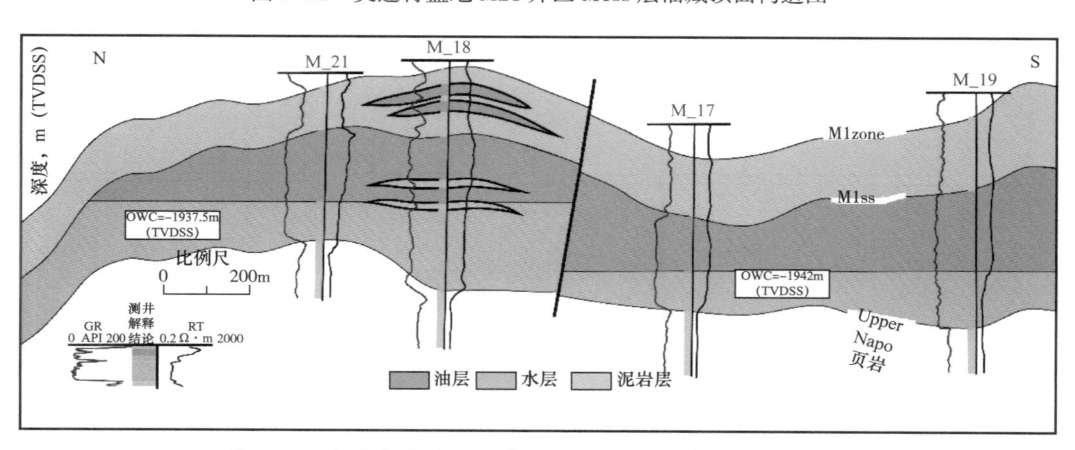


图 5-12　奥连特盆地 M21 井区 M1ss 层油藏南北向油藏剖面

（3）Dana01 井区 M1ss 层油藏。

Dana01 油田位于盆地东部斜坡带的 Dorine 北扩展区，目的层为 M1ss 层和 UT 层。发现井为 Dana01 井（同时也是油藏内唯一的钻井），该井于 2013 年 4 月 10 号开钻，2013 年 4 月 30 号完钻，完钻井深为 3392m，完钻层位为 MainHollin 组。M1ss 层测井解释油层厚度 11.4m/3 层，钻遇油水界面为 -2051m。

M1ss 层顶面构造图上可见油藏整体为西倾鼻状构造，一条南北走向的断层（Mariann 断层）将鼻状构造东部切割开，形成一个断层型圈闭（图 5-13）。M1ss 层属性图上显示 M1ss 层砂岩储层分布较为稳定，但在西侧下倾方向存在低值区（图 5-14），综合分析该油藏为断层型油藏，油藏东部 Mariann 断层为油藏提供东部上倾方向的封堵条件（图 5-15）。

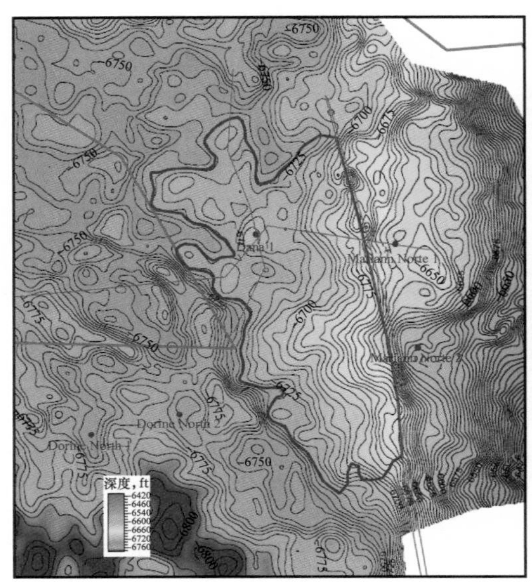


图 5-13 Dana01 井 M1ss 层顶面构造图

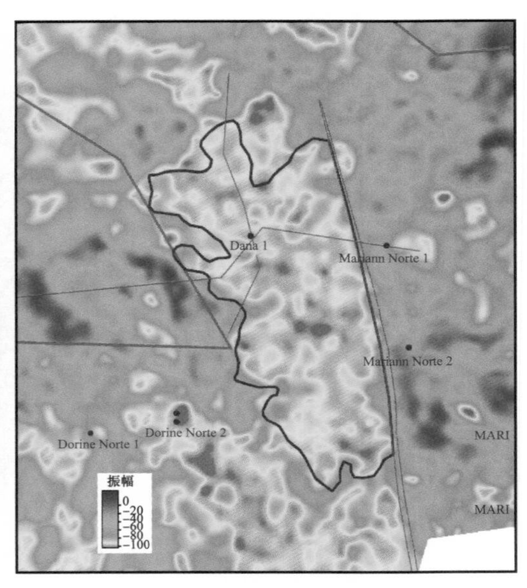


图 5-14 Dana01 井 M1ss 层属性图

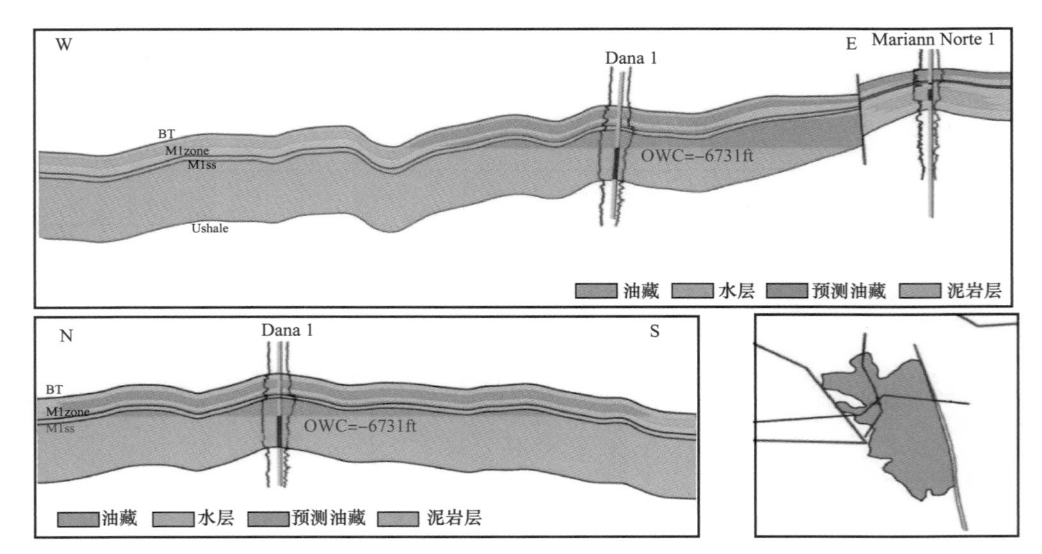


图 5-15 Dana 01 井 M1ss+BT 油藏剖面图

3）构造—岩性复合油藏

构造—岩性复合油藏受构造和岩性双重因素控制，一方面，油藏发育位置存在明显的构造圈闭；另一方面，储层横向上分布不稳定，上倾方向通常尖灭为非渗透岩体，非渗透性岩层为油藏提供上倾方向上的遮挡条件，而在其他位置，油藏受构造控制，构造和岩性联合作用形成一个典型的构造—岩性油藏。

（1）奥连特盆地 Tarapoa 区块的 Dorine&Fanny 油田 M1ss 层油藏。

Dorine&Fanny 油田 M1ss 层油藏是一个典型的构造—岩性复合型油藏。该油藏是 Tarapoa 区块最大的油藏，目的层为 M1ss 砂岩，M1ss 砂岩为一套海陆过渡相浅海陆棚—河口湾沉积储层，其上为古近—新近系 BT 组陆相红层砂岩，其下为大套厚层 URP Napo 泥岩。横切油藏的东西走向地震剖面上 M1ss 表现为一套地震强反射同向轴，如 Fanny_18B_06 井和 Fanny_18B_09 井所在位置，但同时目的层横向展布不稳定，在局部地区发生砂岩尖灭，在地震剖面上由 M1ss 砂岩发育区到砂岩尖灭区表现为强同向轴减弱、横向连续性减弱，直至变为不连续（如 Fanny_18B_74 井所在位置）（图 5-16）。平面上，油藏上倾方向上由砂岩储层的尖灭（“泥岩条带”）提供遮挡条件，砂岩上倾方向岩性尖灭形成“泥岩条带”遮挡这一认识已经被区块多口钻在“泥岩墙”内部钻井证实，这几口井在 M1ss 层没有钻遇砂层，同时其下倾方向发现 Dorine-Fanny 油藏内钻井其钻遇 M1ss 层砂层厚度在 10～35m，且生产效果非常好（图 5-17）。沿 M1ss 层提取地震均方根振幅（RMS）、平均能量、最大振幅等属性，均存在北西—南东走向的异常低值属性条带。其中，均方根振幅属性与已发现的泥岩条带和砂岩分布特征最为吻合、对砂岩岩性尖灭反映最为清晰，综合分析认为该油藏为一个构造—岩性复合型油藏（图 5-18）。

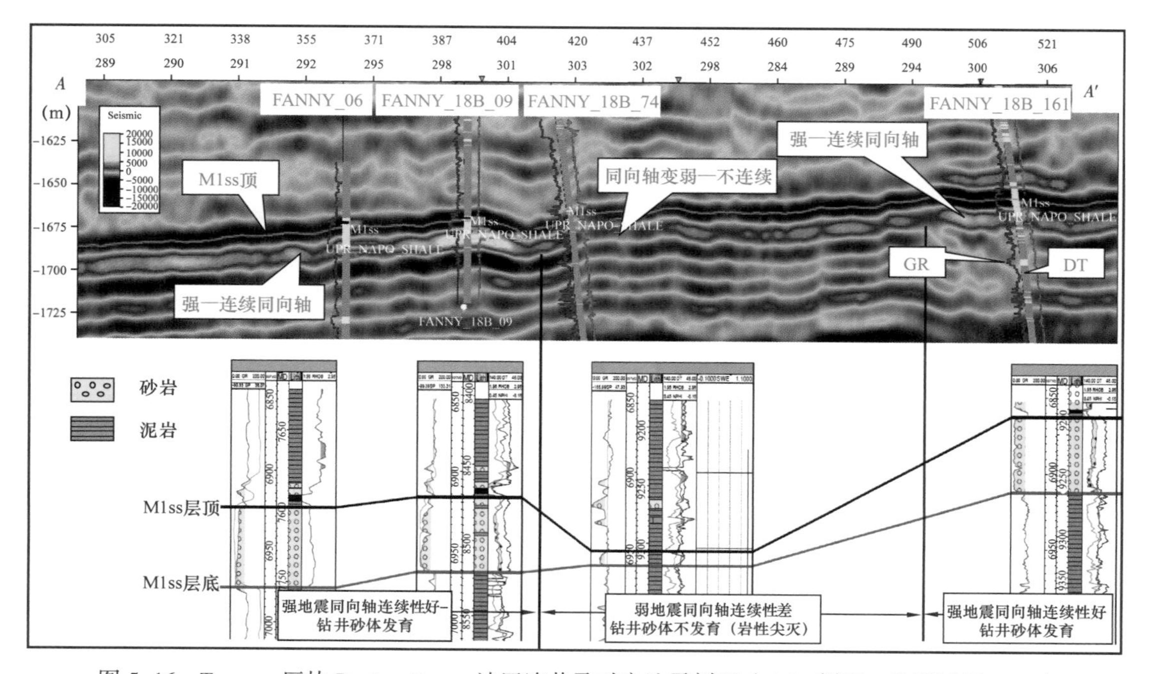


图 5-16　Tarapoa 区块 Dorine_Fanny 油田连井及对应地震剖面（*AA′* 剖面，位置见图 5-17）

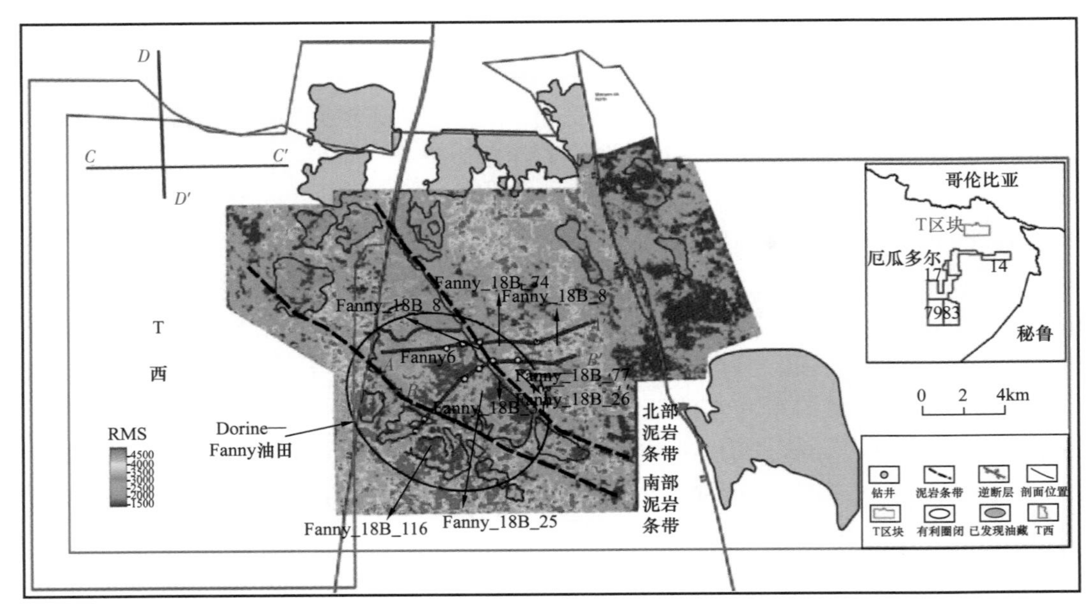


图 5-17　奥连特盆地 Tarapoa 区块 Dorine-Fanny 地区 RMS 属性分布图

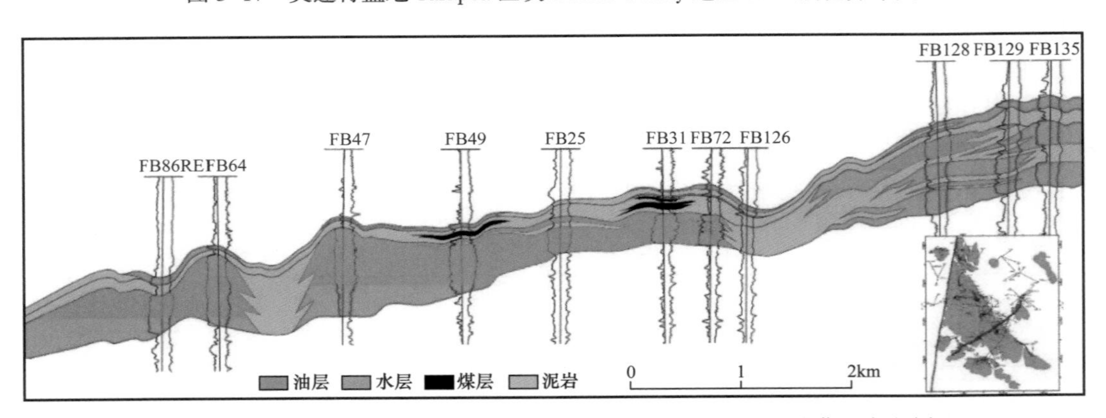


图 5-18　奥连特盆地 Tarapoa 区块 Dorine-Fanny 油田 M1ss 层油藏西东向剖面

（2）Tarapoa 区块 MariannSur 井区 M1ss 层油藏。

MariannSur 井区 M1ss 层油藏共钻井 6 口，M1ss 层顶面构造图上 MariannSur 为一个构造斜坡，仅在 MariannSur01 井处存在一个沿断层走向的低幅度背斜圈闭，但圈闭构造幅度低，不能完全圈住 MariannSur01 井钻遇的油柱（图 5-19）；向东在构造斜坡高部位先后钻探 MariannSur02 井、MariannSur03 井和 MariannSur04 井，三口井均钻遇油层，其中 MariannSur02 井钻遇纯油层，MariannSur03 井钻遇油水界面，MariannSur04 井 M1ss 层上部钻遇薄油层，且 MariannSur03 井钻遇的油水界面要高于 MariannSur02 井和 MariannSur04 井钻遇的油层，同时 MariannSur04 井钻遇的水层深度要高于 MariannSur02 井下部油层深度，由此可见 MariannSur03 井、MariannSur02 井和 MariannSur04 井分别属于不同的油藏。

对沿 M1ss 层提取均方根振幅属性（RMS）进行分析，MariannSur04 井和 Mariann Sur02 井之间存在一个属性变化带（图 5-20），根据已有的经验，这种均方根振幅属性（RMS）变化通常反映岩性的变化，因此认为 M1ss 层砂岩厚度在此处发生变化，砂岩减薄甚至尖灭，将两个油藏分隔开来，导致这两口井油水界面不一致。MariannSur02 井测井解释未见油水界面，以已知油底下推一个砂层作为油水界面（OWC=-1930m），整体为层状边水构造—岩性复合油藏（图 5-21）。

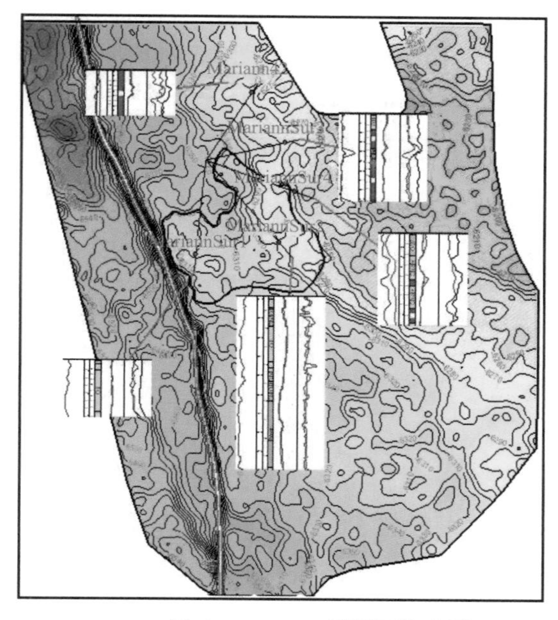

图 5-19　M1ss 层顶面构造图

Mariann_02
Mariann_15
Mariann_16
Mariann42
MariannSur3
MariannSur4
RMS变化带
MariannSur2
MariannSur1
油藏

图 5-20 M1ss 层均方根振幅（RMS）属性图

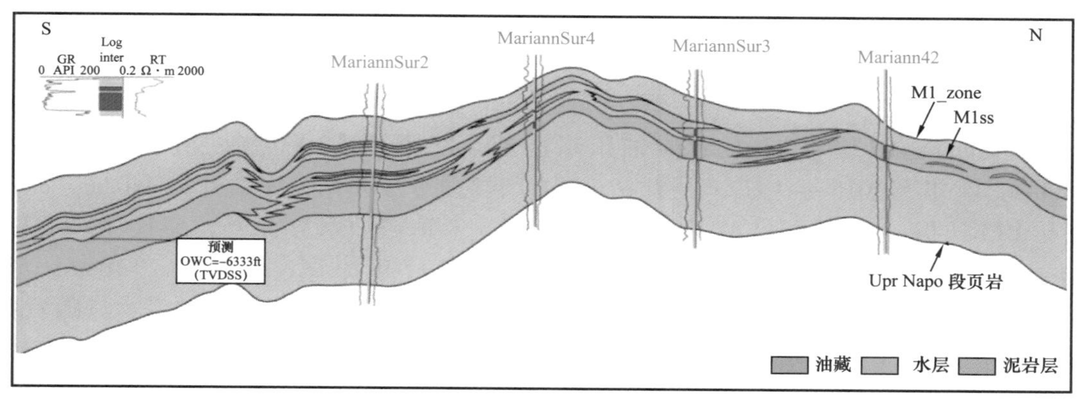


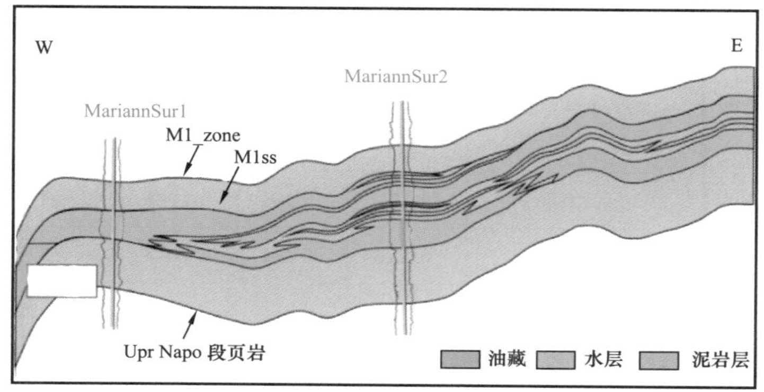


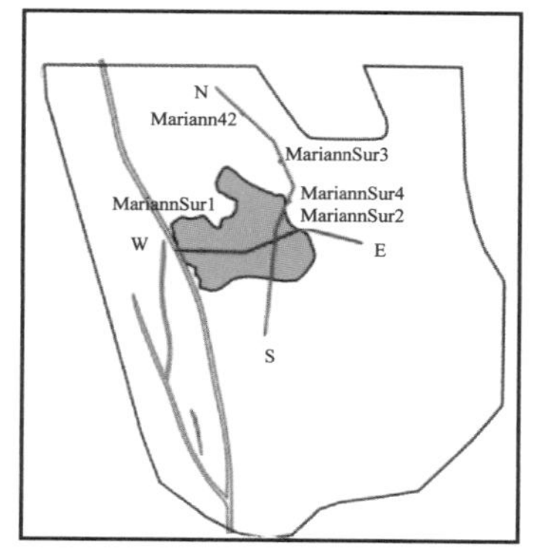


图 5-21　奥连特盆地 Tarapoa 区块 Mariann Sur 油田 M1ss 层油藏十字剖面

（3）JohannaEste 油田 M1ss 层油藏。

JohannaEste 油田位于盆地东部斜坡带 Tarapoa 区块。截至 2016 年 10 月 30 日，油田内共有钻井 12 口，JohannaEste02 井、JohannaEste03 井、JohannaEste04H 井、JohannaEste05H 井、JohannaEste06 井、JohannaEste07H 井、JohannaEste08RE 井、JohannaEste09H 井、JohannaEste10H 井、JohannaEste11st 井、JohannaEste14 井、JohannaEste15 井，发现井为 JohannaEste02 井和 JohannaEste03 井。12 口井均在 M1 层钻遇油层（图 5–22）。

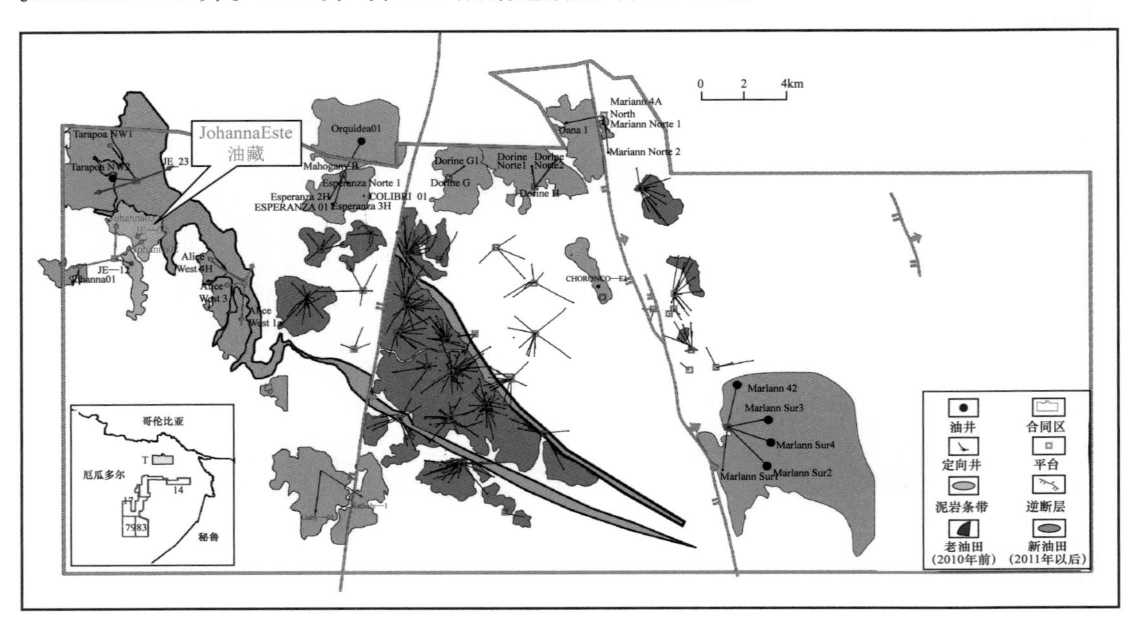


图 5–22 JohannaEste 油田位置图

JohannaEste02 位于 JohannaEste 油田东南部，使用 TNW3 平台钻探，水平位移达 1800m。该井于 2015 年 7 月 20 号开钻，2015 年 8 月 3 号完钻，完钻井深 3402m，完钻层位 UPRHollin，测井解释 M1 油层厚度 14.8m，未钻遇油水界面（表 5–1，图 5–23）。JohannaEste02 井射孔 1 段共 5m，自 2015 年 9 月 19 日起测试，测试初产 104t/d，含水 0.1%，原油 API 为 19.1°，展示了 JohannaEste 油田 M1ss 层油藏巨大的潜力。随后在 JohannaEste02 井西北构造高部位钻探 JohannaEste03 井，钻遇油层，宣告 JohannaEste 油田 M1ss 层油藏的发现。

**表 5–1 JohannaEste02 井 M1ss 层测井解释成果表**

| 目的层 | 顶深（TVD）m | 底深（TVD）m | 净厚度（TVD）m | 孔隙度 | 含水饱和度 | 泥质含量 | 结论 |
|---|---|---|---|---|---|---|---|
| M1ss | 2198.5 | 2199.3 | 0.8 | 0.232 | 0.368 | 0.086 | 油 |
| M1ss | 2200.9 | 2210.5 | 9.6 | 0.306 | 0.274 | 0.043 | 油 |
| M1ss | 2211.5 | 2216.0 | 4.5 | 0.281 | 0.331 | 0.025 | 油 |
| M1ss | 2216.0 | 2217.1 | 1.1 | 0.288 | 0.623 | 0.047 | 水 |

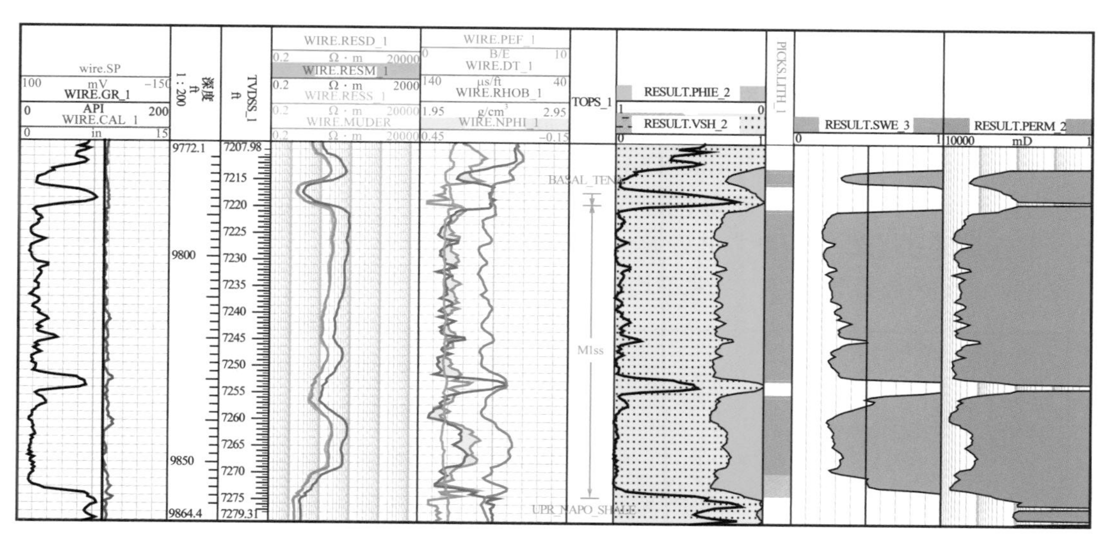


图 5-23　JohannaEste02 井测井解释成果图

M1ss 层构造图上，JohannaEste 油藏为一个带有局部凸起的鼻状构造（图 5-24），发现井 JohannaEste02 井就钻在鼻状构造局部背斜上，但 JohannaEste02 井油底深度超过局部背斜溢出点，同时鼻状构造上倾方向上构造不收敛。

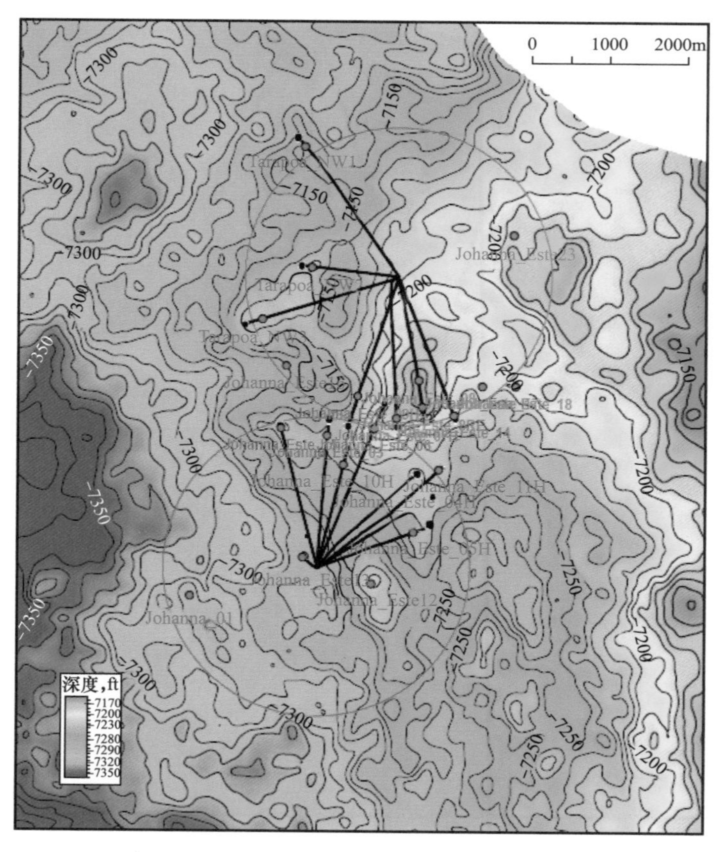


图 5-24　JohannaEste 油田 M1ss 层顶面构造图

提取地震均方根振幅属性结果表明，JohannaEste 油藏主体部位 M1ss 层砂体较为发育，向西南下倾方向上砂体延展范围较大，但在东北上倾方向上 M1ss 层厚层砂体迅速减薄直至尖灭（图 5-25），地震有色反演也反映了同样的特征（图 5-26）。在 JohannaEste 油藏东北上倾方向上存在一个与 Dorine-Fanny 油藏上倾方向“泥岩墙”相似特征的“泥岩墙”（砂岩尖灭带）。该砂岩尖灭带为 JohannaEste 油藏提供上倾方向上的封堵条件。油藏发现后，先后钻探 10 余口评价井和开发井，各井均在 M1ss 层钻遇油层（图 5-27 至图 5-30），且各井测试生产效果非常好，单井平均日产在 89t 以上（表 5-2）。

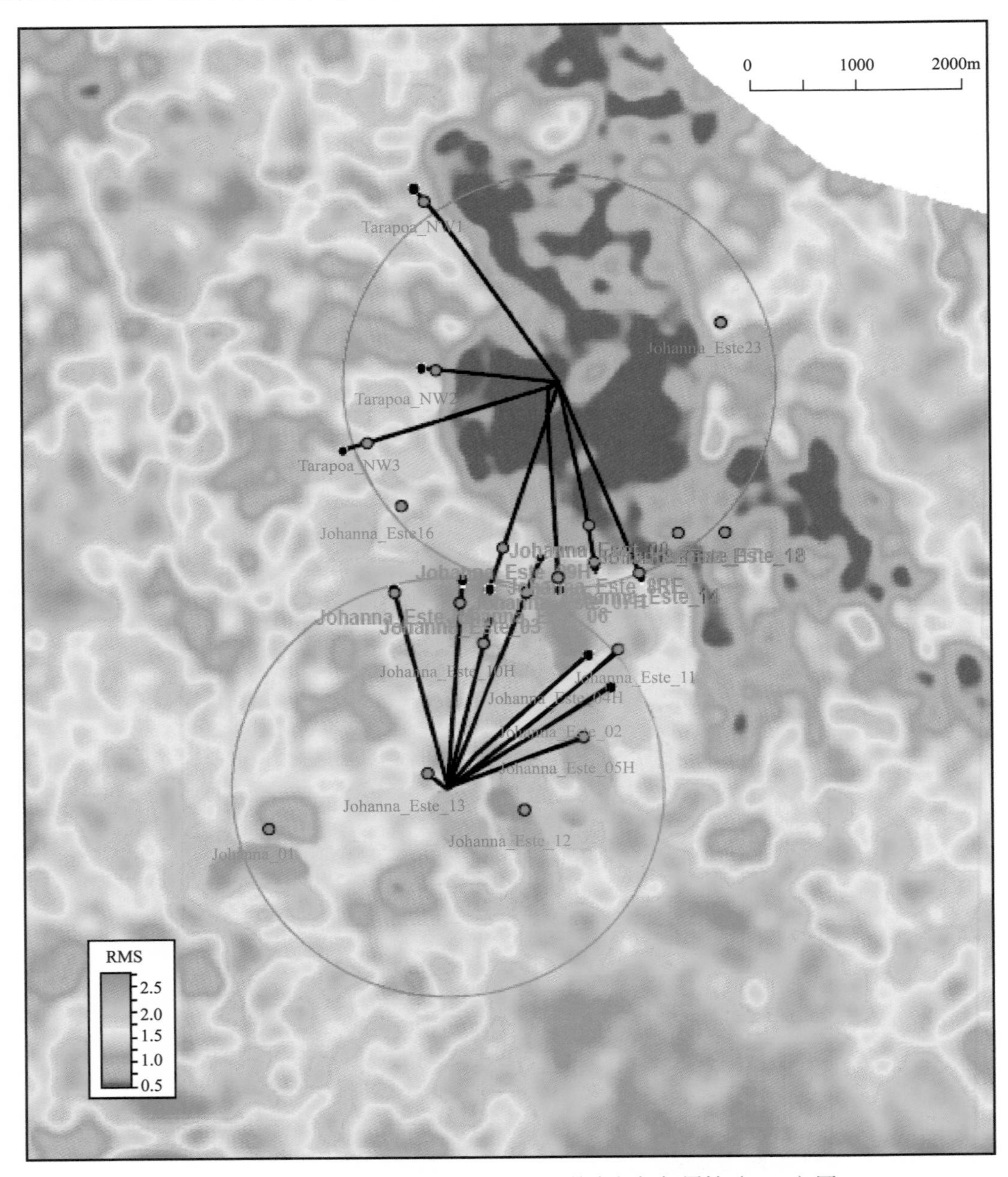


图 5-25　JohannaEste 油藏 M1ss 层顶面均方根振幅属性（RMS）图

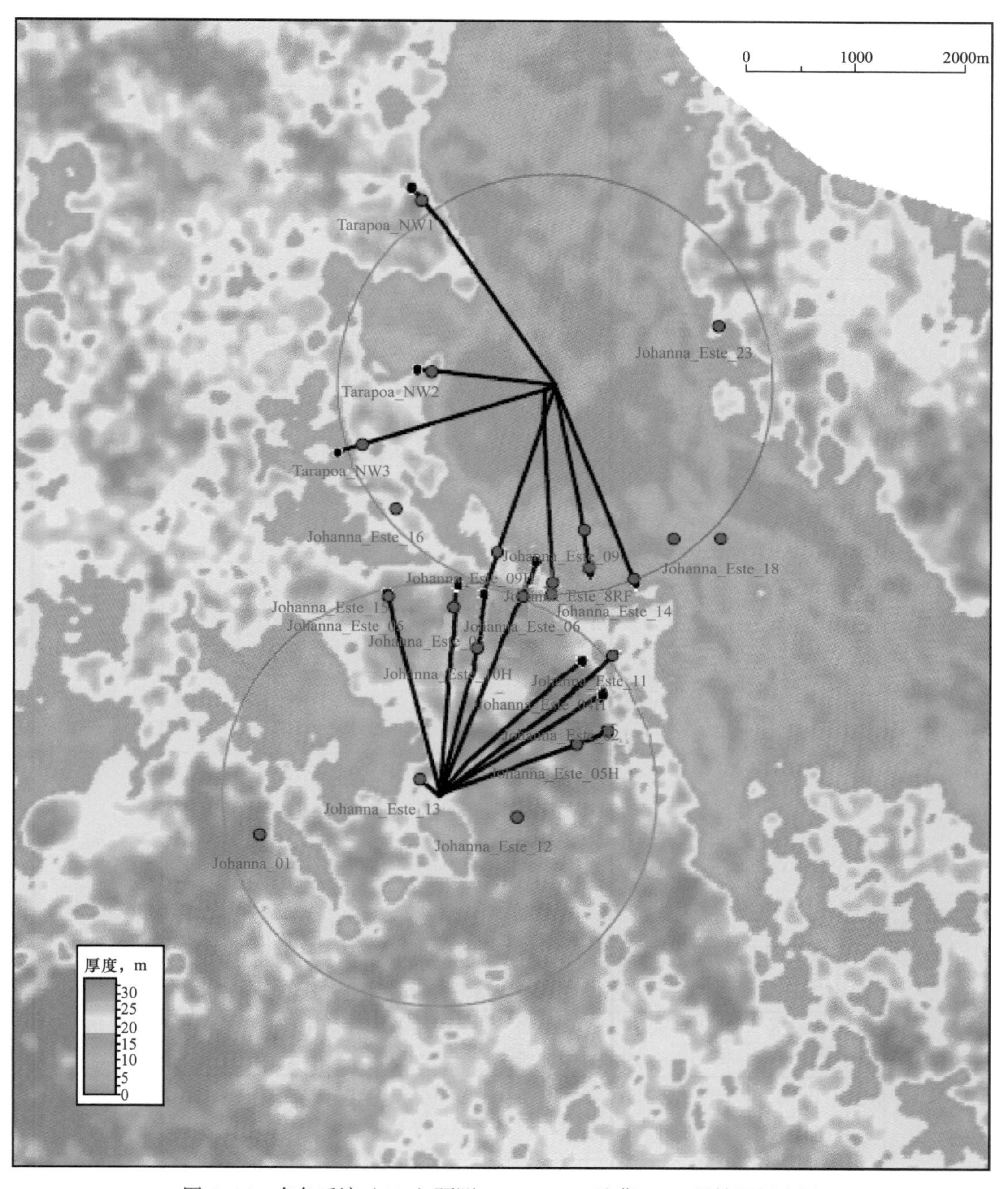


图 5-26　有色反演（SCI）预测 JohannaEste 油藏 M1ss 层储层厚度图

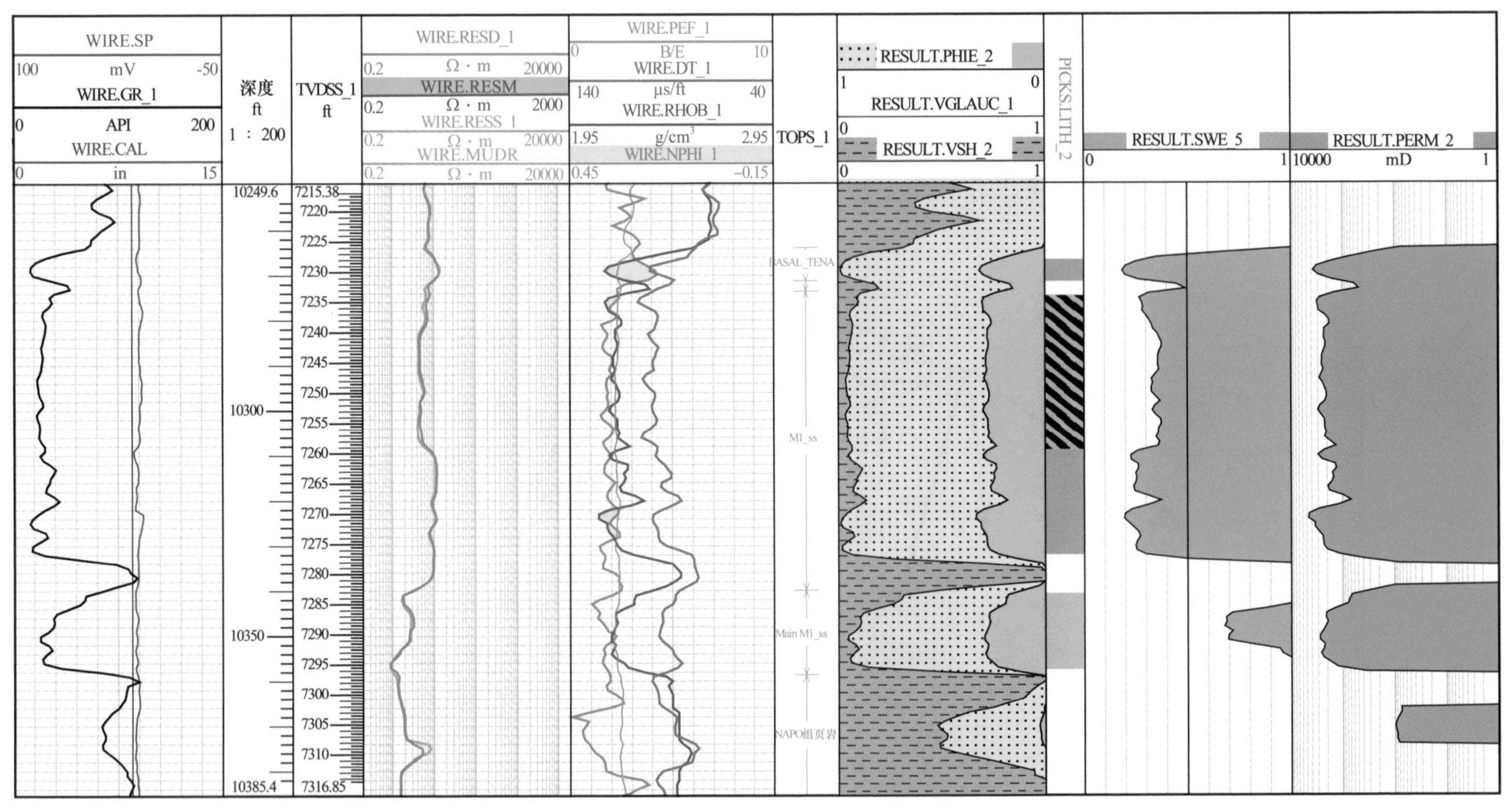


图 5-27 JohannaEste03 井测井解释成果图

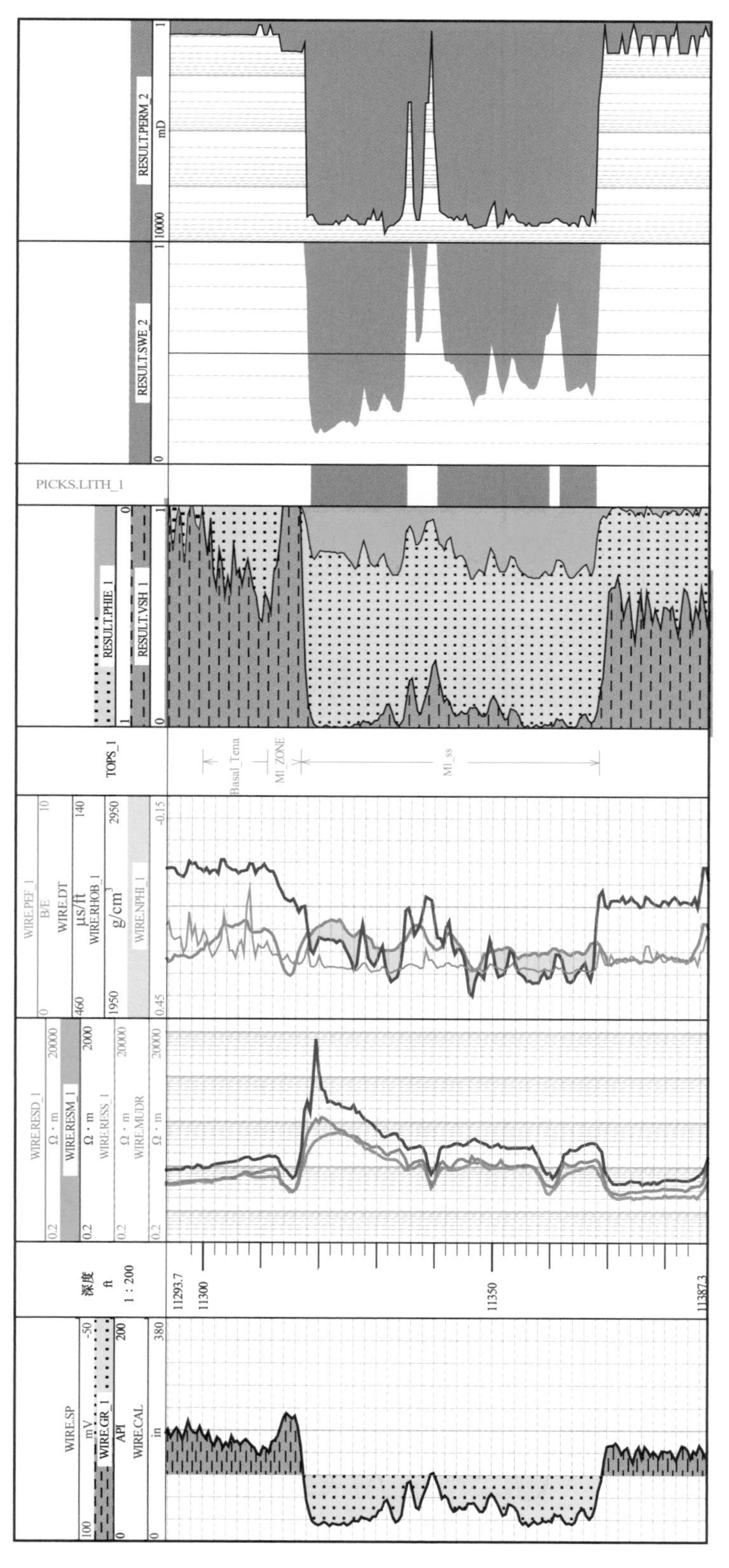


图 5-28　JohannaEste11st 井测井解释成果图

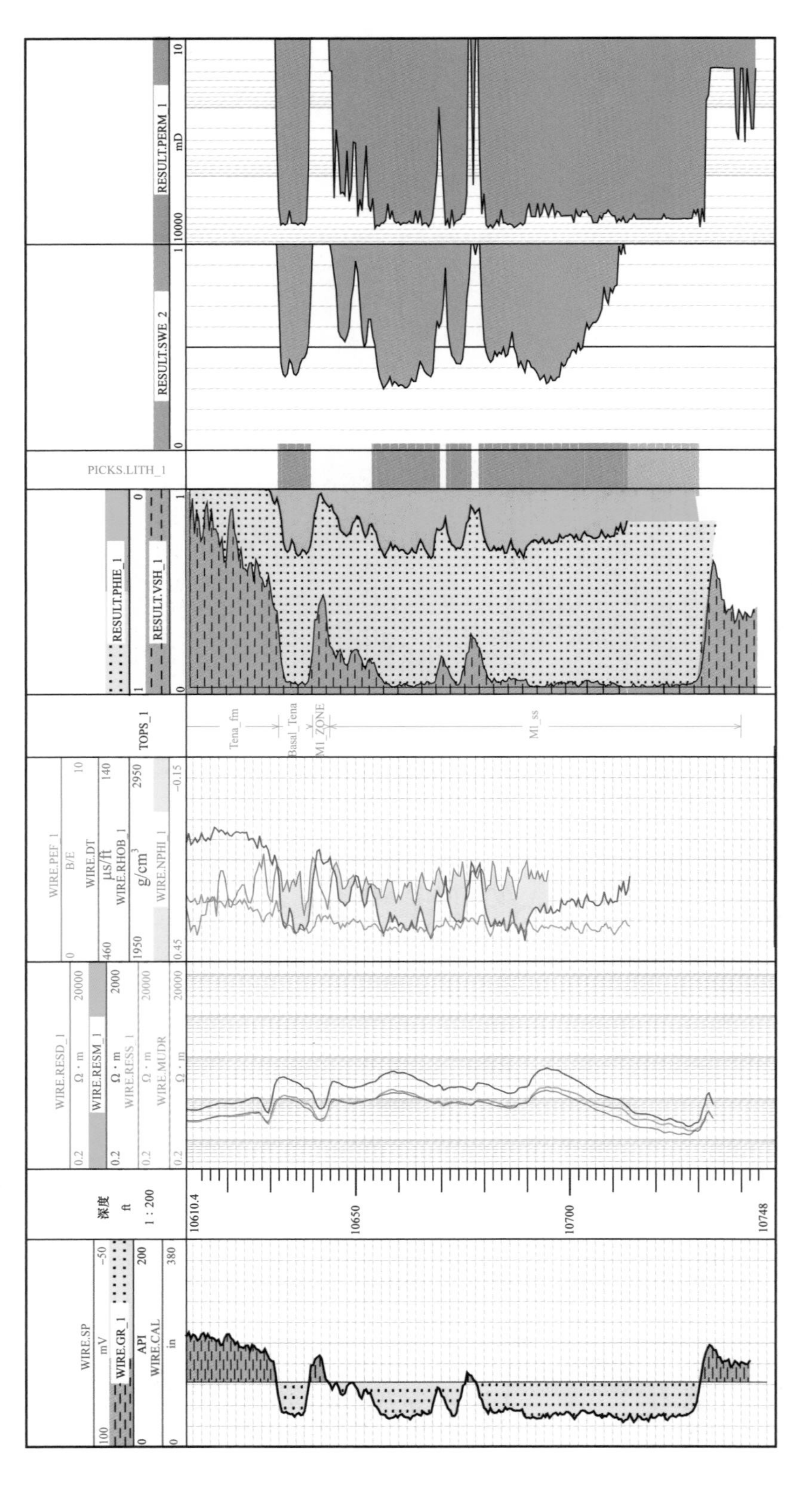


图 5-29 JohannaEste15 井测井解释成果图

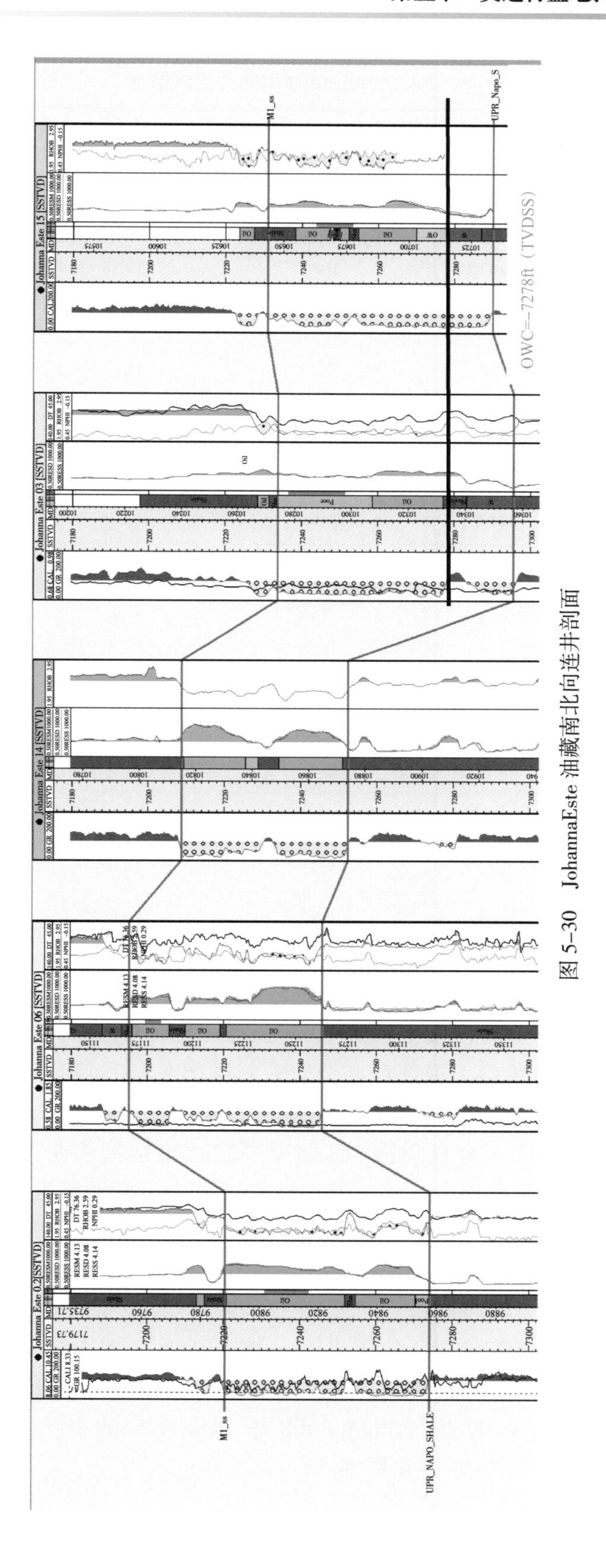


图 5-30　JohannaEste 油藏南北向连井剖面

表 5-2 JohannaEste 油田钻井测试情况

| 井名 | 投产井段<br>m | 日产油<br>t | 原油重度<br>API | 含水率<br>% |
|---|---|---|---|---|
| JE11st | 3459～3462 | 116 | 16.4° | 17.0 |
| JE2 | 2987～2992 | 105 | 19.1° | 0.1 |
| JE3 | 3307～3310 | 62 | 19.3° | 36.2 |
| JE14 | 3307～3310 | 71 | 13.6° | 18.0 |
| JE15 | 3250～3254 | 55 | 11.2° | 12.3 |
| JE8RE | 3174～3180 | 111 | 18.2° | 0.3 |
| JE5H | 3066～3249 | 345 | 18.7° | 0.3 |
| JE7H | 3515～3627 | 144 | 20.6° | 0.3 |
| JE9H | 3476～3824 | 132 | 20.5° | 0.3 |
| JE10H | 3147～3296 | 216 | 20.6° | 0.4 |
| JE4H | 3209～3414 | 168 | 18.6° | 0.2 |
| JE33H | 3172～3374 | 194 | 23.9° | 1.5 |
| JE28 | 2950～2955 | 126 | 17.8° | 17.7 |
| JE12 | 2633～2637 | 317 | 24.0° | 0.1 |
| JE20 | 3207～3210 | 238 | 24.0° | 0.3 |
| JE19H | 3063～3110 | 368 | 23.7° | 23.7 |

油藏类型：从钻井结果看，仅1口井（JohannaEste05）钻遇油水界面：−2221m，但12口井构造上属于同一个单斜（局部存在微幅背斜圈闭），断层不发育，构造难以封堵钻遇的油柱；3D地震属性分析表明，JohannaEste02油藏东北上倾方向存在均方根振幅属性（RMS）低值区；3D地震有色反演SCI储层厚度预测结果表明该弱RMS属性区砂岩厚度明显变薄，形成一个砂岩尖灭带，该岩性尖灭带为下倾油藏提供东北方向封堵条件，JohannaEste08井就钻在该条带内，测井解释结果为泥岩。综合分析，认为该油藏为构造—岩性复合型油藏（图5-31）。

（4）AliceWest油田M1ss层油藏。

AliceWest油田（简写AW油田）位于TarapoaWest3D区（图5-32），为构造—岩性油藏。截至2015年11月30日，油田内共有钻井6口，包括AliceWest01a井、AliceWest05H井、AliceWest06井、AliceWest07井、AliceWest08井、AliceWest09井（简称为AW01a井）。6口井均在M1层钻遇油层（图5-33至图5-35，表5-3）。

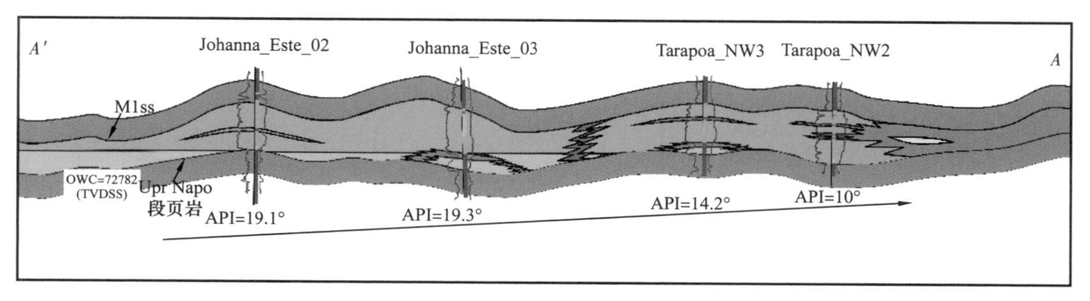


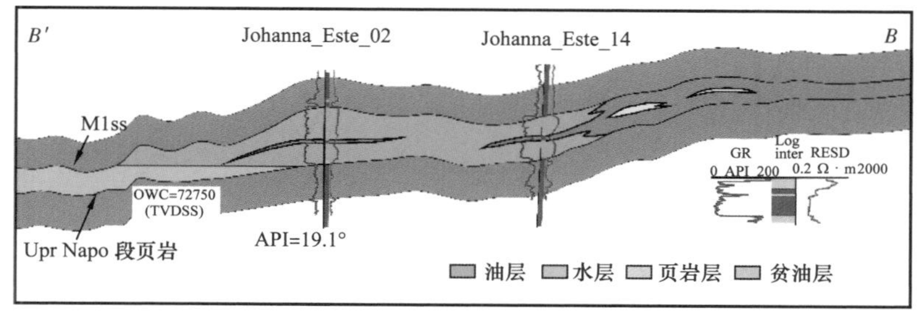


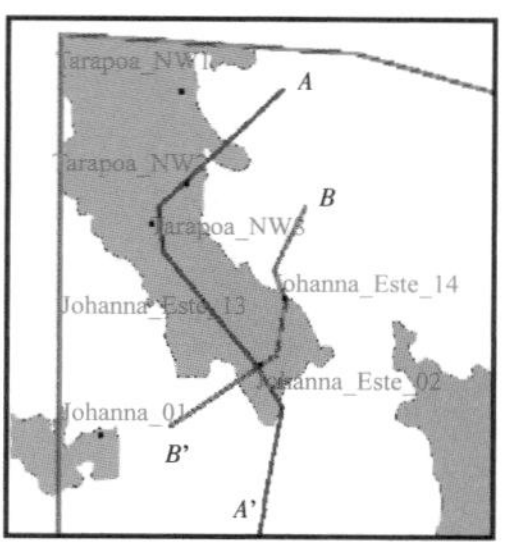


图 5-31　Johanna Este 油田 M1ss 层油藏剖面图

图 5-32　AliceWest 油田位置图

AliceWest01a 井位于 Alice 油田西部，使用 TNW5 平台钻探，水平位移达 1800m。该井于 2014 年 05 月 27 号开钻，2014 年 06 月 29 号完钻，完钻井深 3627m，完钻层位 LT；测井解释 M1 油层厚度 18.2m；钻遇油水界面 -2194m（TVDSS）。

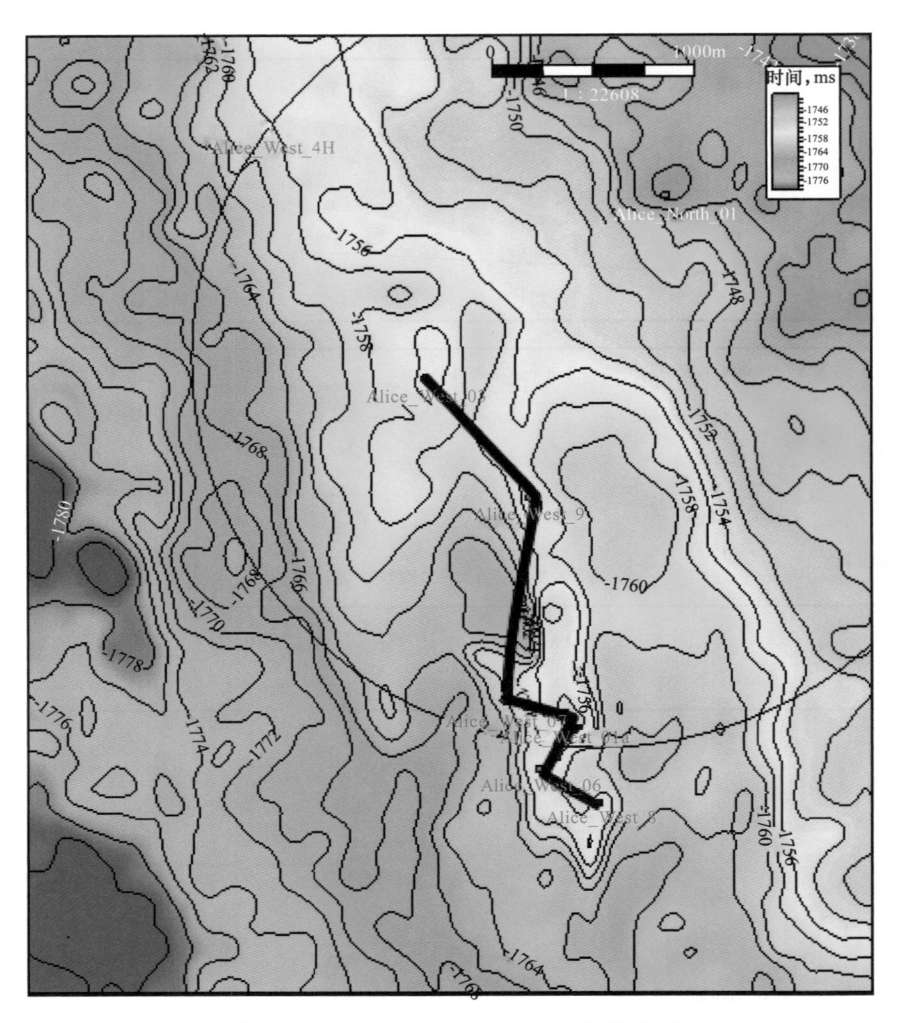


图 5-33　AliceWest 油田 M1ss 层顶面构造图

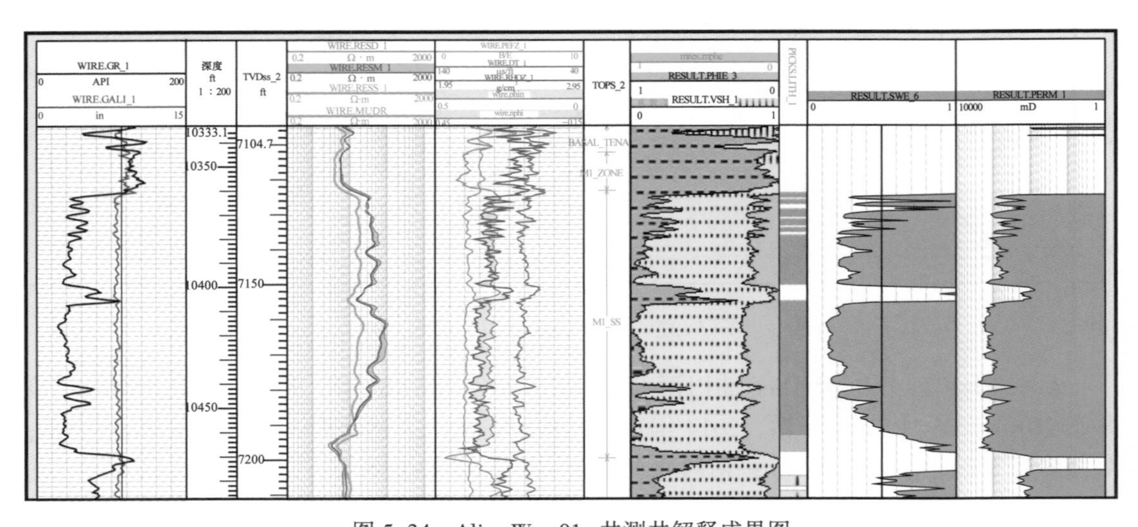


图 5-34　Alice West01a 井测井解释成果图

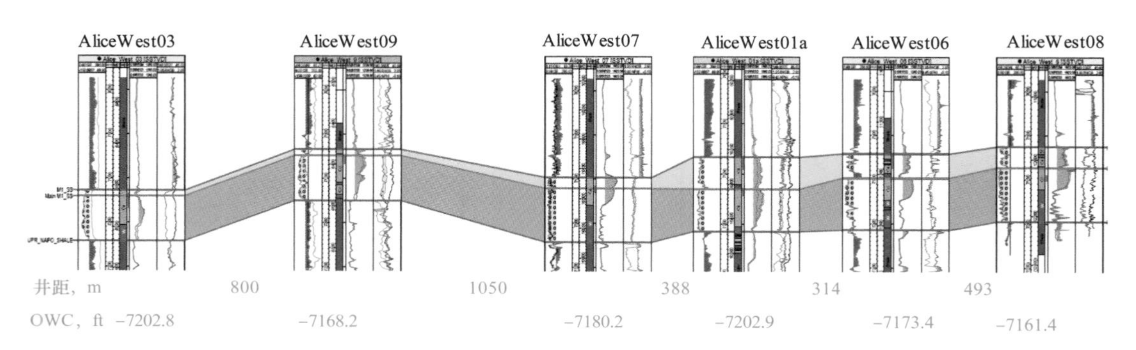


图 5-35　AliceWest 油田 M1ss 层油藏南北向连井剖面

**表 5-3　AliceWest01a 井 M1ss 层测井解释成果表**

| 目的层 | 顶深（TVD）m | 底深（TVD）m | 净厚度（TVD）m | 孔隙度 | 含水饱和度 | 泥质含量 | 结论 |
|---|---|---|---|---|---|---|---|
| M1ss | 2419.2 | 2419.6 | 0.4 | 0.180 | 0.314 | 0.147 | 油 |
| M1ss | 2419.7 | 2420.1 | 0.4 | 0.182 | 0.353 | 0.164 | 油 |
| M1ss | 2420.7 | 2421.3 | 0.6 | 0.211 | 0.256 | 0.106 | 油 |
| M1ss | 2421.5 | 2422.0 | 0.5 | 0.164 | 0.321 | 0.230 | 油 |
| M1ss | 2422.3 | 2422.6 | 0.4 | 0.206 | 0.220 | 0.114 | 油 |
| M1ss | 2422.8 | 2427.2 | 4.5 | 0.185 | 0.264 | 0.104 | 油 |
| M1ss | 2428.6 | 2440.2 | 11.6 | 0.230 | 0.251 | 0.084 | 油 |
| M1ss | 2440.1 | 2441.5 | 1.4 | 0.251 | 0.787 | 0.077 | 水 |

钻井测试：AliceWest01a 井射孔两段共 28ft，自 8 月 1 日起测试，日产油 148t，含水 0.2%，稳产 3 个月，原油 API22.5°；油田目前已累产 $19.4 \times 10^4$t；AliceWest6 评价井在 M1 试油初产 180t/d，含水 0.2%，原油 API22.6°；AliceWest7 评价井在 M1 试油初产 176t/d，含水 0.2%，原油 API21.3°；AliceWest8 评价井在 M1 试油初产 170t/d，含水 27.9%，原油 API21.1°；AliceWest9 评价井在 M1 试油初产 184t/d，含水 0.2%，原油 API21.3°。

油藏类型：从钻井结果看，5 口井钻遇 5 个油水界面：介于 -2183～-2195m 之间，应为不同油藏；但 5 口井构造上属于同一个背斜圈闭，地震解释未见区域发育明显断层，构造难以将 5 个油藏分隔；储层反演结果表明，井间未见明显岩性变化，连井对比也表明井间砂体连续性较好，综合分析，认为该油藏为一个统一的构造—岩性复合型油藏（图 5-36、图 5-37）。

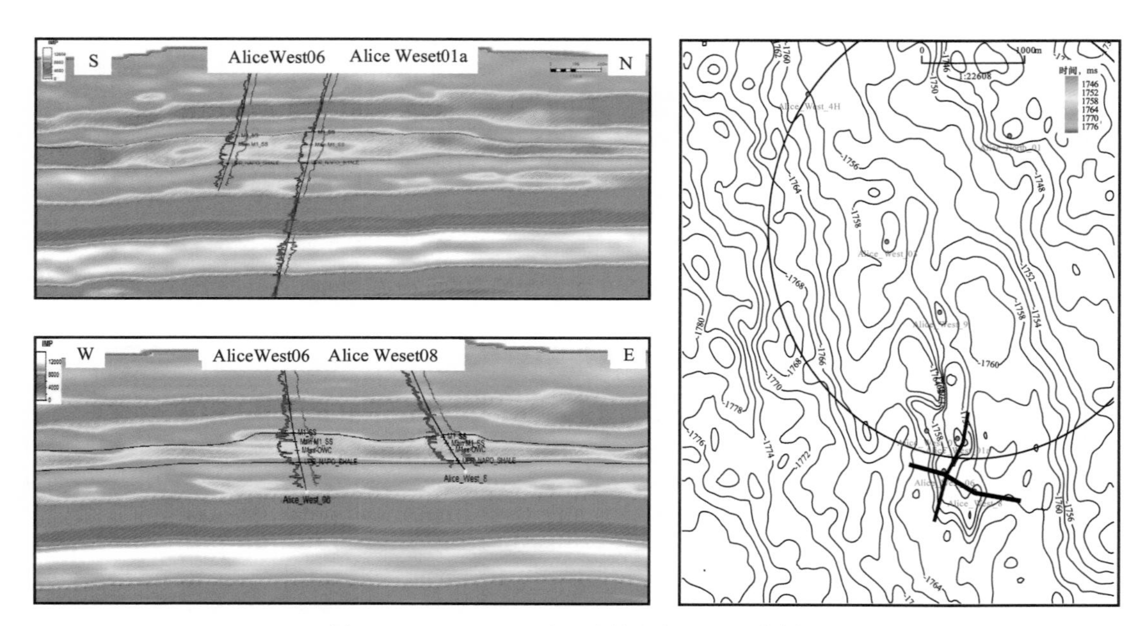


图 5-36 AliceWest 油田连井十字地震反演剖面

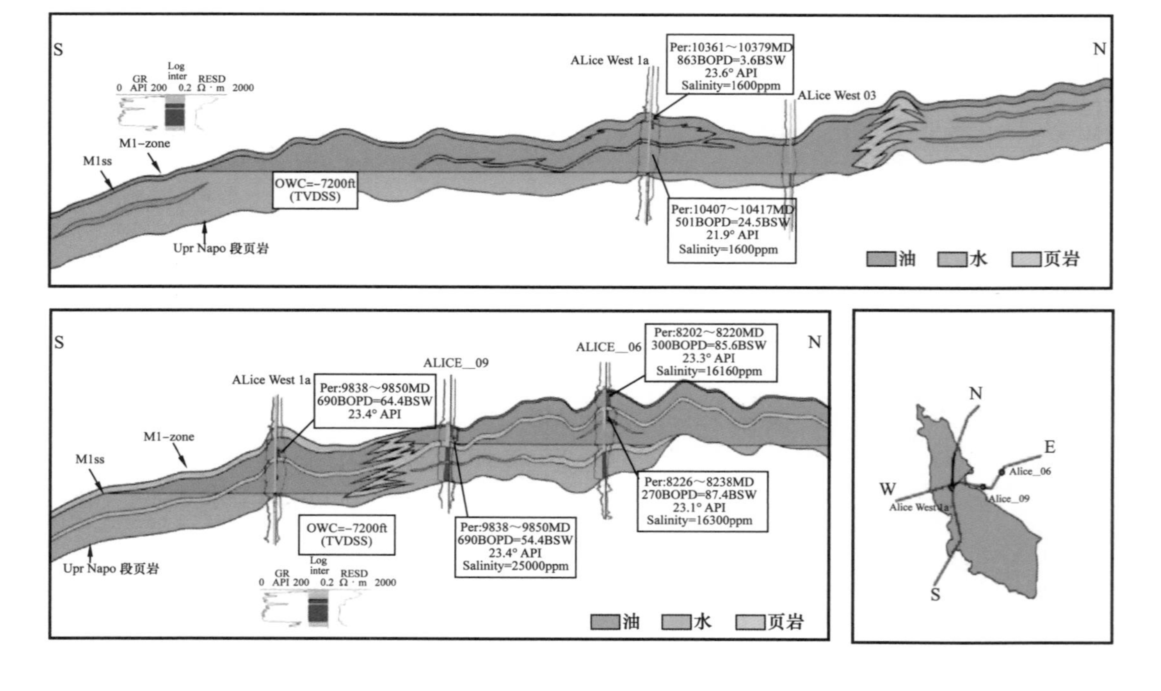


图 5-37 AliceWest 油田 M1ss 层油藏剖面图

区域地层平缓，断层不发育，岩性变化小，地震层面时间相对深度关系可靠；钻井读取M1ss层顶面深度关系与地震读取M1ss层顶面相对深度关系矛盾（井间距离小500m）（图5–38）；以校深过AliceW01a井钻井深度为基准，参考各井之间相对地震深度关系，获得各井M1ss层顶面深度，再根据各井钻遇油层厚度，下推获得各井计算油水界面（OWC）深度；推算OWC深度，各井OWC介于–2195～–2191m之间，相差4m，可以接受为同一个油水界面，取其平均值–2193m为油藏油水界面。但是该油水界面已经远远超出了构造图上识别出的M1ss层背斜圈闭溢出点深度（图5–36），表明该油藏并不是简单的背斜油藏。RMS属性提取及地震储层反演结果表明，AliceWest油藏北东方向上存在一个北西—南东走向的砂岩减薄尖灭带，可为油藏提供上倾方向上遮挡条件，综合分析AliceWest油田M1ss层油藏为一个构造—岩性复合型油藏。

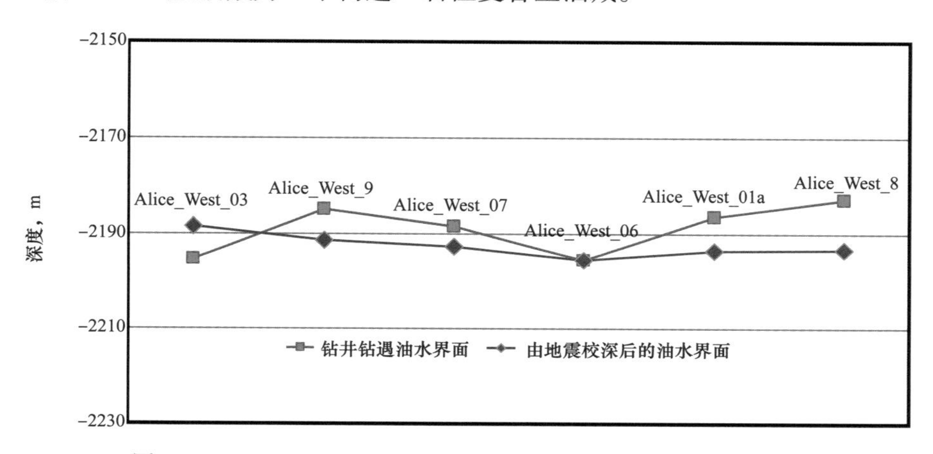


图5–38　AliceWest油田连井实钻OWC与地震校深后OWC对比

（5）Alice Sur01井区M1ss层油藏。

该油藏位于奥连特盆地斜坡带Tarapoa区块西部地区，发现井为AliceSouth–1井，该井在M1ss层测井解释储层23.3m，油层4.1m（TVD）；钻遇OWC为–2183m（图5–39，表5–4）。

表5–4　AliceSouth–1井M1ss层测井解释表

| 目的层 | 顶深（TVD）m | 底深（TVD）m | 净厚度（TVD）m | 孔隙度 | 含水饱和度 | 泥质含量 | 结论 |
|---|---|---|---|---|---|---|---|
| M1ss | 2179.4 | 2183.5 | 4.1 | 0.276 | 0.369 | 0.148 | 油 |
| M1ss | 2183.5 | 2202.7 | 19.2 | 0.233 | 0.98 | 0.072 | 水 |

构造图上油藏位置处存在局部小背斜构造，但圈闭溢出点比钻遇油水界面浅，构造圈闭难以封闭钻井钻遇油柱高度。地震储层反演发现钻井位置存在一个大面积的有利砂体发育区，上倾方向存在属性低值区，标定为岩性尖灭带。综合分析油藏为构造—岩性复合油藏（图5–40）。

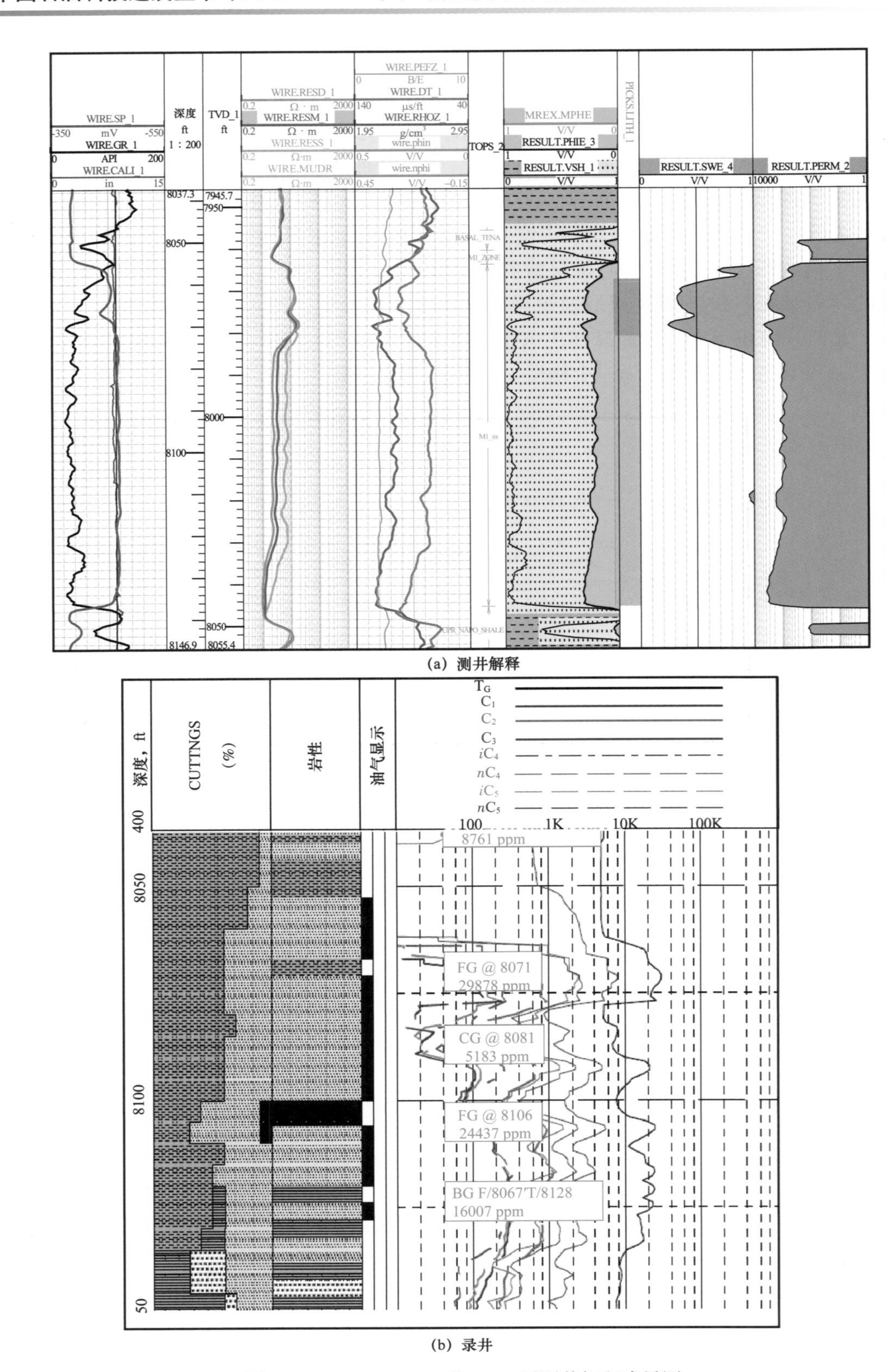


(a) 测井解释

(b) 录井

图 5-39　AliceSouth-1 井 M1ss 层测井解释成果图

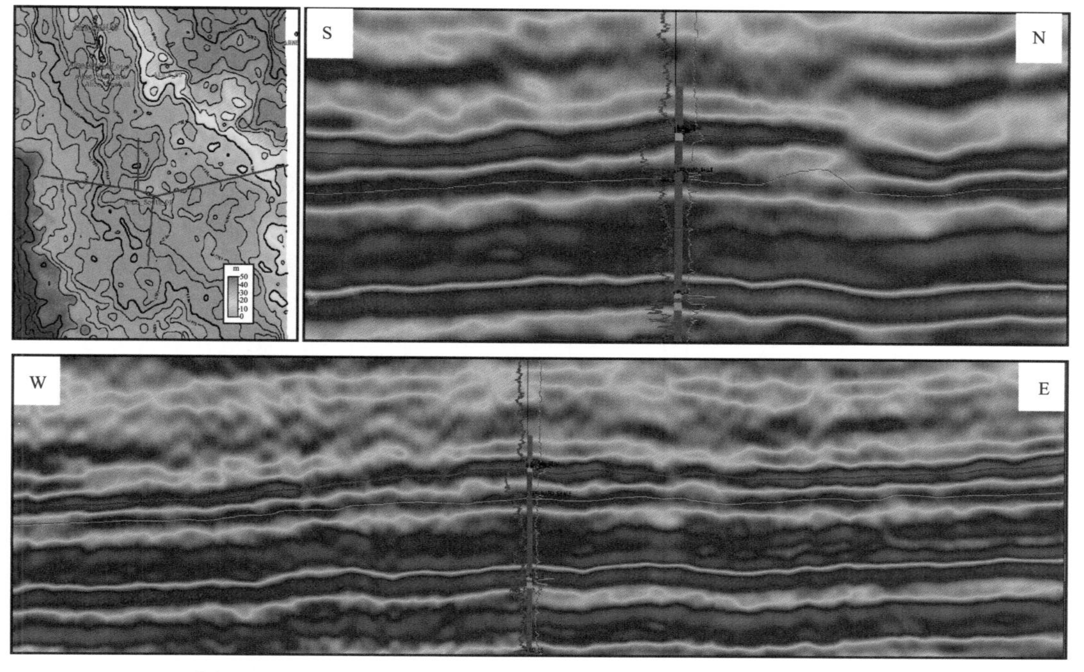


图 5-40　AliceSouth-1 井 M1ss 层顶面构造图及过井十字地震测线

2. 油气藏展布

奥连特盆地可以划分为三大构造单元：冲断带、前渊带和斜坡带，由于盆地不同构造单元在盆地形成过程中的力学机制不同、沉积序列不同，导致不同构造带上油气富集层位和油气藏类型有所差异[14]。

冲断带是前陆盆地构造活动最剧烈的构造单元，发育大量的逆冲断层，形成多种构造型圈闭，如背斜型圈闭、断背斜圈闭和断块圈闭，这些圈闭多与逆冲断层的发育有关，也是冲断带发育的主要油气藏类型。由于冲断带遭受强烈的挤压作用，因此背斜的分布一般平行于逆冲带呈条带状分布。形态上背斜两翼一般不对称，造山带一侧平缓，而向坳陷一侧比较陡，有的甚至为平卧褶皱[14-15]。

前渊带是盆地沉积地层最厚、构造变形较弱、相对稳定的区域，由于处于盆地地层埋藏最深处，因而通常是有效烃源岩分布区，紧邻油源的先天优势使这一区域以地层、岩性油气藏的发育为主，同时也存在低幅度构造油气藏。前渊带发育大量构造幅度在 5m 到十几米的低幅度构造油气藏，目前这些低幅度构造油气藏已经成为盆地增储上产的主要来源。除地层、岩性油气藏之外，一些与断层有关的构造油气藏及构造—岩性、构造—地层等复合型油气藏也有发育。

斜坡带位于前渊向地盾一侧，是前陆盆地中构造最为稳定的地质单元，同时也是前渊带生烃中心及斜坡下烃源岩中生成油气的主要运移指向区。由于地质历史过程中多期的升降使得地层出露地表遭受多次剥蚀作用，形成几套不整合面，部分地层发育缺失，区域大规模的不整合面为油气的长距离运移提供了可能，该区域主要发育构造—岩性复合型油气藏、岩性油气藏和少量地层油气藏[15-16]。

## 二、前陆盆地斜坡带油气成藏主控因素

*1. 断层控藏*

断层是油气运移的三大主力通道之一，是油气进行垂向运移的重要通道。在奥连特盆地，古近—新近纪挤压和基底断层的活化对圈闭的形成产生了重要影响。在大型区域性走滑断层周围，都发现了重要的油田（图 5-41）。断层对油气的分布有着重要的控制作用。油田的分布分析认为，断层是该区油气纵向运移的通道，油气主要聚集在靠近挤压运动形成的压性背斜和南北向走滑断裂因受阻弯曲产生的伴生背斜中，远离断层的构造油气充满度明显偏低，勘探风险增大。并且，构造上倾方向泥岩封堵使油气聚集在靠近断层的岩性圈闭中，泥岩条带东侧远离断层的构造和岩性圈闭油气充注不足[3]。

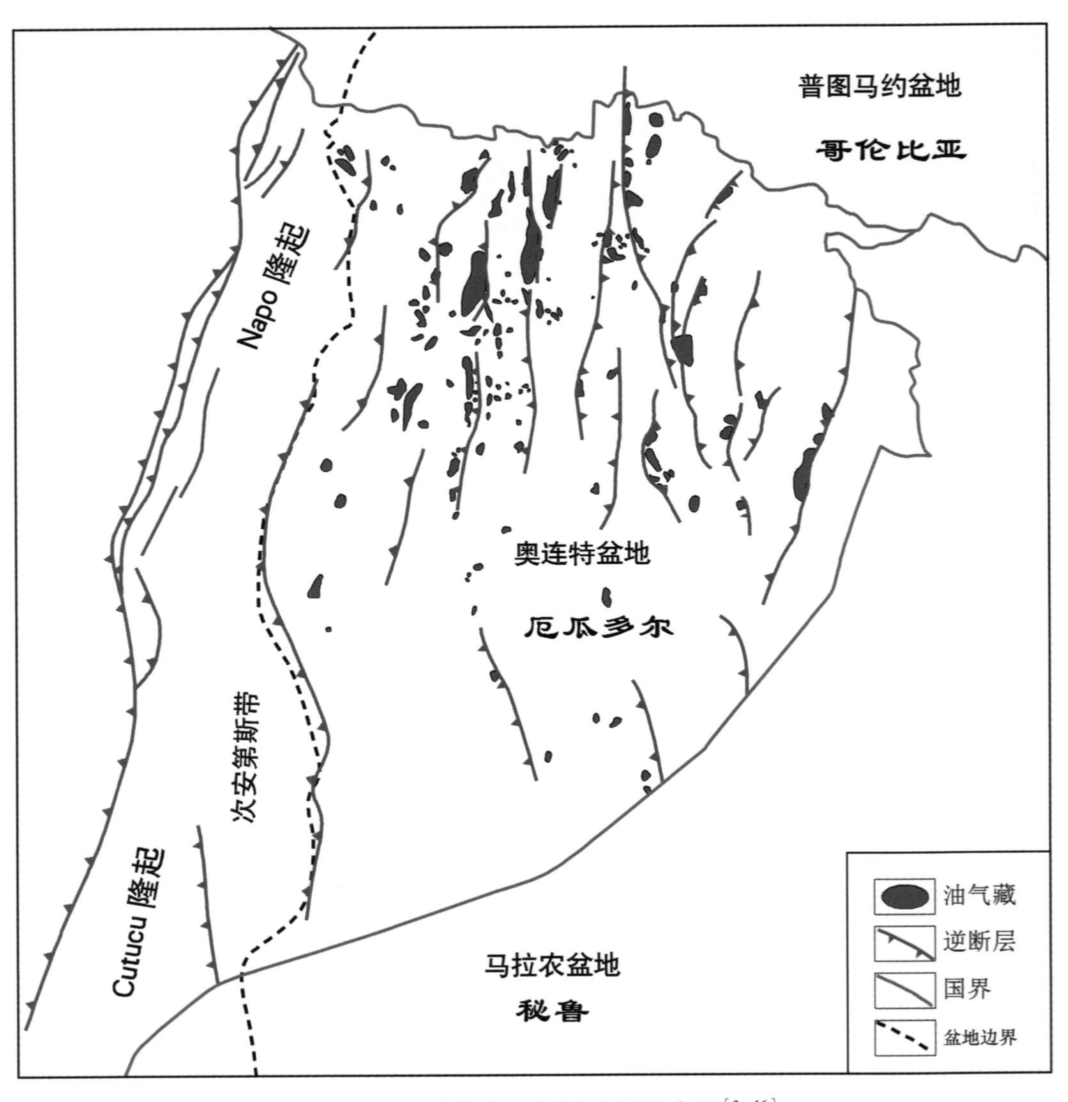


图 5-41　奥连特盆地油藏与断裂发育图[3, 16]

盆地内主要储层与烃源岩邻近，并且高孔隙度、高渗透率的下白垩统 Hollin 组砂岩作为输导层为烃类的横向长距离运移提供了先决条件。首先，生烃凹陷内成熟烃源岩生成的油气经初次运移进入与烃源岩相邻的输导层，再经侧向长距离运移至高部位；其次，盆地发育的断层通常以正断层为主，其纵向上的开启性为油气的纵向运移创造了条件，起到了汇集油气的作用，一般断层切割到哪一层，油气就运移到哪一层。

勘探实践表明，那些远离断层的圈闭油气充满度明显偏低，勘探风险增大[3]。在区域性走滑断层周围尤其是断层的上升盘，发育大量圈闭，这些圈闭均形成了重要的油田。如 Batata 构造具有古构造背景、与油气运移时间匹配良好。地震解释和 Batata-1&ST 井的钻探表明，该背斜构造落实。但是 BatataDOS 圈闭本身无明显断层发育，同时离下倾方向的一小断层（断距很小，甚至尚未断开）尚有 10km 左右，油气横向运移至此没有有效的断层沟通，因此无法捕捉到足够的油气在 U 层和 M1ss 层聚集成藏；而位于 Batata 构造东南方向的 CapironNorte 经勘探证明为一大型油气田，该圈闭紧邻大断层，显然有利的断层输导为油气的垂向运移提供了条件。同样 Shushufendi 油田也是沿着 Shushufendi 大断层发育形成的大型断背斜油藏，可见，断层对奥连特盆地油气藏的形成起着尤为重要的作用。

在 T 区块也发现相似或藏规律：近断层的圈闭成藏概率高，远离断层的圈闭成藏难度大，具体体现在近 Fanny 断层的 Sonia、Mahogany、Esperanza 圈闭均成藏，而远离断层的 Shirley 井区在 M1ss 层虽然也有圈闭发育，但圈闭充满度低，甚至没有油气充注（如 Shirley01 井仅 M1ss 层顶部有薄层油层、Shirley05 井则根本没有油气聚集）。

2. 构造背景控藏

圈闭是油气聚集的场所，因此可以说圈闭的发育位置直接决定了油气藏的位置，这是石油地质学的一个基本原理[4-5]。通过前文对区域油气成藏条件的认识，认为奥连特盆地烃源岩已经进入成熟门限，并且已经向外排烃，盆地东部斜坡带是油气运移的有利指向区，斜坡区油气成藏不存在油源问题。Dorine 地区储层也非常发育，从区域内已钻探井结果来看，基本上盆地三套主力储层 M1ss、LUss 和 UTss 都比较发育，横向展布范围也比较大，储层也不存在问题。此外储盖组合条件也较为优越，唯一欠缺的成藏条件就是圈闭条件。通过对区域油气分布规律和油气藏解剖发现，基本上区域内在三套主力储层顶面构造图上识别出的低幅度构造圈闭都是含油的，并且圈闭油气充满度都比较高。可以看出低幅度圈闭的发育对于油气成藏具有很大的控制作用。此外，通过对 T 区块内 17 个油藏解剖发现，所有油藏均有构造圈闭背景。

3. 岩性遮挡辅助成藏

前期的勘探成果表明，奥连特盆地的油气主要富集在白垩系储层中，不同类型的岩性圈闭、构造—岩性圈闭在白垩系内部分布情况有所差异。构造—岩性复合圈闭主要分布在白垩系顶部 Napo 组 M1ss 砂层中，这两种圈闭类型在上倾方向依靠岩性的变化形成封闭，顶部靠 Tena 组泥岩形成封闭，M1 顶部存在一定的剥蚀，下倾方向靠断层封闭[3]。

砂岩上倾尖灭圈闭和砂岩透镜体圈闭主要分布在“T”砂岩和“U”砂岩顶部。三角洲相沉积的“T”砂岩和“U”砂岩与互层的海相泥岩在差异压实的作用下，容易形成孤立的砂岩透镜体，有时与构造相伴生，捕获油气聚集成藏。

4. 构造脊控藏

Mariann 区块存在两条近南北向的构造脊，走向基本与 Mariann 断层一致，目前绝大部分油井都位于紧邻断层的第一构造脊上（共有 40 口井钻在第一构造带上，其中 33 口油井），而远离断层的第二构造脊上钻探的 M4A_06 井和 M_16 井均为水井（成功率 0），可以看出构造脊与断层的距离对油气分布的控制作用。通过统计 M 区块全部钻井试油、生产数据与钻井构造位置，发现测试出油的井均位于构造脊上构造部位相对较高的位置，如 M4A_01 井，M4A_02 井，M4A_03 井，M4A_04 井；相反构造低部位和斜坡部位多为水井（如 M4A_05 井、M4A_04 井、M4A_06 井、M_02 井；M4A_07 井、M4A_11 井）[3]。

## 三、前陆盆地斜坡带有利勘探区优选方法

1. 有利成藏组合优选

采用资源—地质风险概率双因素法[17-18]进行有利勘探区优选，该方法主要考虑待发现油气资源量和地质风险概率两个因素，参考盆地实际地质状况，将待发现油气资源潜力大小分为三级：高资源潜力（大于 $0.5\times10^8$t）、中资源潜力［（0.1～0.5）$\times10^8$t］和低资源潜力（小于 $0.1\times10^8$t）；同样将地质风险概率大小分为高风险（地质风险概率>0.5）、中等风险（地质风险概率介于 0.25～0.50 之间）和低风险（地质风险概率小于 0.25）三级，这样综合资源和地质风险概率两个因素，建立双因素法“高风险—高资源潜力”“中风险—高资源潜力”“低风险—高资源潜力”等 9 个等级评价分类。基于地质条件认识，对不同成藏组合内生、储、盖、圈、运、保等油气成藏要素进行地质风险评价打分[14，17-22]，计算地质风险概率（式 5-1）：

$$P_r = 1 - P_s \times P_{re} \times P_t \times P_m \times P_p \tag{5-1}$$

式中 $P_r$——地质风险概率；

$P_s$——烃源岩条件概率；

$P_{re}$——储层物性条件概率；

$P_t$——圈闭条件概率；

$P_m$——运移条件概率；

$P_p$——盖层和保存条件概率。

各成藏要素打分标准如下：（1）烃源岩：与主力烃源岩层互层的赋值 0.9～1.0 分；紧邻主力烃源岩层的赋值 0.75～0.90 分；远离主力烃源岩层，紧邻次要烃源岩层的赋值 0.50～0.75 分；其余赋值 0～0.5 分；（2）储层物性：根据已发现油藏数据，将孔隙度大于 20%、储层厚度大于 10m 赋值 0.9～1.0 分；孔隙度介于 15%～20% 之间，储层厚度在 5～10m 的赋值 0.75～0.90 分；其余赋值 0～0.75 分；（3）圈闭：有油气发现且油藏数量多于 30 个的组合赋值 0.9～1.0 分；油藏数量在 5～30 个的组合赋值 0.75～0.90 分；其余赋值 0～0.75 分；（4）运移：组合砂体横向连续性好的赋值 0.75～1.00；砂体连续性一般的赋值 0.50～0.75；砂体连续性差的赋值 0～0.5；（5）盖层和保存：位于区域性盖层之下的组合赋值 0.75～1.00 分；位于局部盖层之下的赋值 0.50～0.75 分；其余赋值 0～0.5 分；再结合油气资源潜力评价结果进行成藏组合综合优选（表 5-5）。最终，优选 Hollin 组砂岩成藏组合、Napo 组 T 段砂岩成藏组合、U 段砂岩成藏组合、M1 段砂岩成藏组合四个成藏组合为 I 类成藏组合（低风险—高资源潜力），优先进行勘探；BaselTena 组砂岩等三个

成藏组合为 II 类成藏组合（中风险—中、低资源潜力），可兼探；Pumbuiza 组砂岩成藏组合等三个成藏组合为 III 类成藏组合（高风险—中、低资源潜力），不宜进行勘探或可兼探（表 5-5）。

表 5-5　POM 盆地成藏组合地质风险评价及分类结果表[17]

| 成藏组合 | 地质条件概率 | | | | | 地质风险概率 | 综合评价与分类 | |
|---|---|---|---|---|---|---|---|---|
| | 烃源岩 | 储层物性 | 圈闭 | 运移 | 盖层和保存 | | 综合评价 | 分类 |
| Pumbuiza 组砂岩 | 0.65 | 0.80 | 0.70 | 0.90 | 0.90 | 0.71 | 高风险—低资源潜力，埋藏深，不适宜进行勘探 | III |
| Santiago 组砂岩 | 0.65 | 0.80 | 0.75 | 0.90 | 1.00 | 0.65 | 高风险—低资源潜力，埋藏深，不宜进行勘探 | III |
| Hollin 组砂岩 | 1.00 | 1.00 | 1.00 | 1.00 | 0.80 | 0.20 | 低风险—高资源潜力，优先进行勘探 | I |
| Napo 组 T 段砂岩 | 1.00 | 1.00 | 1.00 | 1.00 | 0.85 | 0.15 | 低风险—高资源潜力，优先进行勘探 | I |
| Napo 组 U 段砂岩 | 1.00 | 1.00 | 1.00 | 1.00 | 0.85 | 0.15 | 低风险—高资源潜力，优先进行勘探 | I |
| Napo 组 M2 段砂岩 | 1.00 | 0.80 | 0.90 | 0.80 | 0.90 | 0.48 | 中风险—中资源潜力，可兼探 | II |
| Napo 组 M1 段砂岩 | 0.95 | 1.00 | 1.00 | 0.85 | 0.90 | 0.27 | 低风险—高资源潜力，优先进行勘探 | I |
| BaselTena 组砂岩 | 0.85 | 0.90 | 0.90 | 0.85 | 1.00 | 0.41 | 中风险—中资源潜力，可兼探 | II |
| Tiyuyacu 组砂岩 | 0.80 | 0.80 | 0.75 | 0.85 | 0.95 | 0.61 | 高风险—中资源潜力，可兼探 | III |

2. 有利区优选

应用成藏组合范围叠合法优选平面有利区。参考成藏组合优选结果，对平面不同区“有利指数”进行计算。首先建立“有利指数”赋值标准：将 I 类成藏组合覆盖范围“有利指数”赋值为 1，Ⅱ类成藏组合覆盖区“有利指数”赋值为 0.25，Ⅲ类有利区赋值“有利指数”为 0.1，则 2 个 I 类成藏组合叠置区“有利指数”为 2，以此类推，获得平面上不同区“有利指数”，将“有利指数”大于 4 的区域界定为 I 级（最有利区），2～4 的区域为Ⅱ级（有利区），1～2 的区域为Ⅲ级（一般区），0～1 的区域为Ⅳ级（风险区）。最终将盆地划分为四个区，其中盆地中部地区“有利指数”大于 4，最为有利，是下步盆地重点勘探的领域，紧邻该区域的外围区是Ⅱ级（有利区）（图 5-42）。

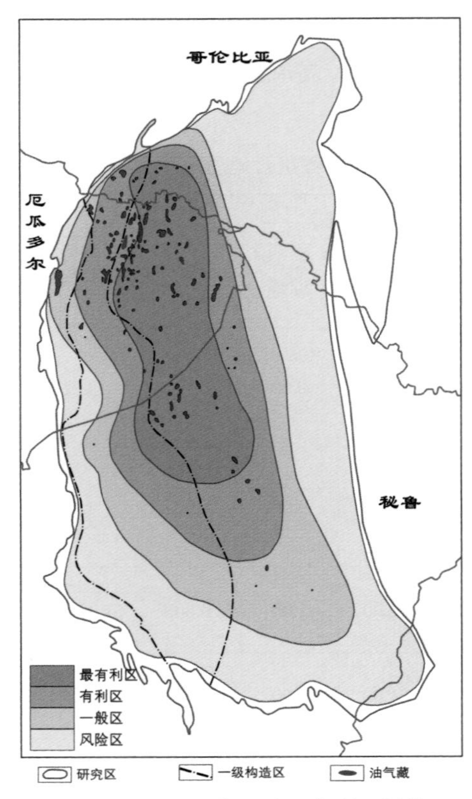


图 5-42　POM 盆地平面有利区划分

## 第二节　前陆盆地斜坡带低幅度圈闭群评价方法

“丛式平台”是指从一个井场或一个平台上钻探几口至十几口、甚至几十口井，各井的井口相距数米到十几米，各井井底则相距几百米至几千米。丛式平台钻井有以下几个主要优点：减少钻井对地表的破坏（降低单井占用井场面积）；加快油田勘探开发速度，节约钻井成本；便于完井后油井的集中管理，减少集输流程，节省人、财、物的投资等。相比于传统的单井—单井场具有巨大的环保和经济优势，已经成为越来越多油公司的选择。针对丛式平台钻井的特点，马中振提出“以丛式平台控制圈闭为单元的圈闭勘探评价新方法”[22]，具体流程如下：

### 一、圈闭的地质风险分析

生、储、盖、圈、运、保是圈闭成藏的六大关键要素，其中每一个因素对圈闭成藏都起到决定性的作用，因此圈闭成藏概率就等于每一个要素单独发生时概率的乘积[23]。用公式表示为

$$P=\prod_{i=1}^{6}P_i \tag{5-2}$$

式中　$P_i$——各圈闭六项油气成藏关键要素单独发生时的概率值。

单项地质要素评价的内容较多，如烃源岩条件评价包括有机质丰度、类型、成熟度、生烃潜力等；前人对每一项评价内容都做出评价标准[24]及不同的权重系数[25]，评价结果受评价人员水平影响较大。尽管六大成藏要素对油气成藏都具有一票否决的能力，但是不同地区圈闭成藏的主控因素是有差别的，有些地区烃源岩对成藏具有首要控制作用，而有些地区油气运移条件则更为关键。因此圈闭的地质风险分析首先要进行区域成藏主控因素评价，找准圈闭成藏最为关键的几个要素，然后再求取圈闭的地质风险值（具体评分标准可根据研究区具体情况具体分析），减少要素权重分配中人为因素干扰，这样的圈闭地质风险分析才更有针对性、更能体现圈闭真正的成藏风险。

南美前陆盆地斜坡带发育的圈闭具有面积小、幅度小、资源规模小等特点，圈闭可靠性是油气成藏最为关键的要素，本文重点对该参数的评价进行论述：目前人们主要通过地震资料及综合地质分析等多种手段“识别和描述”圈闭[26-32]，不同的技术手段自身具有一定的局限性，加上地下情况的复杂性，因此需要对通过各种技术手段识别出的圈闭进行可靠性评价。目前圈闭识别主要依靠地震资料（2D 和 3D），可靠性主要取决于地震资料的品质和圈闭规模，主要通过以下几个参数进行评价[23, 29]，包括：地震类型（2D、3D）、覆盖圈闭的测线样式（“井”字、“十”字、“一”字形等）、圈闭面积、圈闭闭合幅度、与最近的采集声波时差曲线和密度曲线的钻井的距离（以下用“与声波—密度采集井距离”代替）等。总体来说，3D 地震资料解释的圈闭可靠性优于 2D 地震资料；过圈闭地震测线样式“井”型识别的圈闭可靠性要优于“十”字形测线，更优于“一”字形测线识别出来的圈闭；大面积圈闭可靠性优于小面积圈闭；圈闭闭合幅度大的圈闭可靠性优于闭合幅度低的圈闭；与声波—密度采集井距离近的圈闭可靠性高于距离远的圈闭；不同地区可根据实际地震资料品质情况建立圈闭可靠性定量评价标准对圈闭可靠性进行评价（定量评价标准可根据区块实际地质情况建立），几项参数乘积即可获得圈闭落实概率（表 5-6）。

**表 5-6　地震识别圈闭可靠性评价参数定性评价表[22]**

| 评价参数 | 评价等级及赋值区间 | | |
|---|---|---|---|
| | 优（0.9～1.0） | 中（0.5～0.9） | 差（0～0.5） |
| 地震类型 | 3D | 高密度 2D | 低密度 2D |
| 覆盖圈闭地震测线样式 | “井”字形 | 半“井”字形或“十”字形 | “一”字形或无测线覆盖 |
| 圈闭面积 | 大 | 中 | 小 |
| 圈闭闭合幅度 | 大 | 中 | 小 |
| 与最近的采集声波时差曲线和密度曲线的钻井的距离 | 近 | 中等 | 远 |

## 二、风险后圈闭资源量计算

首先计算圈闭资源量，采用体积法计算[22]。

$$N=\frac{0.01Ah\phi S_{\mathrm{oi}}\rho}{B_{\mathrm{oi}}} \tag{5-3}$$

式中 $N$——圈闭资源量，$10^8$t；

$A$——含油面积，$km^2$；

$h$——油层厚度，m；

$\phi$——有效孔隙度，%；

$S_{oi}$——含油饱和度，%；

$B_{oi}$——原油体积系数；

$\rho$——原油密度，$g/cm^3$。

最后，圈闭资源量与圈闭成藏概率乘积获得风险后圈闭资源量（图5-43）。

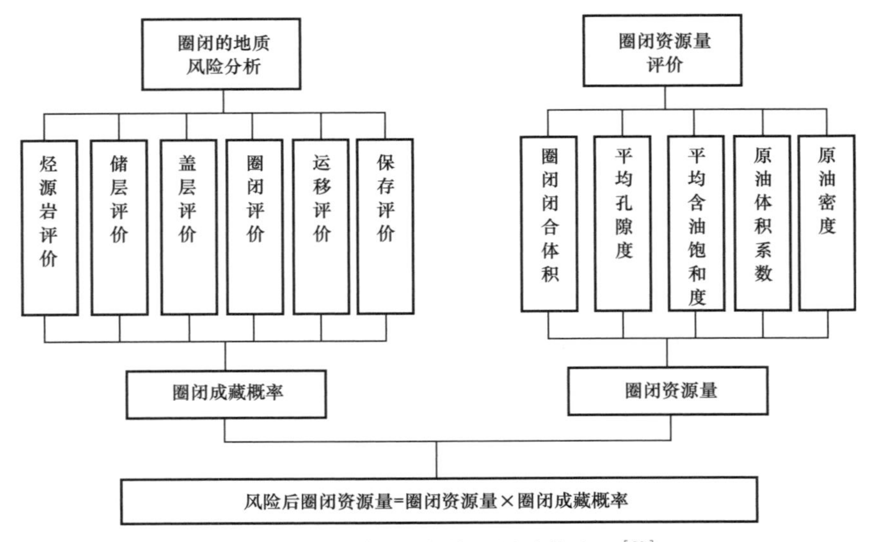


图5-43　风险后圈闭资源量计算流程[22]

## 三、钻井平台优选及钻探目标优选

1. 钻井平台优选

钻井平台控制范围是指在该钻井平台上钻井所能达到的最远距离（即以钻井平台为中心的一个半径为2～3km的圆，半径大小取决于地表和地下施工条件，以及施工单位的钻井水平）。钻井平台的建立通常要耗费大量的人力、物力和财力，环保方面的审批更是严格，因此在一个地区建设钻井平台是一个非常重要的决定。通常钻井平台位置要能够涵盖尽可能多的、好的钻探目标。在不考虑最小经济回报的前提下，钻井平台优选主要有以下两个原则：

（1）单一钻井平台控制的总的风险后圈闭资源量大的优先；

（2）单一钻井平台控制的平均风险后圈闭资源量大的优先；

根据上述优选原则，建立平台优选方法：（1）给目标区已发现圈闭编号（$i$，$i$为自然数）；（2）根据圈闭位置及平台半径设计尽可能多的平台，为每个平台编号$P_n$（$n$为自然数，备注，平台内圈闭组合相同的平台记为一个平台）；（3）根据对圈闭评价的结果，统计每一个平台控制的总的风险后圈闭资源量、平均风险后圈闭资源量、最大三个圈闭风险后总圈闭资源量。（4）根据统计的数据对平台进行排序，原则如下：平台内总的风险后圈闭资源量大的排前，如相等（相差在总风险后资源量5%以内均视为相等）则平台内平均风险后圈闭资源量大的排前（相差在平均风险后资源量5%以内视为相等），如相等则平台内最大三个圈闭风险后总圈闭资源量大的排前，如还相等，则两个平台并列。如此得到最优的平台 $P_x$；（5）将区块内的圈闭剔除最优平台控制圈闭后重复（1）至（4）步，再优选出第二个平台，以此类推，直到所有未钻圈闭均有平台控制后，平台优选结束。最后得到区块平台建设顺序及平台控制可钻圈闭（图5-44）。

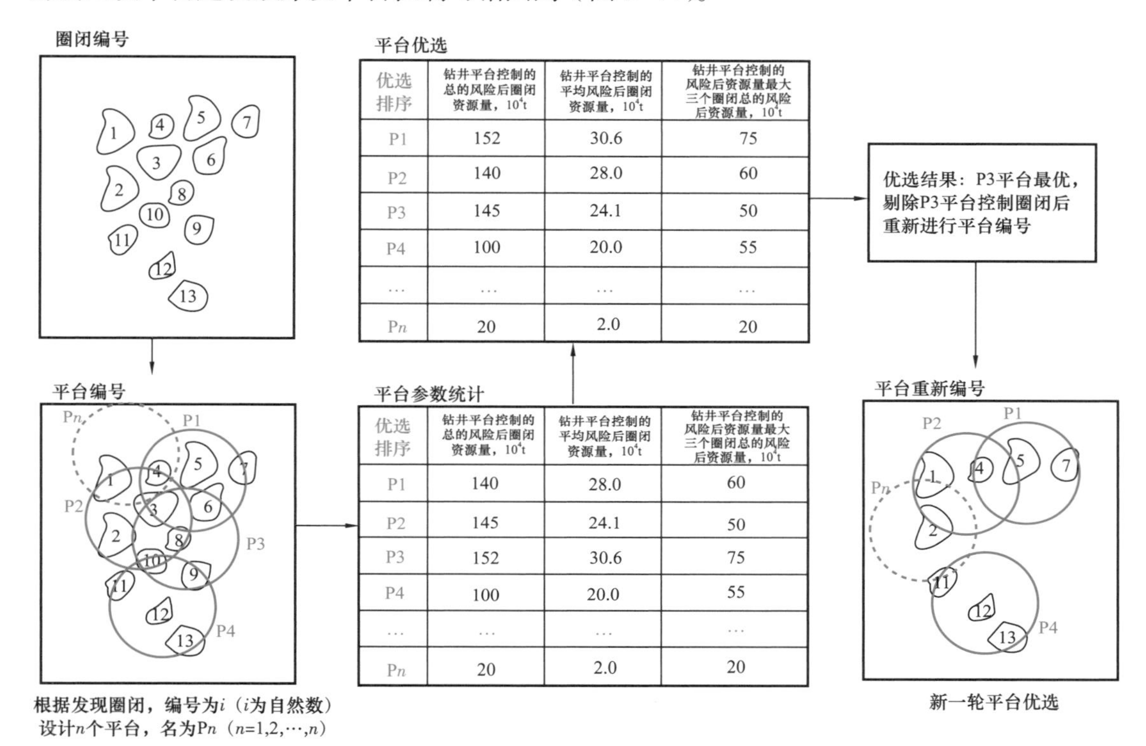


平台优选

| 优选排序 | 钻井平台控制的总的风险后圈闭资源量，$10^4$t | 钻井平台控制的平均风险后圈闭资源量，$10^4$t | 钻井平台控制的风险后资源量最大三个圈闭总的风险后资源量，$10^4$t |
|---|---|---|---|
| P1 | 152 | 30.6 | 75 |
| P2 | 140 | 28.0 | 60 |
| P3 | 145 | 24.1 | 50 |
| P4 | 100 | 20.0 | 55 |
| … | … | … | … |
| Pn | 20 | 2.0 | 20 |

平台参数统计

| 优选排序 | 钻井平台控制的总的风险后圈闭资源量，$10^4$t | 钻井平台控制的平均风险后圈闭资源量，$10^4$t | 钻井平台控制的风险后资源量最大三个圈闭总的风险后资源量，$10^4$t |
|---|---|---|---|
| P1 | 140 | 28.0 | 60 |
| P2 | 145 | 24.1 | 50 |
| P3 | 152 | 30.6 | 75 |
| P4 | 100 | 20.0 | 55 |
| … | … | … | … |
| Pn | 20 | 2.0 | 20 |

图5-44 平台优选流程[22]

2. 钻探目标优选

平台优选完之后，根据以下三个原则优选钻探目标，（1）位于排序靠前平台内的圈闭优先钻探；（2）同一个平台内，风险后圈闭资源量大的优先；（3）如果两个或多个平台同时部署，则这几个平台控制的所有圈闭按风险后圈闭资源量大小进行排序。

## 四、基于丛式平台的圈闭群综合评价方法应用

X区块位于厄瓜多尔奥连特盆地东部斜坡带上。盆地是一个典型的不对称前陆盆地，西陡东缓，其西为安第斯山，冲断褶皱发育；向东逐渐超覆到圭亚那地盾之上，为盆地斜坡区[2-3, 14]。盆地勘探面积约 $10\times10^4$km$^2$，地表主要为亚马孙雨林[33]。盆地经历了晚古生代以前的克拉通边缘盆地、中生代白垩纪裂谷盆地和新生代前陆盆地三个演化阶段[34]，经历了两个“海—陆”循环[35]；盆地古生界以海相沉积为主，部分地区顶部有火山岩分布；中生界以海陆交互相为主；新生界则以河流—三角洲沉积覆盖整个盆地。盆地发育两套主要的烃源岩三叠系—侏罗系Pucara群和白垩系Napo组：其中Napo组海相黑色页岩

是盆地最重要的烃源岩层，以Ⅱ型、Ⅲ型干酪根为主，TOC最大为6.6%，平均为2.5%[35-37]，位于现今盆地西部边界的烃源岩在早—中始新世达到生烃高峰；而Napo组隆起则在新近纪才达到生排烃高峰[35, 37]；盆地的储层主要为白垩系Hollin组、Napo组海陆过渡相砂岩和古近系的BT组河流—三角洲砂岩[38-39]；盆地发育一套区域性盖层：Tena组泥岩，此外白垩系Napo组发育的层间页岩和石灰岩也是重要的盖层。盆地东部斜坡带主要发育低幅度构造和构造—岩性圈闭[14, 40-41]。

截至2008年，盆地共发现油气藏348个，其中斜坡带上发现的油藏多为低幅度构造和构造—岩性复合油藏，具有圈闭面积小、闭合幅度低、资源储量小的特点，通常圈闭幅度不超过15m[22]。

X区块勘探面积100km$^2$，3D地震覆盖，没有钻井，勘探程度低。其南为T区块，勘探成熟度高，全区3D覆盖，发现多个低幅度构造圈闭油藏，主要通过丛式钻井平台钻探大斜度井和水平井进行勘探开发。X区块主力目的层M1、LU和LT已经识别出多个低幅度背斜圈闭，以M1层为例，对圈闭评价新方法进行应用。

奥连特盆地发育两个生烃中心：北部中心和南部中心，区块主要由北部中心供油，与生烃中心相距50km，区块内圈闭油源条件基本一样；区块内发现的圈闭均为低幅度构造和构造—岩性圈闭，盖层均为层间泥岩和上覆的BT层泥岩，区块面积较小，区块内圈闭均经历了相同的保存过程，因此区块内圈闭的烃源岩条件、盖层条件和保存条件基本一样。通过上述分析认为区块成藏的关键是圈闭条件、储集条件和运移条件。

1. 圈闭条件评价

南美前陆盆地斜坡带主要发育低幅度构造圈闭，又可称为小幅度圈闭、微幅度圈闭等，是指构造相对平缓、闭合幅度只有10～20m的地质体[42]。针对南美前陆盆地斜坡带低幅度构造圈闭的特征，前人从地球物理角度提出了多种解决方法，包括溢出点约束速度场法、钻测井资料校正法、叠前深度偏移区域连片处理法、长波长静校正、振幅归位法、平滑平均速度法、叠前Kirchhoff积分偏移法、相干数据体技术、水平切片技术、构造剩余量分析和积分地震道方法等。经钻探证实，利用相干数据体技术、水平切片技术、构造剩余量分析和积分地震道方法在奥连特盆地斜坡带上识别低幅度构造圈闭误差较小，钻后圈闭形态基本保持不变，具有很高的适用性，因此采用该方法进行低幅度构造圈闭识别。M1层共识别低幅度构造圈闭50个[22, 43]。

X区块为全区3D地震覆盖，地震资料品质好[22]。实际解释中，采用1×1网格解释，网格间距25m，因此当圈闭面积大于单个网格面积即625m$^2$时，认为圈闭是可靠的；邻区实际勘探证实，闭合幅度大于6m的圈闭，地震识别落实程度很高，3～6m的圈闭落实程度也相对较高，小于3m的圈闭落实程度相对较差；低幅度构造圈闭的落实程度与地震解释中速度点的拾取有很大关系，实际地震解释中，以500m×500m进行速度点取样，当目标圈闭与声波—密度采集井距离在500m以内时，速度场是非常可靠的，当距离在500～5000m时认为速度场可靠性相对较可靠，距离在5000～10000m时，速度场可靠性一般，当距离大于10000m时，认为速度场不可靠。据此建立X区块圈闭可靠性参数评分标准（表5-7）。根据评分标准对M1层圈闭进行评分[22]。

表 5-7　低幅度构造圈闭可靠性评价参数表[22]

| 可靠性评分 | 地震类型 | 测线覆盖样式 | 圈闭闭合幅度，m | 与最近的采集声波时差曲线和密度曲线的钻井的距离，m | 圈闭面积 $10^4km^2$ |
|---|---|---|---|---|---|
| 0.9～1.0 | 3D | “井”字形 | ＞6 | ＜500 | ＞0.5 |
| 0.7～0.9 | 高密度 2D | 半“井”字形 | 3～6 | 500～5000 | 0.0015～0.5 |
| 0.5～0.7 | | “十”字形 | 1.5～3.0 | 5000～10000 | 0.000625～0.0015 |
| 0～0.5 | 低密度 2D | “一”字形或无测线经过 | ＜1.5 | ＞10000 | ＜0.000625 |

2. 储集条件评价

区块目的层属于潮控三角洲沉积环境，南部邻区已发现的油藏储层主要为潮汐河道与潮汐沙坝，其次为潮下沙坪，可见位于潮汐河道和潮汐沙坝的圈闭储层成藏条件好，建立赋值标准如下：储层为潮汐河道和潮汐沙坝赋值 0.8～1.0 分，潮下沙坪赋值 0.5～0.8 分，其余相赋值 0～0.5 分。

油气运聚特征研究表明，盆地斜坡带油气成藏具有沿构造脊运移成藏特征（图 5-45）。在区块东部，一系列位于构造脊上的圈闭全部充满，成藏条件好，认为区块内位于构造脊上的圈闭运移成藏条件好，远离的圈闭成藏条件差（图 5-46）。具体赋值标准如下：位于构造脊上的赋值 0.7～1.0 分，距离构造脊较近赋值 0.5～0.7 分，远离构造脊赋值 0～0.5 分[22]；据此以上三个单项评分标准，对各圈闭进行成藏概率评分（表 5-8）。

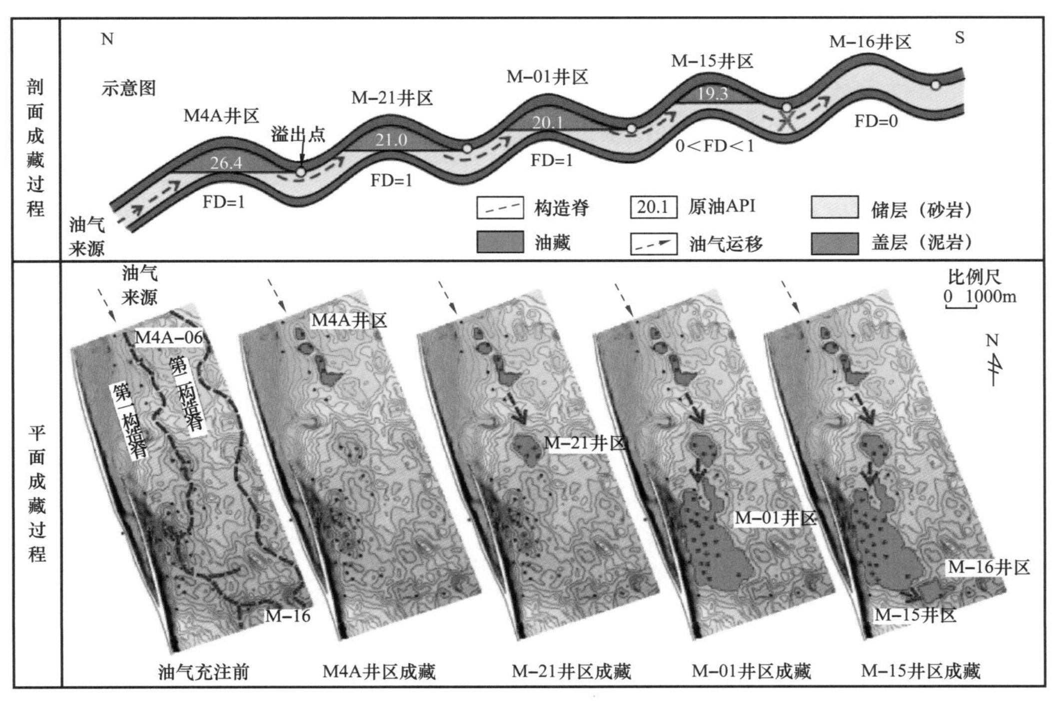


图 5-45　盆地斜坡区油气沿构造脊运移成藏过程及分布模式实例[22]

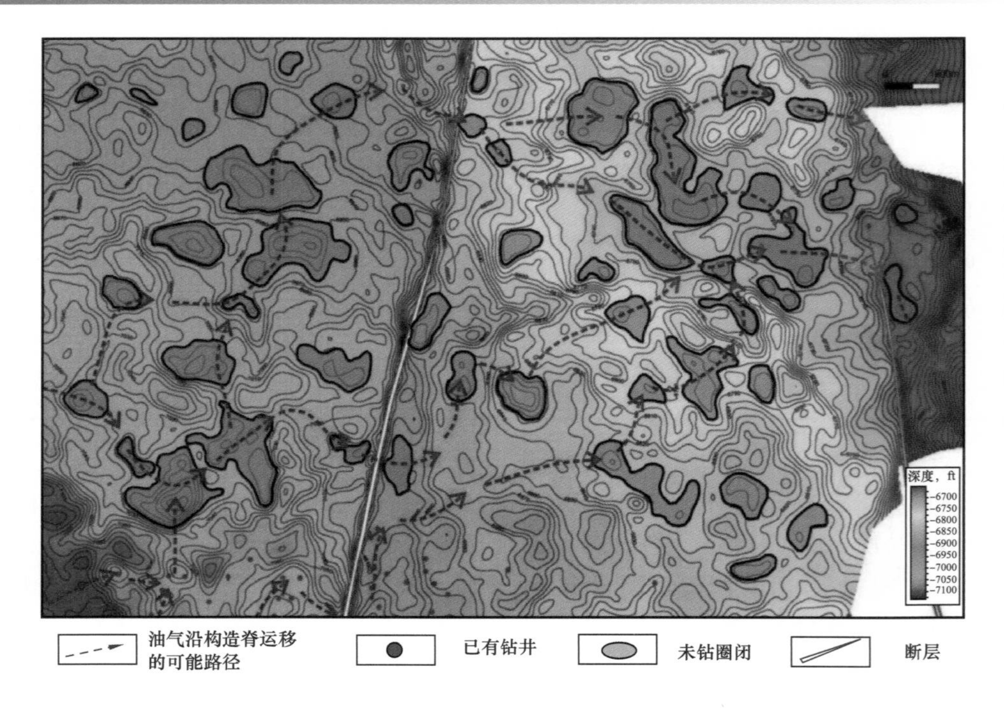


图 5-46　M1ss 层构造脊展布及未钻圈闭分布位置[22]

3. 圈闭风险后资源量

用体积法计算圈闭资源量需要确定以下几个参数：圈闭体积（圈闭面积和圈闭有效厚度两个参数确定）、圈闭平均有效孔隙度和平均初始含油饱和度。X 区未进行钻探，邻区油气勘探表明，低幅度构造圈闭充满度很高，通常油藏油水界面与圈闭溢出点一致，泥岩夹层较薄，多为底水油藏，因此本文用网格积分法求圈闭溢出点以上圈闭体积，平均有效孔隙度和平均初始含油饱和度用邻区临近油藏数据，原油密度和原油体积系数也借用邻区相同层位数据，据此计算了 X 区块内未钻圈闭的资源量（表 5-8），获得结果与前文评价获得的圈闭成藏概率相乘即获得圈闭风险后资源量[22]。

**表 5-8　区块圈闭基本要素及地质风险评价表[22]**

| 圈闭编号 | 面积 $km^2$ | 圈闭闭合度 m | OOIP $10^4t$ | 圈闭的地质风险分析 | | | | | 风险后圈闭资源量 $10^4t$ |
|---|---|---|---|---|---|---|---|---|---|
| | | | | 圈闭可靠性 | | | 储层 | 运移 | |
| | | | | 闭合度 | 据声波井距离 | 圈闭面积 | | | |
| 1 | 0.18 | 4.6 | 7.1 | 0.90 | 0.85 | 0.80 | 1.00 | 0.20 | 0.9 |
| 2 | 0.06 | 1.5 | 1.0 | 0.50 | 0.85 | 0.70 | 0.85 | 0.20 | 0.1 |
| 3 | 0.12 | 1.5 | 2.0 | 0.50 | 0.85 | 0.80 | 0.85 | 0.20 | 0.1 |
| 4 | 0.33 | 4.6 | 13.3 | 0.90 | 0.85 | 0.85 | 1.00 | 0.20 | 1.7 |
| 5 | 0.11 | 3.0 | 2.6 | 0.85 | 0.85 | 0.80 | 0.85 | 0.20 | 0.3 |

续表

| 圈闭编号 | 面积 $km^2$ | 圈闭闭合度 m | OOIP $10^4t$ | 圈闭的地质风险分析 | | | | | 风险后圈闭资源量 $10^4t$ |
|---|---|---|---|---|---|---|---|---|---|
| | | | | 圈闭可靠性 | | | 储层 | 运移 | |
| | | | | 闭合度 | 据声波井距离 | 圈闭面积 | | | |
| 6 | 0.38 | 6.1 | 17.4 | 1.00 | 0.85 | 0.85 | 1.00 | 0.90 | 11.3 |
| 7 | 0.47 | 7.6 | 29.6 | 1.00 | 1.00 | 0.85 | 1.00 | 0.10 | 2.5 |
| 8 | 1.66 | 7.6 | 85.9 | 1.00 | 0.85 | 1.00 | 1.00 | 1.00 | 73.0 |
| 9 | 0.72 | 9.1 | 49.9 | 1.00 | 0.85 | 0.95 | 1.00 | 0.75 | 30.2 |
| 10 | 1.44 | 9.1 | 115.3 | 1.00 | 0.85 | 1.00 | 1.00 | 1.00 | 98.0 |
| 11 | 0.11 | 4.0 | 3.7 | 0.85 | 1.00 | 0.80 | 0.90 | 0.10 | 0.2 |
| 12 | 0.14 | 3.0 | 3.3 | 0.85 | 0.85 | 0.80 | 0.85 | 1.00 | 1.6 |
| 13 | 0.31 | 7.6 | 19.7 | 1.00 | 0.85 | 0.80 | 1.00 | 1.00 | 13.4 |
| 14 | 0.40 | 9.1 | 28.0 | 1.00 | 0.85 | 0.85 | 1.00 | 1.00 | 20.2 |
| 15 | 0.80 | 9.1 | 55.4 | 1.00 | 0.85 | 0.95 | 1.00 | 1.00 | 44.8 |
| 16 | 0.68 | 6.1 | 31.6 | 1.00 | 0.85 | 0.95 | 1.00 | 0.60 | 15.3 |
| 17 | 1.38 | 10.7 | 87.4 | 1.00 | 0.85 | 1.00 | 1.00 | 1.00 | 74.3 |
| 18 | 0.19 | 3.0 | 4.4 | 0.85 | 0.85 | 0.80 | 1.00 | 1.00 | 2.6 |
| 19 | 0.20 | 3.0 | 4.7 | 0.85 | 0.85 | 0.80 | 0.85 | 1.00 | 2.3 |
| 20 | 1.37 | 18.3 | 231.9 | 1.00 | 0.85 | 1.00 | 1.00 | 1.00 | 197.1 |
| 21 | 0.10 | 4.6 | 4.0 | 0.90 | 1.00 | 0.80 | 1.00 | 0.60 | 1.7 |
| 22 | 0.15 | 3.0 | 3.4 | 0.85 | 1.00 | 0.80 | 0.85 | 1.00 | 2.0 |
| 23 | 0.15 | 4.6 | 6.1 | 0.90 | 1.00 | 0.80 | 1.00 | 1.00 | 4.4 |
| 24 | 0.33 | 4.6 | 13.0 | 0.90 | 0.85 | 0.85 | 1.00 | 0.40 | 3.4 |
| 25 | 0.43 | 9.1 | 29.4 | 1.00 | 0.85 | 0.85 | 1.00 | 0.50 | 10.6 |
| 26 | 0.38 | 7.6 | 27.6 | 1.00 | 0.85 | 0.85 | 1.00 | 1.00 | 19.9 |
| 27 | 0.59 | 10.7 | 44.3 | 1.00 | 0.85 | 0.95 | 1.00 | 1.00 | 35.8 |
| 28 | 0.37 | 3.0 | 8.6 | 0.85 | 0.85 | 0.85 | 0.85 | 1.00 | 4.5 |
| 29 | 1.27 | 7.6 | 80.1 | 1.00 | 0.85 | 1.00 | 1.00 | 1.00 | 68.1 |
| 30 | 1.82 | 7.6 | 114.7 | 1.00 | 0.85 | 1.00 | 1.00 | 1.00 | 97.5 |

续表

| 圈闭编号 | 面积 km² | 圈闭闭合度 m | OOIP $10^4t$ | 圈闭的地质风险分析 | | | | | 风险后圈闭资源量 $10^4t$ |
|---|---|---|---|---|---|---|---|---|---|
| | | | | 圈闭可靠性 | | | 储层 | 运移 | |
| | | | | 闭合度 | 据声波井距离 | 圈闭面积 | | | |
| 31 | 0.40 | 6.1 | 22.6 | 1.00 | 0.85 | 0.85 | 1.00 | 1.00 | 16.3 |
| 32 | 0.24 | 3.0 | 5.4 | 0.85 | 0.85 | 0.80 | 0.85 | 1.00 | 2.7 |
| 33 | 0.39 | 6.1 | 22.0 | 1.00 | 0.85 | 0.85 | 1.00 | 1.00 | 15.9 |
| 34 | 0.23 | 3.0 | 5.1 | 0.85 | 0.85 | 0.80 | 0.85 | 0.80 | 2.0 |
| 35 | 0.11 | 4.6 | 4.4 | 0.90 | 0.85 | 0.80 | 1.00 | 0.70 | 1.9 |
| 36 | 0.86 | 4.6 | 34.6 | 0.90 | 0.85 | 0.95 | 1.00 | 1.00 | 25.1 |
| 37 | 0.21 | 6.1 | 11.7 | 1.00 | 0.85 | 0.80 | 1.00 | 1.00 | 8.0 |
| 38 | 0.91 | 6.1 | 51.3 | 1.00 | 0.85 | 0.95 | 1.00 | 1.00 | 41.4 |
| 39 | 0.33 | 6.1 | 18.4 | 1.00 | 0.85 | 0.85 | 1.00 | 1.00 | 13.3 |
| 40 | 0.23 | 4.6 | 9.3 | 0.90 | 0.85 | 0.80 | 1.00 | 0.85 | 4.8 |
| 41 | 0.29 | 4.6 | 11.4 | 0.90 | 0.85 | 0.80 | 1.00 | 1.00 | 7.0 |
| 42 | 0.17 | 3.0 | 4.0 | 0.85 | 0.85 | 0.80 | 0.85 | 0.80 | 1.6 |
| 43 | 0.42 | 7.6 | 26.7 | 1.00 | 0.85 | 0.85 | 1.00 | 1.00 | 19.3 |
| 44 | 0.24 | 4.6 | 9.4 | 0.90 | 0.85 | 0.80 | 1.00 | 1.00 | 5.8 |
| 45 | 0.86 | 7.6 | 54.1 | 1.00 | 0.85 | 0.95 | 1.00 | 1.00 | 43.7 |
| 46 | 0.25 | 4.6 | 9.9 | 0.90 | 0.85 | 0.80 | 1.00 | 0.85 | 5.1 |
| 47 | 1.03 | 7.6 | 64.9 | 1.00 | 0.85 | 0.95 | 1.00 | 1.00 | 52.4 |
| 48 | 0.49 | 6.1 | 22.9 | 1.00 | 0.85 | 0.85 | 0.90 | 0.80 | 11.9 |
| 49 | 0.34 | 4.6 | 13.7 | 0.90 | 0.95 | 0.85 | 0.90 | 0.75 | 6.7 |
| 50 | 0.25 | 4.6 | 10.0 | 0.90 | 0.95 | 0.80 | 0.90 | 0.75 | 4.6 |

4. 钻井平台优选与钻探目标排序

根据钻井平台优选方法和原则，结合计算的区块未钻圈闭风险后资源量设计钻井平台，进行最优钻井平台优选，共优选6个平台，其钻探顺序为P1，P2，P3，P4，P5和P6（图5-47），单一平台内未钻圈闭钻探顺序按照圈闭风险后资源量排序[22]（表5-9）。

根据评价结果，首先建设平台P1，并钻探圈闭20和圈闭17获得成功，在目的层分别获得15m和10m油层，获得良好的经济效果[22]。

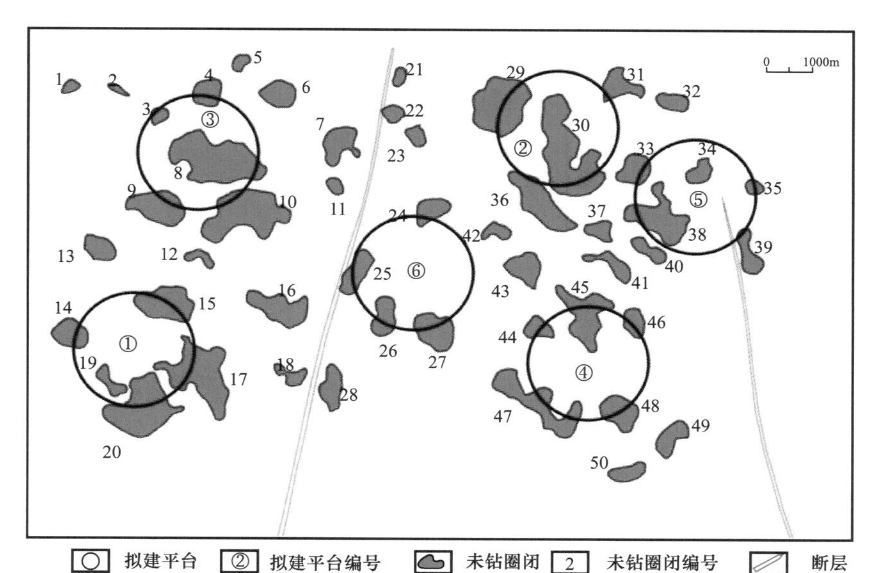


图 5-47　优选平台平面分布[22]

**表 5-9　平台优选结果及圈闭钻探顺序[22]**

| 平台优选排序编号 | 平台内未钻圈闭编号及钻探顺序（排前先钻） | 钻井平台控制的总的风险后资源量，$10^4$t | 钻井平台控制的平均圈闭风险后资源量，$10^4$t | 钻井平台控制的风险后资源量最大三个圈闭总的风险后资源量，$10^4$t |
|---|---|---|---|---|
| P1 | 20、17、15、14、19 | 351 | 70 | 329 |
| P2 | 30、29、36、31 | 207 | 52 | 190 |
| P3 | 10、8、9、4、3 | 203 | 41 | 201 |
| P4 | 47、45、48、44、46 | 119 | 24 | 109 |
| P5 | 38、33、39、34、35 | 74 | 15 | 70 |
| P6 | 27、26、25、24 | 69 | 17 | 66 |

## 参考文献

[1] IHS Energy. Field & reserves data [DB/OL]. (2014-06-13) [2014-07-03]. http://www.ihs. com.

[2] 谢寅符，刘亚明，马中振，等. 南美洲前陆盆地油气地质与勘探 [M]. 北京：石油工业出版社，2012.

[3] 马中振，谢寅符，陈和平，等. 南美典型前陆盆地斜坡带油气成藏特征与勘探方向选择——以厄瓜多尔 Oriente 盆地 M 区块为例 [J]. 天然气地球科学，2014，25（3）：379-387.

[4] White I C. The Geology of Natural Gas [J]. Sciences，1885，5：521-522.

[5] Gussow W C. Differential entrapment of gas and oil：A fundamental principle [J]. AAPG Bulletin，1954，38（5）：816-853.

[6] 邹才能，张光亚，陶士振，等. 全球油气勘探领域地质特征、重大发现及非常规石油地质 [J]. 石油

勘探与开发，2010，37（2）：129-145.
[7] 贾承造．中国中西部前陆冲断带构造特征与天然气富集规律［J］. 石油勘探与开发，2005，32（4）：9-15.
[8] 宋岩，赵孟军，柳少波，等．中国 3 类前陆盆地油气成藏特征［J］. 石油勘探与开发，2005，32（3）：1-6.
[9] 高长林，叶德燎，钱一雄．前陆盆地的类型及油气远景［J］. 石油实验地质，2000，22（2）：99-104.
[10] 张光亚，薛良清．中国中西部前陆盆地油气分布与勘探方向［J］. 石油勘探与开发，2002. 29（1）：1-5.
[11] 魏兆胜，苗洪波，王艳清，等．松辽盆地长春岭背斜带成藏过程［J］. 石油勘探与开发，2006，33（3）：351-355.
[12] 云金表，周波，王书荣．塔里木盆地玉北 1 井背斜带变形特征与形成机制［J］. 石油与天然气地质，2013，34（2）：215-219.
[13] 陈文学，李永林，赵得力．焉耆盆地油气藏特征与成藏模式［J］. 石油勘探与开发，2000，27（5）：12-15.
[14] Mathalone J and Montoya M. Petroleum geology of the sub-Andean basins of Peru，AAPG Memoir 62，1995，423-444.
[15] Debra K Higley. The Putumayo-Oriente-Maranon Province of Colombia，Ecuador，and Peru Mesozoic-Cenozoic and Paleozoic Petroleum Systems［R］. USA：U. S. Geological Survey，11-31.
[16] Dashwood MF and Abbotts IL. Aspects of the petroleum geology of the Oriente Basin，Ecuador，Brooks，J，ed，Classic petroleum provinces：Geologic Society Special Publication，1990，50：89-117.
[17] 马中振，陈和平，谢寅符，等．南美 Putomayo-Oriente-Maranon 盆地成藏组合划分与资源潜力评价［J］. 石油勘探与开发，2017，44（2）：225-234.
[18] 余一欣，殷进垠，郑俊章，等．阿姆河盆地成藏组合划分与资源潜力评价［J］. 石油勘探与开发，2015，42（6）：750-756.
[19] Yang X，Xie Y，Zhang Z，et al. Hydrocarbon Generation Potential and Depositional Environment of Shales in the Cretaceous Napo Formation，Eastern Oriente Basin，Ecuador［J］. Journal of Petroleum Geology，2017，40（2）：173-193.
[20] Carlos H L. Reservoir Architecture of deep Lacustrine Sandstones from the Early Cretaceous Rift Basin，Brazil［J］. AAPG Bulletin，1999，83（9）：1502-1525.
[21] Lee G H，Eissa M A，Decker C L，et al. Aspects of the petroleum geology of the Bermejo field，Northwestern Oriente Basin，Ecuador［J］. Journal of Petroleum Geology，2004，27（4）：335-356.
[22] 马中振，谢寅符，张志伟，等．丛式平台控制圈闭群勘探评价方法——以厄瓜多尔奥连特盆地 X 区块为例［J］. 石油勘探与开发，2014，41（2）：182-188.
[23] 陈蟒蛟．圈闭评价法在吐鲁番坳陷油气勘探中的应用［J］. 石油与天然气地质，1992，13（2）：191-200.
[24] 徐景祯，陈章明，刘晓冬．圈闭地质综合评价的专家系统模型［J］. 石油学报，1997，18（3）：23-30.
[25] 吴欣松，王福焕．圈闭评价技术及其在塔里木盆地的应用［J］. 石油大学学报：自然科学版，1999，23（3）：13-17.
[26] 徐安娜，董月霞，韩大匡，等．地震、测井和地质综合一体化油藏描述与评价：以南堡 1 号构造东营

组一段油藏为例［J］. 石油勘探与开发，2009，36（5）：541-551.

［27］曾洪流，朱筱敏，朱如凯，等. 砂岩成岩相地震预测：以松辽盆地齐家凹陷青山口组为例［J］. 石油勘探与开发，2013，40（3）：266-274.

［28］刘振武，撒利明，董世泰，等. 中国石油物探技术现状及发展方向［J］. 石油勘探与开发，2010，37（1）：1-10.

［29］马中振，庞雄奇，李斌，等. 构造圈闭地质风险评价新方法及应用［J］. 新疆石油地质，2007，28（2）：229-231.

［30］庞雄奇，　　鄢盛华，等. 中国叠合盆地油气成藏研究进展与发展方向：以塔里木盆地为例［J］. 石油勘探与开发，2012，39（6）：649-656.

［31］Gaibor J，Hochuli J P A，Winkler W，et al. Hydrocarbon source potential of the Santiago Formation，Oriente Basin，SE of Ecuador［J］. Journal of South American Earth Sciences，2008，25（2）：145-156.

［32］Pratt W T，Duque P，Ponce M. An autochthonous geological model for the eastern Andes of Ecuador［J］. Tectonophysics，2005，399（1/2/3/4）：251-278.

［33］谢寅符，季汉成，苏永地，等.Oriente-Maranon 盆地石油地质特征及勘探潜力［J］. 石油勘探与开发，2010，37（1）：51-56.

［34］Pindell J L and Tabbutt K D. Mesozoic-Cenozoic Andean paleogeography and regional controls on hydrocarbon systems［C］. Tankard A J，Suarez S R，Welsink H J. Petroleum basins of South America. Tulsa：AAPG Press，1995，101-128.

［35］Canfield R W，Bonilla G and Robbins R K. Sacha Oil Field of Ecuadorian Oriente［J］. AAPG Bulletin，1982，66（8）：1076-1090.

［36］王建民，王佳媛. 鄂尔多斯盆地伊陕斜坡上的低幅度构造与油气富集［J］. 石油勘探与开发，2013，40（1）：49-57.

［37］Marksteiner R and Aleman A M. Petroleum systems along the fold belt associated to the Maranon-Oriente-Putumayo foreland basins［J］. AAPG Bulletin，1996，80（8）：1311.

［38］Valasek D，Aleman A M，Antenor M，et al. Cretaceous sequence stratigraphy of the Maranon-Oriente-Putumayo Basins，northeastern Peru，eastern Ecuador，and Southeastern Colombia［J］. AAPG Bulletin，1996，80（8）：1341-1342.

［39］Shanmugam G，Poffenberger M，Toro Alava J. Tide dominated estuarine facies in the Hollin and Napo（“T” and “U”）Formation（Cretaceous），Sacha field，Oriente basin，Ecuador［J］. AAPG Bulletin，2000，84（5）：652-682.

［40］Lee G H，Eissa M A，Decker C L，et al. Aspects of the petroleum geology of the Bermejo field，Northwestern Oriente basin，Ecuador［J］. Journal of Petroleum Geology，2004，27（4）：335-356.

［41］Balkwill H R，Paredes F I，Rodrigue G，et al. Northern part of Oriente Basin，Ecuador：reflection seismic expression of structures［C］. Tankard A J，Suarez S R，and Welsink H J. Petroleum basins of South America. Tulsa：AAPG Press，1995，559-571.

［42］方光建，曾永军，孔令洪. 南美前陆盆地西坡带低幅度构造的识别方法［J］. 石油地球物理勘探，2010，45（增刊 1）：134-136.

［43］马中振，谢寅符，张志伟，等. 前陆盆地斜坡带勘探丛式平台优选评价：以厄瓜多尔奥连特盆地 TW 区块为例［J］. 吉林大学学报（地球科学版），2016，46（6）：1884-1894.

# 第六章　奥连特盆地斜坡带勘探实践与展望

## 第一节　奥连特盆地斜坡带勘探实践

### 一、中油区块勘探历程

中国的石油公司于2006年收购了加拿大ENCANA公司在奥连特盆地东部热带雨林区的安第斯项目（图6-1）。安第斯项目在构造位置上处于奥连特前陆盆地斜坡带，主要发育低幅度构造圈闭和构造—岩性圈闭，此外还发育少量岩性圈闭。圈闭具有面积小、幅度低、资源量有限的特点[1-3]。并且由于是热带雨林区平台钻井作业（图6-2），施工条件复杂，作业费用高。项目接管时评价剩余未钻圈闭面积平均小于0.8km$^2$，圈闭幅度平均小于3m，均是“小土豆”，食之无味，弃之可惜[4-6]。安第斯项目自2006年接管直至2010年底，连续五年储量替换率小于0.5，后备储量严重不足。

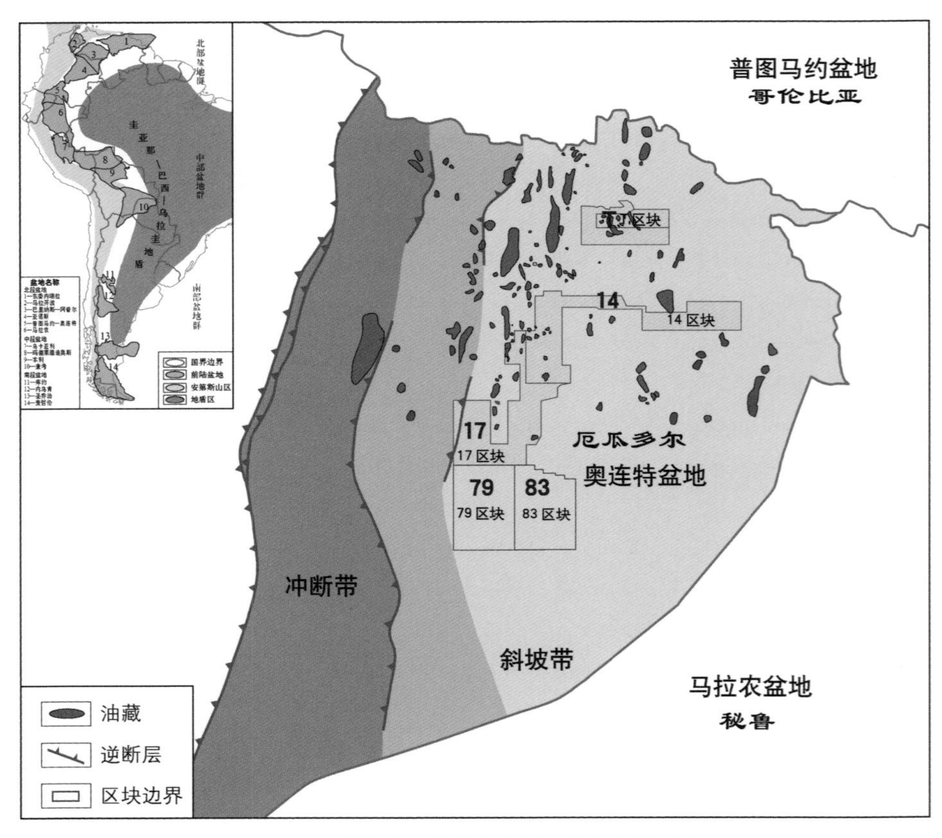


图6-1　厄瓜多尔安第斯项目区块地理位置图

图 6-2　厄瓜多尔安第斯项目钻井平台

2011 年，项目扩区，同年在 Dorine 北扩展区部署 Esperanza1 井和 Colibri1 井获得重要的勘探突破，两口井在 M1ss 层分别钻遇 16.3m 油层和 14.5m 油层，发现 Esperanza-Colibri 油田，拉开了斜坡带高效勘探序幕；2012 年，在 Esperanza-Colibri 油田东部分别部署 DorineN01 井 /DorineN02 井和 MarinnN1 井，在 Tarapoa 主块部署 ChorongoE01 井，4 口井在 M1ss 层均钻遇油层，先后发现 DorineN 油藏、MariannN 油藏和 ChorongoE 油藏，勘探渐入佳境；南部 17 区块部署的 Tapir01 井发现 Tapir 油田；2013 年，在 Tarapoa 区块南部的 MariannSur 区块构造高部位部署 MariannSur01 井获得突破，在 M1ss、UU、LU、UT 和 LT 等钻遇油层，发现 MariannSur 油田；同年在 Dorine 北地区部署 Dana01 井、DorineG01 井发现 Dana 油田和 DorineG 油田，达到勘探高峰；2014 年，Tarapoa 西部地区勘探获得重大突破：在 Tarapoa 区块西部钻探 TarapoaNW01 井和 TarapoaNW02 井在 M1ss 层获得突破，发现 TarapoaNW 油田；同时在 TarapoaNW 油田南部部署 Johanna01 井发现 Johanna 油田；在 TarapoaNW 油田东部部署 AliceWest01 井获得突破发现 AliceWest 油田；在 Esperanza-Colibri 油田北部部署 Orquidea01 井获得成功，发现 Orquidea 油田。至此，Tarapoa 西部勘探全面开花，勘探获得重大突破，项目储量替换率连续 4 年大于 1，唯一遗憾的是多口井钻遇重质油，开采难度大；2015 年，Tarapoa 西精细勘探成为亮点，寻找优质储量成为核心，在油气两期充注成藏模式指导下，在 TarapoaNW 油田下倾方向部署 JohannaEste02 井获得成功，钻遇轻质油，同时发现 JohannaEste 油田。2016 年，随着国际油价持续走低，勘探陷入低谷，仅在 JohannaEste 油田北部部署 JohannaEste23 井，在 LU 和 UU 获得突破，发现 JohannaEste 北油田。自 2011 年以来，安第斯项目连续 6 年实现储量替换率大于 1，在新区、新层系勘探累计新增地质储量近 $2 \times 10^8$t。实现了“小土豆”型低幅度构造勘探形成亿吨级油田群。

## 二、勘探思路的转变与勘探突破

安第斯项目老油田的产层比较单一，在西部主要是白垩系M1层，在东部主要是白垩系LU层。因此初期的勘探工作主要是以这两个主要的目的层部署实施了一批扩边井，取得了一些成果，每年新增储量约$100\times10^4$t。但是由于剩余未钻圈闭越来越小，可供钻探的目标越来越少，勘探工作陷入瓶颈，几乎停滞不前。自2006年项目接管到2010年间没有打1口探井。老油田的滚动扩边已经走到了尽头，必须要跳出现有油田，另开辟一片天地。2010年，安第斯项目合同转制成功，项目合同期延长至2025年。项目的勘探工作迎来了新的发展契机。要想跳出老油田，必须要解放思想，跳出现在的条条框框。

前期研究对奥连特盆地斜坡带油气成藏的认识主要包括[4]：（1）油气成藏主要受断层控制，油气主要分布在断层上盘；（2）单一目的层成藏；（3）M1层发育的“泥岩墙”阻挡油气向东运移。因此认为油气主要分布在断层的上盘和泥岩墙之间（图6-3）。

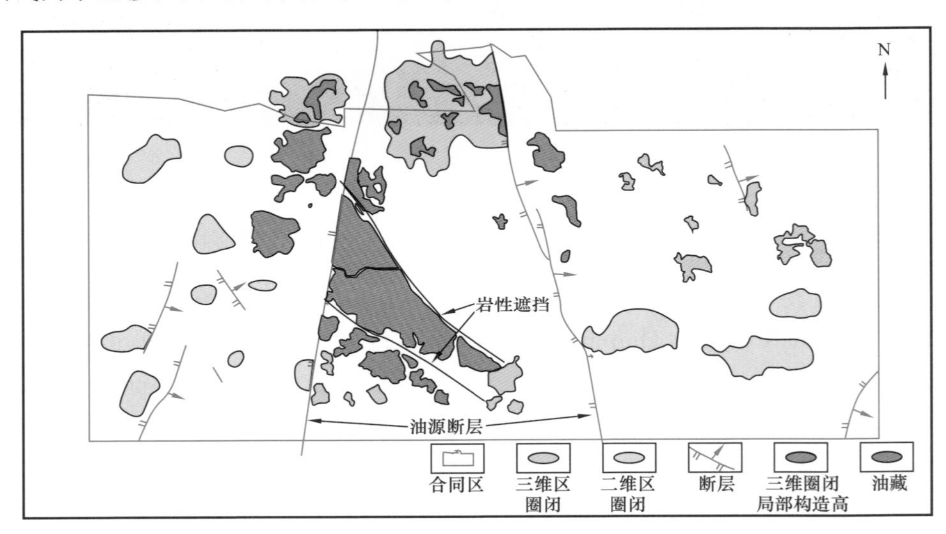


图6-3　安第斯项目T区块控藏要素分布

经过系统研究，特别是对“断层—构造背景—岩性遮挡”三个油气成藏主控要素的研究，提出油气沿“构造脊运移”多层系连片成藏的模式[4]。在该模式的指导下，打破三大禁区。在断层下盘，“泥岩墙”以东，以及多套层系获得发现，打开了项目的勘探局面，初步形成亿吨级的资源前景。

此外，通过多年斜坡带低幅度圈闭勘探认识到，低幅度圈闭勘探必须先上3D地震，然后再部署钻井，2D地震已经完全不能满足斜坡带低幅度圈闭勘探的需要。同时Tarapoa西区块的勘探实践也表明，采集3D地震后，区块发现圈闭的位置、数量、面积、规模与2D地震解释的结果完全不同，不仅圈闭的位置发生了变化，圈闭的数量、面积成倍增加，圈闭的资源量也成倍增加，因此低幅度圈闭勘探必须遵循“先上3D地震，整体评价后再部署探井”这一勘探模式。

勘探思路的转变，跳出原有认识的局限，在多个勘探禁区获得突破。

1. 断层下盘获得重要突破，打破了断层下盘不易成藏的禁区

2011年10月，Esperanza01井完钻。该井钻遇16.1m油层，经测试初产371t/d，含水

仅0.6%。在F断层的下盘获得重要突破，打破了断层下盘不易成藏的禁区。虽然只是断层的上盘和下盘，地理位置也仅是相隔几千米，但是前期位于断层下盘的井大多数以失利告终，只有极少数的井有零星发现。在项目接管以来更是没有在断层下盘部署过探井。该井的成功，验证了对区块成藏规律认识的正确性，更加坚定了沿着“构造脊”找油的思路，而不是只局限在断层的上盘。2012年3月，位于M断层下盘的Dana01井同样获得成功，彻底打破了断层下盘不易成藏的禁区。

2. 泥岩墙东面获得突破，打破了泥岩墙阻挡油气向东运移，东面不成藏的禁区

基于油气沿“构造脊运移”的成藏认识[4, 7-9]，认为油气沿断层运移上来以后，不是直接向东侧运移，而是沿着构造脊，沿着北西—南东方向运移。这样，只需要断层北部有油源供给点，油气就可以绕开泥岩墙的封堵，从西北部运移至泥岩墙东面成藏。位于区块中部的泥岩墙对油气运移的阻挡作用将被减弱。以前认为是勘探禁区的泥岩墙东侧区域，重新显示出勘探潜力。2011年11月，基于上述成藏认识部署的FB141井、FB142井相继在泥岩墙东面获得成功。打破了泥岩墙阻挡油气向东运移，东面不易成藏的禁区。

3. 首次在5套目的层均获得发现，打破了单一目的层成藏的认识

Tarapoa区块老油田的产层比较单一，北部和西部以M1为主，东部主要是以LU为主。前期的扩边井基本上是围绕上述两套层开展工作。通过开展油气成藏物理模拟实验，明确了断层输导能力的强弱及储层物性的好坏共同影响油气的横向运移距离及富集程度。当断层输导能力较强时，物性较差的储层中油气聚集量较少，油气先以垂向运移为主，然后再发生侧向运移。而当断层输导能力较弱时，油气在垂向运移的过程中，侧向运移能力增强，物性较差的储层中的油气聚集量也相对增多。研究认为区块内F断层疏导能力较强，M断层的输导能力较弱，因此M断层上盘很有可能多层系成藏。随即部署实施了MariannS1井。2013年10月10日该井完钻，钻遇5层共33.8m油层，LT层射孔3m测试初产179t/d，取得重大勘探突破。评价井MariannS2井同样钻遇5层24.7m油层。打破了单一目的层成藏的认识，显示出区块中东部具有更广阔的勘探前景（图6-4）。

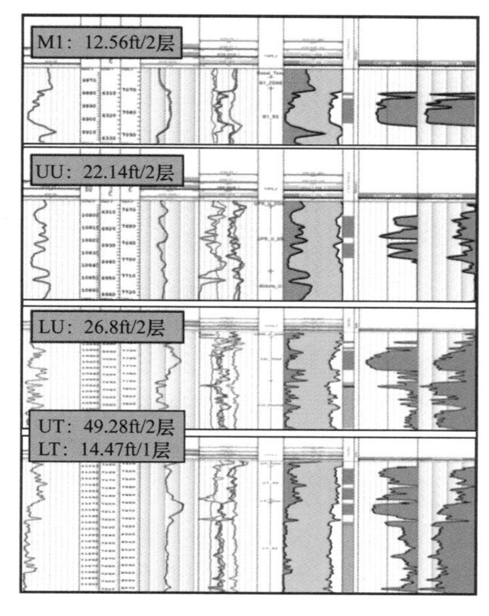


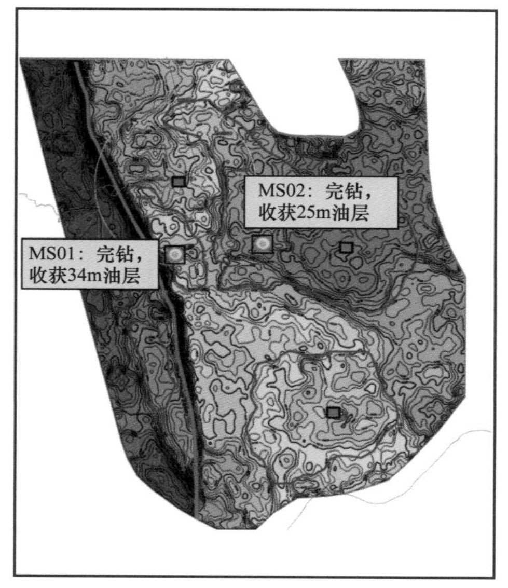


图6-4　MariannS1井测井解释和部署图

4.Dorine N01 和 Dorine G01 井，证实了区块多层系连片成藏

在断层的上盘和下盘靠近断层位置分别获得勘探突破后，又将目标转移到了远离断层的中部地区。按照油气沿着“构造脊”运移的成藏认识，油气沿断层运移上来以后，沿着北西—南东方向的构造脊向斜坡方向运移。构造图上，区块整体为一个南西低、北东高的单斜。在北西方向没有足够的下倾幅度，没有形成完整的圈闭。但是存在多条沿北西—南东方向展布的构造高部位，可能构成油气的优势运移通道。油气沿这些通道从北西向南东运移，在途经的构造局部的高部位可能成藏。

在这种成藏认识的指导下，在F断层和M断层的中间，远离断层的位置部署了Dorine N1井，在BT层和M1ss层测井解释17m油层，LU层测井解释4.3m油层，UT层测井解释8.5m油层。Dorine N1井首次在F断层和M断层之间远离断层的位置获得突破。除了M1层外，还在LU层和UT层发现了油气，特别是UT层，以前只在M断层上盘有油气发现，在F断层和M断层之间，以及F断层下盘均没有发现。Dorine N1井是首次在F断层和M断层之间的UT层获得发现。随后部署实施的Dorine N2井、Esperaza N1井等也相继获得成功。至此，奥连特盆地斜坡带北部油气沿着“构造脊”运移，多层系连片成藏的模式被证实。

5.AliceWest01 井发现大型岩性油藏，打开T西大场面

基于前期区块油气成藏认识，区块主要发育构造—岩性型油藏，Dorine-Fanny油藏是靠一条北西—南东走向的泥岩条带（砂岩储层向东北上倾尖灭）提供上倾方向封堵条件形成。通过大量井震标定，明确该区域砂岩尖灭地震属性特征，同时通过逐条观察T西已有2D地震测线，发现T西北部多条2D地震测线存在相似的地震属性特征，且平面位置与Dorine-Fanny油藏已发现的泥岩条带具有一定的连续性，通过综合地质研究，认为该区发育构造—岩性油藏的概率非常大，因此建议T西进行3D地震采集，进一步明确砂岩上倾尖灭特征；2013年，在新采集的3D地震数据体上，通过地震属性识别，明确了T西北部发育北西—南东走向砂岩上倾尖灭条带，其下倾西南方向存在多个局部构造高点，构成多个构造—岩性圈闭。部署探井钻探后，先后发现TNW油藏、Alice West油藏、Alice South油藏、Johanna油藏和Johanna Este油藏，该区带已经发现$5000\times10^4$t储量，新发现的油藏迅速投入开发，目前新发现的油藏日产达1931t，占T区块日产的1/3，形成$50\times10^4$t/a产能，达到高效勘探效果（图6-5）。

决定低幅度圈闭探井成功率的因素之一就是必须要井位定得准。要想井位定得准，就需要高品质的地震资料和有针对性的处理和解释技术。前期研究的一系列低幅度构造采集、处理和解释技术在此发挥了巨大作用。以“小面元、较宽方位、较小接收线距、高道密度”地震采集为先锋；“迭代分频剩余静校正、多域去噪、叠前偏移成像、串联多道预测反褶积”地震处理技术为基础；“VSP精细标定、孔隙砂岩顶面解释、道积分”等精细解释技术压轴。在基于2D地震第一轮潜力评价之后，提出整体部署将Tarapoa西与Mariann南列为勘探重点区，整体部署了两块三维地震并一次性实施。在Mariann南和Tarapoa西发现和落实了一批低幅度圈闭，圈闭总资源量超过$2\times10^8$t。在整体评价了区块勘探潜力的基础上，制订了先勘探Dorian北，后勘探Mariann南，最后勘探Tarapoa西的实施计划。从2011年以来，累计新增地质储量约$1\times10^8$t，为项目的可持续发展奠定了坚实的基础。

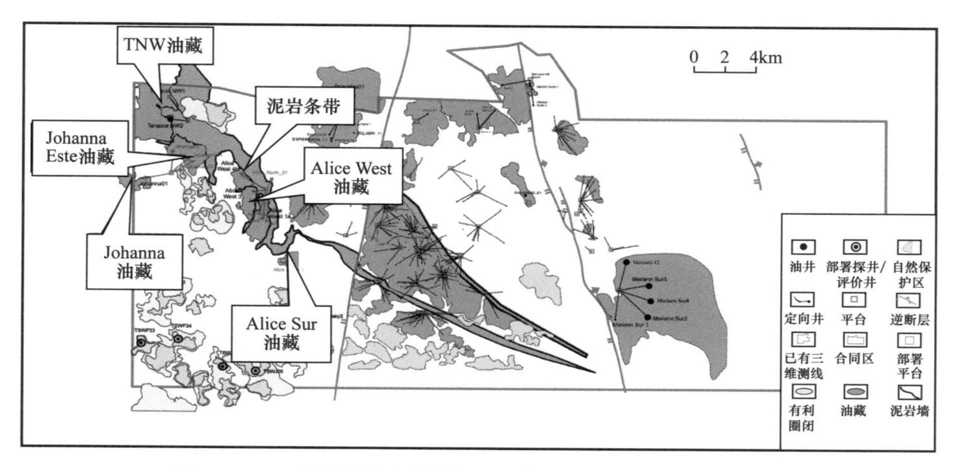


图 6-5　T 西泥岩墙展布特征及围绕该泥岩墙发现的油气藏

*6. 岩性圈闭勘探突破*

奥连特盆地东北部古近—新近系 BT 层是薄层的河流相沉积，横向变化很快。前期从来没有将 BT 层作为主要的目标勘探。主要是因为在地震剖面上很难把 BT 层和白垩系 M1ss 层分开，无法单独成图和预测。由于 BT 层紧邻 M1ss 层，所以当 M1ss 层含油性很好时，BT 层含油性也很好。即使 M1ss 层是水层，BT 层也可能具有很好的含油性。因此如何将 BT 层与 M1ss 层分开，明确 BT 层的勘探潜力对整体评价区块的勘探潜力有较大意义。研究中通过道积分和拓频处理，将 BT 与 M1ss 两套砂体分开，从而使评价 BT 层的勘探潜力成为可能（图 6-6）。在此基础上，在区块中部前期钻井结果显示 M1ss 层只有弱的油气显示，没有达到商业门限，以 BT 为主要目标，在相距仅仅 2km 的地方部署了一口探井获得成功，发现了一个岩性油藏，带动了该地区 BT 层的岩性勘探。

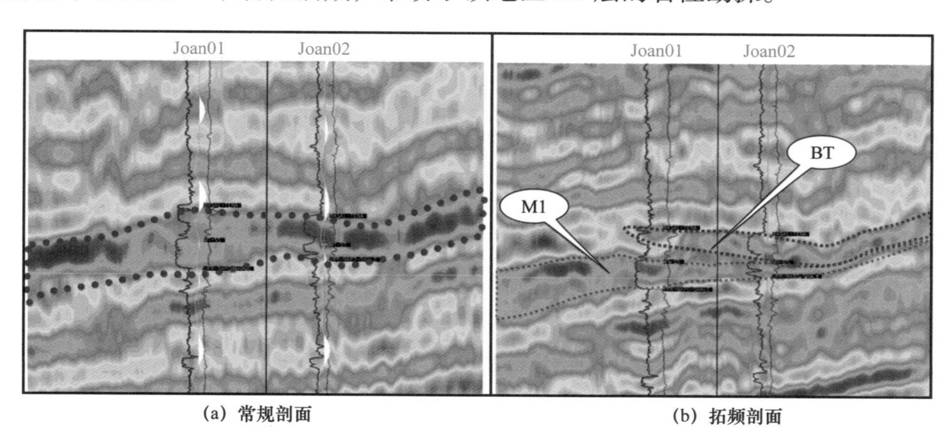


(a) 常规剖面　　(b) 拓频剖面

图 6-6　常规剖面和拓频剖面对比

*7. 新技术助力新层系突破——UT 段海绿石砂岩油层的发现*

奥连特盆地东北部白垩系 Napo 组 UT 段发育海绿石砂岩（UT）。由于海绿石砂岩的测井响应表现为高伽马、高密度和低电阻的特征，基于单矿物模型、泥质砂岩模型的常规测井评价方法难以有效地评价海绿石砂岩的储集性能，在油气勘探开发过程中容易被当成致密性非渗透层或差渗透层而被忽略，具有很大的隐蔽性，常规测井解释方法难以有效评价这类储层（图6-7）。研究发现研究区海绿石矿物不是海绿石砂岩的胶结物而是岩石骨架的一部分，由此建立了由海绿石颗粒和碎屑石英颗粒构成岩石骨架的混合骨架体积物理模型。明确了海绿石矿物是海绿石砂岩测井响应表现为高伽马、高密度的控制因素。探索出利用密度和中子孔隙度曲线构建DRN因子计算海绿石含量，进而求取岩石混合骨架密度的方法。应用实践表明，基于混合骨架模型的测井评价方法实现了海绿石砂岩储层骨架密度、孔隙度和渗透率的定量评价，可以有效评价海绿石砂岩油层。应用该方法在Marainn主块优选探井进行试油，是由42口全部获得成功，平均产量约45t/d，UT层成为新的储量增长点。

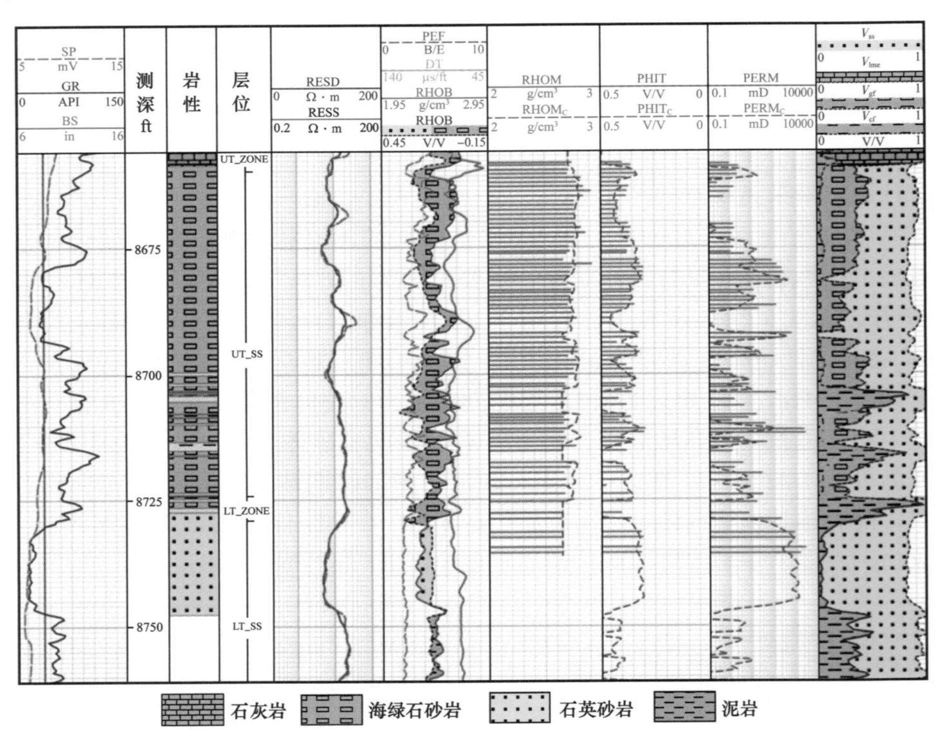


图6-7　M01井UT段海绿石砂岩测井评价成果与岩心分析结果对比图

## 三、勘探突破的意义与启示

奥连特盆地T区块的Marian南多层系勘探、Fanny断层上下盘的勘探突破，新发现了地质储量$1\times10^8$t的油田，这是迄今为止，安第斯项目通过自主勘探发现的最大油田。勘探实践的成功证明多层系立体勘探思路的正确。新区探井部署之前，通过区域地质研究认识到：（1）T区块Napo组发育的多套石灰岩层是良好的区域性盖层，配合Napo组内部间隔发育的多套砂岩储层，形成多套良好的储盖组合，证明T区块具备纵向多层系成藏物质基础；（2）T区块发育的两条油源断层中F断层属于强输导断层，M断层属于弱输导断层，物理模拟实验结果表明当断层输导能力强时，上盘的砂体优先获得充注，当上盘油气富集到一定程度后，下盘也可以聚集油气。当断层输导能力弱时，下盘的砂体优先获得充注，但是下盘的油气富集到一定程度后，侧向运移很弱，说明油气只能充注下盘近断层的砂体。由此得出认识：① M 断层上盘具有多层系成藏的条件，建议在 M 断层上盘部署探井 MS01 井；② F 断层下盘构造圈闭具有成藏优势，建议在 F 断层下盘 Esperanza 圈闭部署探井；钻后两口探井均获得巨大成功，MariannSur01 井在 5 套目的层均获得突破，Esperanza01 井在 M1 层获得巨厚油层。T 区块的重大勘探发现，证实了奥连特盆地斜坡带多层系立体勘探思路的可靠性，丰富了南美前陆盆地斜坡带油气理论认识，为安第斯项目勘探规模发展提供了依据。

与此同时，在 T 区块发现和探明过程中形成的低幅度构造地震采集、处理与解释技术，热带雨林区平台丛式大位移水平井钻井技术等，对南美其他国家前陆盆地油气勘探开发具有重要的指导意义。

勘探突破对勘探工作的启示有如下几点。

1. 坚定信心，不懈探索是多层系立体勘探突破的基石

安第斯项目接管后的前几年，连续 5 年储量替换率小于 0.5。2010 年新增可采储量只有 $6\times10^4$t。项目的勘探形势非常严峻，面临着项目何去何从的问题。前期的勘探工作把眼睛只盯在西部的 M1ss 层和东部的 LU 层，使勘探工作陷入窘境，面临几乎没有圈闭可打的尴尬和茫然。奥连特盆地和位于南美洲西北部的其他前陆盆地一样，经历了从克拉通边缘到裂谷盆地，再到前陆盆地的复杂演化过程。其中，裂谷盆地和前陆盆地阶段发育。主要的烃源岩是晚白垩纪烃源岩，主要的储层是白垩系和古近—新近系。其他的前陆盆地，比如委内瑞拉盆地、马拉开波盆地等即使在盆地的斜坡带也是多层系含油，油气成藏演化特征十分复杂。勘探工作者经过系统的资源评价，深化油气成藏的认识，认为奥连特盆地的斜坡带也具有多层系成藏的石油地质条件，坚定了在斜坡带找到大油田的决心和信心。

2. 技术的创新与发展是低幅度构造勘探的基础

低幅度构造勘探需要地震资料能够满足三个方面的研究需求：一是保证低幅度构造的准确性；二是提高薄层砂体的分辨能力；三是真实反映岩性油藏的地震、地质特征。从地震采集入手，研究了专门针对低幅度构造勘探的地震采集方法。缩小面元尺寸，提高道密度，采用空间波长连续采样观测系统设计提高资料分辨率。优化激发参数，降低虚反射影响，同时在接收上注意高频信息的保护，提高资料信噪比和分辨率。新设计的施工方案大幅度提高了地震资料分辨率，消除了研究区长波长静校正问题，为准确识别和描述低幅度构造奠定了基础。

在处理方面主要采用了三套技术措施：一是以折射静校正与迭代分频剩余静校正为代表的高精度静校正技术；二是以地表一致性振幅补偿、分频去噪、多域去噪、高保真叠前偏移成像为主的高保真振幅处理及高精度偏移成像技术；三是以串联多道预测反褶积、优势频率约束反褶积为代表的针对目标的高分辨率处理。这些措施在保持振幅属性的同时，提高了薄层砂体的分辨率和低幅度构造的成像精度，最大限度提高了构造研究和储层预测精度。

在解释方面主要突出精细速度场的建立和特殊解释技术的集成创新。包括基于三维射线追踪的进行全三维的速度分析，VSP 精细标定，道积分处理和拓频，孔隙砂岩顶面构造解释，构造剩余异常分析，阻抗反演和多属性融合技术等，形成了一整套低幅度圈闭地震解释技术，大幅度提高了低幅度圈闭识别和描述的精度。

3. 地质认识的升华是多层系立体勘探突破的关键

安第斯项目的勘探从几乎没有圈闭可打，再到多层系连片含油，其中的关键在于地质认识的提升：从单一目的层成藏到多层系成藏、从断层上盘到断层下盘、从泥岩遮挡到油气沿构造脊运移突破泥岩遮挡、从远源运移成藏到斜坡带存在高丰度优质成熟烃源岩形成“上组合混源，下组合自源”的成藏模式。前期地质认识中的种种禁区先后被打破，从而打开了项目的勘探局面。这种地质认识的提升过程正是勘探工作者解放思想、求实求真的体现。

## 第二节　奥连特盆地斜坡带勘探展望

### 一、勘探面临的挑战

盆地主要的油气发现集中分布在盆地前渊带和斜坡带[10]。盆地内白垩系 Napo 成藏组合发现的油气占盆地石油地质储量的 74%，天然气地质储量的 59%；Hollin 成藏组合发现的油气占盆地石油地质储量的 23%，天然气地质储量的 37%[11]。该盆地属于勘探程度较高的盆地，近些年的勘探工作均以滚动扩边为主，没有重大的风险勘探突破。

安第斯项目中国石油区块包括 Tarapoa 区块、14 区块、17 区块、79 区块和 83 区块，位于奥连特盆地的斜坡带，勘探面积 $7950 \times 10^4 km^2$[4-6, 12]。2010 年 11 月 23 日，安第斯公司与厄瓜多尔政府达成合同转制协议，合同转为服务合同，合同期延至 2025 年，合同区面积由 $3668 \times 10^4 km^2$ 扩展到 $7949 \times 10^4 km^2$。中国石油区块近年来不断取得勘探新发现。2011 年，老油田滚动扩边，发现 Esperanza 油田，新增可采储量 $275.5 \times 10^4 t$；2012 年，新区新层系探索，发现 TapirNorth 油田、MariannN 油田和 DorineN 油田，新增可采储量 $357.5 \times 10^4 t$；2013 年，新区勘探再获突破，发现 MariannS 油田和 TarapoaNW 油田，新增可采储量 $445.1 \times 10^4 t$；2014 年，新区再接再厉，先后发现 Orquidea 油田、Johanna 油田、AliceW 油田；UT 海绿石砂岩获得突破，新增 EV 可采储量 $559.7 \times 10^4 t$；2015 年深化新区综合地质研究，发现 JohannaE 油田、AliceS 油田，新增 EV 可采储量 $533.1 \times 10^4 t$。2011—2015 年间先后发现油田 15 个，新增 3P 地质储量 $1.7 \times 10^8 t$，新增 3P 可采储量 $3670 \times 10^4 t$，连续 5 年项目实现储量替换率大于 1。安第斯项目中国石油区块目前的勘探形式呈现出逐步向好的趋势，在新区、新层、新类型均获得重要的勘探突破，坚定了项目增储上产的信心，也充分显示了项目的勘探和可持续发展潜力。

随着勘探工作的深入，勘探的难点和技术瓶颈问题也逐渐凸显出来。如，前陆盆地富油斜坡带油气成藏规律认识还不够深入[12, 13]，斜坡带低幅度构造—岩性圈闭成因机理和分布模式还需要进一步深化研究[4]；斜坡带原地烃源岩品质及成熟烃源岩分布特征还需要进一步采集样品开展研究[15, 16]；海绿石砂岩油层测井评价[16, 17]；油气运移路径和油气成藏模式的研究还需要进一步深化[4, 18]；主力目的层储层分布还需要进一步研究，尤其是 M1ss 层泥岩墙的展布及 LU Tidal 层薄砂层的预测等。

## 二、盆地的资源潜力

盆地石油地质条件优越，具有发现大规模油气田的优势，主要表现在以下四个方面。

1. 发育优质烃源岩，以生油为主

奥连特盆地 Napo 组烃源岩为优质烃源岩。烃源岩分布范围广、厚度大，几乎在全盆地均有分布；烃源岩有机质类型好，以 II 型为主，有机质丰度在 1%～3.5%；氢指数分布在 100～350，属于较好烃源岩；烃源岩在盆地西部大部分地区正处在生烃期内，过成熟的烃源岩只在局部分布[1，14-15]。

2. 多套储层、盖层稳定分布，四套成藏组合分布稳定

在奥连特盆地，主要的油气发现集中在白垩系 Napo 成藏组合和 Hollin 成藏组合。但是，另外的两套成藏组合 Tiyuyacu 成藏组合和 Tena 成藏组合也均有油气发现，显示出一定的勘探潜力[11]。

3. 圈闭的形成与油气运聚配置良好

奥连特圈闭主要形成于古新世—中新世（60—15Ma），Napo 组（Chonta）烃源岩生烃高峰期在中新世（5—15Ma），圈闭的形成时间均不晚于生烃高峰期，二者构成了理想的匹配关系。另外，古近—新近纪继承性的断裂活动开启了油气垂向运移通道，断层和烃源岩相邻的储层构成有效的输导体系。可见奥连特盆地圈闭的形成与油气运聚有良好的时空配置关系[1，11]

4. 有潜力的勘探领域多

奥连特盆地的勘探工作绝大多数是由外国石油公司完成的，各石油公司以勘探效益为中心，在每一轮次的勘探周期中，不断放弃在当时认为没有效益的或者没有潜力的区域。但随着勘探技术和方法的进步，一些早期被认为没有效益或者没有潜力的勘探区域重新被启用，因此，奥连特盆地具有取得较大油气发现的可能。

## 三、盆地的勘探前景

奥连特盆地的北部和东部勘探程度较高，中西部和南部勘探程度相对较低。从构造单元上来说，盆地的勘探活动和勘探发现也主要集中在盆地的斜坡带和盆地北部地层厚度相对较薄和主力产层埋藏较浅的前渊带。而位于安第斯山前的盆地沉降中心勘探程度相对较低。综合盆地的石油地质特征认为盆地的勘探潜力较大。主要包括以下几个方面。

1. 一个重点层系

白垩系是盆地主要的储层，储层的沉积环境以滨岸相—浅海相为主，三角洲相次之。砂岩孔隙度 10%～28%，渗透率 50～3500mD，与古近—新近系一样具有高孔高渗的特点。目前，奥连特盆地已发现的油气储量几乎全部位于白垩系，该层系也是后续勘探的重点层系。除了白垩系以外，古近—新近系是盆地重要的潜力层系。

2. 两个重点区带

与国内中西部前陆盆地将勘探重点放在冲断带不同，奥连特盆地的斜坡带和前渊带是现阶段重点的勘探区带。与国内的中西部前陆盆地相比，奥连特陆盆地具有更优越的石油地质条件。其中最突出的一点是烃源岩发育，生烃量大。因此，具备了向着斜坡方向长距离运移，并且充满途经圈闭的物质基础。盆地已发现的油气田大多数集中分布在斜坡带和

前渊带就是很好的证明。因此，在现阶段和不远的将来勘探重点和中心应该集中在斜坡带和前渊带。

但是，即使这样，也并不能否定盆地冲断带的勘探潜力。冲断带紧邻生烃中心，或者位于生烃中心之上，由于构造活动剧烈，断层发育程度高，油气垂向运移畅通，同时，具有多套储层，圈闭发育程度高，具有非常有利的油气成藏条件，并且该区带的勘探程度非常低，具有广阔的勘探区域和勘探前景。与斜坡带和前渊带相比，其勘探潜力甚至更大。但是，盆地冲断带的地形条件非常恶劣，气候条件非常极端，作业成本非常高。在现阶段还不具备大规模勘探的能力。

3. 三种重点圈闭类型

南美的前陆盆地经历了漫长且复杂的演化过程。多期的构造活动，多个原型盆地叠加造成了盆地必然发育非常多样的圈闭类型。中国石油目前在南美的五个盆地拥有作业区块，所有的区块均位于斜坡带。因此，本书仅围绕前陆盆地斜坡带发育的主要圈闭类型展开讨论。

1）大型低幅度构造圈闭

低幅度构造圈闭是一种相对的概念，是指在构造总体背景上，由于储层或油层变化所显示的构造特征，其构造幅度一般不超过10～15m，主要分布在构造形态完整、背景相对稳定的部位，如构造斜坡带、向斜低部位等。

从成因角度来看，低幅度构造通常形成于弱挤压作用下的盆地斜坡带，或者形成于大型走滑断层的伴生构造中。一些小型的低幅度构造也可以由沉积作用形成，以及由于岩性变化造成的差异压实作用，形成砂岩顶面的较小构造起伏。南美安第斯前陆盆地起因于纳兹卡板块向南美板块之下俯冲，即安第斯俯冲带的产生是南美西海岸各种类型盆地及其含油气构造形成的根本原因。板块俯冲从晚白垩世开始，强烈的挤压应力在盆地西部逆冲断裂带得到释放，向东传递的挤压应力逐次减弱。该盆地前渊和东部斜坡带发育的一系列低幅度构造正是在这种弱挤压应力的作用下，沿着南北向走滑断裂系统而大量分布。另外，在盆地斜坡带，由于差异压实形成的岩性背景下也常见到低幅度构造的发育（图6-8）。

在南美前陆盆地的斜坡带，通常发育在一个整体的低幅度构造背景下，多个较小规模低幅度构造圈闭沿着较大规模的走滑断层分布，形成一个大型的低幅度构造油藏。位于厄瓜多尔奥连特盆地的中国石油区块多发育这种类型的圈闭。

2）岩性地层圈闭

岩性地层圈闭是指主要由储层的岩性变化或其连续性的侧向变化所形成的一类圈闭的总称，包括岩性圈闭、地层不整合或地层超覆圈闭及古地貌圈闭等。南美前陆盆地有两种主要的岩性地层圈闭，是现阶段的主要勘探目标。

一种是与不整合有关的大型地层圈闭，如下切河道砂体圈闭、底层超覆圈闭、古地貌圈闭（图6-9）。

该类型圈闭主要分布在前陆盆地的斜坡带，靠近地盾区的边缘。在不整合面之上由于地层超覆沉积的砂岩直接与不整合面接触，不整合面从下面与储层上倾方向相切，并对储层上倾方向起支撑和封闭作用。该类圈闭通常面积较大。

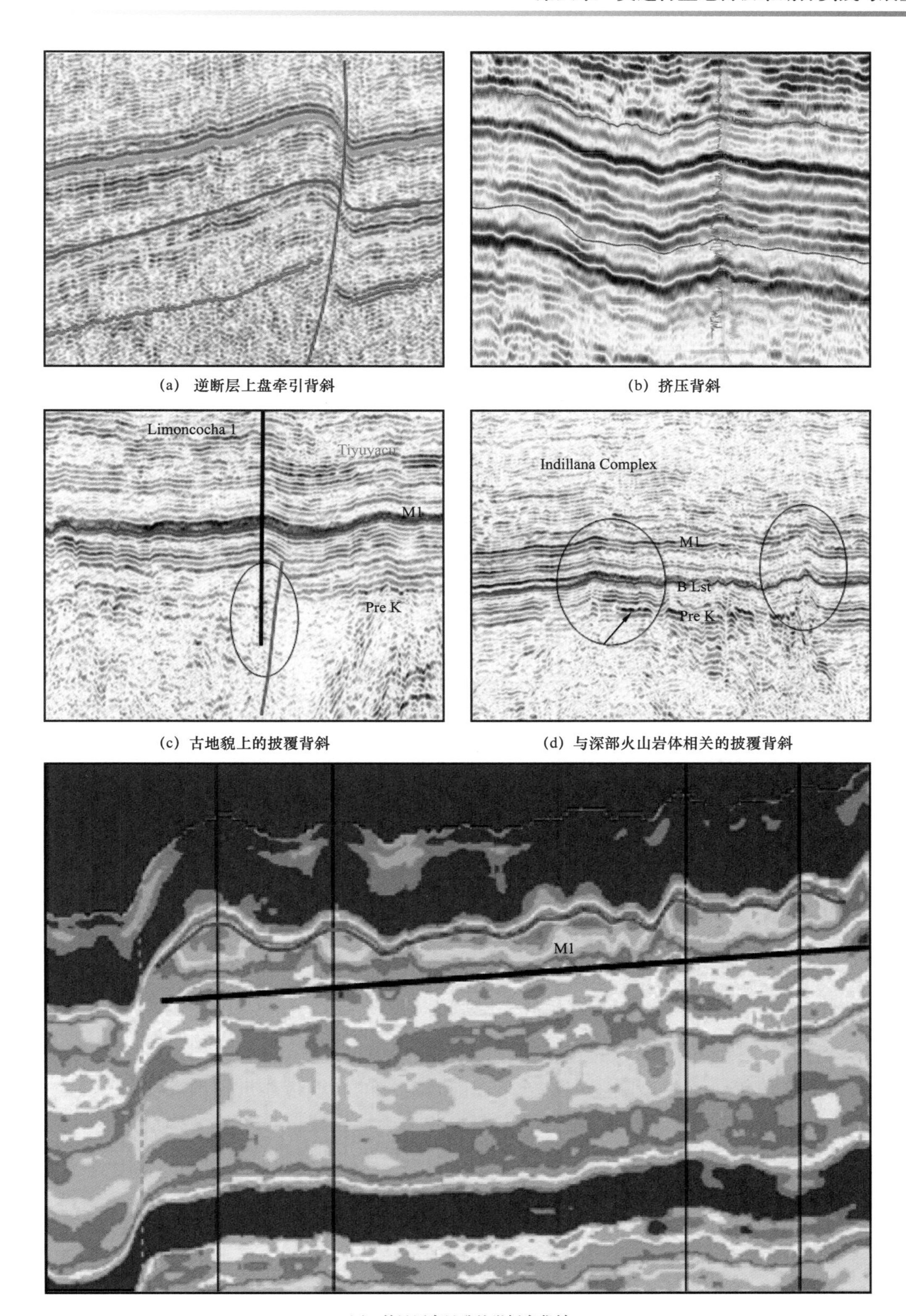


(a) 逆断层上盘牵引背斜

(b) 挤压背斜

(c) 古地貌上的披覆背斜

(d) 与深部火山岩体相关的披覆背斜

(e) 差异压实导致的微幅度背斜

图 6-8　低幅度圈闭类型

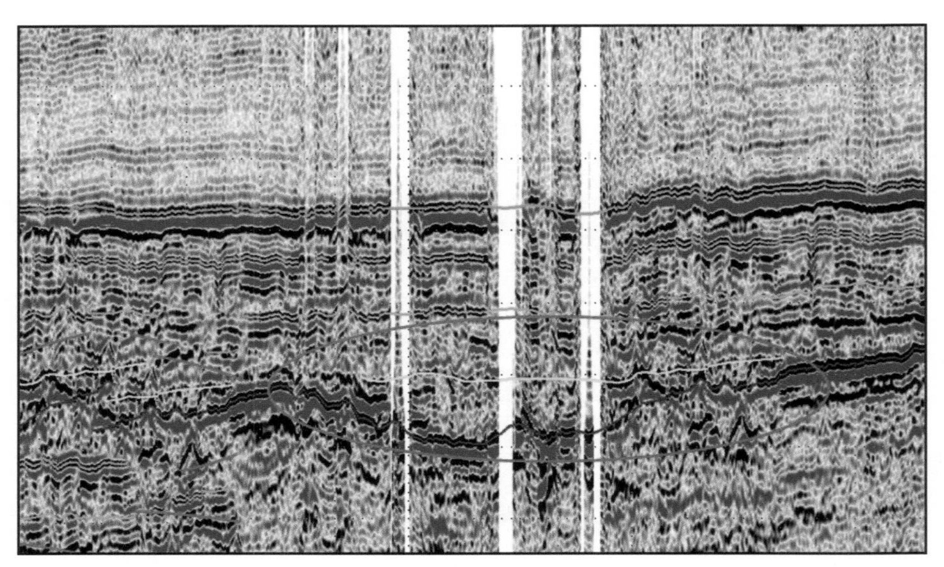

(a) 下切谷圈闭

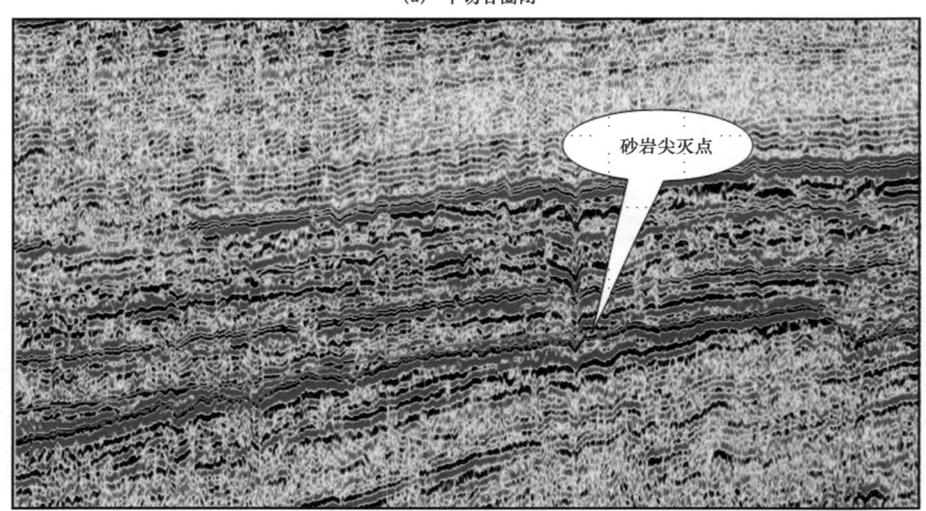


(b) 地层超覆圈闭

图 6-9 大型地层圈闭类型

第二种是沉积过程中形成的复合型岩性圈闭。如构造背景下的砂岩上倾尖灭、砂岩透镜体、河道充填等。该类型圈闭主要分布在前陆盆地的斜坡带靠近盆地前渊带一侧。储层岩性在横向上发生变化，四周或者上倾方向为非渗透性岩层遮挡（或受构造控制）而形成圈闭。该类圈闭储层横向变化快，规模较小，隐蔽性强、识别和描述难度大。

3）复杂水动力圈闭

水动力圈闭是指因水动力和非渗透性岩层联合封闭，使静水条件下不存在圈闭的地方形成新的油气圈闭。所谓水动力，可以看作是使储层中地下水发生流动的力。哥伦比亚亚诺斯盆地 Rubiales 油藏圈闭即为该型圈闭。发现初期该油藏的圈闭面积只有 $15 \times 10^4 km^2$，后期随着开发的深入，含油面积扩大到 $444 \times 10^4 km^2$，可采储量 $4455 \times 10^4 t$（图 6-10）。奥连特盆地的斜坡带，很有可能也发育这种类型的圈闭。

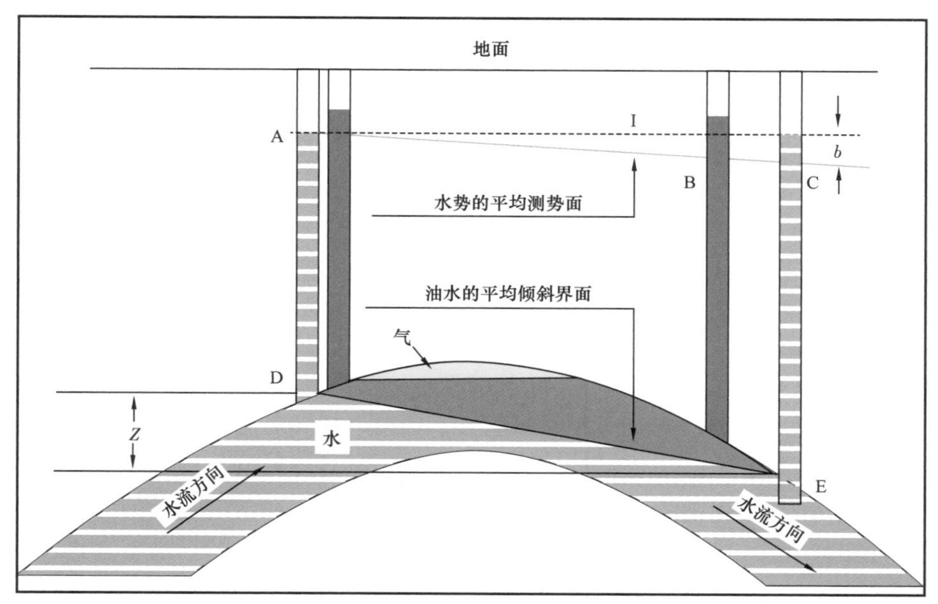


(a) 水动力圈闭模式图

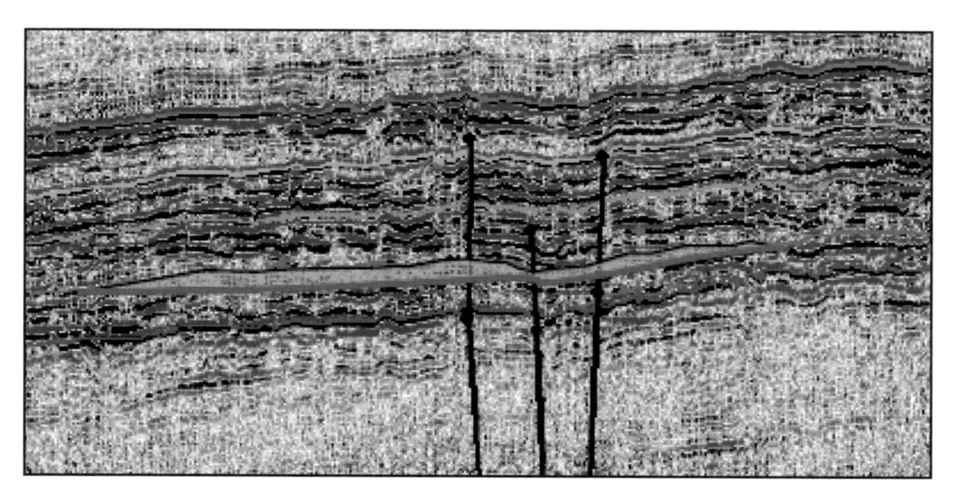

(b) Rubiales 水动力圈闭油藏实例

图 6-10　复杂水动力圈闭

## 四、盆地的勘探策略

1. 现阶段的勘探特点

1）勘探历程漫长，但勘探程度不均

奥连特盆地的勘探具有发现早、突破晚、历程长的特点。反映了前陆盆地构造十分复杂，勘探技术要求高、投入大、风险大、难度大的客观现实。但是，时至今日，奥连特盆地整体勘探程度仍然相对较低。受勘探技术和勘探成本等因素影响，盆地现阶段勘探大多数集中在盆地北部的斜坡带和前渊带，盆地冲断带都只做了很少的勘探工作，甚至是勘探空白区，勘探程度仍然非常低。

2）勘探整体性差

厄瓜多尔的政治、经济相对西方国家比较落后，折射到石油工业上表现为早期的石油勘探工作基本上是被西方的石油公司垄断。各石油公司以勘探效益为中心，各自为战，油气的勘探工作缺乏系统性。尽管随后开始了国有化改革，但是受经济条件的限制，无法开展全面系统的油气勘探工作。时至今日，全世界各国的石油公司大多数均在奥连特盆地开展着油气勘探工作，并不断将一些新技术、新方法、新理论应用其中。在每一轮次的勘探周期中，不断放弃在当时认为没有效益的，或者认为没有潜力的区域。可以说，奥连特盆地是各种先进技术的实验区，但石油勘探整体的系统性较差。

3）勘探时效性强

与国内油气勘探工作相比，海外油气勘探工作更加注重时效性。尽管南美各国的石油政策、法规各有不同，但是有一点是相同的，都有一定的时间期限。在固定的时间阶段内，必须完成规定的工作量。与此同时，获得相应的收益，超过这个特定的实践阶段，则不允许再开展工作，也就是说，前期勘探和开发的投资成本均将沉没。因此各石油公司均是在尽量短的时间内，尽最大可能采收原油。如果合同即将到期的话是不会再进一步投入勘探工作量的。

2. 勘探对策

针对奥连特盆地的勘探特点，应采取相应的勘探对策。一是要优选有利勘探区带，二是要选准主要勘探目的层，三是要坚持不懈地进行勘探技术攻关。

1）优选有利勘探区带是盆地油气勘探的核心

奥连特盆地经历了一个整体的构造和沉积演化过程，具有相似的石油地质条件，其中的规律性非常强。这一点在前面已经论述过，在这里不再赘述。通过多个富油气前陆盆地的综合类比，优选出有利勘探区带是奥连特盆地油气勘探的核心。选定勘探区带后，基本上就确定了勘探目标的类型。如中国石油在厄瓜多尔奥连特盆地T区块的主要勘探目标是低幅度的牵引背斜和岩性圈闭。根据勘探目标的类型制定有针对性的勘探部署方案。

2）选准主要勘探目的层是前陆盆地油气勘探的关键

奥连特前陆盆地存在多套储盖组合，有深有浅，有好有差；既有自生自储的原生油气藏，又有下生上储和上生下储的次生油气藏，都可能形成大油气田，选准主要勘探目的层是前陆盆地油气勘探的关键。如中国石油在厄瓜多尔奥连特盆地T区块主要勘探目的层是上白垩统，包括M1、UU、LU、UT、LT、Hollin等多套储盖组合。

3）勘探技术攻关是前陆盆地油气勘探突破的保证

奥连特盆地油气勘探的突破，要靠地震、钻井的技术攻关，没有技术攻关就没有前陆盆地油气勘探的突破。如中国石油在厄瓜多尔奥连特盆地T区块具有圈闭面积小、幅度低、识别和描述难度大的特点。西方石油公司认为区块的勘探已经走到尽头，将其放弃。中国石油接管后，针对项目的难点和特点开展科技攻关，创新低幅度圈闭识别和描述技术，显著提高了低幅度构造识别的精度以及准确性。探井和评价井成功率达90%以上，新增探明石油可采储量$2600\times10^4$t。在此期间，通过应用水平井钻井技术，连续打出高产开发井，其中的一口水平井最高瞬时产量达到1288t/d，含水仅为1.3%，平均日产原油达1013t。

奥连特前陆盆地的冲断带之所以勘探程度低，油气发现较少，主要是由于山前的地形条件恶劣、断裂复杂，作业成本过高。与前渊带和斜坡带的勘探工作相比，地震和钻井工作难度要大，更需要引进新技术、应用新技术，更需要组织技术攻关，更需要加大资金投入。

# 参考文献

[1]Dashwood M F and Abbotts IL. Aspects of the petroleum geology of the Oriente Basin [J]. Classic petroleum provinces : Geologic Society Special Publication，1990，50：89–117.

[2]Mathalone J M P and Montoya M. Petroleum geology of the sub–Andean basins of Peru ; in Tankard A Su á rez Soruco R Welsink H J eds Petroleum Basins of South America，AAPG Memoir 62，1995，423–444.

[3]Debra K.The Putumayo–Oriente–Maranon Province of Colombia，Ecuador，and Peru Mesozoic–Cenozoic and Paleozoic Petroleum Systems [R].USA : U.S. Geological Survey，11–31.

[4]马中振，谢寅符，陈和平，等．南美典型前陆盆地斜坡带油气成藏特征与勘探方向选择：以厄瓜多尔 Oriente 盆地 M 区块为例 [J]．天然气地球科学，2014，25（3）：379–387.

[5]马中振，谢寅符，张志伟，等．丛式平台控制圈闭群勘探评价方法——以厄瓜多尔奥连特盆地 X 区块为例 [J]．石油勘探与开发，2014，41（2）：182–188.

[6]马中振，谢寅符，张志伟，等．前陆盆地斜坡带勘探丛式平台优选评价——以厄瓜多尔奥连特盆地 TW 区块为例 [J]．吉林大学学报（地球科学版），2016，46（6）：1884–1894.

[7]White I C. The Geology of Natural Gas [J]. Sciences，1885，5：521–522.

[8]Gussow W C，Differential entrapment of gas and oil : A fundamental principle [J]. AAPG Bulletin，1954，38（5）：816–853.

[9]IHS Energy. Field & reserves data [DB/OL].（2014–06–13）[2014–07–03]. http : //www.ihs. com.

[10]谢寅符，马中振，刘亚明，等．南美洲常规油气资源评价及勘探方向 [J]．地学前缘，2014，21（3）：101–111.

[11]马中振，陈和平，谢寅符，等．南美 Putomayo–Oriente–Maranon 盆地成藏组合划分与资源潜力评价 [J]．石油勘探与开发，2017，44（2）：225–234.

[12]谢寅符，季汉成，苏永地，胡瑛 .Oriente–Maranon 盆地石油地质特征及勘探潜力 [J]．石油勘探与开发，2010，37（1）：51–56.

[13]王青，张映红，赵新军，等．秘鲁 Maranon 盆地油气地质特征及勘探潜力分析 [J]．石油勘探与开发，2006，33（5）：643–647.

[14]Yang X，Xie Y，Zhang Z，et al. Hydrocarbon Generation Potential and Depositional Environment of Shales in the Cretaceous Napo Formation，Eastern Oriente Basin，Ecuador [J]. Journal of Petroleum Geology，2017，40（2）：173–193.

[15]Yang X F，Xie Y F，Ma Z Z，et al. Source Rocks Variation and its links to Sequence Stratigraphy in the Upper Cretaceous of the Oriente Basin，Ecuador [C]. Japan : Goldschmidt Conference Abstracts. 2016.

[16]阳孝法，谢寅符，张志伟，等．奥连特盆地白垩系海绿石成因类型及沉积地质意义 [J]．地球科学，2016，42（10）：1696–1708.

[17]阳孝法，谢寅符，张志伟，等．南美 Oriente 盆地北部海绿石砂岩油藏特征及成藏规律 [J]．地质科学，2016，51（1）：189–203.

[18]Ma Zhongzhen，Xie Yinfu，Zhang Zhiwei，et al. Geochemical characteristics of crude oil from M1ss formation in Tarapoa block，Oriente Basin，Ecuador [C]. Japan : Goldschmidt Conference Abstracts. 2016.